“十三五”国家重点出版物出版规划项目
现代机械工程系列精品教材
普通高等教育“十一五”国家级规划教材

# 机械制造工艺学

## 第2版

主　编　陈　明
副主编　李子琼　李淑娟　杨永明　纪　煦
参　编　詹友基　郑广花　汪永明　严晓光
主　审　王先逵　赵先仲

机械工业出版社

本书是“十三五”国家重点出版物出版规划项目——现代机械工程系列精品教材、普通高等教育“十一五”国家级规划教材。

本书以加工工艺为主线，将制造工艺、机床夹具、装配工艺和加工对象等有机统一，体系完整，简明精炼。本书强调对基本概念和基本知识的理解和掌握，突出典型机械结构、典型工艺及其典型应用，并融入计算机应用技术和互联网应用技术，注重现场加工实际问题的分析和解决方案，具有一定的科学性和先进性。

本书内容包括绪论、机械制造工艺过程基本概念、机械加工工艺规程的设计、机械加工质量分析及控制、典型零件的加工工艺、夹具设计的基本原理、典型夹具的设计、机器装配工艺基础、先进制造技术 AMT 和附录共 10 个部分。各章前均安排有内容提要、重点提示，各章后均附有本章小结、知识拓展、习题与思考题。

本书可通过扫描书中的二维码，获得相关内容的动画和详实的资料。安卓手机请用浏览器扫码观看（暂不支持微信端扫码）与本书配套的 PPT 教学课件、习题与思考题参考答案、重要与复杂的零部件图、AVI 动画演示、机械加工工艺基本数据（国家标准）、机床夹具设计基本数据（国家标准）、汽车行业 ISO/TS 技术规范以及开目 CAD 和 CAPP 应用软件，均放在机械工业出版社教育服务网（http://www.cmpedu.com）上，以供教师教学参考。

本书可供本科机械类专业的学生使用，也可作为高等职业院校的教学用书，还可供机械行业的工程技术人员学习参考。

**图书在版编目（CIP）数据**

机械制造工艺学/陈明主编. —2 版. —北京：机械工业出版社，2021.5（2023.12 重印）
“十三五”国家重点出版物出版规划项目　现代机械工程系列精品教材　普通高等教育“十一五”国家级规划教材
ISBN 978-7-111-67694-2

Ⅰ.①机…　Ⅱ.①陈…　Ⅲ.①机械制造工艺-高等学校-教材
Ⅳ.①TH16

中国版本图书馆 CIP 数据核字（2021）第 039172 号

机械工业出版社（北京市百万庄大街 22 号　邮政编码 100037）
策划编辑：刘小慧　责任编辑：刘小慧　王勇哲　杨　璇
责任校对：张　薇　封面设计：张　静
责任印制：李　昂
河北宝昌佳彩印刷有限公司印刷
2023 年 12 月第 2 版第 5 次印刷
184mm×260mm · 18.75 印张 · 460 千字
标准书号：ISBN 978-7-111-67694-2
定价：58.00 元

电话服务　　网络服务
客服电话：010-88361066　　机　工　官　网：www.cmpbook.com
010-88379833　　机　工　官　博：weibo.com/cmp1952
010-68326294　　金　书　网：www.golden-book.com
封底无防伪标均为盗版　　机工教育服务网：www.cmpedu.com

# 第2版前言

本书自2012年出版第1版以来，累计印次达10余次，深受广大读者和高校师生的支持和肯定。本书在北京、天津、河北、浙江、江苏、黑龙江、四川、福建、山西、湖北、湖南、安徽、内蒙古、江西、广西、河南等省市的高校广泛应用，有的省市还将本书指定为专升本的考试用书，覆盖面广，影响力大。

机械制造业是国民经济的基础和支柱产业，其发展水平与发展规模是衡量一个国家科技水平和经济实力的重要标志。为贯彻落实国家制造强国战略第一个十年的行动纲领《中国制造2025》，更好地适应高等教育教学改革的发展需求，体现与时俱进、精益求精的精神，编者在征求和整理各方建议与意见的基础上，对本书第1版进行了修订。

本次修订，一方面继续保持本书原有的风格与特色，围绕主线，优化组合，简明精炼，体现先进，突出典型应用，以保证读者使用的稳定性；另一方面进一步加强本书的系统性建设，完善内容，拓展知识的深度和广度，以便于师生的教学与自学。本书的修订工作主要包括以下几方面。

1. 更新了内容体系

重新梳理了全书结构，在保证知识点系统连贯的基础上，删除了部分陈旧内容，增加了部分新技术应用、重点提示、各章小结、知识拓展、机械加工现场实物图片等。

2. 新增了辅助资料

新增了教学课件、习题与思考题参考答案、重要与复杂的零部件图、AVI动画演示、CAD与CAPP应用软件等，并全部整合至机械工业出版社教育服务网（www. cmpedu. com）上，便于读者在机械设计制造自动化及检测与控制领域的实际训练。读者可随时登录网站，浏览、下载各种辅助教学资料。

3. 丰富了教学手段

机械零部件类型繁多、结构复杂，为了便于读者更加直观地了解其工作原理，编者将移动互联网技术应用到书中，将增加的重要与复杂的零部件图、AVI动画演示以二维码的形式附于对应的图例旁，读者使用手机即可随时下载观看，安卓手机请用浏览器扫码观看（暂不支持微信端扫码），这样能大大提高读者教学与自学的兴趣和参与感。

本次修订工作主要由陈明、杨永明和纪煦等完成，由陈明总体规划、统稿和校稿，由王先逵和赵先仲主审。在编写过程中得到了部分省市高校老师的诚挚关心、悉心指导、大力支持和热情帮助，在此一并表示衷心感谢。同时，也以此书告慰已逝的西南石油大学张茂教授（博导）。

限于编者水平，书中难免存在不足之处，敬请广大读者批评指正。

编　者

# 第1版前言

随着科技的进步和生产的发展，机械产品和机械制造技术的内涵正在不断地发生变化，工程技术人员不仅要学习和掌握计算机技术等多方面的新知识、新技术，而且要对机械制造工艺和机床夹具等必备的理论和知识运用全新观念重新优化组合，这就要求学校在教学安排上形成新的课程体系与结构，以适应社会发展和经济建设的需求。

本书正是为了适应机械制造业的发展和21世纪高校应用型技术人才培养目标的需求，在总结多年来专业教学实践的基础上编写而成的。本书的主要特点：

**1. 优化组合，完整充实**

将制造工艺、机床夹具、装配工艺和加工对象等各方面的理论和知识加以有机统一，形成完整的机械制造工艺学知识体系，奠定现代制造技术基础，体现一定的科学性、系统性、完整性、充实性，满足企业生产第一线所必需的基本理论和专业知识。

**2. 合理取材，简明精炼**

教材内容覆盖面广，综合性强；注意对传统内容削枝强干、合理取舍，减少烦琐理论推导，较多采用图、表描述，图文并茂，以“必须够用”为度，避免不必要的重复，做到简明精炼。

**3. 围绕主线，强调先进**

以加工工艺为主线，在现代制造技术的大背景下，阐述机械制造工艺学的基本理论和专业知识。各章渗透新的制造工艺和加工技术内容，如现代设计技术、现代制造工艺技术、制造自动化技术等，反映新理论、新思想、新材料、新技术、新工艺，体现一定的先进性和现代化。

**4. 突出典型，注重实用**

强调对基本概念和基本知识的理解和掌握，突出原理的结论是什么以及如何应用，突出典型机械结构、典型工艺及其典型应用，注重现场加工实际问题的分析和解决方案，贴近生产，实用为先，学以致用。

**5. 融入计算机应用技术**

融入计算机辅助工艺过程设计（CAPP）、计算机辅助检测与统计分析、数控（NC）加工技术、计算机辅助制造（CAM）、计算机辅助夹具设计（CAFD）、计算机有限元辅助夹具精度分析、计算机辅助装配工艺（CAAP）等，反映计算机新技术在机械制造领域的应用。

**6. 贯彻标准，科学规范**

在名词术语、代号符号、单位量纲等方面，贯彻执行新的国家标准，规范描述，科学统一，满足行业与社会的需要。

另外，各章后均附有习题和思考题，便于读者更好地对有关理论和知识充分理解和掌握；书后附赠的开目CAD和开目CAPP应用软件，有助于读者应用计算机技术在机械制造领域进行实际训练。

本书内容丰富、深入浅出、通俗易懂、适应性强，机械类各专业可根据专业方向需要做不同取舍。

本书由陈明主编，张茂、李子琼、李淑娟副主编，清华大学王先逵教授、北华航天工业学院赵先仲教授主审。

本书的编写分工为：绪论、第一章、第七章、附录 B 由北华航天工业学院陈明编写；第二章（除第四节）、附录 A 由太原科技大学李淑娟编写；第三章由西南石油学院张茂编写；第四章由北华航天工业学院郑广花编写；第五章由安徽工业大学汪永明编写；第六章由厦门理工学院李子琼编写；第八章由福建工程学院詹友基编写；第二章第四节、附录 C、附录 D 由武汉开目信息技术股份有限公司严晓光编写。此外，北华航天工业学院陈明、王春海和马秋生，武汉开目信息技术股份有限公司陈万领和马艳丽还参加了第四章、第五章和附录 D 部分内容的编写工作。全书由北华航天工业学院陈明总体规划、统稿和校稿。

本书在编写过程中得到了北华航天工业学院刘向东教授、山东大学刘镇昌教授、武汉开目信息技术股份有限公司曹少方教授的悉心指导和大力支持，也得到了有关高校教师的诚挚关心和热情帮助，在此一并表示衷心感谢。

由于编者水平有限，书中缺点和错误在所难免，恳请广大读者不吝指正。

编　者

# 目 录

# 绪　论

**内容提要：**机械制造业是国民经济的基础和支柱，是一个国家经济实力和科学技术水平的重要标志。介绍机械制造业的现状与发展，阐述机械制造过程与机械制造系统的基本概念，说明本课程的研究对象与任务。

**重点提示：**

机械制造、机械制造业、机械制造过程、机械加工工艺系统、机械制造系统的基本概念。

## 一、机械制造业及其现状与发展

### (一) 机械制造业的重要地位与作用

在国民经济的各条战线上，广泛使用着大量的机械、机床、工具、仪器、仪表等工艺装备。这些工艺装备的制造过程总称为机械制造，生产这些工艺装备的工业即是机械制造业。机械制造业的主要任务就是围绕各种工程材料的加工技术，研究其工艺，并设计和制造各种工艺装备。

机械制造业是国民经济的基础和支柱产业，是向其他部门提供工具、仪器和各种机械设备的技术装备部。据西方工业国家统计，机械制造业创造了60%的社会财富，完成了45%的国民经济收入。如果没有机械制造业提供质量优良、技术先进的技术装备，那么信息技术、新材料技术、海洋工程技术、生物工程技术以及空间技术等新技术群的发展将会受到严重的制约。因此，一个国家的经济竞争归根到底是机械制造业的竞争，机械制造业的发展水平是衡量一个国家经济实力和科学技术水平的重要标志之一。

21世纪是科学技术和综合国力竞争的年代，必须大力发展机械制造业及机械制造技术。

### (二) 机械制造业的现状与发展

机械制造业是一个历史悠久的产业，经历了漫长的发展过程。蒸汽机和电力的两次工业革命使机械制造业发生了巨大变革，世界各国都逐渐充分重视、发展和应用机械制造技术。

机械制造可分为热加工和冷加工两大部分。热加工一般是指铸造、塑性加工、焊接、表面处理等；冷加工一般是指零件的机械加工工艺过程和装配工艺过程，目前还可包括特种加工技术和精密加工技术等。一般机械制造多指研究各种机械制造冷加工的过程和方法。

当前，随着科学技术的进步，特别是微电子技术和计算机技术的发展，使机械制造这个传统工业焕发了新的活力，增加了新的内涵，无论在加工自动化方面，还是在生产组织、制造精度、制造工艺方法方面，都发生了令人瞩目的变化。机械制造业正经历着由传统制造技术向自动化、最优化、柔性化、集成化、智能化和精密化方向发展的根本变革。一个以先进制造技术（有关先进制造技术内容，参见本书第八章）为重点的工业革命已经到来，这就是第三次工业革命。

我国的机械制造业已得到长足的发展，一个自立的机械工业体系已基本形成。但与发达国家相比，我国工业水平还存在阶段性差距。我们的机械制造工业任重而道远，必须不断开拓进取，努力提高先进制造技术水平。

随着机械制造业的发展和科学技术的进步，机械制造工艺的内涵和面貌正不断发生变化，近一二十年来的技术进展和发展趋势主要有以下几个方面：

#### 1. 常规工艺的不断优化

常规工艺优化的方向是实现高效化、精密化、强韧化、轻量化，以形成优质、高效、低耗、少（无）污染的先进实用工艺为主要目标，同时实现工艺设备、辅助工艺、工艺材料、检测控制系统的成套工艺服务，使优化工艺易于为企业所采用。

#### 2. 新型加工方法的不断出现和发展

新型加工方法包括精密加工和超精密加工、微细加工、特种加工及高密度能加工、新硬材料加工技术、表面功能性覆盖技术和复合加工，以适应机械产品更新换代对制造工艺提出的更高的要求和更新的制造模式。

3. 自动化等高新技术与工艺的紧密结合

微电子、计算机和自动化技术与工艺及设备的相结合，使传统工艺面貌产生显著、本质的变化，如生产线的自动控制、在线检测的自适应控制、计算机辅助工艺过程设计、计算机辅助夹具设计、计算机辅助装配工艺设计和智能制造系统等。

## 二、机械制造过程与机械制造系统

### （一）机械制造过程

在现代化的制造工业中，机械产品的生产过程是一个系统工程，可分为决策、设计与研究、制造三个阶段，如图 0-1 所示。

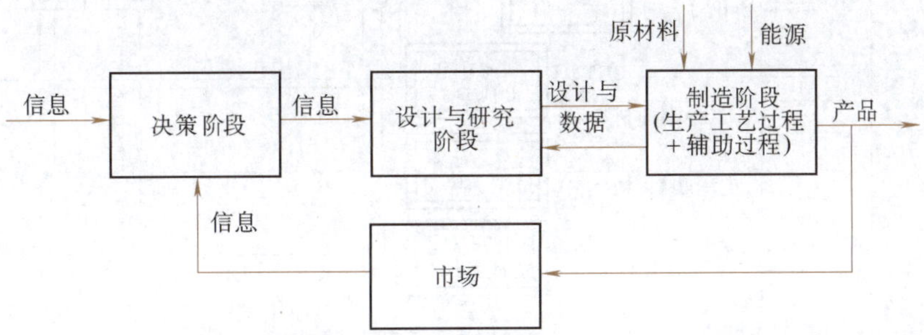


图 0-1　机械产品的生产过程

产品的制造阶段是将原材料转变为成品的过程，包括原材料的运输和保管、生产准备、毛坯准备、机械加工、装配与调试、质量检验、成品包装等工作。其中，毛坯制造、机械加工、热处理、装配等直接改变毛坯或零件的形状尺寸或材料性能的过程称为生产工艺过程或工艺过程。

工艺过程中的机械加工、装配与调试等称为机械制造工艺过程。这一过程的工作就是将已通过铸造、焊接、锻造等方法得到的毛坯进行机械切削等加工，并装配成能实现一定功能的完整机器。

### （二）机械制造工艺与流程

如图 0-2 所示，机械制造工艺与流程由原材料和能源供应、毛坯和零件成形、零件机械加工、材料改性与处理、装配与包装、搬运与储存、检测与质量监控等环节组成。

### （三）机械加工工艺系统和机械制造系统

一个典型的机械制造企业可看成是由不同大小规模、不同复杂程度的三个层次的系统组成的，即机械加工工艺系统、机械制造系统和企业生产系统。

1. 机械加工工艺系统

机械加工工艺系统是制造企业中处于最基层的一个加工单元，往往由机床、刀具、夹具和工件 4 要素组成，如车床加工系统、铣床加工系统、磨床加工系统等。

不同的工艺方法将要求有不同的加工单元，选择不同的加工工艺系统。对于一个机械制造工厂来说，除了有切削加工工艺系统之外，还应有铸造、锻压、热处理和装配等工艺系统。

2. 机械制造系统

机械制造系统是将毛坯、刀具、夹具、量具和其他辅助物料作为原材料输入，经过存

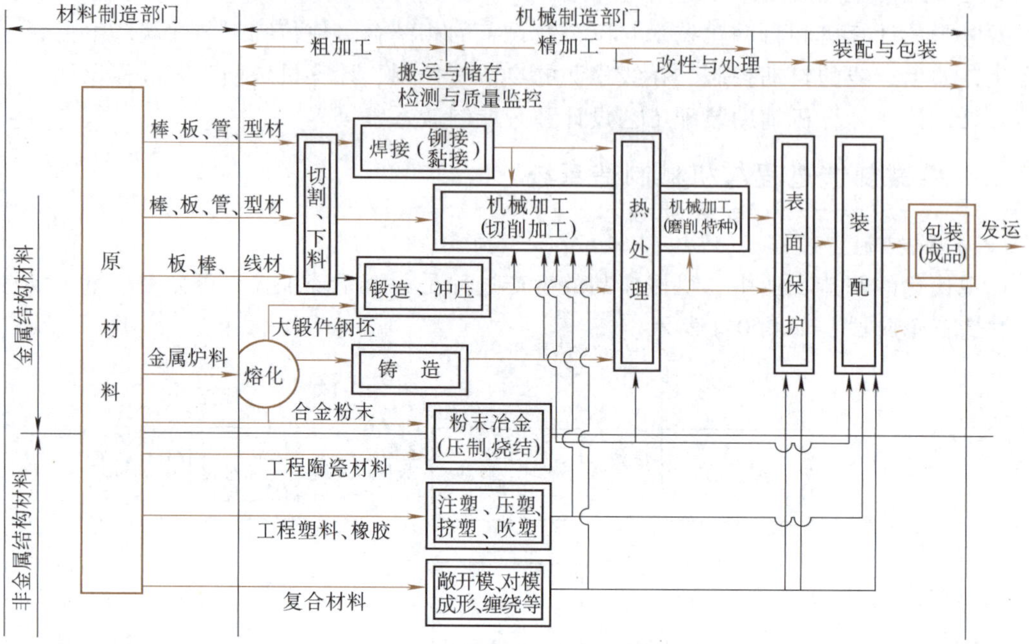


图 0-2 机械制造工艺与流程

储、运输、加工、检验等环节，最后输出机械加工的成品或半成品的系统。机械制造系统接受上级系统下达的生产计划和技术要求，通过自身的计划调度系统合理分配各个加工单元的任务，适时地调整和调度各加工单元的负荷，使各个加工工艺系统和辅助系统能够协调有序地工作，以取得整个系统最佳的生产率。

机械制造系统既可以是一台单独的加工设备，如各种机床、焊接机、数控线切割机等，也可以是包括多台加工设备、工具和辅助系统（如搬运设备、工业机器人、自动检测机等）所组成的工段或制造单元，如柔性制造系统、计算机集成制造系统等。

## 三、本课程的研究对象与任务

任何一种机械产品都是由若干零件所组成的。轴、齿轮、活塞、连杆、套、箱体和凸轮等机械零件，可由不同的材料先经热加工制成毛坯，再经机械加工达到图样规定的结构形状和质量要求，最后经组件、部件和整机装配而满足产品的性能要求。虽然各种机械产品的性能和结构差别很大，但其制造工艺却有共同之处。

机械制造工艺学的研究对象就是机械零件的冷加工和装配工艺中具有共同性的规律。其目标可概括为“**TQCS**”——“**Time**、**Quality**、**Cost**、**Service**”，即以最少的经济投入、最短的生产周期，生产出优质的零件和产品，以满足市场需求，服务于市场发展。

本课程的研究重点是工艺过程，包括机械零件加工工艺过程和装配工艺过程两部分。工艺是使各种原材料、半成品变为产品的方法和过程。工艺是生产中最活跃的因素，既是构思和想法，又是实在的方法和手段。机械制造工艺就是各种机械制造方法和制造过程的总称。

本课程的主要任务有以下几点。

1）理解和掌握机械制造工艺过程的基本理论和基本知识。

2）了解影响机械加工质量的各种因素，学会分析和控制加工质量的方法。

3）学会制订机械加工工艺规程，理解和掌握典型零件的加工工艺。

4）掌握机床夹具设计的基本原理和方法，理解和掌握典型夹具的设计。

5）理解和掌握机器装配工艺基础知识，充分认识先进制造技术的内涵、工艺和发展。

6）了解计算机技术在机械制造领域的应用，能够结合相关软件进行初步应用。

## 四、本课程的性质和学习要求

机械制造工艺学是一门综合性和实践性都很强的专业课程。通过学习，应掌握机械制造工艺和机床夹具设计的基本理论，具有编制中等复杂程度的机械制造工艺规程和装配工艺规程的能力，具有设计机床夹具的能力，具有分析和解决生产现场中一般工艺问题的能力。

由于与其他技术基础课程和专业课程衔接紧密，在本课程学习时要具备一定的金属工艺学、金工实习、互换性与技术测量、机械设计（机械原理和机械零件）、工程力学（理论力学和材料力学）、金属切削原理、金属切削刀具、金属切削机床等课程的基本理论和基本知识。课程涉及的内容较多，学习过程中应特别注意及时归纳总结、融会贯通。

在应用本教材时，不同专业及方向可根据需要合理取舍，部分章节可采用翻转课堂以及课堂以外的方式开展教学。课程教学务必理论联系实际，结合金工实习、课程习题、生产实习、课程试验、现场教学和课程设计等多种实践教学环节，并努力应用多媒体等现代化教学方法，创造性运用讨论式、互动式、启发式、案例式、情景式等现代化教学手段，进行工艺问题的具体分析，从工程应用的角度理解和掌握工程问题，以获得较为理想的教学效果。

## 知识拓展：近代机械制造学科的诞生

从金字塔建造时的简单机械滑轮，到目前世界最高建筑 828m 的哈利法塔；从工业革命时大家惊呼的蒸汽火车，到现在时速动辄突破 400km 的高速铁路；从莱特兄弟的第一次人类起飞，到现今人类外太空的探索等，世界发生了巨大的变化，这一切都与“机械”的发展密切相关。

14—16 世纪，生产力的发展催生了欧洲文艺复兴运动，一些学者开始从事机构的研究，如在 20 余个科学领域都有显著成就的伟大博学者达·芬奇就设计了很多机构，只可惜他的很多科研成果，在很久以后才付诸实践。

近代的机械制造业发端于 16 世纪出现的钟表制造业，那个时代机器制造业陆续涌现出一批批机械技师和机械匠人，虽然还没有专门的机械工程教育的学校，更谈不到机械制造学科，机械制造的全部知识都存在于车间里，但这些技师和匠人的经验积累，就是后来机械制造学科发展的根基。

▲插入一则说明：“机械”“机器”和“机构”的基本内涵。

【机构就是能够传递运动与力的一种可动装置，如千斤顶、汽车刮水器等；机器是由若干机构组成的，是一个设备的总成通称，如一辆汽车、一台机床等；机械则是机器与机构的总称，机械的概念比机器要更广阔、包含的范围更大，通常把较复杂的机械叫作机器。

机械制造和机器制造的内涵亦然。】

蒸汽机的使用极大地推动了机器的普遍使用和新机器的发明，吹响了第一次工业革命的号角。近代机器制造业在英国诞生。希拉默发明了水压机，莫兹利发明了全金属螺纹车床，惠特沃斯建立了螺纹标准。

如果说，19世纪初机构学开始从经验走向理论，从19世纪中叶开始，机械设计从应用力学中独立出来，那么机械制造从经验跃升为理论的时间则更晚些。

苏联机械制造专家索科洛夫斯基（A. CoKoЛoBCKИЙ，Sokolovsky）在他的教科书的序言中自述了他的工作历程。第一步，他在1932—1935年出版了《机器制造工艺学论文集》共五册，收集了许多苏联和外国机器制造经验方面的资料。第二步，他将这些资料系统地加以整理，在1938—1939年出版了两卷本的《机器制造工艺学基础》。第三步，1947年他出版了《机器制造工艺学教程》，被苏联高等教育部审定为高等学校的教科书。在这本教科书的绪论中，他叙述了苏联这门课程诞生的原因：日益发展的机器制造工业方面的征询，促使“机器制造工艺学”成为一门独立的课程。在此之前，苏联高校中已设有“金属工学”和“机器工艺学”两门课程，后来又分解为“机床”“刀具”“切削原理”“公差”和“生产组织”等相对独立的课程。“现实的生活，要求我们组织一门新的课程、能够直接回答工艺师的质询。”1930年左右，在高等工业学校的教学计划中列入了一些工艺课程；从1934年起，这门新课在教学计划中的地位得到肯定，并获得了一个明确的名称——“机器制造工艺学”。

索科洛夫斯基的这段叙述，清楚地表达了在苏联机器制造工艺的知识走出车间、上升为理论，又走进高等学校的历程。1945年出版的由凯西林著的苏联教科书《机械制造学》中，也有类似的描述。

近代的机械制造学科包含金属切削理论、金属切削刀具设计、机械制造工艺（包含夹具设计）、金属切削机床设计、机械加工精度理论等。

机械制造工艺更多的是对实践经验的总结和提高；而机床设计中大部分内容的基础则是一般机械传动设计和机械结构设计；刀具材料在机械制造学科的进步中处于执牛耳的地位；金属切削理论和精度理论则是近代机械制造学科中两个独具特色的重要理论。

# 第一章 机械制造工艺过程基本概念

**本章提要：** 机械制造工艺是各种机械制造方法和制造过程的总称。本章研究机械制造工艺过程的基本问题，主要包括生产过程与工艺过程、生产纲领与生产类型、工件的基准与定位、机器的装配等内容，阐述机械制造工艺过程中最基本的概念和内涵。这些概念和内涵是本课程的基础和支柱。

**重点提示：**

工艺过程、生产类型、基准、装夹和装配的基本概念，工件的定位原理、常见典型定位方式及其定位分析。

# 第一节 ■ 生产过程与工艺过程

## 一、生产过程

生产过程是指从原材料变为成品的劳动过程的总和。它包括原材料的采购和保管，生产准备工作，毛坯制造，零件机械加工和热处理，产品的装配、调试、油封、包装和发运等工作。

根据机械产品复杂程度的不同，其生产过程可以由一个车间或一个工厂完成，也可以由多个车间或多个工厂联合完成。

需要说明的是，原材料和成品是一个相对概念。一个工厂（或车间）的成品可以是另一个工厂的原材料或半成品，或者是本厂内另一个车间的原材料或半成品。例如：铸造车间、锻造车间的成品——铸件、锻件，就是机械加工车间的原材料，而机械加工车间的成品，又是装配车间的原材料。这种生产上的分工，可以使生产趋于专业化、标准化、通用化、系列化，便于组织管理，利于保证质量，提高生产率，降低成本。

## 二、工艺过程

从绪论中可知，生产过程中凡属直接改变生产对象的形状、尺寸、性能和相对位置关系的过程，称为工艺过程。工艺过程是生产过程中的主体。当然，将工艺过程从生产过程中划分出来，只能有条件地划分到一定程度，如在机床上加工一个零件后进行尺寸测量的工作，虽然不直接改变零件的形状、尺寸、性能和相对位置关系，但与加工过程密切相关，因此也应将其列在工艺过程的范畴之内。

工艺过程又可具体分为铸造、锻造、冲压、焊接、机械加工、特种加工、热处理、表面处理和装配等工艺过程。

一台结构相同、要求相同的机器，一个要求相同的机器零件，可以采用几种不同的工艺过程完成，但其中总有一种在某一具体条件下是最合理的。在具体的生产条件下，把最合理或较合理的工艺过程，按照一定的要求和规定，用文字和表格的形式书写成的工艺文件称为机械加工工艺规程，简称为工艺规程。

工艺规程是在总结实践经验的基础上，根据科学的理论和必要的工艺试验制订的，用于规定产品或零部件的制造工艺过程和操作方法，是组织生产和进行技术准备的根本依据。当然，工艺规程也不是一成不变的，随着科学技术的进步，一定会有新的更为合理的工艺规程代替旧的相对不合理的工艺规程。但工艺规程的修订必须经过充分的试验论证，并须严格履行一定的审批手续。

一个零件的机械加工工艺过程往往是比较复杂的。为了便于组织和管理生产，以保证零件的加工质量，生产中常针对零件的结构特点和技术要求，采用不同的加工方法和装备，将机械加工工艺过程分为若干工序，即毛坯到零件的转变过程是由一个或若干个工序所组成的，并按照一定的顺序依次完成所有加工内容。

在我国各机械制造厂使用的工艺规程表格的形式不尽一致，但其基本内容相同。在单件小批生产中，一般只编写简单的机械加工工艺过程卡；在中批生产中，多采用机械加工工艺卡；在大批大量生产中，要有详细完整的机械加工工序卡；对半自动和自动机床，则要求有机床调整卡和检验卡等。

有关工艺文件卡片内容和工序、工步、安装等概念详见第二章。

## 第二节 ■ 生产纲领与生产类型

### 一、生产纲领

生产纲领是指企业在计划期内应生产的产品产量和进度计划。企业应根据市场需求和自身的生产能力决定其生产计划。零件的生产纲领还包括一定的备品和废品数量。计划期为一年的生产纲领称为年生产纲领，可按下式计算：

$$N=Qn(1+\alpha)(1+\beta) \tag{1-1}$$

式中　$N$——零件的年产量（件/年）；

$Q$——产品年产量（台/年）；

$n$——每台产品中该零件数量（件/台）；

$\alpha$——备品百分率；

$\beta$——废品百分率。

年生产纲领是设计或修改工艺规程的重要依据，是车间（或工段）设计的基本文件。

年生产纲领确定之后，还应该根据车间（或工段）的具体情况，确定在计划期内一次投入或产出的同一产品（或零件）的数量，即生产批量。零件生产批量的计算公式如下：

$$n=\frac{NA}{F} \tag{1-2}$$

式中　$n$——每批的零件数量；

$N$——年生产纲领规定的零件数量；

$A$——零件应该储备的天数；

$F$——一年工作日天数。

### 二、生产类型

生产类型是企业（或车间、工段、班组、工作地）生产专业化程度的分类。一般将其分为单件生产、成批生产和大量生产 3 种类型。

#### 1. 单件生产

在这种生产中，产品的品种很多，同一产品的产量很少，工作地点经常变换，加工对象很少重复。例如：重型机械、专用设备的制造及新产品的试制就是单件生产。

#### 2. 成批生产

在这种生产中，各工作地点分批轮流制造几种不同的产品，加工对象周期性重复。一批零件加工完以后，调整加工设备和工艺装备，再加工另一批零件。例如：机床、电动机和汽轮机的生产就是成批生产。

#### 3. 大量生产

在这种生产中，产品的产量很大，大多数工作地点按照一定的生产节拍重复进行某种零件的某一个加工内容，设备专业化程度很高。例如：汽车、拖拉机、轴承和洗衣机等的生产就是大量生产。

根据生产批量大小和产品特征，成批生产又可分为小批生产、中批生产和大批生产 3 种。

表 1-1 列出了各种生产类型的划分依据。

表 1-1　各种生产类型的划分依据

| 生产类型 | | 生产纲领/(台/年)或(件/年) | | |
|---|---|---|---|---|
| | | 重型零件(30kg 以上) | 中型零件(4~30kg) | 轻型零件(4kg 以下) |
| 单件生产 | | ≤5 | ≤10 | ≤100 |
| 成批生产 | 小批生产 | >5~100 | >10~150 | >100~500 |
| | 中批生产 | >100~300 | >150~500 | >500~5000 |
| | 大批生产 | >300~1000 | >500~5000 | >5000~50000 |
| 大量生产 | | >1000 | >5000 | >50000 |

小批生产接近单件生产，习惯上合称为单件小批生产；大批生产接近大量生产，习惯上合称为大批大量生产；中批生产介于单件生产和大量生产之间，习惯上成批生产就是指中批生产。生产类型不同，则无论是生产组织、生产管理、车间机床布置，还是在选用毛坯制造方法、机床种类、工具、加工或装配方法以及工人技术要求等方面均有所不同。因此，在制订机器零件的机械加工工艺过程和机器产品的装配工艺过程时，都必须考虑不同生产类型的特点，以取得最大的经济效益。表 1-2 列出了各种生产类型的特点和要求。

表 1-2　各种生产类型的特点和要求

| 工艺特征 | 单件小批生产 | 成批生产 | 大批大量生产 |
|---|---|---|---|
| 毛坯的制造方法及加工余量 | 铸件用木模手工造型，锻件用自由锻。毛坯精度低，加工余量大 | 部分铸件用金属模造型，部分锻件用模锻。毛坯精度及加工余量中等 | 广泛采用金属模造型，锻件广泛采用模锻以及其他高效方法。毛坯精度高，加工余量小 |
| 机床设备及其布置 | 通用机床、数控机床。按机床类别采用机群式布置 | 部分通用机床、数控机床及高效机床。按工件类别分工段排列 | 广泛采用高效专用机床及自动机床。按流水线和自动线排列 |
| 工艺装备 | 多采用通用夹具、刀具和量具。靠划线和试切法达到精度要求 | 广泛采用夹具，部分靠找正装夹达到精度要求，较多采用专用刀具和量具 | 广泛采用高效率的夹具、刀具和量具。用调整法达到精度要求 |
| 工人技术水平 | 需技术熟练的工人 | 需技术比较熟练的工人 | 对操作工人的技术要求较低，对调整工人的技术要求较高 |
| 工艺文件 | 有工艺过程卡，关键工序要有工序卡。数控加工工序要有详细工序卡和程序单等文件 | 有工艺过程卡，关键零件要有工序卡，数控加工工序要有详细的工序卡和程序单等文件 | 有工艺过程卡和工序卡，关键工序要有调整卡和检验卡 |
| 生产率 | 低 | 中 | 高 |
| 成　本 | 高 | 中 | 低 |

需要说明的是，随着科技的进步和市场需求的变化，生产类型的划分正在发生深刻的变化。传统的大批大量生产往往不能适应产品及时更新换代的需要，而单件小批生产的生产能力又跟不上市场的急需。因此，各种生产类型都朝着生产过程柔性化的方向发展，多品种中小（变）批量的生产方式已成为当今社会的主流。

## 第三节 ■ 工件的基准与定位

### 一、基准

基准是指用以确定生产对象几何要素间几何关系所依据的点、线、面。对一个机械零件而言，基准就是确定该零件上其他点、线、面位置所依据的那些点、线、面。

在机器零件的设计和加工过程中，按照不同要求选择哪些点、线、面作为基准，是直接影响零件加工工艺性和表面间尺寸、位置精度的主要因素之一。

根据功能和应用场合的不同，基准可分为设计基准和工艺基准两大类。

#### （一）设计基准

设计基准是指在零件图上标注设计尺寸所采用的基准。

在一个机器零件图上，可以有一个也可以有多个设计基准。在图 1-1a 中，*A* 面与 *B* 面互为设计基准；在图 1-1b 中，$\phi$40mm 外圆是 $\phi$60mm 外圆的设计基准；在图 1-1c 中，平面 1 是平面 2 与孔 3 的设计基准，孔 3 是孔 4 和孔 5 的设计基准；在图 1-1d 中，中心线是 $\phi$30H7 内孔、$\phi$48mm 齿轮分度圆和 $\phi$50h8 齿顶圆的设计基准。

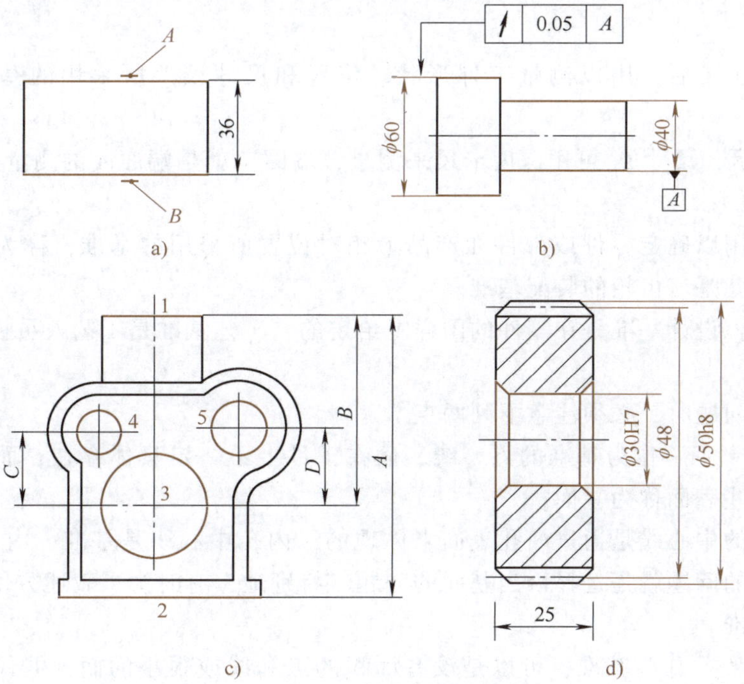


图 1-1　设计基准示例

### （二）工艺基准

工艺基准是指在零件的工艺过程中所采用的基准。按照用途的不同，工艺基准又可分为工序基准、定位基准、测量基准和装配基准。

#### 1. 工序基准

在工序图中，用以确定本工序被加工表面加工后的尺寸、形状、位置所采用的基准，称为工序基准。

如图 1-2 所示的工件，加工表面为 $\phi D$ 孔，要求其中心线与 $A$ 面垂直，并与 $C$ 面和 $B$ 面保持距离尺寸 $L_1$ 和 $L_2$，则 $A$ 面、$B$ 面、$C$ 面均为本工序的工序基准。

#### 2. 定位基准

在加工时，用以确定工件在机床上或夹具中正确位置所采用的基准，称为定位基准。

在图 1-3 中，工件被夹持在自定心卡盘上车外圆，则尺寸 $\phi D$ 的定位基准为外圆中心线。

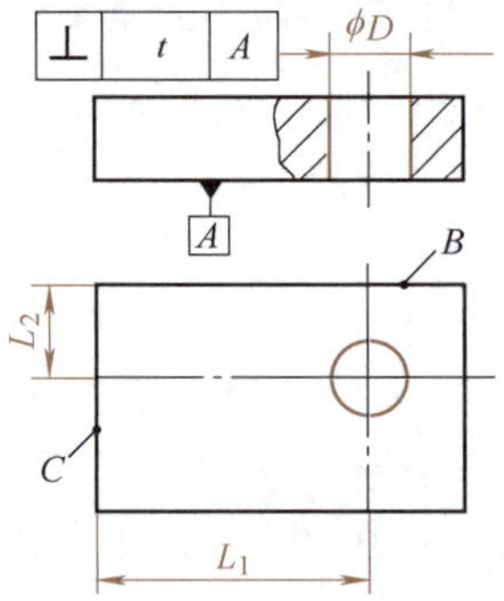


图 1-2　工序基准示例

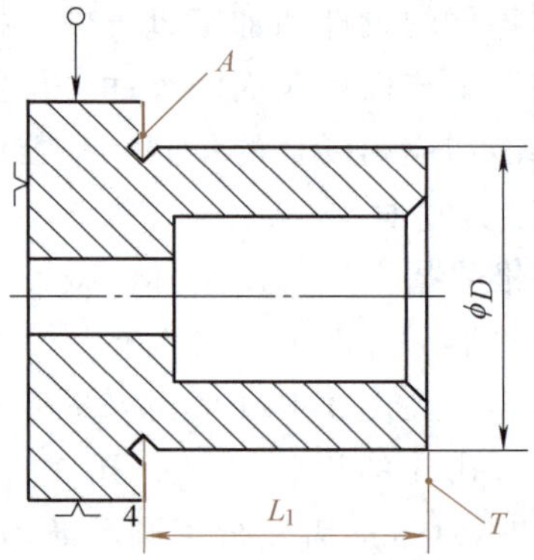


图 1-3　某工件工序简图

#### 3. 测量基准

在加工中或加工后，用以测量工件形状、位置和尺寸误差所采用的基准，称为测量基准。

如图 1-3 所示，尺寸 $L_1$ 可用深度卡尺来测量，端面 $T$ 就是端面 $A$ 的测量基准。

#### 4. 装配基准

在装配时，用以确定零件或部件在产品上相对位置所采用的基准，称为装配基准。例如：齿轮的内孔就是该齿轮的装配基准。

一般情况下，设计基准是在零件的图样上给定的，工艺基准是工艺人员根据具体的工艺过程选择确定的。

在分析基准问题时，必须注意下列两点。

（1）基准与基面　作为基准的点、线、面在工件上不一定具体存在，而由某些具体的表面来体现，这些表面称为基面。

例如：内孔的中心线是通过内孔表面来体现的，内孔中心线是基准，内孔表面是基面。因此，选择基准的问题就是选择恰当基面的问题。特别地，有时为了叙述方便，可以将基准和基面统称为基准。

（2）基面面积　作为基准，可以是没有面积的点和线或很小的面，但代表这种基准的基面总是有一定面积的。

例如：在车床上用顶尖安装一根长轴，基准是轴心线，它没有面积；基面是顶尖的锥面，它面积很小但确有一定面积。

## 二、工件的装夹

### （一）装夹的概念

为了保证工件加工表面的尺寸、几何形状和相互位置精度的要求，需要解决一个重要问题：使工件在加工前相对于刀具和机床占有正确的加工位置，并且在加工过程中始终保持加工位置的稳定可靠。这一工艺过程称为装夹。用于装夹工件的工艺装备就是机床夹具。

工件的装夹包括定位和夹紧两个过程。

#### 1. 定位

定位是指确定工件在机床或夹具中占有正确位置的工艺过程。

工件定位的任务是：使一批工件中的每个工件在同一工序中都能在机床或夹具中占据正确的位置。虽然这一位置不可能完全一致，但各个工件的位置变动量必须控制在加工要求所允许的范围之内。

#### 2. 夹紧

夹紧是指将工件定位后的位置固定下来，使其在加工过程中保持定位位置不变的工艺过程。

工件夹紧的任务是：使工件在切削力、离心力、惯性力和重力的作用下不离开已经占据的正确位置，以保证机械加工的正常进行。

由此可知，工件装夹的实质，就是在机床上对工件进行定位和夹紧。装夹工件的目的是，通过定位和夹紧使工件在加工过程中始终保持正确的加工位置，以保证达到该工序所规定的加工技术要求。

### （二）装夹的方法

在机械加工中，随着生产批量、加工精度、工件大小及其复杂程度的不同，工件的装夹方法也不同，一般可分为下列 3 种。

（1）直接找正装夹　对于形状简单的工件，可以利用百分表、划针等工具，将工件直接靠紧或贴合在机床上的装夹面上进行定位和夹紧。

直接找正装夹的方法，通常用于单件小批生产中加工表面单一、加工精度要求不高、生产率较低的加工情况。

（2）划线找正装夹　对于形状复杂的工件，可按图样要求在工件表面上先划出中心线、对称线及待加工表面的加工线，再利用可调垫块、单动卡盘和机用虎钳等工具，按照已划好的线找正工件在机床上的位置进行定位和夹紧。

划线找正装夹的方法，通常用于单件中小批生产中加工表面复杂、加工精度要求不太高、生产率较低的铸件的加工情况，也可用于大型铸件的精加工中。

（3）夹具装夹　夹具装夹是根据被加工工件的某一工序的具体加工要求设计一套夹具，其上备有专用的定位和夹紧装置，可实现工件迅速准确的定位和夹紧的全过程。

夹具装夹的方法，无须划线和找正，定位精度较高、操作简单、生产率高，广泛应用于成批生产和大量生产中。

## 三、工件的定位原理

### （一）六点定位原理

如图 1-4 所示，任何一个自由刚体，在空间均有六个自由度（自由度是完全确定物体在空间的几何位置所需要的独立坐标数目），即沿空间坐标轴 $x$、$y$、$z$ 三个方向的移动和绕此三个坐标轴的转动，分别用 $\vec{x}$、$\vec{y}$、$\vec{z}$ 和 $\overset{\frown}{x}$、$\overset{\frown}{y}$、$\overset{\frown}{z}$ 表示。

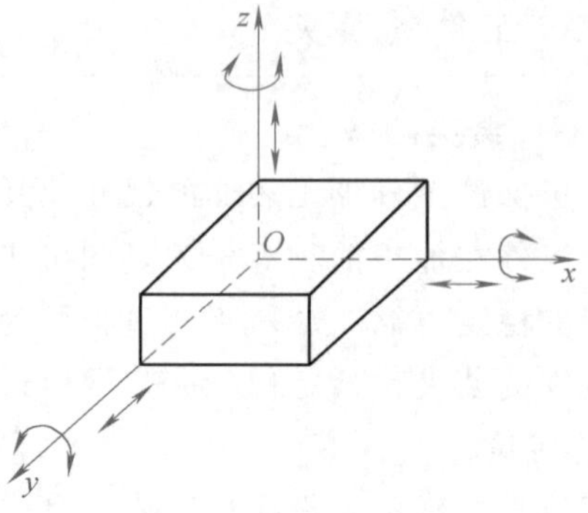


图 1-4　**工件的六个自由度**

图 1-5 所示为一个长方体工件在空间坐标系中的定位情况。

在 $xOy$ 平面上设置三个支承（不能在一条直线上），工件放在这三个支承上，就能限制工件的 $\vec{z}$、$\overset{\frown}{y}$、$\overset{\frown}{x}$ 三个自由度；在 $xOz$ 平面上设置两个支承（两点的连线不能平行于 $z$ 轴），把工件靠在这两个支承上，可限制 $\vec{y}$、$\overset{\frown}{z}$ 两个自由度；在 $yOz$ 平面上设置一个支承，使工件靠在这个支承上，就限制了 $\vec{x}$ 这个自由度。这样工件的六个自由度就都被限制了，工件在空间的位置就完全确定了。工件定位的实质就是限制工件的自由度，使工件在夹具中占有某个确定的正确加工位置。

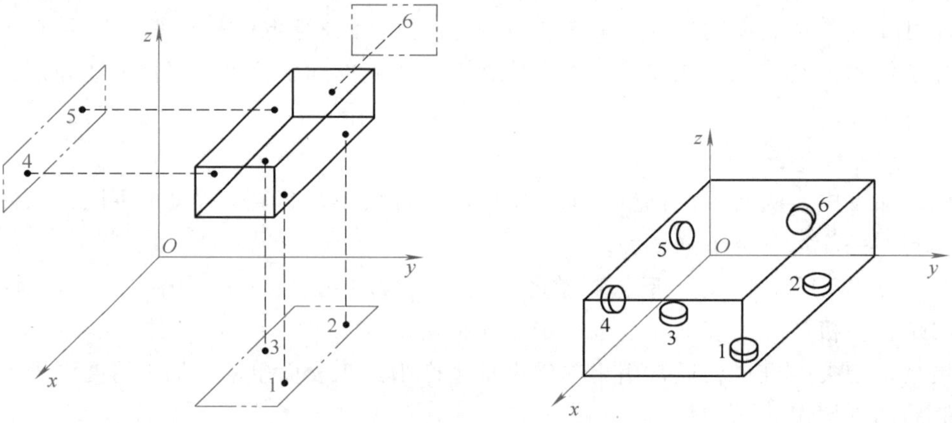


a)　　　　b)

图 1-5　**一个长方体工件在空间坐标系中的定位情况**

在这个空间坐标系中，设置的六个支承称为定位支承点，实际上就是起定位作用的定位元件。将具体的定位元件抽象化，转化为相应的定位支承点，用这些定位支承点来限制工件的运动自由度，这样定位分析的问题便十分简单明了了。

在夹具中采用合理布置的六个定位支承点与工件的定位基准相接触，来限制工件的六个运动自由度，就称为六点定位原理。

应用六点定位原理实现工件在夹具中的正确定位时，应注意下列几点。

（1）主要定位面　设置三个定位支承点的平面限制一个移动自由度和两个转动自由度，

称为主要定位面。工件上选作主要定位的表面应力求面积尽可能大些，而三个定位支承点的分布应尽量彼此远离和分散，绝对不能分布在一条直线上，以承受较大外力作用，提高定位稳定性。

（2）导向定位面　设置两个定位支承点的平面限制两个自由度，称为导向定位面。工件上选作导向定位的表面应力求狭而长，而两个定位支承点的分布在平面纵长方向上应尽量彼此远离，绝对不能分布在平面窄短方向上，以使导向作用更好，提高定位稳定性。

（3）止推定位面或防转定位面　设置一个定位支承点的平面限制一个自由度，称为止推定位面或防转定位面。究竟是止推作用还是防转作用，要根据这个定位支承点所限制的自由度是移动的还是转动的而定。

（4）支承点与自由度对应关系　一个定位支承点只能限制一个自由度。

（5）支承点与基准贴紧关系　定位支承点必须与工件的定位基准始终贴紧接触。一旦分离，定位支承点就失去了限制工件自由度的作用。

（6）自由度的设定原则　工件在定位时需要限制的自由度数目以及究竟是哪几个自由度，完全由工件该工序的加工要求所决定，应该根据实际情况进行具体分析，合理设置定位支承点的数量和分布情况。

（7）自由度的特定原则　定位支承点所限制的自由度，原则上不允许重复或相互矛盾。

### （二）完全定位与不完全定位

#### 1. 完全定位

工件的六个自由度全部被限制而在夹具中占有完全确定的唯一位置，称为完全定位。

如图 1-6 所示，在某长方体工件上加工一个不通孔，为满足所有加工要求，必须限制工件的六个自由度，这就是完全定位。

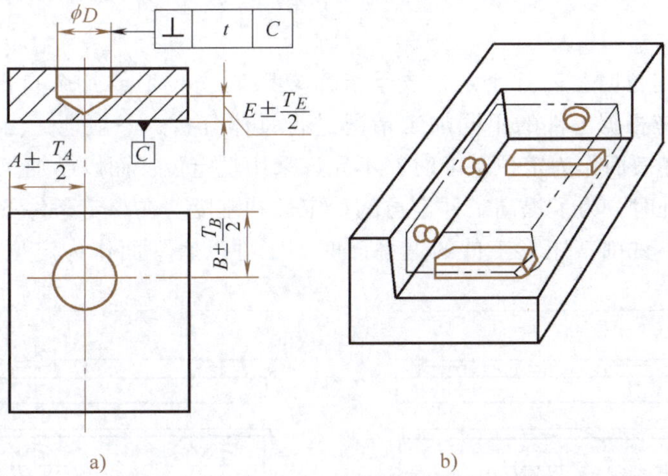


**图 1-6　长方体工件钻孔工序的定位分析**

a）工件　b）定位设计

#### 2. 不完全定位

没有全部限制工件的六个自由度，但也能满足加工要求的定位，称为不完全定位。

如图 1-7 所示，在某长方体工件上加工一个通槽，满足所有加工要求仅需要限制工件的五个自由度，而工件的 $\vec{y}$ 自由度可以不限制，这就是不完全定位。

特别需要说明的是，为了便于承受切削力、夹紧力，或为了保证一批工件的进给长度一致，有时将无加工要求的自由度也加以限制。例如：将图 1-7 所示工件的 $\vec{y}$ 自由度也限制，实际加工是允许的，也是有必要的。

（三）欠定位与过定位

1. 欠定位

根据加工要求，工件必须限制的自由度没有得到全部限制的定位，称为欠定位。欠定位必然导致无法正确保证工序所规定的加工要求。

如图 1-8 所示，铣削某轴的不通槽时，只限制了工件的四个自由度，$\vec{x}$ 自由度未被限制，故加工出来的槽的长度尺寸无法保证一致。因此，欠定位是不允许的。

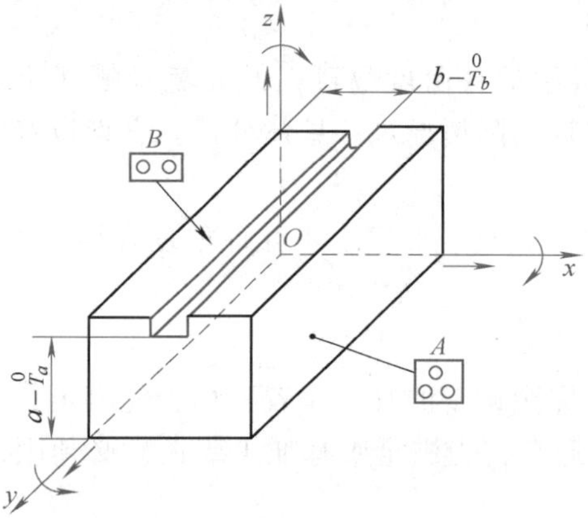


图 1-7　长方体工件铣槽工序的定位分析

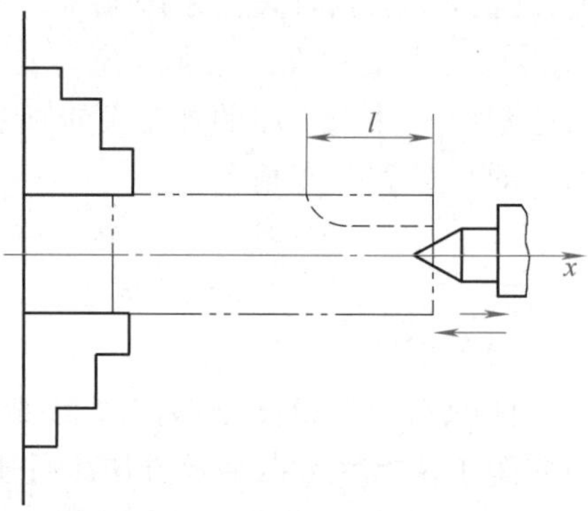


图 1-8　轴铣槽工序的定位分析

2. 过定位

工件在夹具中定位时，若几个定位支承点重复限制同一个或几个自由度，称为过定位。过定位是否允许，应根据工件的不同加工情况进行具体分析。一般地，当工件以形状精度和位置精度很低的毛坯表面作为定位基准时，不允许采用过定位；而以已加工过的或精度高的毛坯表面作为定位基准时，为了提高工件定位的稳定性和刚度，在一定条件下允许采用过定位。

如图 1-9 所示，铣削某矩形工件的上平面时，工件以底平面作为定位基准。

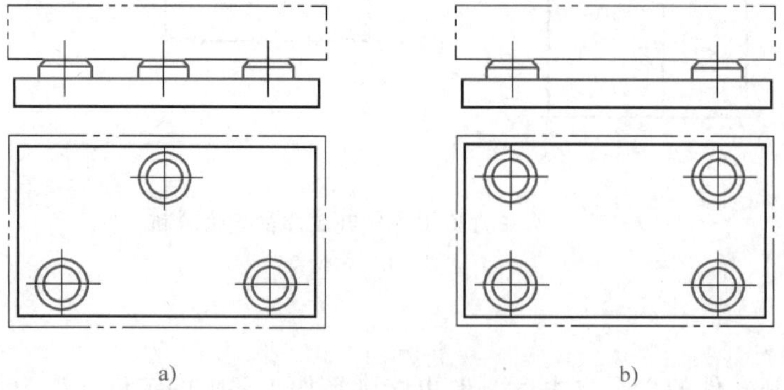


图 1-9　铣削矩形工件的定位分析

当设置三个定位支承点时，如图 1-9a 所示，属于不完全定位，是合理方案。

当设置四个定位支承点时，如图 1-9b 所示，属于过定位。若底平面粗糙或是四个定位支承点不在同一平面上，实际只有三个点接触，将造成工件定位的位置不定或一批工件的定位位置不一致，是不合理方案；若底平面已加工过，保证四个定位支承点在同一平面上，则一批工件在夹具中的位置基本一致，增加的定位支承点可使工件定位更加稳定，更有利于保证工件的加工精度，是合理方案。由于四个定位支承点在同一平面上，实际起到三个定位支承点限制工件三个自由度的作用，是符合定位原理的。

如果重复限制相同自由度的定位支承点之间存在严重的干涉和冲突，以致造成工件或夹具的变形，从而明显影响定位精度，这样的过定位必须严禁采用。

表 1-3 列出了常见典型定位方式及其定位分析。

**表 1-3　常见典型定位方式及其定位分析**

| 工件定位基准面 | 定位元件 | 定位方式及所限制的自由度 |
|---|---|---|
| 平面 | 支承钉 | 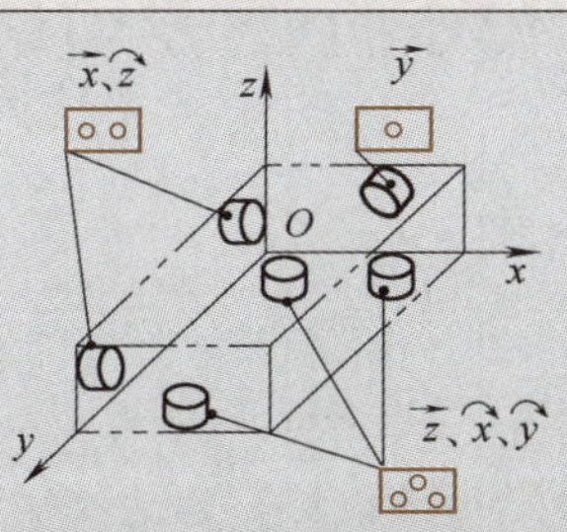 |
| | 支承板 | 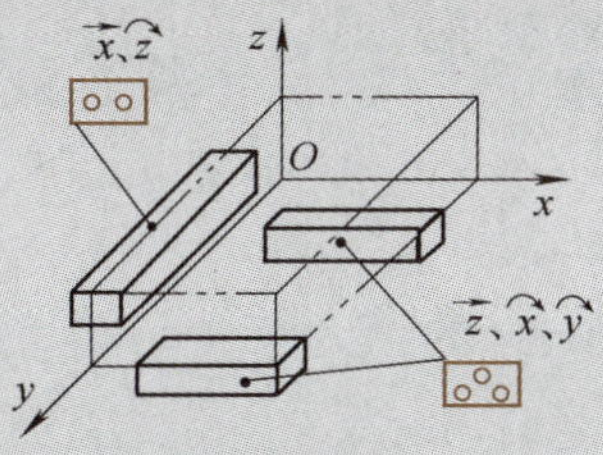 |
| | 固定支承与自位支承 | 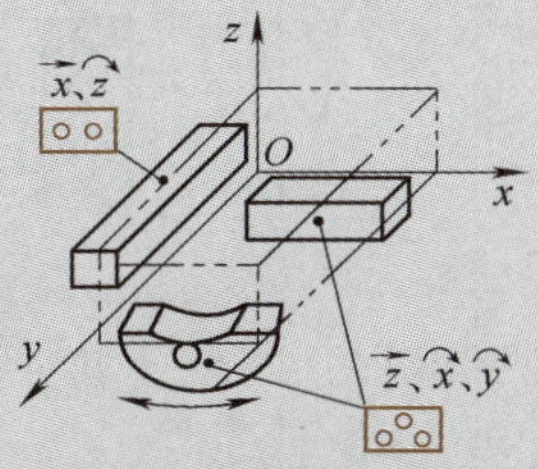 |
| | 固定支承与辅助支承 | 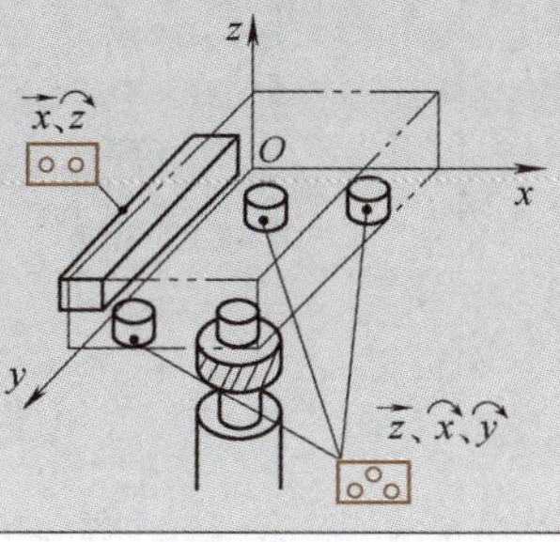 |

| 工件定位基准面 | 定位元件 | 定位方式及所限制的自由度 |
|---|---|---|
| 圆孔 | 定位销（心轴） | 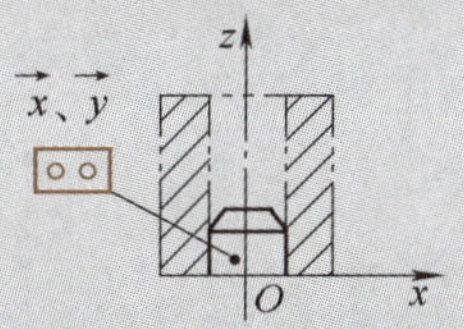 |
| | | 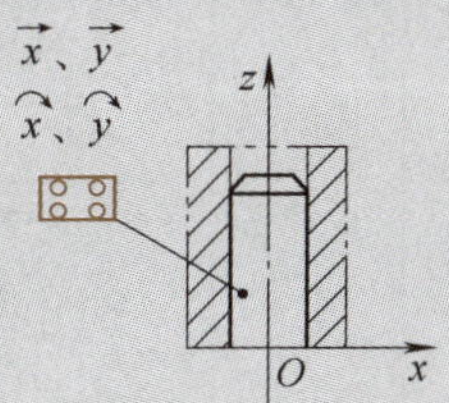 |
| | 锥销 | 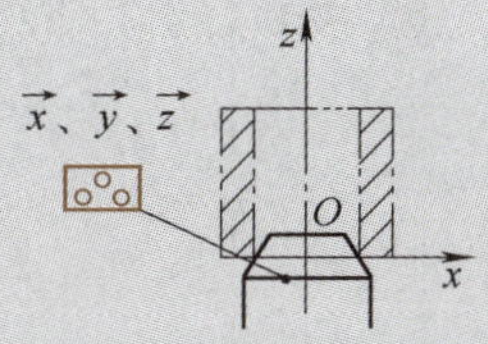 |
| | | 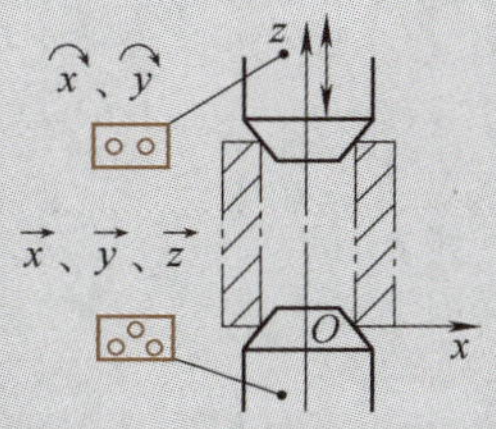 |
| 锥孔 | 顶尖 | 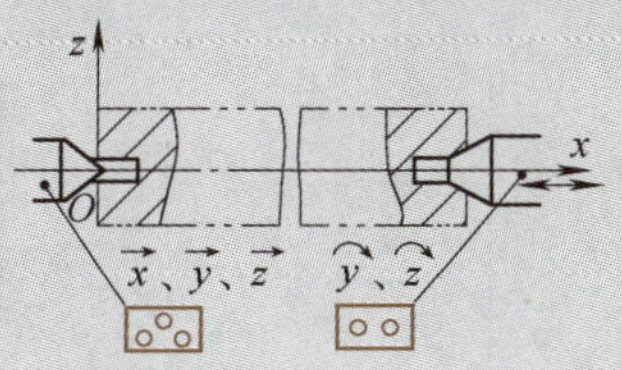 |

（续）

| 工件定位基准面 | 定位元件 | 定位方式及所限制的自由度 |
|---|---|---|
| 锥孔 | 锥心轴 | 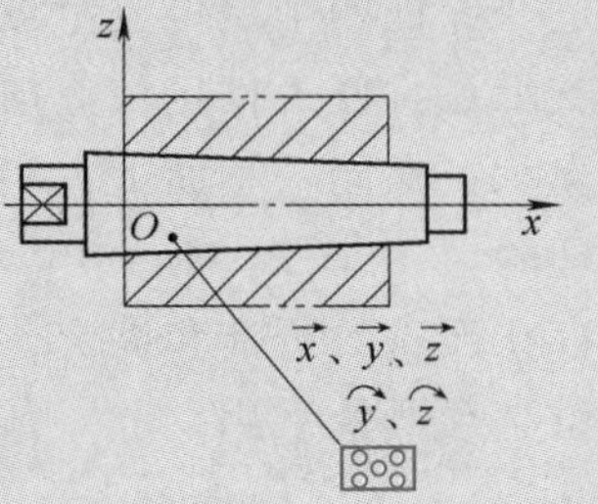 |
| 外圆柱面 | 支承板 | 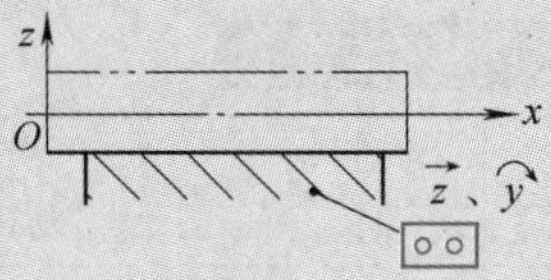 |
| | V 形块 | 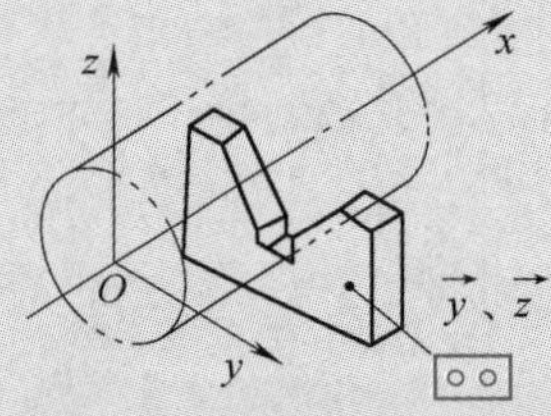 |
| | | 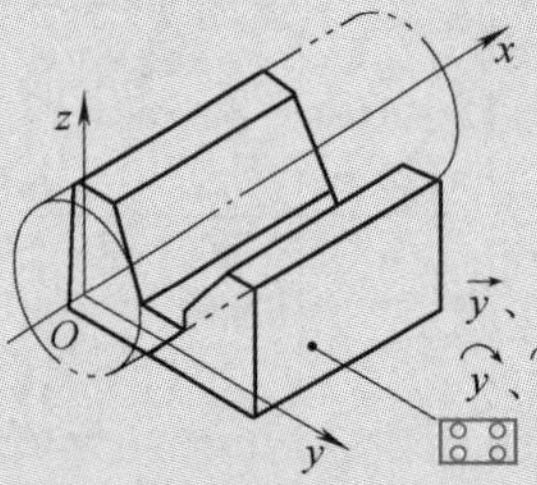 |
| | | 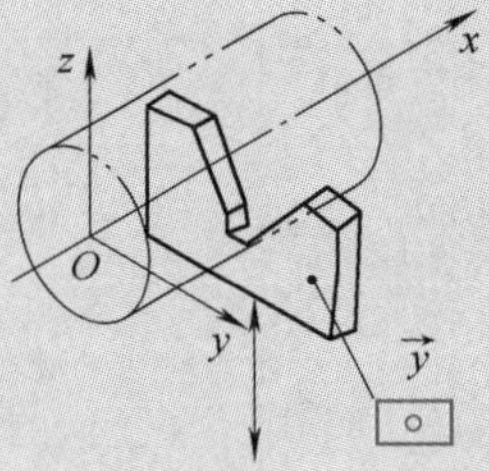 |
| | 定位套 | 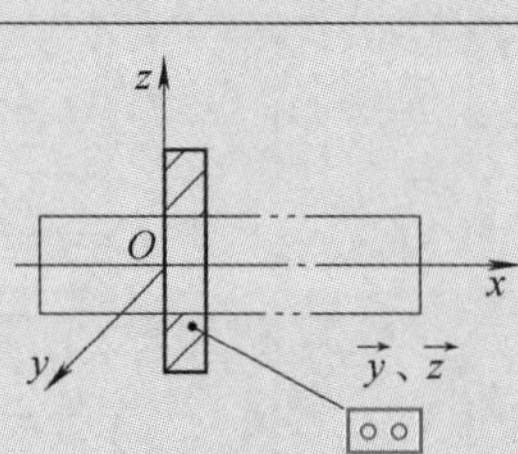 |

| 工件定位基准面 | 定位元件 | 定位方式及所限制的自由度 |
|---|---|---|
| | 定位套 | 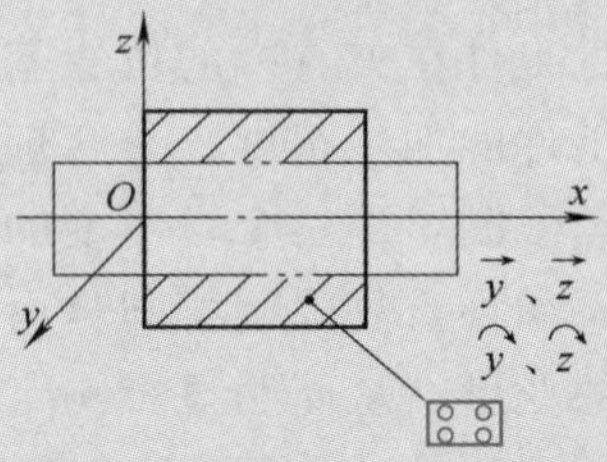 |
| 外圆柱面 | 半圆孔 | 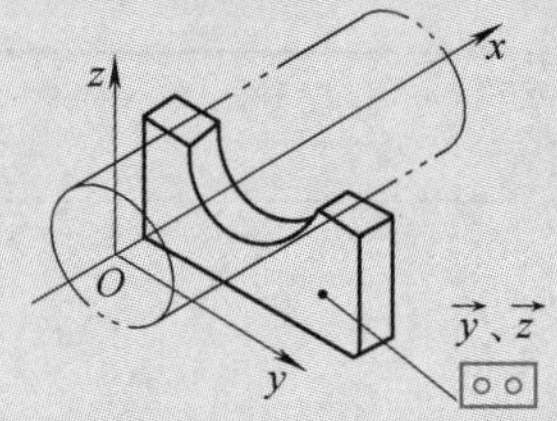 |
| | | 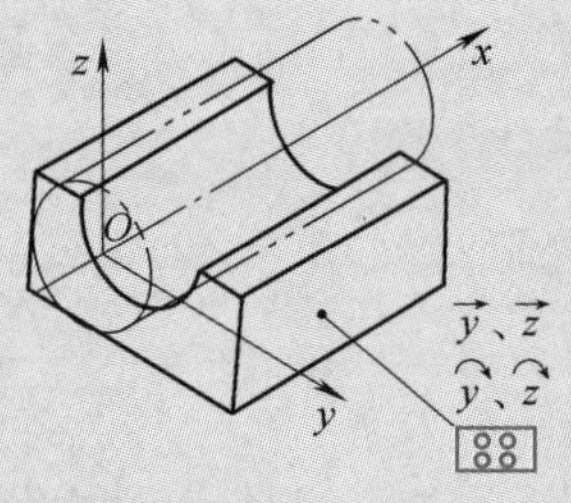 |
| | 锥套 | 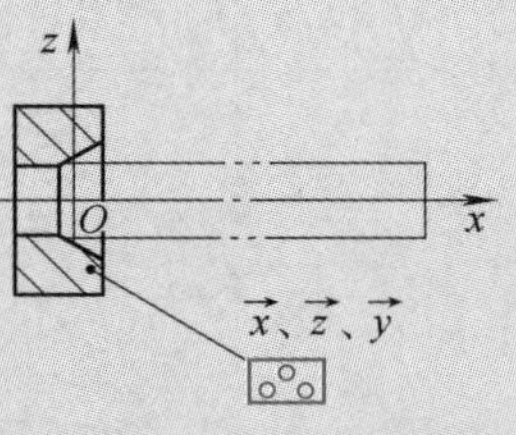 |
| | | 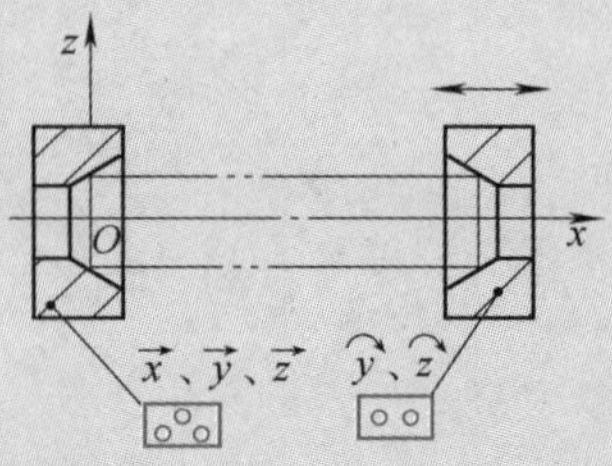 |

# 第四节 ■ 机器的装配

## 一、装配的概念

任何机器都是由许多零件装配而成的。按规定的技术要求，将零件或部件进行配合和连接，使之成为成品或半成品的工艺过程称为装配。

装配是机器制造过程中的最后一个阶段。机器的质量最终是通过装配来保证的，装配质量在很大程度上决定了机器的最终质量。另外，通过机器的装配过程，可以发现机器设计和零件加工质量等所存在的问题，并加以改进，以保证机器的工作质量。机器装配在机械制造过程中占有非常重要的地位。

为保证有效地进行装配工作，通常将机器划分为若干个能进行独立装配的部分，称为装配单元。一般情况下，装配单元可划分为零件、套件、组件、部件和机器五个等级。

零件是组成机器的最小单元，它是由整块金属或其他材料制成的。零件一般都预先装成套件、组件、部件后才安装到机器上，直接装入机器的零件并不太多。

套件是在一个基准零件上，装上一个或若干个零件而构成的。套件是最小的装配单元。图 1-10 所示为套件——装配式齿轮，因制造工艺原因被分成两个零件，在基准零件 1 上装上齿轮 3 并用铆钉 2 固定。将零件装配成套件的工艺过程称为套装。

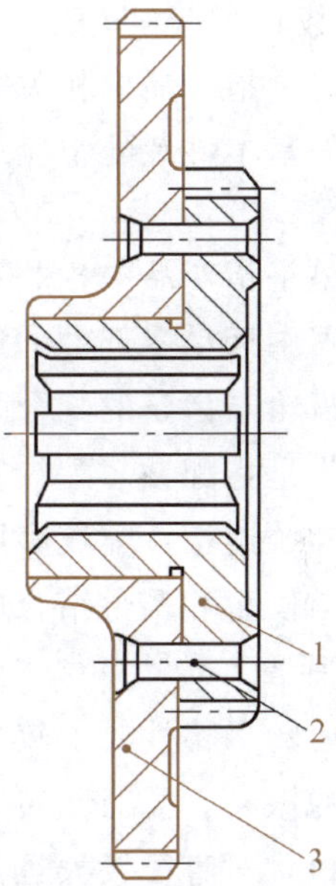


图 1-10　套件——装配式齿轮

1—基准零件　2—铆钉　3—齿轮

组件是在一个基准零件上装上若干套件及零件而构成的。例如：机床主轴箱中的主轴，在基准轴件上装上齿轮、套、垫片、键及轴承的组合件称为组件。将零件和套件装配成组件的工艺过程称为组装。

部件是在一个基准零件上，装上若干组件、套件和零件而构成的。部件在机器中能完成一定的、完整的功用。例如：车床的主轴箱装配就是部件装配。将零件、套件和组件装配成部件的工艺过程称为部装。

在一个基准零件上，装上若干部件、组件、套件和零件就构成了整个机器。例如：卧式车床就是以床身为基准零件，装上主轴箱、进给箱、溜板箱等部件及其他组件、套件和零件而构成的。将零件、套件、组件和部件装配成最终机器产品的工艺过程称为总装。

装配就是套装、组装、部装和总装的统称。

## 二、装配工作的基本内容

装配不只是将合格零件、套件、组件和部件等简单地连接起来，而是需要根据一定的技术要求，通过校正、调整、平衡、配作以及反复检验等一系列工作来保证产品质量的一个复杂工艺过程。常见的装配工作内容有下列几项。

### 1. 清洗

经检验合格的零件，装配前都要经过认真的清洗。零件在制造、运输和保管的过程中，避免不了会黏附上灰尘、切屑和油污等杂质，清洗的目的就是去除这些杂质。清洗后的零件通常还具有一定的中间防锈功能。对机器的关键部件，如轴承、密封、精密偶件等，清洗尤为重要。

根据不同的情况，零件的清洗可以采用擦洗、浸洗、喷洗和超声清洗等不同的方法。至于清洗液、清洗工艺参数以及清洗次数的选择，要根据零件的清洁度要求，材质、批量、杂质的性质以及黏附情况等因素来确定。

### 2. 连接

可拆卸连接是指相互连接的零件拆卸时不受任何损坏，而拆卸后又能够重新装配。常用的有螺纹连接、键连接和销连接。

不可拆卸连接是指相互连接的零件在使用过程中不可拆卸，若拆卸则会损坏某些零件。常用的有焊接、铆接和过盈连接等。

### 3. 校正、调整与配作

校正是指产品中相关零部件相互位置的找正、找平及相应的调整工作，在产品总装和大型机械的基本件装配中应用较多。例如：车床总装中，主轴箱主轴中心与尾座套筒中心的等高校正等。

调整是指产品中相关零部件相互位置的具体调节工作。除了配合校正工作以外，调整可保证机器中运动零部件的运动精度，也可用于调节运动副的间隙。例如：轴承间隙、导轨副间隙及齿轮与齿条的啮合间隙的调整等。

配作是指配钻、配铰、配刮、配磨等，这是装配中附加的一些钳工和机械加工工作。配钻用于螺纹连接；配铰多用于定位销孔加工；而配刮、配磨则多用于运动副的结合表面。配作通常与校正和调整结合进行。

### 4. 平衡

对运转平稳性要求较高的机器，为防止在使用过程中因旋转质量不平衡产生离心惯性力所引起的振动，需对回转零部件（有时包括整机）进行平衡作业。平衡方法有静平衡和动平衡两种。对直径较大且长度较小的零件（如飞轮和带轮等），一般采用静平衡法消除静力不平衡；对长度较大的零件（如电动机转子和机床主轴等），为消除质量分布不均匀所引起的力偶不平衡和可能共存的静力不平衡，则要采用动平衡法。

对旋转体内部的不平衡，需要结合校正方法进行。

1）用补焊、铆接、胶接或螺纹连接等方法加配部分质量。

2）用钻、铣、磨或锉等方法去除部分质量。

3）在预制的平衡槽内改变平衡块的位置和数量，加以平衡。

### 5. 验收

验收是在装配工作完成后、出厂前，按照有关技术标准和规定，对机器进行全面的检验和试验。机械产品不同，其验收的内容不同，验收的方法自然也不同。但只有各项验收指标合格后，才能进行涂装、包装和出厂。

## 本章小结

本章介绍了生产过程等一系列基本概念，工艺过程是生产过程中的主体。用以确定生产对象几何要素间的几何关系所依据的点、线、面就是基准，基准分为设计基准与工艺基准两大类。设计基准是指在零件图上标注设计尺寸所采用的基准；工艺基准是指在零件的工艺过程中所采用的基准。工艺基准又分为工序基准、定位基准、测量基准、装配基准。

为了保证工件加工表面的尺寸、几何形状和相互位置精度的要求，需要解决一个重要问题：使工件在加工前相对于刀具和机床占有正确的加工位置，并且在加工过程中始终保持加工位置的稳定可靠。这一工艺过程称为装夹。工件的装夹包括定位和夹紧两个过程。定位是指确定工件在机床或夹具中占有正确位置的工艺过程；夹紧是指将工件定位后的位置固定下来，使其在加工过程中保持定位位置不变的工艺过程。工件定位和夹紧的实质是：运用定位原理，使工件在加工过程中始终保持在夹具或机床中占有正确的加工位置。

将零件或部件按规定的技术要求进行配合和连接，使之成为成品或半成品的过程就是装配，装配的工作内容有清洗、连接、校正、调整与配作、平衡、验收等。

## 知识拓展：福特首创的大批量生产模式

1913 年福特汽车公司开发出了世界上第一条流水线，到 1927 年一共生产了 1500 万辆 T 型车。直到 1945 年后，这个世界纪录才被打破。

亨利·福特（Henry Ford）从小就对机械感兴趣，12 岁时他建立了一个自己的机械坊。15 岁时他亲手造出了一台内燃机，16 岁时离开家乡去底特律做机械师学徒工。1896 年福特制造了他的第一辆汽车。1908 年福特汽车公司推出了福特的 T 型车（“T”是他开发的车型的一个序号）。1918 年在美国行驶的半数汽车都是 T 型车。1914 年福特汽车公司发展出一套较完整的汽车流水线（图 1-11）。将原装配底盘所需的 12.5h 减少到 2.66h，生产率大大提高。

1914 年福特首创了工人日工资 5 美元的标准，比一般工厂高出 1 倍多。而车价由每辆 850 美元降为每辆 360 美元。T 型车的足迹遍布世界每个角落。亨利·福特也被称作“为世界装上轮子的人”。

福特汽车流水线采取的技术措施主要有：①对加工过程进行了分析，将其分解为一系列的单一工序作业；②按加工作业顺序排列机床，缩短材料的搬运距离；③用特殊的专用机床代替普通用机床（可以同时加工出油缸两侧面全部孔的多头钻床就是这时出现的）；④实行零件的互换性生产，量规和夹具附属于机床，减少人为误差；⑤在机床之间采用工件的传送带，装配则采用装配传送带。

这是继 19 世纪美国的枪支生产中首创大批量生产方式之后，首次在大型产品上实现大批量生产。福特的大批量生产模式是以刚性自动化为特征的。刚性自动化就是指产品固定、工序固定、设备固定，在较长的时期内不做调整。

想找工作的人们纷纷来到底特律，不仅因为福特公司的工资高，而且因为福特公司专门帮助安置外来的移民，还敢于雇用那些被认为在一般企业无法就业的残疾人。1999 年，《财富》杂志将亨利·福特评为“20 世纪商业巨人”，以表彰他和福特汽车公司对人类工业发

图 1-11　福特汽车公司的汽车流水线

展所做出的杰出贡献。社会经济的发展，对机械产品的需求猛增，大批量生产方式迅速普及到其他产品的制造过程中。

泰勒提出的科学管理制度和福特首创的大批量生产模式，从 20 世纪初开始在一些国家广泛推行，这不仅对机械工业的发展起到了巨大的推动作用，而且对社会结构、劳动分工和经济发展都产生了很大影响。

## 习题与思考题

1-1　何谓生产过程、工艺过程、工艺规程？

1-2　某机床厂年产 CA6140 型卧式车床 2000 台，已知机床主轴的备品率为 15%，机械加工废品率为 5%。试计算主轴的年生产纲领，并说明属于何种生产类型，工艺过程有何特点。若一年工作日为 280 天，试计算每月（按 22 天计算）的生产批量。

1-3　结合具体实例，说明什么是基准、设计基准、工艺基准、工序基准、定位基准、测量基准、装配基准。

1-4　工件装夹的含义是什么？在机械加工中有哪几种装夹工件的方法？简述各种装夹方法的特点及应用场合。

1-5　“工件夹紧后，位置不动了，其所有自由度就都被限制了”，这种说法对吗？为什么？

1-6　何谓六点定位原理？何谓完全定位与不完全定位？何谓欠定位与过定位？各举例说明。

1-7　“工件在定位后、夹紧前，在止推定位支承点的反方向上仍有移动的可能性，因此其位置不定”，这种说法是否正确？为什么？

1-8　根据六点定位原理，分析图 1-12 中各工件需要限制哪些自由度，指出工序基准，选择定位基准并用定位符号在图中表示出来。各工件加工表面分别是：圆柱体的一个孔、套筒的一个端面、圆柱体的一个槽、阶梯轴的一个孔、板件的双小孔。

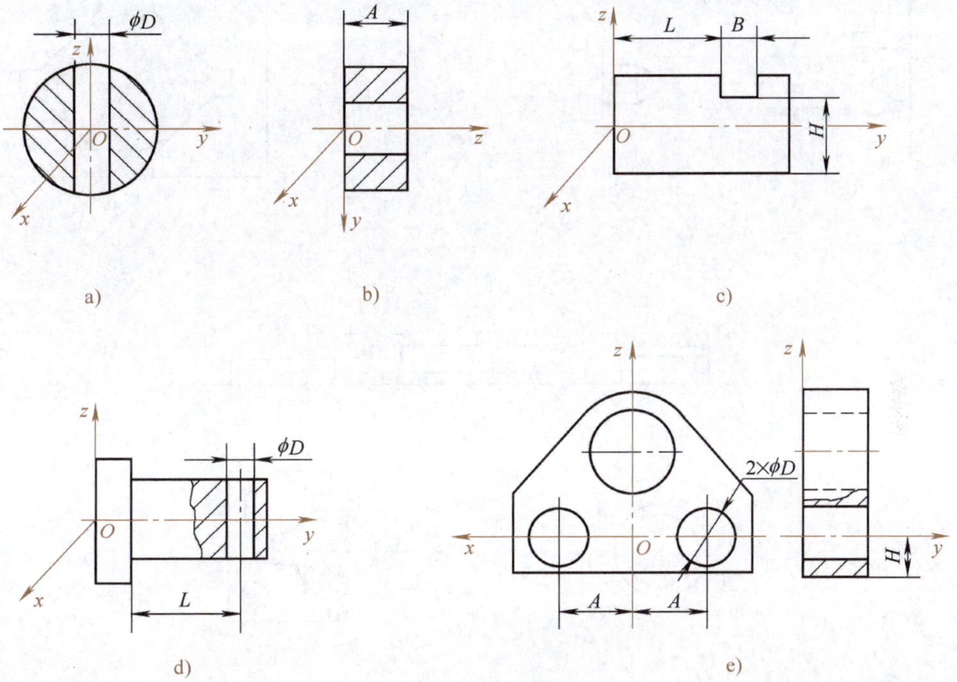


图 1-12　**题 1-8 图**

1-9　分析图 1-13 所示的定位方案，指出各定位元件分别限制了哪些自由度，判断有无欠定位与过定位，并对不合理的定位方案提出改进意见。

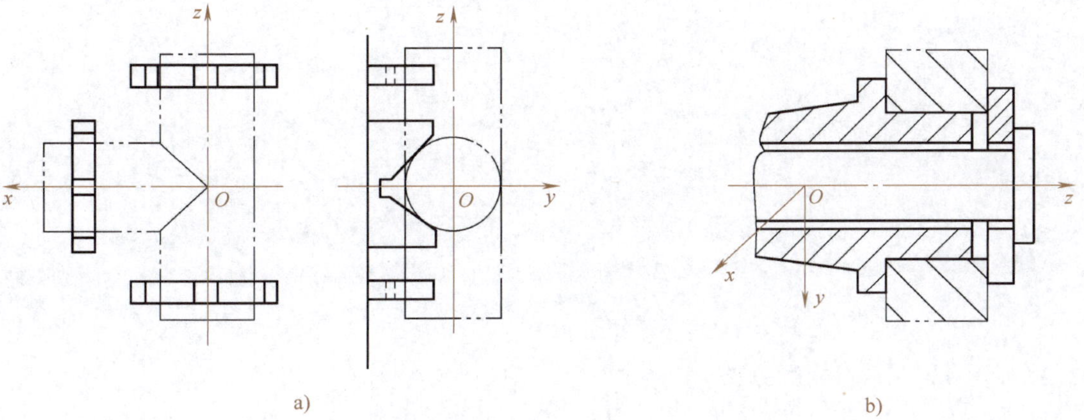


图 1-13　**题 1-9 图**

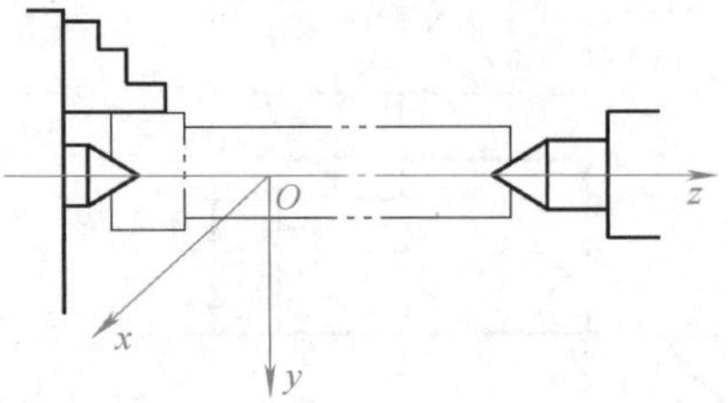


c)

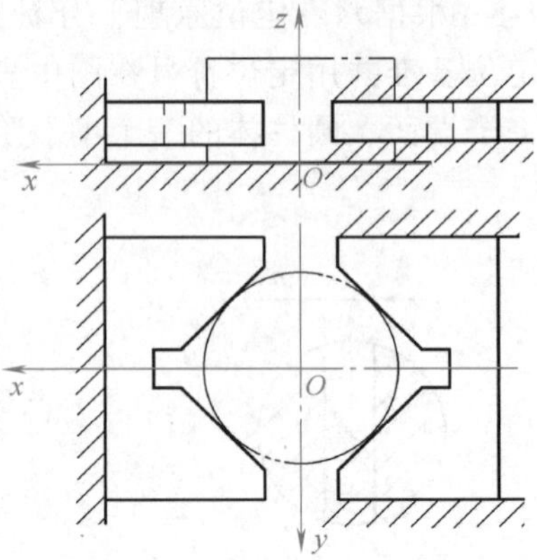


d)

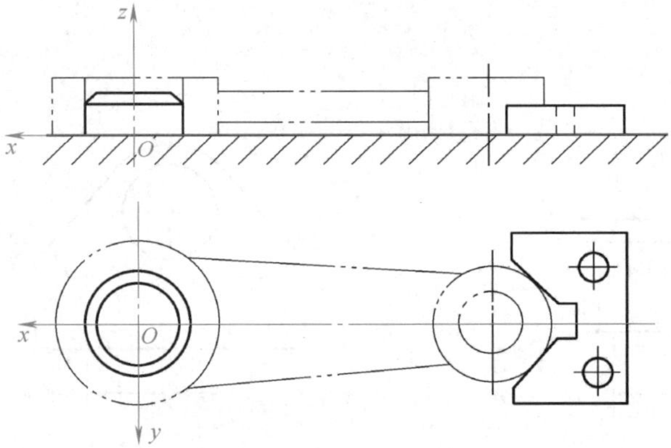


e)

图 1-13 **题 1-9 图**（续）

1-10 何谓零件、套件、组件和部件？何谓套装、组装、部装、总装和装配？

1-11 常见装配工作的基本内容有哪些？

1-12 在装配工作中，如何处理机器在使用过程中因旋转质量不平衡所引起的振动问题？

# 第二章 机械加工工艺规程的设计

**本章提要：**一个零件的机械加工工艺过程不论复杂与否，总存在其共性规律。本章研究零件机械加工工艺规程的设计问题，介绍工艺规程的组成、功用和制订程序，说明零件的机械加工结构工艺性，结合生产实例重点分析定位基准的选择、零件表面加工方法的选择、加工顺序的安排、工序集中与分散的处理、加工阶段的划分、机床和工艺装备的选择、加工余量与工序尺寸及公差的确定、工艺尺寸链的分析与解算等工艺过程设计和工序设计中的主要问题，简介计算机辅助工艺过程设计和工艺过程优化的基本知识，以理解和掌握机械加工工艺规程设计的基本原理和基本方法。机械加工工艺规程的设计是本课程的核心内容之一。

**重点提示：**

结构工艺性的分析、工艺过程的组成、定位基准的选择、加工顺序的安排、工序尺寸的确定、工艺尺寸链的分析与计算。

# 第一节 ■ 概述

## 一、机械加工工艺规程的作用

### 1. 工艺规程是生产准备工作的依据

在新产品投入生产以前，必须根据工艺规程进行有关的技术准备和生产准备工作。例如：原材料及毛坯的供给，工艺装备（刀具、夹具、量具）的设计、制造及采购，机床负荷的调整，作业计划的编排，劳动力的配备等。

### 2. 工艺规程是组织生产的指导性文件

生产的计划和调度、工人的操作、质量的检查等都是以工艺规程为依据的。按照它进行生产，就有利于稳定生产秩序，保证产品质量，获得较高的生产率和较好的经济性。

### 3. 工艺规程是新建和扩建工厂（或车间）时的原始资料

根据生产纲领和工艺规程，可以确定生产所需的机床和其他设备的种类、规格和数量，车间面积，生产工人的工种、等级及数量，投资预算及辅助部门的安排等。

### 4. 便于积累、交流和推广行之有效的生产经验

已有的工艺规程可供以后制订类似零件的工艺规程时作为参考，以减少制订工艺规程的时间和工作量，也有利于提高工艺技术水平。

## 二、机械加工工艺规程的制订程序

### （一）机械加工工艺规程的设计原则

1）确保加工质量，可靠地达到产品图样所提出的全部技术条件。

2）提高生产率，保证按期完成并力争超额完成生产任务。

3）减少人力和物力的消耗，降低生产成本。

4）尽量降低工人的劳动强度，使操作工人有安全良好的工作条件。

### （二）机械加工工艺规程的制订步骤和内容

#### 1. 分析研究产品的装配图和零件图

（1）熟悉产品的性能、用途和工作条件　明确各零件的相互装配位置及其作用，了解及研究各项技术条件制订的依据，找出其主要技术要求和关键技术问题等。

（2）对装配图和零件图进行工艺审查　工艺审查包括以下 3 方面。

1）审查图样的完整性和正确性。审查是否有足够的视图，尺寸、公差和技术要求是否标注齐全等。若有错误或遗漏，应提出修改意见。

2）审查零件技术要求的合理性。审查加工表面的尺寸精度、几何形状精度、各加工表面之间相互的位置精度、表面粗糙度、热处理等是否合理，在现有的生产条件下能否达到，需要采取何种工艺措施，过高的精度、过小的表面粗糙度值要求和其他过严的技术要求会使工艺过程复杂、加工困难。

3）审查零件的结构工艺性。审查零件的结构工艺性是否合理。

### 2. 选择毛坯

### 3. 拟订工艺路线

工艺路线的拟订是制订工艺规程的总体布局，包括选择定位基准，确定加工方法，划分加工阶段，决定工序的集中与分散，加工顺序的安排，以及安排热处理、检验及其他辅助工序（去毛刺、倒角等）。它不但影响加工的质量和效率，而且影响到工人的劳动强度、设备投资、车间面积、生产成本等。

因此，拟订工艺路线是制订工艺规程的关键性一步，必须在充分调查研究的基础上，提出工艺方案，并加以分析比较，最终确定一个最经济合理的方案。

### 4. 确定各工序所采用的设备

### 5. 确定各工序所采用的工艺装备

### 6. 确定各主要工序的技术要求及检验方法

### 7. 确定各工序的加工余量、工序尺寸和公差

### 8. 确定切削用量

正确选择切削用量，对保证加工质量，提高生产率，降低刀具的损耗和工艺成本，都有很大的意义。

在单件、小批生产中，为了简化工艺文件及生产管理，一般不规定具体的切削用量，由操作工人结合具体生产情况来确定。在大批大量生产中，对自动机床、仿形机床、组合机床以及加工质量要求很高的工序，应科学地、严格地选择切削用量，以保证生产节拍和加工质量。

### 9. 确定工时定额

目前，工时定额主要按生产实践统计资料来确定。对于流水线和自动线，由于有具体规定的切削用量，部分工时定额可以通过计算得出。

### 10. 技术经济分析

### 11. 填写工艺文件

## 三、零件的结构工艺性及毛坯选择

### （一）零件的结构工艺性

零件的结构工艺性是指在满足使用要求的前提下制造的可行性和经济性，其对加工工艺过程的影响很大。若零件的应用性能完全相同而结构不同，则其加工方法及制造成本会有很大差别。对零件进行结构分析时，应考虑以下几方面。

#### 1. 零件尺寸要合理

（1）尺寸规格尽量标准化　在设计零件时，要尽量使结构要素的尺寸标准化，这样可以简化工艺装备，减少工艺准备工作。

例如：零件上的螺纹孔、定位孔、退刀槽等的尺寸应尽量符合标准，便于采用标准钻头、铰刀、丝锥和量具等。

（2）尺寸标注要合理　可尽量使设计基准与工艺基准重合，并符合尺寸链最短原则，使零件在被加工过程中，能直接保证各尺寸精度要求，并保证装配时累积误差最小；零件的尺寸标注不应封闭；应避免从一个加工面确定几个非加工表面的位置，如图 2-1a 所示；不要从轴线、锐边、假想平面或中心线等难以测量的基准标注尺寸，如图 2-1b 所示。

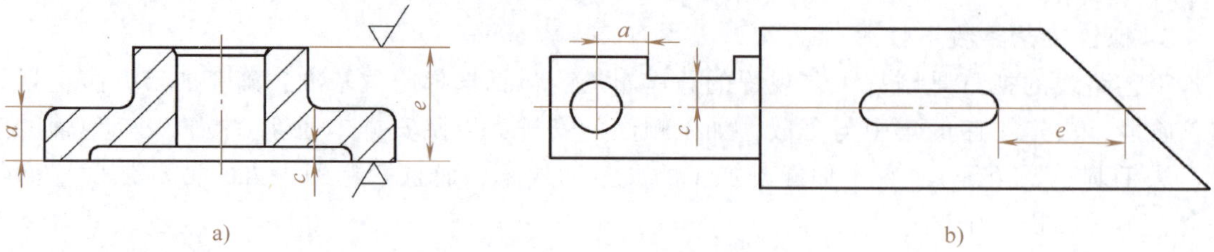


图 2-1　尺寸标注不正确的示例

## 2. 零件结构要合理

### (1) 零件结构应便于加工

1) 一个零件上的两相邻表面间应留有退刀槽和让刀孔，以便在加工中进刀和退刀，否则无法加工，如图 2-2 所示。

2) 应使刀具能顺利地接近待加工表面，如图 2-3 所示。

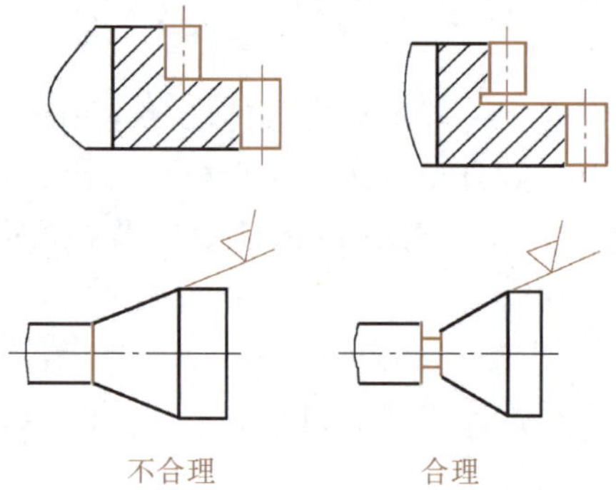


图 2-2　零件的退刀槽

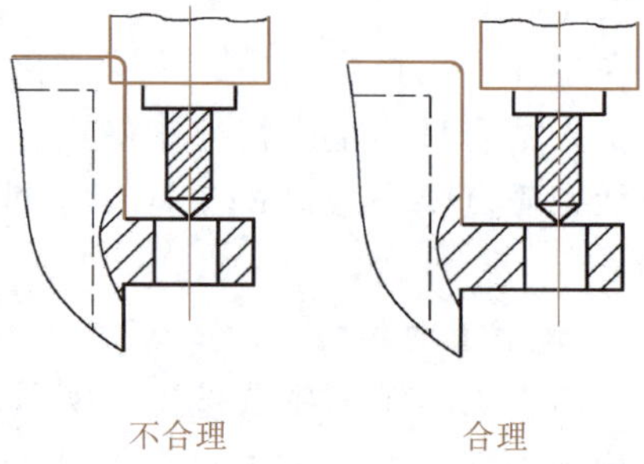


图 2-3　钻、镗孔位置

3) 钻孔表面应与孔的轴线垂直，否则会引起两边切削力不等，致使钻孔轴线歪斜或折断钻头，设计时应尽量避免钻孔表面是斜面或圆弧面，如图 2-4 所示。

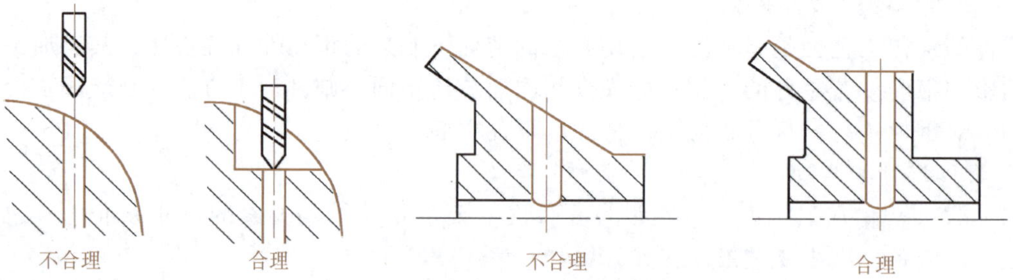


图 2-4　钻孔表面应与孔的轴线垂直

4) 零件外表面比内表面的加工方便容易，故应尽量将加工表面放在零件外部；如果不能把内表面加工转化为外表面加工，应简化内表面形状，如图 2-5 所示。

5) 配合面的数目要尽量少，这样可降低零件精度，制造容易，装配方便，如图 2-6 所示。

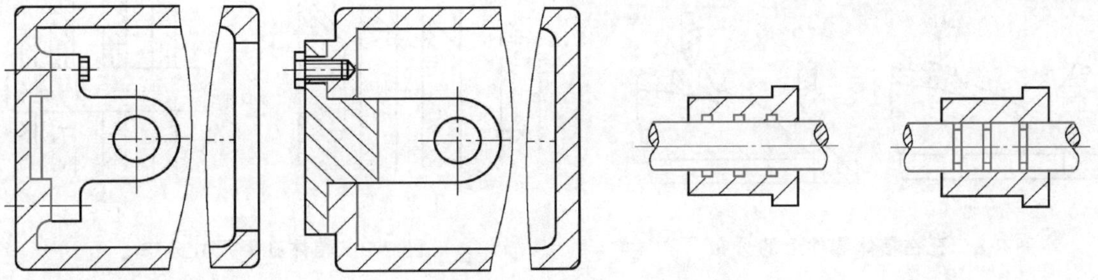

不合理　　合理　　不合理　　合理

图 2-5　**内表面加工转化为外表面加工**

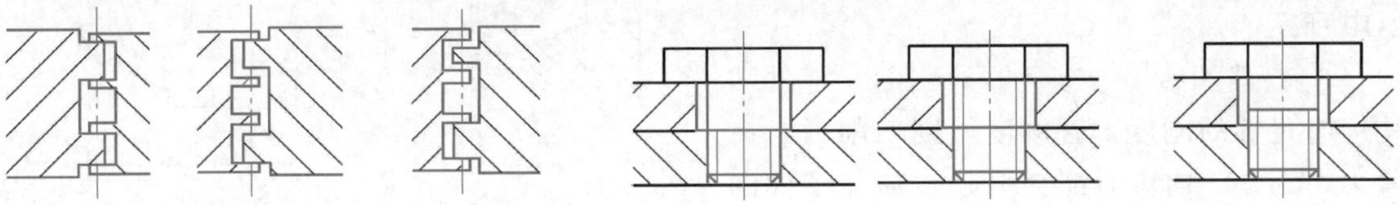

不合理　　合理　　合理　　不合理　　合理

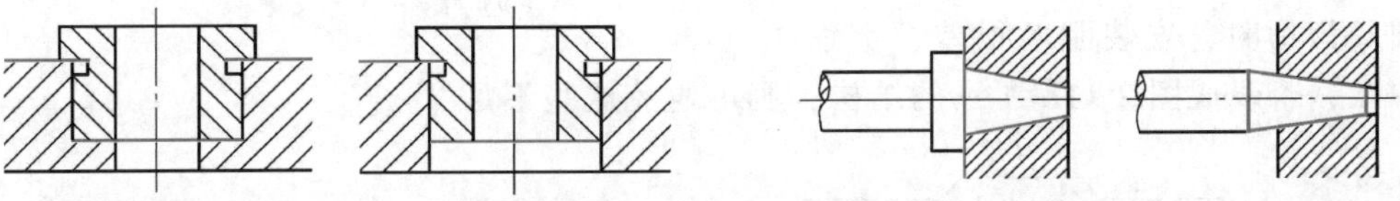

不合理　　合理　　不合理　　合理

图 2-6　**减少配合面的数目**

6）应减小零件的加工表面面积，这样可降低刀具消耗，减少装配时的修配工作量，并能保证配合表面接触良好，如图 2-7 所示。

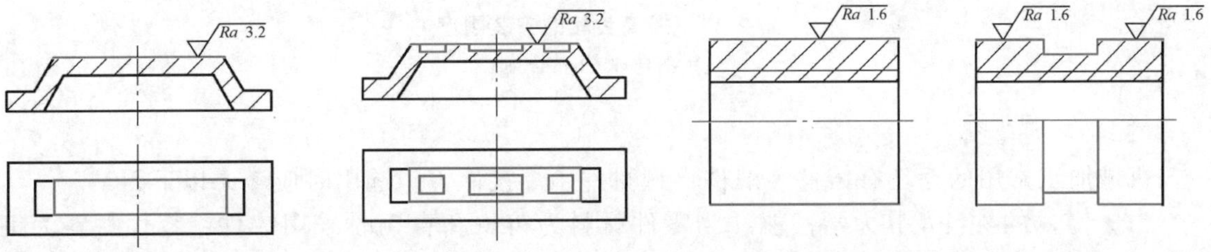


不合理　　合理　　不合理　　合理

图 2-7　**减小零件的加工面积**

7）减少加工的安装次数。例如：零件加工表面应尽量分布在相互平行或相互垂直的表面上；次要表面应尽可能分布在主要表面的相同方向上，以便加工主要表面时，将次要表面也同时加工出来；孔端的加工表面应为圆形凸台或止口，以便在加工孔时，同时将凸台或止口刮出来，如图 2-8 所示。

加工箱体时，同一轴线上的孔应沿孔的轴线递减，以便使镗杆从一端穿入同时加工各孔，减少零件加工的安装次数，从而获得较高的同轴度，如图 2-9 所示。

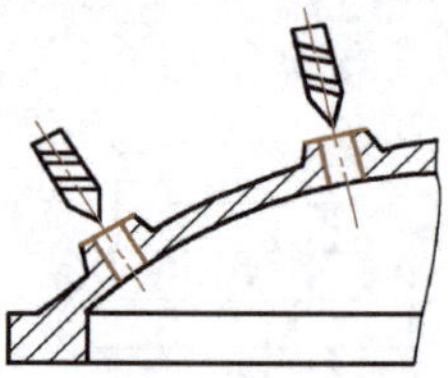


图 2-8　孔在箱体零件上的分布

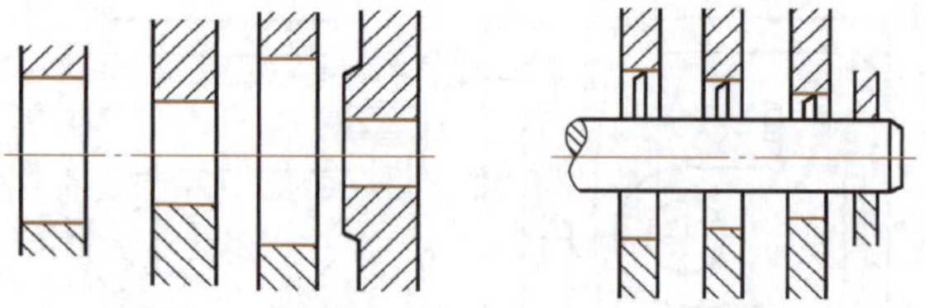


图 2-9　箱体孔径尺寸分布

（2）零件结构应便于度量　零件结构应尽量使用通用量具方便地测量。例如：锥孔两端应具有圆柱面，花键采用偶数等，如图 2-10 所示。

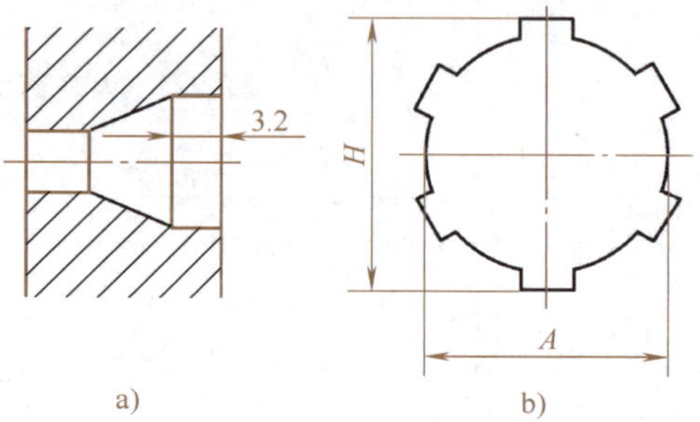


图 2-10　锥孔和花键的度量
a）锥孔　b）花键

（3）零件结构应有足够的刚度　零件结构应有足够的刚度，若刚度低则切削力、夹紧力、温差、内应力都会引起被加工零件的变形，加工质量不容易控制。可增设加强肋或改变结构。如图 2-11a 所示的齿轮，当多件加工外圆及齿形时，安装刚度很差，空程大，生产率低，若改成图 2-11b 所示的结构，则可避免这些不足。

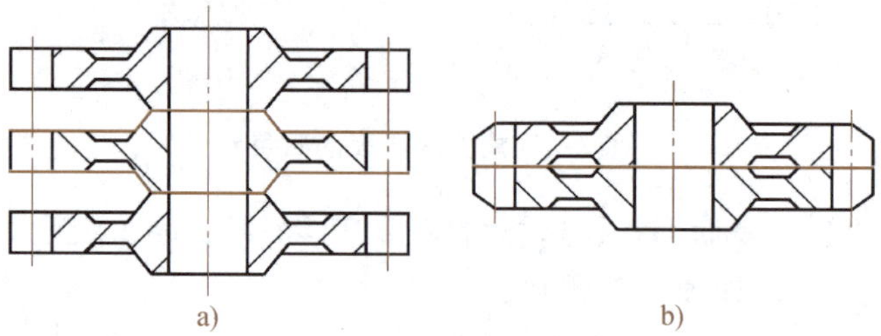


图 2-11　提高齿轮的安装刚度
a）不合理　b）合理

## （二）毛坯选择

机械加工常用的毛坯有铸件、锻件、型材件、焊接件等，选用时应考虑以下因素。

（1）零件的材料及其力学性能　当零件材料为铸铁和青铜时采用铸件；零件材料为钢材、形状不复杂而力学性能要求较高时采用锻件；力学性能要求不高时常用棒料。

（2）零件的结构形状和尺寸　大型零件一般用自由锻件或砂型铸件，中小型零件可用模锻件或特种铸件；阶梯轴零件各台阶直径相差不大时可用棒料，相差较大时则可用锻件。

（3）生产类型　在大批大量生产时，应采用较多专用设备和工具制造毛坯，如金属模机器造型的铸件、模锻或精密锻造的毛坯；在单件小批生产时，一般采用通用设备和工具制造的毛坯，如自由锻件、木模砂型铸件，也可使用焊接的方法制作大件毛坯。

（4）车间的生产能力　应结合车间的生产能力合理选择毛坯。

（5）新工艺、新技术、新材料　目前，少、无切屑加工，如精密铸造、精密锻造、冷轧、冷挤压、粉末冶金等都在迅速推广。采用这些方法制造的毛坯，只要经过少量的机械加工，甚至不需要加工，即可完成零件。要充分注意新工艺、新技术、新材料的应用。

## 第二节 ■ 机械加工的工艺过程设计

### 一、机械加工工艺过程的组成

#### （一）机械加工工艺过程

机械加工工艺过程是由一个或若干个顺序排列的工序组成，而工序又可细分为工步或进给。

**1. 工序**

工序是指一个（或一组）工人在一台机床（或一个工作地点）上，对同一个（或同时对几个）工件所连续完成的那一部分工艺过程。

如图 2-12 所示的阶梯轴，其工艺过程包括下列加工内容：①切一端面；②钻中心孔；③切另一端面；④钻另一端中心孔；⑤车大外圆；⑥大外圆倒角；⑦车小外圆；⑧小外圆倒角；⑨铣键槽；⑩去毛刺。

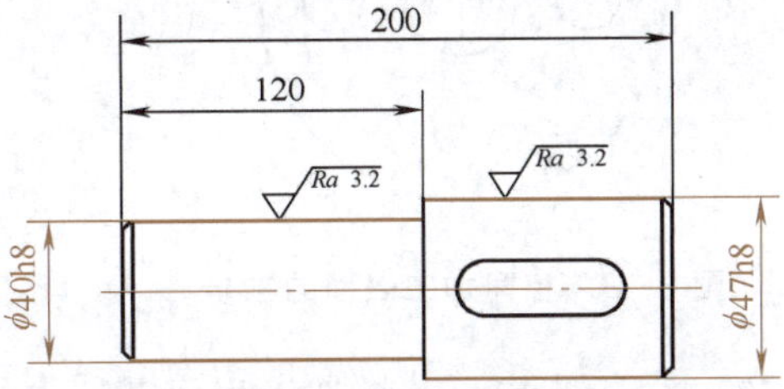


图 2-12 阶梯轴

随着车间加工条件和生产规模的不同，可采用不同的加工方案来完成这个工件的加工。表 2-1 和表 2-2 分别表示在单件小批生产和大批大量生产时工序划分的情况。

表 2-1 阶梯轴单件小批生产时工序划分的情况

| 工序编号 | 工 序 内 容 | 设 备 |
|---|---|---|
| 1 | 车一端面、钻中心孔，调头车另一端面、钻中心孔 | 车床 |
| 2 | 车大外圆及倒角，调头车小外圆及倒角 | 车床 |
| 3 | 铣键槽，去毛刺 | 铣床 |

表 2-2 阶梯轴大批大量生产时工序划分的情况

| 工序编号 | 工 序 内 容 | 设 备 | 工序编号 | 工 序 内 容 | 设 备 |
|---|---|---|---|---|---|
| 1 | 铣两端面、钻中心孔 | 铣端面钻中心孔机床 | 4 | 铣键槽 | 键槽铣床 |
| 2 | 车大外圆及倒角 | 车床 | 5 | 去毛刺 | 钳工台 |
| 3 | 车小外圆及倒角 | 车床 | | | |

工序是工艺过程的基本组成部分，又是生产计划的基本单元。

**2. 工步与进给**

工步是在加工表面不变、加工工具不变、切削用量（机床转速和进给量）不变的条件下所连续完成的那一部分工序。

一个工序包括一个或几个工步。构成工步“三个不变”的任一因素改变后即成为另一工步。例如：上述阶梯轴的加工，在单件小批生产的工序1中，包括4个工步；在大批大量生产的工序1中，由于采用两面同时加工的方法，故只有两个工步。

特别地，当工件在一次安装下连续进行若干相同工步（仅被加工表面在工件上占据的位置不同）时，为了简化工序内容的叙述，可看作一个工步。如图2-13所示，在工件上钻4个 $\phi$18mm 的孔，用一把钻头顺次加工，则钻削 4×$\phi$18mm 孔的这部分工艺过程可计为一个工步。

为了提高生产率，有时用几把刀具同时加工几个表面，这部分工艺过程称为一个复合工步。如图2-14所示，用一把车刀、一把钻头同时加工，就是一个复合工步。

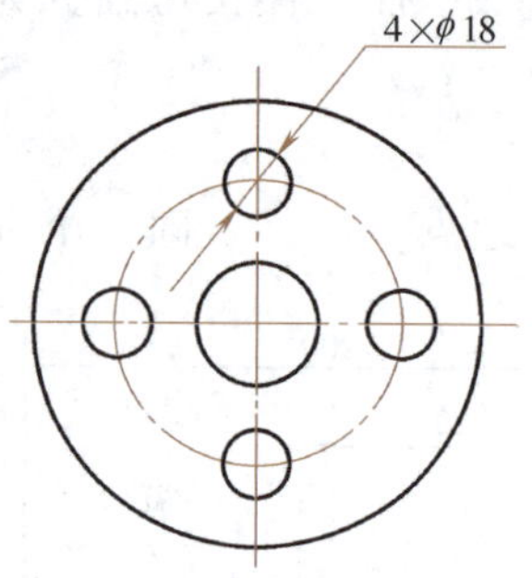


图 2-13 相同加工表面的工步

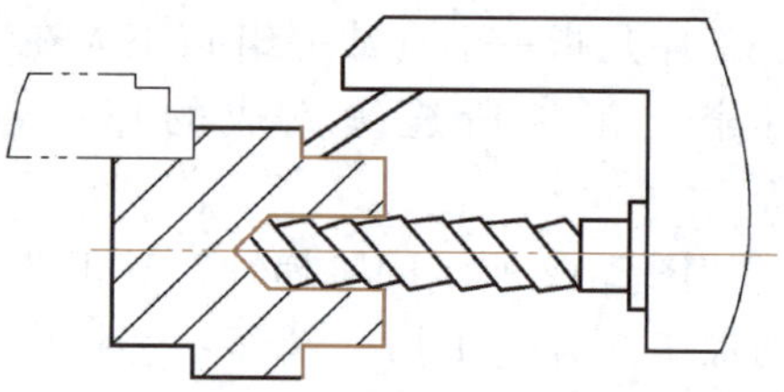

图 2-14 复合工步

在一个工步中，若被加工表面需切去的金属层很厚，要分几次切削，每进行一次切削就是一次进给。一个工步可包括一次或几次进给。

#### 3. 安装与工位

安装是指工件（或装配单元）通过一次装夹后所完成的那一部分工艺过程。

一个工序可以包括一次或几次安装。在表2-1所示的工序1和2中都有两次安装，而在工序3中以及表2-2所示的各道工序中都只有一次安装。

工位是指在一次装夹中，工件在机床上所占的每个位置上所完成的那一部分工艺过程。采用转位（或移位）夹具、回转工作台或在多轴机床上加工时，工件在机床上一次装夹中需要经过若干个工位。

### （二）工艺文件

工艺过程制订以后，要以表格卡片的形式确定下来，成为生产准备和机械加工依据的工艺文件。表2-3、表2-4和表2-5分别是机械加工工艺过程卡片、机械加工工艺卡片和机械加工工序卡片的一种形式。

## 二、定位基准的选择

在最初的零件加工工序中，只能选用毛坯的表面进行定位，这种定位基准称为粗基准。在以后各工序的加工中，可以采用已经加工过的表面进行定位，这种定位基准称为精基准。由于粗、精基准用途不同，在选择时所考虑的侧重点也不同。

### （一）粗基准的选择原则

在选择粗基准时，考虑的重点是如何保证各加工表面有足够的余量，以及保证不加工表面与加工表面间的尺寸、位置符合零件图样的设计要求。粗基准的选择原则有：

表 2-3 机械加工工艺过程卡片

| | | | | | | | | | | |
|---|---|---|---|---|---|---|---|---|---|---|
| | (厂 名) | 机械加工工艺过程卡片 | | 产品型号 | | 零(部)件图号 | | | | |
| | | | | 产品名称 | | 零(部)件名称 | | 共 页 | 第 页 | |
| | 材料牌号 | | 毛坯种类 | | 毛坯外形尺寸 | | 每毛坯可制件数 | | 每件台数 | 备注 |
| | 工序号 | 工序名称 | 工序内容 | 车间 | 工段 | 设备 | 工艺装备 | 工时 | | |
| | | | | | | | | 准终 | 单件 | |
| | | | | | | | | | | |
| | | | | | | | | | | |
| 描图 | | | | | | | | | | |
| | | | | | | | | | | |
| 描校 | | | | | | | | | | |
| | | | | | | | | | | |
| 底图号 | | | | | | | | | | |
| | | | | | | | | | | |
| 装订号 | | | | | | | | | | |
| | | | | | | | 设计(日期) | 审核(日期) | 标准化(日期) | 会签(日期) |
| | | | | | | | | | | |
| | 标记 | 处数 | 更改文件号 | 签字 | 日期 | 处数 | 更改文件号 | 签字 | 日期 | |

表 2-4 机械加工工艺卡片

| | | | | | | | | | | | | | | | |
|---|---|---|---|---|---|---|---|---|---|---|---|---|---|---|---|
| (厂 名) | 机械加工工艺卡片 | | 产品型号 | | 零(部)件图号 | | | | | | | | | | |
| | | | 产品名称 | | 零(部)件名称 | | | | | | | 共 页 | 第 页 | | |
| 材料牌号 | | 毛坯种类 | | 毛坯外形尺寸 | | 每毛坯可制件数 | | 每台件数 | | 备注 | | | | | |
| 工序 | 装夹 | 工步 | 工序内容 | 同时加工零件数 | 切削用量 | | | | 设备名称及编号 | 工艺装备名称及编号 | | | 技术等级 | 工时 | |
| | | | | | 背吃刀量/mm | 切削速度/(m/min) | 每分钟转数或往复次数 | 进给量/mm或(双行程/mm) | | 夹具 | 刀具 | 量具 | | 准终 | 单件 |
| | | | | | | | | | | | | | | | |
| | | | | | | | | | | | | | | | |
| | | | | | | | | | | | | | | | |
| | | | | | | | | | 设计(日期) | 审核(日期) | 标准化(日期) | 会签(日期) | | | |
| | | | | | | | | | | | | | | | |
| 标记 | 处数 | 更改文件号 | 签字 | 日期 | 处数 | 更改文件号 | 签字 | 日期 | | | | | | | |

表 2-5　机械加工工序卡片

<table>
<tr><td rowspan="2">（厂名）</td><td rowspan="2">机械加工工序卡片</td><td>产品型号</td><td></td><td>零件图号</td><td></td><td colspan="4">第（　　）页</td></tr>
<tr><td>产品名称</td><td></td><td>零件名称</td><td></td><td colspan="4">共（　　）页</td></tr>
<tr><td colspan="3" rowspan="10">（工序简图）</td><td>车　间</td><td>工 序 号</td><td>工序名称</td><td colspan="4">材料编号</td></tr>
<tr><td></td><td></td><td></td><td colspan="4"></td></tr>
<tr><td>毛坯种类</td><td>毛坯外形尺寸</td><td>每批件数</td><td colspan="4">每台件数</td></tr>
<tr><td></td><td></td><td></td><td colspan="4"></td></tr>
<tr><td>设备名称</td><td>设备型号</td><td>设备编号</td><td colspan="4">同时加工件数</td></tr>
<tr><td></td><td></td><td></td><td colspan="4"></td></tr>
<tr><td>夹具编号</td><td>夹具名称</td><td>切 削 液</td><td colspan="2">单件时间</td><td colspan="2">准终时间</td></tr>
<tr><td></td><td></td><td></td><td colspan="2"></td><td colspan="2"></td></tr>
<tr><td rowspan="2">更改内容</td><td colspan="6"></td></tr>
<tr><td colspan="6"></td></tr>
<tr><td rowspan="2">工步号</td><td rowspan="2">工步内容</td><td rowspan="2">工艺装备</td><td rowspan="2">主轴转速/(r/min)</td><td rowspan="2">切削速度/(m/min)</td><td rowspan="2">进给量/(mm/r)</td><td rowspan="2">背吃刀量/mm</td><td rowspan="2">进给次数</td><td colspan="2">工时定额</td></tr>
<tr><td>机动</td><td>单件</td></tr>
<tr><td></td><td></td><td></td><td></td><td></td><td></td><td></td><td></td><td></td><td></td></tr>
<tr><td>编　制</td><td>抄写</td><td></td><td>校　对</td><td></td><td>审　核</td><td></td><td>批　准</td><td></td><td></td></tr>
</table>

### 1. 重要表面余量均匀原则

必须首先保证工件重要表面具有较小而均匀的加工余量，应选择该表面作为粗基准。

例如：车床导轨面的加工，由于导轨面是车床床身的主要表面，精度要求高，希望在加工时切去较小而均匀的加工余量，使表面保留均匀的金相组织，具有较高而一致的物理力学性能，也可增加导轨的耐磨性。所以，应先以导轨面为粗基准，加工床腿的底平面，如图 2-15a 所示；再以床腿的底平面作为精基准加工导轨面，如图 2-15b 所示。

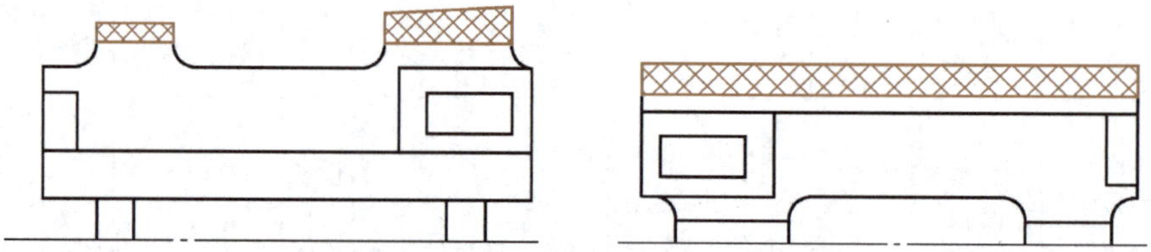

a)　　　　b)

图 2-15　重要表面余量均匀时粗基准的选择

### 2. 工件表面间相互位置要求原则

必须保证工件上加工表面与不加工表面之间的相互位置要求，应以不加工表面作为粗基准。如果在工件上有很多不加工的表面，则应以其中与加工表面相互位置要求较高的不加工表面作为粗基准，以求壁厚均匀、外形对称等。

如图 2-16 所示的零件，外圆为不加工表面，内孔为加工表面，若选用需要加工的内孔作为粗基准，可保证所切去的余量均匀，但零件壁厚不均匀（图 2-16a），不能保证内孔与外圆的位置精度。因此，选不需加工的外圆表面作为粗基准来加工内孔，如图 2-16b 所示。

又如图 2-17 所示的拨杆，加工 $\phi$22H8 的孔时，因其为装配表面，应保证壁厚均匀，即要求与 $\phi$45mm 外圆同轴，因此应选择 $\phi$45mm 外圆作为粗基准。

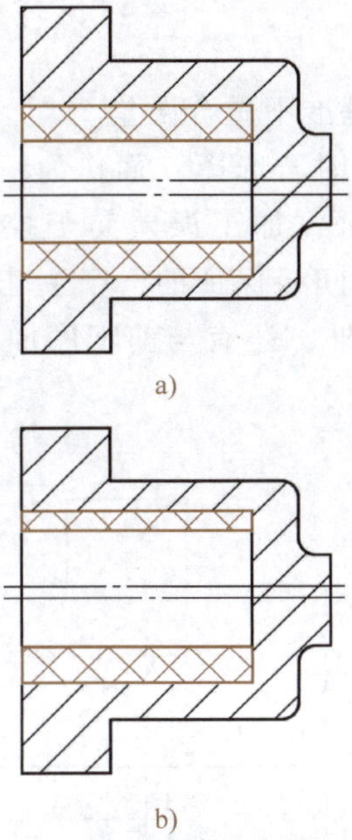


图 2-16　选择不加工表面作为粗基准

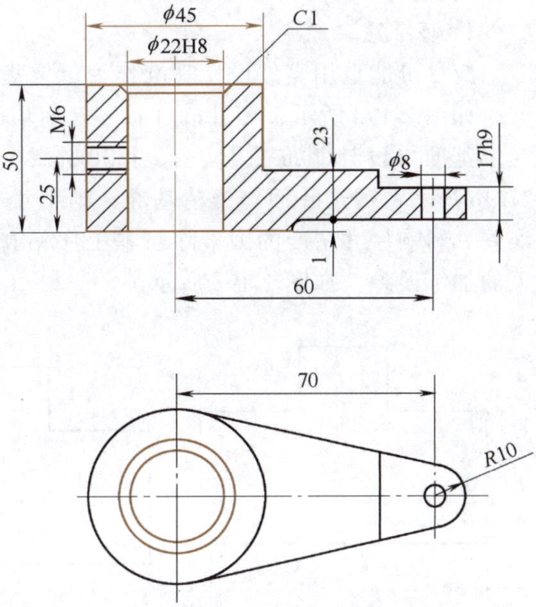


图 2-17　不加工表面较多时粗基准的选择

**3. 余量足够原则**

如果零件上各个表面均需加工，则以加工余量最小的表面作为粗基准。

如图 2-18 所示的阶梯轴，$\phi$100mm 外圆的加工余量比 $\phi$50mm 外圆的加工余量小，所以应选择 $\phi$100mm 外圆为粗基准加工出 $\phi$50mm 外圆，然后再以已加工的 $\phi$50mm 外圆为精基准加工出 $\phi$100mm 外圆，这样可保证在加工 $\phi$100mm 外圆时有足够的加工余量。如果以毛坯的 $\phi$58mm 外圆为粗基准，由于有 3mm 的偏心，则有可能因加工余量不足而使工件报废。

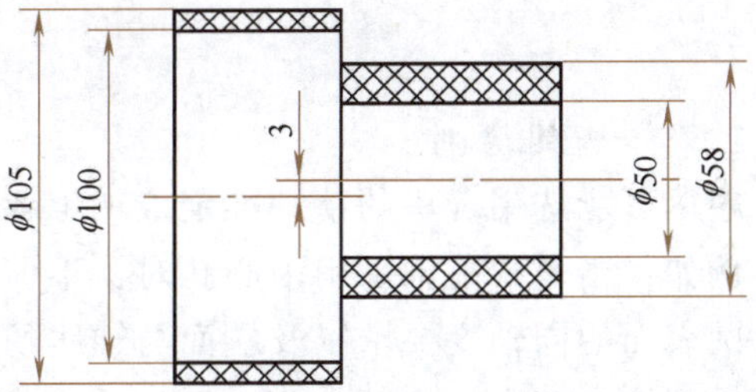


图 2-18　各个表面均需加工时粗基准的选择

**4. 定位可靠性原则**

作为粗基准的表面，应选用比较可靠、平整光洁的表面，以使定位准确、夹紧可靠。

在铸件上不应该选择有浇冒口的表面、分型面、有飞边或夹砂的表面作为粗基准；在锻件上不应该选择有飞边的表面作为粗基准。若工件上没有合适的表面作为粗基准，可以先铸出或焊上几个凸台，以后再去掉。

**5. 不重复使用原则**

粗基准的定位精度低，在同一尺寸方向上只允许使用一次，不能重复使用，否则定位误差太大。

### （二）精基准的选择原则

在选择精基准时，考虑的重点是如何减少误差，保证加工精度和安装方便。精基准的选择原则有：

#### 1. 基准重合原则

应尽可能选用零件设计基准作为定位基准，以避免产生基准不重合误差。

如图 2-19a 所示，零件的 *A* 面、*B* 面均已加工完毕，钻孔时若选择 *B* 面作为精基准，则定位基准与设计基准重合，尺寸 30mm±0.15mm 可直接保证，加工误差易于控制，如图 2-19b 所示；若选 *A* 面作为精基准，则尺寸 30mm±0.15mm 是间接保证的，产生基准不重合误差。影响尺寸精度的因素除与本工序钻孔有关的加工误差外，还有与前工序加工 *B* 面有关的加工误差，如图 2-19c 所示。

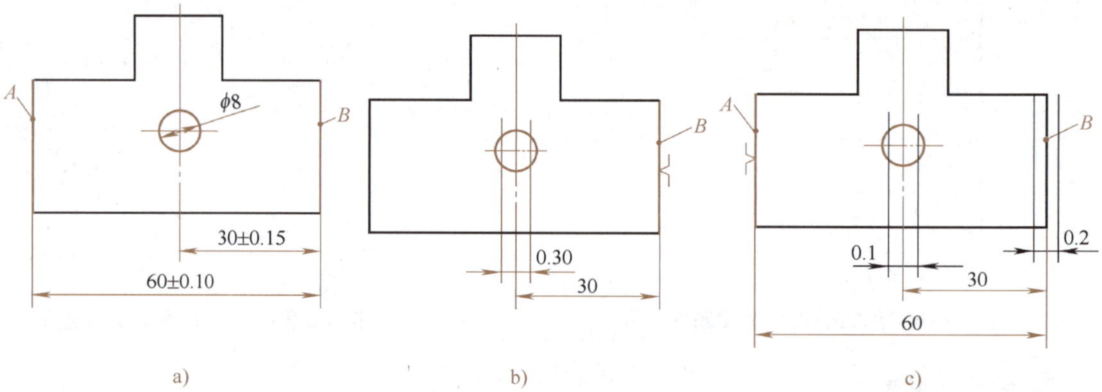


图 2-19　基准重合原则

#### 2. 统一基准原则

应尽可能选用统一的精基准定位加工各表面，以保证各表面之间的相互位置精度。

例如：当车床主轴采用中心孔时，不但能在一次装夹中加工大多数表面，而且保证了各级外圆表面的同轴度要求以及端面与轴线的垂直度要求。

采用统一基准的好处在于：可以在一次安装中加工几个表面，减少安装次数和安装误差，有利于保证各加工表面之间的相互位置精度；有关工序所采用的夹具结构比较统一，简化夹具设计和制造，缩短生产准备时间；当产量较大时，便于采用高效率的专用设备，大幅度地提高生产率。

#### 3. 自为基准原则

有些精加工或光整加工工序要求加工余量小而均匀，应选择加工表面本身作为精基准。

例如：在活塞销孔的精加工工序中，精镗销孔和滚压销孔都是以销孔本身作为精基准的。此外，无心磨、珩磨、铰孔及浮动镗等都是自为基准的例子。

#### 4. 互为基准反复加工原则

有些相互位置精度要求比较高的表面，可以采用互为基准反复加工的方法来保证。

例如：内、外圆表面同轴度要求比较高的轴、套类零件，先以内孔定位加工外圆，再以外圆定位加工内孔，如此反复。这样，作为定位基准的表面的精度越来越高，而且加工表面的相互位置精度也越来越高，最终可达到较高的同轴度。

### 5. 定位可靠性原则

精基准应平整光洁，具有相应的精度，确保定位简单准确、便于安装、夹紧可靠。

如果工件上没有能作为精基准的恰当表面，可以在工件上专门加工出定位基面，这种精基准称为辅助基准。辅助基准在零件的工作中不起任何作用，它仅仅是为加工的需要而设置的。例如：轴类零件加工用的中心孔，箱体零件上的定位销孔等。

基准的选择原则是从生产实践中总结出来的，必须结合具体的生产条件、生产类型、加工要求等来分析和运用这些原则，甚至有时为了保证加工精度，在实现某些原则的同时可能放弃另外一些原则。

## 三、零件表面加工方法的选择

机械零件一般都是由一些简单的几何表面（如外圆、内孔、平面或成形表面等）组合而成的，而每一表面达到同样质量要求的加工方法可以有多种，因此在选择各表面的加工方法时，要综合考虑各方面工艺因素的影响。

### 1. 加工表面本身加工要求

根据每个加工表面的技术要求和各种加工方法及其组合后所能达到的加工精度和表面粗糙度（关于加工精度和表面粗糙度的内容，详见第三章），确定加工方法及加工方案。

加工精度和表面粗糙度是指在正常加工条件下（采用符合质量标准的设备、工艺装备和标准技术等级的工人，不延长加工时间）所能保证的加工精度和表面粗糙度。具体条件不同，工艺水平不同，同一种加工方法所能达到的加工精度和表面粗糙度也不一样，详见附录A。

### 2. 被加工材料的性能

被加工材料的性能不同，加工方法也不一样。例如：非铁金属磨削困难，一般采用金刚镗或高速精密车削的方法进行精加工；淬火钢应采用磨削的方法加工。

### 3. 生产类型

在大批大量生产中，可采用高效专用机床和工艺装备，如平面和内孔可用拉削加工，轴类零件可采用半自动液压仿形车床加工等，甚至可以从根本上改变毛坯的制造方法，如用粉末冶金制造油泵齿轮，或用失蜡铸造制造柴油机上的小尺寸零件等，可以大大减少切削加工的工作量。在单件小批生产中，可采用通用设备、通用工艺装备及一般的加工方法。

### 4. 本厂（或本车间）的现有设备情况及技术条件

应该充分利用现有设备，挖掘企业潜力，发挥工人的积极性和创造性。同时也应考虑不断改进现有加工方法和设备，推广新技术，提高工艺水平以及设备负荷的平衡。

此外，选择加工方法还应考虑一些其他因素，如工件的形状和质量以及加工表面的物理力学性能的特殊要求等。

## 四、加工顺序的安排

一个复杂零件的加工过程不外乎有下列几类工序：机械加工工序、热处理工序、辅助工序等。

### （一）机械加工工序的安排

#### 1. 先基面后其他原则

加工一开始，总是先安排精基面的加工，然后以精基面定位加工其他表面。如果精基面不止一个，则应该按照基面转换的顺序和逐步提高加工精度的原则来安排基面和主要表面的加工。

#### 2. 先粗后精原则

先安排粗加工，中间安排半精加工，最后安排精加工和光整加工。

#### 3. 先主后次原则

先安排主要表面的加工，后安排次要表面的加工。

主要表面是指装配基面、工作表面等；次要表面是指非工作表面（如紧固用的光孔和螺纹孔等）。因次要表面的加工余量较小，且往往与主要表面有位置度的要求，因此一般应安排在主要表面达到一定精度（如半精加工）之后、最后精加工或光整加工之前进行。

#### 4. 先面后孔原则

先加工平面，后加工内孔。平面一般较大，轮廓平整，先加工面便于加工孔时定位安装，利于保证孔与平面间的位置精度。

### （二）热处理工序的安排

热处理是用来改善材料的性能及消除内应力的。热处理工序在工艺路线中的安排，主要取决于零件的材料和热处理的目的要求。

#### 1. 预备热处理

预备热处理安排在机械加工之前，以改善切削性能、消除毛坯制造时的内应力为主要目的。例如：对于碳的质量分数超过 0.5%的碳钢一般采用退火，以降低硬度；对于碳的质量分数小于 0.5%的碳钢一般采用正火，以提高材料的硬度，使切削时切屑不黏刀，表面较光滑。通过调质可使零件获得细密均匀的回火索氏体组织，也用作预备热处理。

#### 2. 最终热处理

最终热处理安排在半精加工以后和磨削加工之前（但有渗氮处理时，应安排在精磨之后），主要用于提高材料的强度和硬度，如淬火、渗碳淬火。由于淬火后材料的塑性和韧性很差，有很大的内应力，易于开裂，组织不稳定，材料的性能和尺寸要发生变化等原因，所以淬火后必须进行回火。调质处理能使钢材既获得一定的强度、硬度，又有良好的冲击韧性等综合力学性能，常作为最终热处理。

#### 3. 去除应力处理

最好安排在粗加工之后、精加工之前，如人工时效、退火。但是为了避免过多的运输工作量，对于精度要求不太高的零件，一般把去除内应力的人工时效和退火放在毛坯进入机械加工车间之前进行。但是，对于精度要求特别高的零件（如精密丝杠），在粗加工和半精加工过程中，要经过多次去除内应力退火，在粗、精磨过程中，还要经过多次人工时效。

此外，为了提高零件的耐蚀性、耐磨性、抗高温能力和电导率等，一般都需要进行表面处理（如镀铬、锌、镍、铜以及钢的发蓝处理等）。表面处理工序大多数应安排在工艺过程的最后。

### （三）辅助工序的安排

辅助工序包括工件的检验、去毛刺、去磁、清洗和涂防锈油等。其中检验工序是主要辅助工序，它是监控产品质量的主要措施，除了各工序操作工人自行检验外，还必须在下列情况下安排单独的检验工序。

1）粗加工阶段结束之后。

2）重要工序之后。

3）送往外车间加工的前后，特别是热处理前后。

4）特种性能（磁力探伤、密封性等）检验之前。

除检验工序外，其余的辅助工序也不能忽视，如缺少或要求不严，将对装配工作带来困难，甚至使机器不能使用。例如：未去净的毛刺或锐边，将使零件不能顺利地进行装配，并危及工人的安全；润滑油道中未去净的金属屑，将影响机器的运行，甚至损坏机器。

## 五、工序的集中与分散

工序集中与工序分散是拟订工艺路线的两个不同原则。工序分散是将零件各个表面的加工分得很细，工序多，工艺路线长，而每道工序所包含的加工内容却很少。工序集中则相反，零件的加工只集中在少数几道工序里完成，而每道工序所包含的加工内容却很多。

### 1. 工序集中的特点

1）便于采用高效专用机床和工艺装备，生产率高。

2）减少了设备数量，相应地减少了操作工人和生产面积。

3）减少了工序数目，减少了运输工作量，简化了生产计划工作，缩短了生产周期。

4）减少了工件安装次数，不仅有利于提高生产率，而且由于在一次安装中加工许多表面，也易于保证它们之间的相互位置精度。

5）因为采用的专用机床和专用工艺装备数量多而复杂，所以机床和工艺装备的调整、维修较困难，生产准备工作量很大。

### 2. 工序分散的特点

1）采用比较简单的机床和工艺装备，调整容易。

2）由于工序内容简单，有利于选择合理的切削用量，也有利于平衡工序时间，组织流水生产。

3）生产准备工作量小，容易适应产品更换。

4）对操作工人的技术要求低，或只需经过较短时间的训练。

5）设备数量多，操作工人多，生产面积大。

在生产中，必须根据生产类型、零件的结构特点和技术要求、机床设备、工人的技术水平等具体生产条件，进行综合分析，以便决定是按工序集中还是工序分散来拟订工艺路线。

在一般情况下，单件小批生产中为简化生产计划工作，只能采用工序集中原则，但多应用普通机床；在大批大量生产中工序既可以集中，也可以分散。但从生产技术发展的要求来看，一般趋向于采用工序集中的原则来组织生产；在成批生产中，应尽可能采用多刀半自动车床、转塔车床等效率较高的机床使工序集中。工序分散主要用于缺乏专用设备的企业，在大批大量生产中利用原有普通机床组织流水生产线。

## 六、加工阶段的划分及其目的

### 1. 加工阶段的划分

零件的加工质量要求较高时，往往不可能在同一道工序中加工完成，所以常把整个工艺过程划分为几个阶段。

（1）粗加工阶段　在这一阶段中，切除大量的加工余量，使毛坯在形状和尺寸上尽快接近成品，为半精加工提供精基准，其主要问题是如何获得高的生产率。

（2）半精加工阶段　在这一阶段中，应为主要表面的精加工做好准备，并完成一些次要表面的加工。

（3）精加工阶段　保证各主要表面达到或基本达到（精密件）图样规定的质量要求。

（4）光整加工阶段　对于精度要求很高、表面粗糙度值要求很小的零件，还要有专门的光整加工阶段。光整加工阶段是以提高加工的尺寸精度和减小表面粗糙度值为主，一般不用以提高形状精度和位置精度。

有时，由于毛坯余量特别大，表面特别粗糙，在粗加工前还要有去皮加工阶段，称为荒加工阶段。为了及早发现毛坯缺陷以及减少运输工作量，常把荒加工放在毛坯准备车间进行。

### 2. 划分加工阶段的目的

（1）利于保证加工质量　粗加工阶段中切除较多的加工余量，产生的切削力和切削热都较大，因而工艺系统受力变形、受热变形及工件内应力变形较大，不可能达到高的加工精度和表面质量。因此，需要在后续阶段逐步减少加工余量，来逐步修正工件的变形。同时各加工阶段之间的时间间隔相当于自然时效，有利于消除工件的内应力，使工件有变形的时间，以便在后续工序中加以修正，从而保证零件的加工质量。

（2）便于合理使用机床　粗加工时可采用功率大、精度低的高效率机床；精加工时可采用相应的精加工机床，这样，不但发挥了机床各自的性能特点，也延长了高精度机床的使用寿命。

（3）便于安排热处理工序　为了在机械加工工序中插入必要的热处理工序，同时使热处理发挥充分的效果，这就自然而然地把机械加工工艺过程划分为几个阶段，并且每个阶段各有其特点及应该达到的目的。例如：在精密主轴加工中，在粗加工后进行去应力时效处理，在半精加工后进行淬火，在精加工后进行冰冷处理及低温回火，最后再进行光整加工。

此外，划分了加工阶段可带来两个有利条件。

1）粗加工各表面后可及早发现毛坯的缺陷，及时报废或修补，以免继续进行精加工而浪费工时和制造费用。

2）精加工工序安排在最后，可保护精加工后的表面少受损伤或不受损伤。

应当指出，上述阶段的划分并不是绝对的。当加工质量要求不高、工件的刚度足够、毛坯质量高、加工余量小时，则可不划分加工阶段，如在自动机床上加工零件。另外，有些重型零件，由于安装、运输费时又困难，常不划分加工阶段，在一次装夹下完成全部粗加工和精加工；或在粗加工后松开夹紧，消除夹紧变形，然后再用较小的夹紧力重新夹紧，进行精加工，这样有利于保证重型零件的加工质量。但是对于精度要求高的重型零件，仍要划分加工阶段，并插入时效、去除内应力处理。这需要按照具体情况来决定。

# 第三节 ■ 机械加工的工序设计

## 一、机床和工艺装备的选择

### （一）机床的选择原则

机床的选择主要包括加工尺寸范围、精度、生产率等。

（1）机床的加工尺寸范围应尽量与零件外形尺寸相匹配

（2）机床的精度应与工序要求的加工精度相匹配　机床精度过低，则不能满足零件加工精度的要求；机床精度过高，则不仅造成浪费，也不利于保护机床精度。当加工高精度零件而又缺乏精密机床时，可通过旧机床改装以及一定的工艺措施来实现。

（3）机床的生产率应与零件的生产类型相匹配　一般单件小批生产选择通用机床，大批大量生产选择高生产率专用机床。

（4）机床的选择应与现有设备条件相匹配　工序设计应考虑工厂现有设备的类型、规格及精度状况，设备负荷的平衡状况及设备的分布排列情况等。

### （二）工艺装备的选择原则

工艺装备主要指夹具、刀具、量具和辅具等。

（1）夹具的选择　在单件小批生产中应尽量选用通用夹具，有时为了保证加工质量和提高生产率，可选用组合夹具；在大批大量生产中应选用高生产率的专用夹具。

（2）刀具的选择　刀具的选择主要取决于工序所采用的加工方法、加工表面的尺寸、工件材料、加工精度、生产率和经济性。一般情况下选用标准刀具，必要时可选用高生产率的复合刀具和其他一些专用刀具。

（3）量具的选择　量具的选择主要取决于生产类型和所要检验的精度。在单件小批生产中应尽量选用通用量具；在大批大量生产中应选用各种规格和高生产率的专用量具。

（4）辅具的选择　工艺装备中也要注意辅具的选择，如吊装用的吊车、运输用的叉车和运输小车、各种机床附件、刀架、平台和刀库等，以便于生产的组织管理，提高工作效率。

## 二、加工余量与工序尺寸及公差的确定

### （一）加工余量的确定

在切削加工时，为了保证零件的加工质量，从某加工表面上所必须切除的金属层厚度，称为加工余量。加工余量分为加工总余量和工序余量两种。

（1）加工总余量　在由毛坯加工成成品的过程中，毛坯尺寸与成品零件图的设计尺寸之差，称为加工总余量（毛坯余量），即某加工表面上切除的金属层总厚度。

（2）工序余量　完成一道工序时，从某一表面上所必须切除的金属层厚度，称为该工序的工序余量，即上工序的工序尺寸与本工序的工序尺寸之差。对于外圆和孔等旋转表面而言，加工余量是从直径上考虑的，故称为对称余量（双边余量），但实际所切除的金属层厚度是直径上的加工余量之半。加工平面时，加工余量是非对称的单边余量，它等于实际所切除的金属层厚度。各工序的工序余量之和等于这一表面的总加工余量。

任何加工方法加工后的尺寸都会有一定的误差，因而毛坯和各工序尺寸都有公差，加工

余量也就是变化的，因此加工余量可分为公称余量、最小余量和最大余量。

工序尺寸的公差按各种加工方法的经济精度选定，并规定在零件的“入体”（指向工件材料体内）方向，即对于被包容面（如轴、键宽等），工序尺寸公差带都取上极限偏差为零，即加工后的公称尺寸与上极限尺寸相等；对于包容面（如孔、键槽宽等），工序尺寸公差带都取下极限偏差为零，即加工后的公称尺寸与下极限尺寸相等。孔距工序尺寸公差，一般按对称偏差标注。毛坯尺寸公差可取对称偏差，也可为非对称偏差。

根据此规定，可作加工余量及其工序尺寸公差的关系图，如图 2-20 所示。

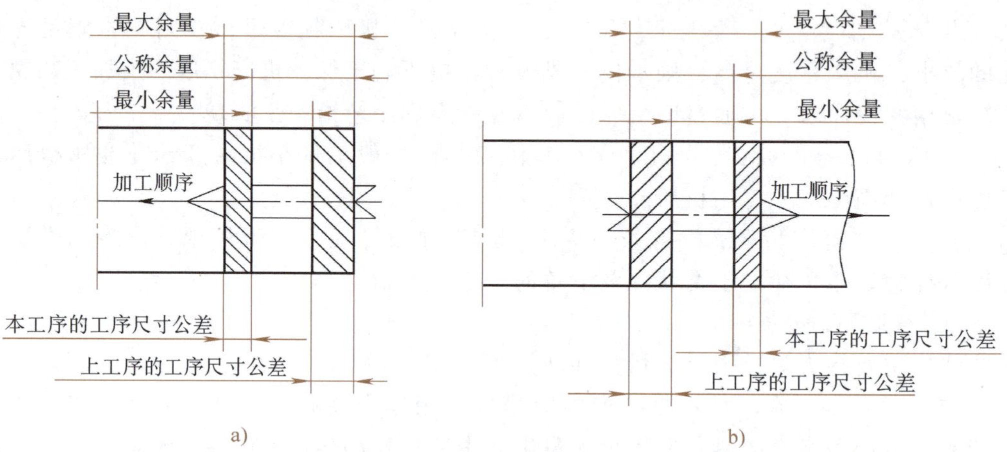


图 2-20 加工余量及其工序尺寸公差的关系图

a）外表面加工余量 b）内表面加工余量

加工总余量大小对制订工艺过程有一定的影响。总余量不够，不能保证加工质量；总余量过大，不但增加机械加工的劳动量，而且也增加了材料、刀具、电力等的成本消耗。

加工总余量的数值，一般与毛坯的制造精度有关。同样的毛坯制造方法，总余量的大小又与生产类型有关，批量大，总余量就可小些。由于粗加工的工序余量的变化范围很大，半精加工和精加工的加工余量较小，所以在一般情况下，加工总余量总是足够分配的。但是在个别余量分布极不均匀的情况下，也可能发生毛坯上有缺陷的表面层都切削不掉，甚至留下了毛坯表面。

对于工序余量，目前一般采用经验估计的方法，或按照技术手册等资料推荐的数据为基础，并结合生产实际情况确定其加工余量的数值。对于一些精加工工序（如磨削、研磨、珩磨、金刚镗等），有一最合适的加工余量范围。加工余量过大，会使精加工工时过大，甚至不能达到精加工的目的（破坏了精度和表面质量）；加工余量过小，会使工件的某些部位加工不出来。此外，精加工的工序余量不均匀，还会影响加工精度。所以，对于精加工工序的工序余量的大小和均匀性必须予以保证。

### （二）工序尺寸的确定

对于简单的工序尺寸，在决定了各工序余量及其所能达到的经济精度之后，就可以计算各工序尺寸及其公差，其计算方法采用“逆推法”，即由最后一道工序开始逐步往前推算。

【例 2-1】　如图 2-21 所示，零件毛坯为一般精度的热轧圆钢，在中批生产条件下，其 $\phi$42g6 外圆表面的加工路线为：粗车→半精车→粗磨→精磨。试确定各加工余量。

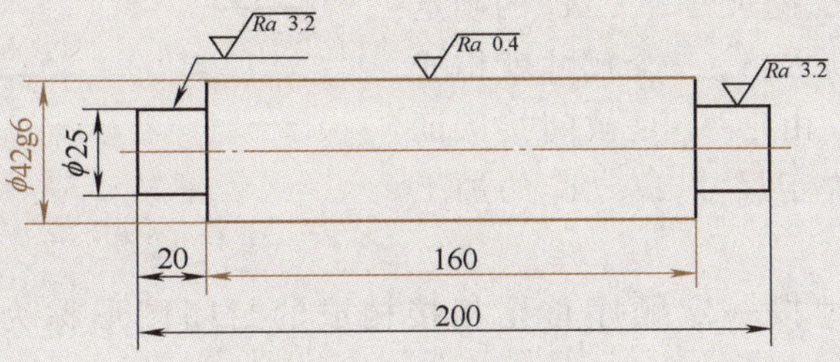


图 2-21　阶梯轴

【解】

1）确定各工序的余量。查附录 A 表 A-7 和表 A-8，各工序余量：精磨为 0.10mm；粗磨为 0.30mm；半精车为 1.30mm；粗车为 2.0mm；总余量即为 3.7mm。

2）计算各工序公称尺寸。精磨后：$\phi$42mm；粗磨后：$\phi$42.10mm；半精车后：$\phi$42.40mm；粗车后：$\phi$43.70mm；毛坯：$\phi$45.70mm。

3）确定各工序的尺寸公差。由各工序所采用的加工方法的经济精度及有关公差按附录 A 中各表查出，并按“入体原则”标注：

精磨：$\phi 42^{-0.009}_{-0.025}$mm，表面粗糙度 $Ra=0.4\mu m$。

粗磨：$\phi 42.10^{\ 0}_{-0.062}$mm，表面粗糙度 $Ra=1.25\mu m$。

半精车：$\phi 42.40^{\ 0}_{-0.16}$mm，表面粗糙度 $Ra=3.2\mu m$。

粗车：$\phi 43.70^{\ 0}_{-0.39}$mm，表面粗糙度 $Ra=12.5\mu m$。

毛坯：$\phi 45.70^{+0.40}_{-0.75}$mm。

对于复杂零件的工艺过程，或零件在加工过程中需要多次转换工艺基准，或工艺尺寸从尚需继续加工的表面标注时，工艺尺寸及其公差的计算就比较复杂，这时需利用工艺尺寸链进行分析计算。

## 三、工艺尺寸链

### （一）概述

在产品的设计与制造中，需要确定零件各表面及零、部件装配的相互位置，经常遇到有关尺寸精度的分析计算问题，对此需要运用尺寸链原理进行分析计算。

尺寸链是指由相互联系的按一定顺序排列的封闭尺寸组。

按照功能的不同，尺寸链可分为工艺尺寸链和装配尺寸链两大类。在零件的加工过程中，由有关工序尺寸组成的尺寸链称为工艺尺寸链。装配尺寸链详见第七章。按照各尺寸相互位置的不同，尺寸链可分为直线尺寸链、平面尺寸链和空间尺寸链。按照各尺寸所代表的几何量的不同，尺寸链可分为长度尺寸链和角度尺寸链。下面以应用最多的直线尺寸链说明工艺尺寸链的有关问题。

1. 尺寸链的内涵和特征

如图2-22a所示的零件，当尺寸$A_1$、$A_2$由加工保证后，尺寸$A_0$随尺寸$A_1$、$A_2$的确定而确定。这样，$A_1$、$A_2$及$A_0$三个尺寸就构成一个封闭的尺寸组合，由于$A_0$是被间接保证的，所以其精度将取决于尺寸$A_1$、$A_2$的加工精度。

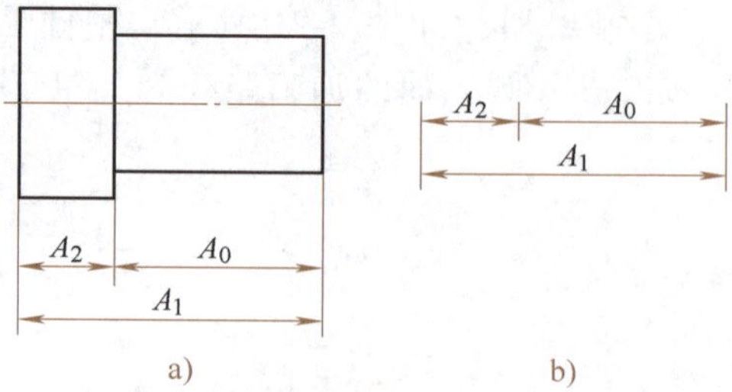


图2-22 工艺尺寸链

把尺寸链中的尺寸按一定顺序首尾相接构成的封闭图形称为尺寸链图，如图2-22b所示。

由此可见，尺寸链的主要特征是：

(1) 封闭性 尺寸链是一组有关尺寸首尾相接构成封闭形式的尺寸。其中应包含一个间接保证的尺寸和若干个对此有影响的直接获得的尺寸。

(2) 关联性 尺寸链中间接保证的尺寸的大小和变化（即精度）是受那些直接获得的尺寸的精度所支配的，彼此间具有特定的函数关系，并且间接保证的尺寸的精度必然低于直接获得的尺寸精度。

2. 尺寸链的组成和尺寸链图的画法

组成尺寸链的各个尺寸称为尺寸链的环。图2-22所示的尺寸$A_1$、$A_2$和$A_0$都是尺寸链的环。这些环又可分为：

(1) 封闭环 根据尺寸链的封闭性，封闭环是最终被间接保证精度的那个环。图2-22所示$A_0$就是封闭环。尺寸链的封闭环由零件的加工工艺过程所决定。

(2) 组成环 除封闭环以外的其他环，都称为组成环。按其对封闭环的影响性质，组成环分为增环和减环。

1) 增环。当其余各组成环不变，凡因其增大（或减小）而封闭环也相应增大（或减小）的组成环称为增环，图2-22所示尺寸$A_1$就是增环。为明确起见，可加标一个正向箭头，如$\overrightarrow{A}_1$。

2) 减环。当其余各组成环不变，凡因其增大（或减小）而封闭环也相应减小（或增大）的组成环称为减环，图2-22所示尺寸$A_2$就是减环，可加标一个反向箭头，如$\overleftarrow{A}_2$。

尺寸链图的具体画法是：

1) 首先根据零件的加工工艺过程，找出间接保证的尺寸，定为封闭环。

2) 从封闭环起，按照零件上表面间的联系，依次画出有关直接获得的尺寸，作为组成环，直到尺寸的终端回到封闭环的起端，形成一个封闭图形。必须注意：要使组成环环数达到最少。

3) 按照各尺寸首尾相接的原则，可顺着一个方向在各尺寸线终端画箭头。凡是箭头方向与封闭环箭头方向相同的尺寸为减环，箭头方向与封闭环箭头方向相反的尺寸为增环。

(二) 尺寸链的计算

1. 尺寸链的计算方法

尺寸链的计算方法有极值法和概率法两种。

极值法（即极大极小法）是从尺寸链中各环的极限尺寸出发，进行尺寸链计算的一种方法。目前生产中一般采用极值法。概率法主要用于批量大的自动化及半自动化生产中，但是当尺寸链的环数较多时，即使生产批量不大也宜采用概率法。

（1）封闭环的公称尺寸　根据尺寸链的封闭性，封闭环的公称尺寸等于组成环公称尺寸的代数和，即所有增环的公称尺寸之和减去所有减环的公称尺寸之和

$$A_0 = \sum_{i=1}^{m} \overrightarrow{A}_i - \sum_{i=m+1}^{n-1} \overleftarrow{A}_i \tag{2-1}$$

式中　$A_0$——封闭环的公称尺寸；

$\overrightarrow{A}_i$——增环的公称尺寸；

$\overleftarrow{A}_i$——减环的公称尺寸；

$m$——增环的环数；

$n$——包括封闭环在内的总环数。

（2）封闭环的极限尺寸　若组成环中的增环都是上极限尺寸，减环都是下极限尺寸，则封闭环的尺寸必然是上极限尺寸（故称极大极小法或极值法），即

$$A_{0\max} = \sum_{i=1}^{m} \overrightarrow{A}_{i\max} - \sum_{i=m+1}^{n-1} \overleftarrow{A}_{i\min} \tag{2-2}$$

式中　$A_{0\max}$——封闭环的上极限尺寸；

$\overrightarrow{A}_{i\max}$——增环的上极限尺寸；

$\overleftarrow{A}_{i\min}$——减环的下极限尺寸。

同理

$$A_{0\min} = \sum_{i=1}^{m} \overrightarrow{A}_{i\min} - \sum_{i=m+1}^{n-1} \overleftarrow{A}_{i\max} \tag{2-3}$$

式中　$A_{0\min}$——封闭环的下极限尺寸；

$\overrightarrow{A}_{i\min}$——增环的下极限尺寸；

$\overleftarrow{A}_{i\max}$——减环的上极限尺寸。

（3）封闭环的上极限偏差与下极限偏差　上极限尺寸减其公称尺寸就是上极限偏差，下极限尺寸减其公称尺寸就是下极限偏差，即有

$$\mathrm{ES}(A_0) = \sum_{i=1}^{m} \mathrm{ES}(\overrightarrow{A}_i) - \sum_{i=m+1}^{n-1} \mathrm{EI}(\overleftarrow{A}_i) \tag{2-4}$$

$$\mathrm{EI}(A_0) = \sum_{i=1}^{m} \mathrm{EI}(\overrightarrow{A}_i) - \sum_{i=m+1}^{n-1} \mathrm{ES}(\overleftarrow{A}_i) \tag{2-5}$$

式中　$\mathrm{ES}(A_0)$——封闭环的上极限偏差；

$\mathrm{ES}(\overrightarrow{A}_i)$——增环的上极限偏差；

$\mathrm{EI}(\overleftarrow{A}_i)$——减环的下极限偏差；

$\mathrm{EI}(A_0)$——封闭环的下极限偏差；

$\mathrm{EI}(\overrightarrow{A}_i)$——增环的下极限偏差；

$\mathrm{ES}(\overleftarrow{A}_i)$——减环的上极限偏差。

（4）封闭环的公差 上极限尺寸减去下极限尺寸即为封闭环的公差，即有

$$T(A_0)=\sum_{i=1}^{m}T(\overrightarrow{A}_i)+\sum_{i=m+1}^{n-1}T(\overleftarrow{A}_i)=\sum_{i=1}^{n-1}T(A_i) \tag{2-6}$$

式中 $T(A_0)$——封闭环的公差；

$T(\overrightarrow{A}_i)$——增环的公差；

$T(\overleftarrow{A}_i)$——减环的公差；

$T(A_i)$——组成环的公差。

式（2-6）表明：封闭环的公差等于各组成环的公差之和。这也就进一步说明了尺寸链的封闭性特征。

可见，为了提高封闭环的精度（即减小封闭环的公差），可有两个途径：一是减小组成环的公差，即提高组成环的精度；二是减少组成环的环数，这一原则通常称为“尺寸链最短原则”。在封闭环的公差一定的情况下，减少组成环的环数，即可相应放大各组成环的公差而使其易于加工，同时环数减少也使结构简单，因而可降低生产成本。

将式（2-1）~式（2-6）改写成表 2-6 所示的竖式表，计算时较为简明清晰。纵向各列中，最后一行为该列以上各行之和；横向各行中，第Ⅳ列为第Ⅱ列与第Ⅲ列之差。

应用这种竖式方法进行尺寸链换算时，必须注意：

1）减环的公称尺寸前冠以负号；

2）减环的上、下极限偏差位置对调，并改变符号。整个运算方法可归纳成一句口诀：“增环上下极限偏差照抄；减环上下极限偏差对调且变号”。

表 2-6 尺寸链换算的竖式表

| 列 号 | Ⅰ | Ⅱ | Ⅲ | Ⅳ |
|---|---|---|---|---|
| 名 称 | 公称尺寸 $A$ | 上极限偏差 ES | 下极限偏差 EI | 公差 $T$ |
| 增 环 | $\sum_{i=1}^{m}\overrightarrow{A}_i$ | $\sum_{i=1}^{m}\mathrm{ES}(\overrightarrow{A}_i)$ | $\sum_{i=1}^{m}\mathrm{EI}(\overrightarrow{A}_i)$ | $\sum_{i=1}^{m}T(\overrightarrow{A}_i)$ |
| 减 环 | $-\sum_{i=m+1}^{n-1}\overleftarrow{A}_i$ | $-\sum_{i=m+1}^{n-1}\mathrm{EI}(\overleftarrow{A}_i)$ | $-\sum_{i=m+1}^{n-1}\mathrm{ES}(\overleftarrow{A}_i)$ | $\sum_{i=m+1}^{n-1}T(\overleftarrow{A}_i)$ |
| 封闭环 | $A_0$ | $\mathrm{ES}(A_0)$ | $\mathrm{EI}(A_0)$ | $T(A_0)$ |

### 2. 尺寸链计算的几种情况

（1）正计算 已知各组成环的公称尺寸及公差，求封闭环的公称尺寸及公差，称为尺寸链的正计算。这种情况的计算主要用于审核图样，验证设计的正确性，其计算结果是唯一确定的。

（2）反计算 已知封闭环的公称尺寸及公差，求各组成环的公称尺寸及公差，称为尺寸链的反计算。这种情况的计算一般用于产品设计工作中，由于要求的组成环数多，因此反计算不单纯是计算问题，而是需要按具体情况选择最佳方案的问题。实际上是如何将封闭环公差对各组成环进行分配以及确定各组成环公差带的分布位置，使各组成环公差累积后的总和值和分布位置与封闭环公差值和分布位置的要求相一致。解决这类问题可以有 3 种方法。

1）按等公差值的原则分配封闭环的公差，即

$$T(A_i)=\frac{T(A_0)}{n-1} \tag{2-7}$$

这种方法计算简单，但从工艺上讲没有考虑到各组成环（零件）加工的难易、尺寸的大小，显然不够合理。这种方法适用于各组成环尺寸相近，加工难易程度相近的场合。

2）按等公差级的原则分配封闭环的公差。即各组成环的公差取相同的公差等级，公差值的大小取决于公称尺寸的大小。

这种方法考虑了尺寸大小对加工的影响，但没有考虑由于形状和结构引起的加工难易程度，并且计算也比较麻烦。

3）按具体情况来分配封闭环的公差。第一步先按等公差值（或等公差级）分配原则求出各组成环所能分配到的公差；第二步再从加工的难易程度和设计要求等具体情况调整各组成环的公差。

（3）中间计算　已知封闭环和部分组成环的公称尺寸及公差，求某一组成环的公称尺寸及公差，称为尺寸链的中间计算。这种计算主要用于确定工艺尺寸。

## （三）几种典型工艺尺寸链的分析与计算

### 1. 基准不重合的尺寸换算

（1）工序基准与设计基准不重合　在零件的加工中，工序基准与设计基准可能并非同一基准，必须进行尺寸换算。

【例 2-2】　如图 2-23a 所示，$A$、$B$ 两平面已在上一工序中加工好，且保证了工序尺寸 $50_{-0.16}^{\ 0}$mm 的要求。本工序中加工 $C$ 面时需按尺寸 $A_2$ 进行。$C$ 面的设计基准是 $A$ 面，与其工序基准 $B$ 面不重合，故需进行尺寸换算。

【解】

1）确定封闭环。设计尺寸 $20_{\ 0}^{+0.33}$mm 是本工序加工后间接保证的，故为封闭环 $A_0$。

2）查明组成环。根据组成环的定义，尺寸 $A_1$、$A_2$ 均对封闭环产生影响，故 $A_1$、$A_2$ 为该尺寸链的组成环。

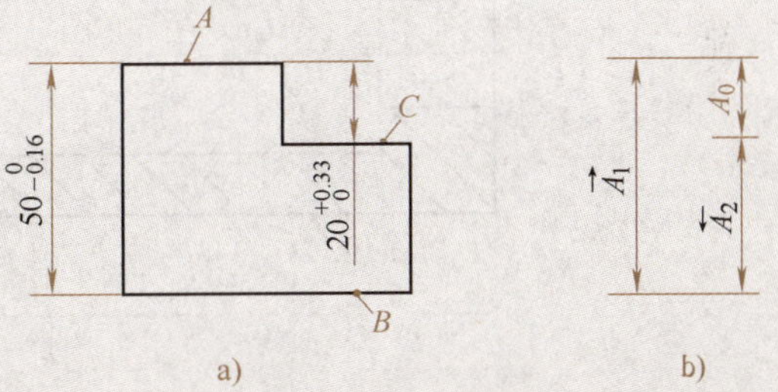


图 2-23　工序基准与设计基准不重合的尺寸换算

3）绘制尺寸链图及判别增、减环。工艺尺寸链图如图 2-23b 所示，其中 $A_1$ 为增环，$A_2$ 为减环。

4）计算工序尺寸及极限偏差。

由 $A_0=\vec{A}_1-\overleftarrow{A}_2$ 得

$$\overleftarrow{A}_2=\vec{A}_1-A_0=(50-20)\text{mm}=30\text{mm}$$

由 $\text{EI}(A_0)=\text{EI}(\vec{A}_1)-\text{ES}(\overleftarrow{A}_2)$ 得

$$\text{ES}(\overleftarrow{A}_2)=\text{EI}(\vec{A}_1)-\text{EI}(A_0)=(-0.16-0)\text{mm}=-0.16\text{mm}$$

由 $ES(A_0)=ES(\overrightarrow{A}_1)-EI(\overleftarrow{A}_2)$ 得

$$EI(\overleftarrow{A}_2)=ES(\overrightarrow{A}_1)-ES(A_0)=(0-0.33)\text{mm}=-0.33\text{mm}$$

故所求工序尺寸为 $A_2=30^{-0.16}_{-0.33}$mm。

5）验算。根据题意及工艺尺寸链图可知，增环的公差为0.16mm，封闭环的公差为0.33mm，由计算知工序尺寸（减环）的公差为0.17mm。

根据公式 $T(A_0)=T(\overrightarrow{A}_1)+T(\overleftarrow{A}_2)$ 得

$$0.33\text{mm}=(0.16+0.17)\text{mm}$$

故计算合理。

（2）度量基准与设计基准不重合　在零件加工中，有时按设计基准不便（或无法）直接测量，需要在零件上另选一易于测量的表面作为度量基准，以间接保证设计尺寸的要求。

【例 2-3】　在加工图2-24a所示的套筒零件时，测量尺寸 $10^{\ 0}_{-0.36}$mm 较困难，采用深度游标卡尺直接测量大孔的深度则较为方便，于是尺寸 $10^{\ 0}_{-0.36}$mm 就成了被间接保证的封闭环 $A_0$（图2-24b），$A_1$ 为增环，$A_2$ 为减环。为了间接保证 $A_0$，必须进行尺寸换算，确定 $A_2$ 尺寸及其极限偏差。

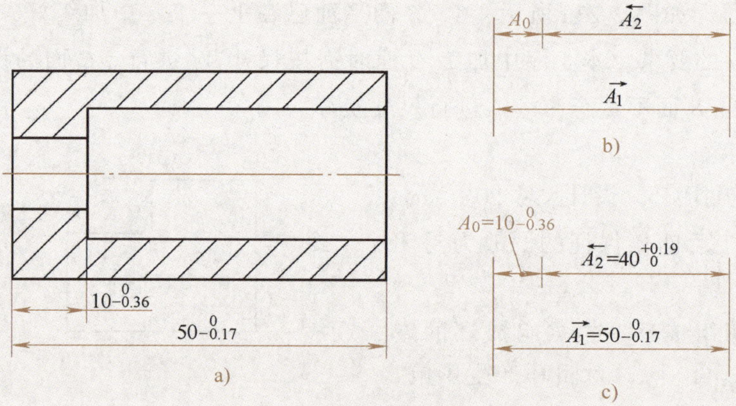


图 2-24　度量基准与设计基准不重合的尺寸换算

【解】

采用竖式法得

| | | | |
|---|---|---|---|
| 增环 | 50 | 0 | −0.17 |
| 减环 | (−40 | 0 | −0.19) |
| 封闭环 | 10 | 0 | −0.36 |

故工序尺寸 $A_2=40^{+0.19}_{\ 0}$mm。

### 2. 余量校核

在零件加工中，加工余量是否足够，必须进行设计校核。

【例 2-4】　如图 2-25a 所示，小轴的轴向加工过程为：车端面 $A$；车台阶面 $B$（保证尺寸 $49.5^{+0.30}_{0}$mm）；车端面 $C$ 以保证总长 $80^{0}_{-0.20}$mm；热处理；钻中心孔；磨台阶面 $B$ 以保证尺寸 $30^{0}_{-0.14}$mm。试校核台阶面 $B$ 的加工余量。

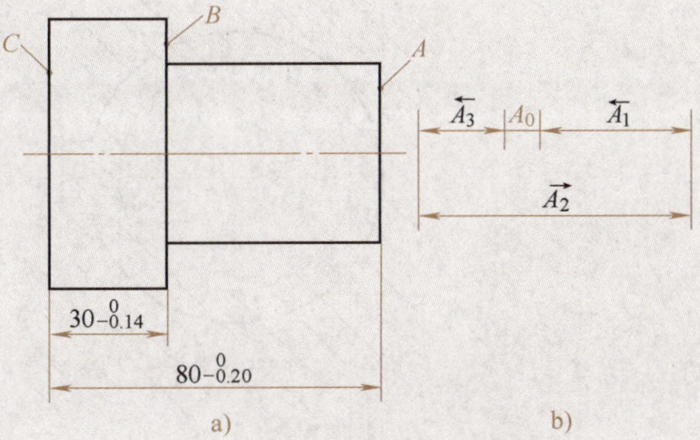

图 2-25　余量校核的尺寸换算

【解】

尺寸链如图 2-25b 所示。由于该余量是间接获得的，故为封闭环。

采用竖式法求余量 $A_0$ 及其极限偏差

| | | | |
|---|---|---|---|
| 增环 | 80 | 0 | −0.20 |
| 减环 | −30 | +0.14 | 0 |
| | −49.5 | 0 | −0.30 |
| 封闭环 | （0.5 | +0.14 | −0.50） |

故 $A_0=0.5^{+0.14}_{-0.50}$mm，$A_{0\,max}=0.64$mm，$A_{0\,min}=0$mm。

因为 $A_{0\,min}=0$，在磨台阶面 $B$ 时，有些零件有可能因没有余量而磨不出来，因而要将最小余量加大，可为 $A_{0\,min}=0.1$mm。因 $\overrightarrow{A}_2$、$\overleftarrow{A}_3$ 是设计要求尺寸，所以只能变动中间工序尺寸 $\overleftarrow{A}_1$（作为协调环）来满足新的封闭环要求。用竖式法求解得

| | | | |
|---|---|---|---|
| 增环 | 80 | 0 | −0.20 |
| 减环 | −30 | +0.14 | 0 |
| | （−49.5 | 0 | −0.20） |
| 封闭环 | 0.5 | +0.14 | −0.40 |

故变更中间工序 $\overleftarrow{A}_1=49.5^{+0.20}_{0}$mm，可确保最小的磨削余量。

### 3. 中间工序尺寸及极限偏差换算

有些零件的设计尺寸不仅受到表面最终加工时工序尺寸的影响，还与中间工序尺寸有关，此时应以设计尺寸为封闭环，求得中间工序尺寸的大小和极限偏差。

【例 2-5】　如图 2-26a 所示，齿轮内孔设计尺寸为 $\phi40^{+0.05}_{0}$mm，键槽深度设计尺寸为 $46^{+0.30}_{0}$mm，加工工艺过程为：拉孔至 $\phi39.6^{+0.10}_{0}$mm；拉键槽保证尺寸 $A$；热处理（略去热处理变形的影响）；磨孔至图样尺寸 $\phi40^{+0.05}_{0}$mm。试计算工序尺寸 $A$ 及其极限偏差。

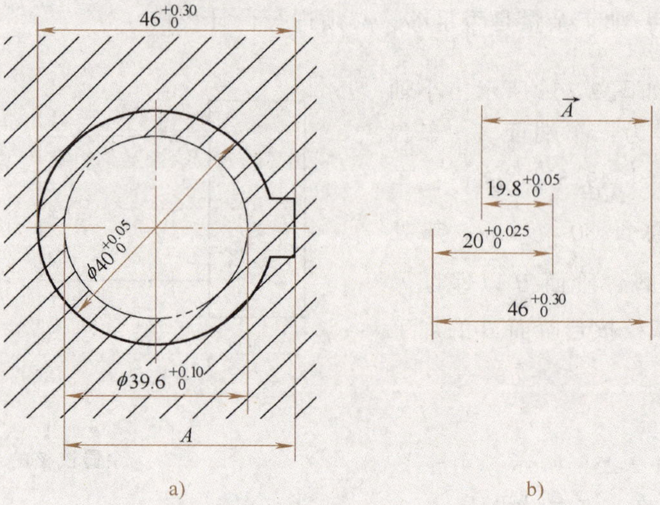


图 2-26　中间工序尺寸及偏差换算

【解】

在上述工艺过程中没有特别指出拉孔和磨孔时所采用的定位基准。略去磨削后孔中心和拉削后孔中心同轴度的误差，可以认为磨削后孔表面是通过它们的中心线发生联系的，以孔半径和中间工序尺寸 $A$ 为组成环。

设计尺寸 $46^{+0.30}_{0}$mm 在磨孔工序中间接得到，故为封闭环。拉削半径 $19.8^{+0.05}_{0}$mm 为减环，工序尺寸 $A$ 和磨孔半径 $20^{+0.025}_{0}$mm 为增环，列出的工艺尺寸链图如图 2-26b 所示。

| | | | |
|---|---|---|---|
| 增环 | (45.8 | +0.275 | +0.050) |
| | 20 | +0.025 | 0 |
| 减环 | −19.8 | 0 | −0.050 |
| 封闭环 | 46 | +0.30 | 0 |

故插键槽的工序尺寸及其极限偏差为：$A=45.8^{+0.275}_{+0.050}$mm。若按入体原则标注，则 $A=45.85^{+0.225}_{0}$mm。

## 第四节 ■ 计算机辅助工艺过程设计 CAPP

### 一、概述

工艺过程设计是机械制造生产过程中技术准备工作的一项重要内容，是产品设计与车间生产的纽带，是经验性很强且影响因素很多的决策过程。当前，机械产品市场由多品种小批量生产起主导作用，传统的工艺过程设计已不能适应机械制造行业的快速发展。应用计算机辅助工艺过程设计 CAPP（Computer Aided Process Planning）是适应这种发展需求的必由之路。

CAPP 是利用计算机编制零件加工工艺规程，通过向计算机输入被加工零件的几何信息（形状、尺寸、表面粗糙度等）和工艺信息（材料、热处理、批量等），由计算机自动输出零件的工艺路线、工序内容等工艺文件的过程。

CAPP 可以从根本上改变依赖于个人经验、人工编制工艺规程的落后面貌，促进工艺过程的标准化和最优化，提高工艺设计的质量；可以使工艺员从烦琐重复的计算、编写工作中解脱出来，极大地提高工作效率，从而使工艺员能集中精力去考虑提高工艺水平和产品质量等问题。CAPP 可以迅速编制出完整而详尽的工艺文件，缩短工艺准备以及生产准备的周期，适应产品不断更新换代的需求，降低工艺过程的设计费用。CAPP 通过计算机管理工艺信息，保证信息的准确性和一致性，促进组织内的资源共享；为制订先进合理的工时定额、材料消耗定额以及改善企业管理提供科学依据。

国外从 20 世纪 60 年代末、国内从 20 世纪 80 年代初开始，已陆续研制出众多的 CAPP 系统，不少 CAPP 系统已投入生产实践中使用。

早期，人们致力于自动工艺设计的 CAPP 研究，开发了基于成组技术原理的样件法 CAPP 系统和基于工艺数据库、加工知识库的创成法 CAPP 系统。前者必须有样件文件，通用性较差；后者需要输入全面的产品信息，信息需求量很大，知识的表达和推理难以很好地实现。至今自动工艺设计的 CAPP 系统仍然没有达到既实用又通用的水平。

在工艺设计过程中，创造性工作可能只占总时间的小部分，大部分时间用于重复劳动和填写表格等事务性工作上。基于这一现象，20 世纪 90 年代中、后期，国内实用型 CAPP 系统的主流开发方向从面向自动工艺设计，转向首先解决工艺活动中事务性、管理性工作，为工艺设计人员提供软件工具。这类系统可以称为管理型 CAPP 系统，其实用性、通用性较好，在国内越来越多的企业中得到应用，对推动我国企业信息化的进展、培养 CAPP 应用人才起到了良好的作用。但这类系统在充分利用产品信息、积累和利用工艺知识、为设计人员提供智能化工具等方面功能较弱。在实用型 CAPP 研究快速发展的同时，自动工艺设计型 CAPP 系统，特别是其中的一些重要技术也取得了明显的进展，如基于 CAD 模型可视化工艺尺寸链分析和计算技术、通过自学习建立参数化模板的技术等。

20 世纪 80 年代以来，随着机械制造业向计算机集成制造系统 CIMS（Computer Integrated Manufacturing System）和智能制造系统 IMS（Intelligent Manufacturing Systems）发展，计算机辅助设计 CAD（Computer Aided Design）和计算机辅助制造 CAM（Computer Aided Manufacturing）集成化和智能化的要求越来越强烈。CAPP 是 CAD 与 CAM 之间的桥梁，是各类先进制造系统的技术基础。CAD 能否有效地应用于生产实践，数控 NC（Numerical Control）机床能否充分发挥效益（有关数控技术内容详见第八章），CAD 与 CAM 能否真正实现集成，都与 CAPP 有着密切的关系。

当前，除集成化、智能化、基于知识的 CAPP 系统外，实用化、工程化的 CAPP 系统都受到了人们的重视；管理型 CAPP 系统正在逐步增强其职能化功能。在企业应用方面，系统化、分布式、网络化已成为 CAPP 技术发展的新趋势。

## 二、CAPP 的系统组成

CAPP 系统的主要功能包括：检索标准工艺文件；选择加工方法，安排加工路线；确定工序尺寸和公差，选择毛坯；选择机床、刀具、夹具及量具；选择或计算切削用量、加工时间和加工费用；绘制工序图；给出刀具轨迹；进行NC编程；进行加工过程模拟等。

不同的CAPP系统有不同的特点和适用范围。制订工艺路线（选择加工方法及安排工序顺序）和工序设计（选择加工机床、刀具、量具，确定切削参数，计算工时定额），最后编制出完整的工艺文件，是CAPP系统的基本功能。

尽管每个CAPP系统所针对的产品对象不同，所具备的功能也不一样，但都包括3个基本组成部分，即产品设计信息输入、工艺决策和产品工艺信息输出。

（1）产品设计信息输入　工艺过程设计所需要的最原始信息就是产品设计信息。对于CAPP系统而言，必须将这些产品设计信息转换成CAPP系统所能"读"懂的信息。目前，CAPP系统的信息输入方法主要有两种：一种是通过人机交互系统获取；另一种是直接从CAD系统中读取。

（2）工艺决策　工艺决策是指根据产品设计信息，利用工艺经验和具体的生产环境条件，确定产品的工艺过程。CAPP系统所采取的最基本的工艺决策有两种：一种是修订式方法，即将相似零件归并成零件族，根据相似零件族的标准工艺规程，修订生成设计零件的工艺规程；另一种是生成式方法，即将工艺过程的设计推理和决策方法转换成计算机可以处理的决策逻辑、算法，由计算机直接自动生成零件的工艺规程。

（3）产品工艺信息输出　即以工艺卡片形式表达出产品工艺过程信息。在CAD/CAPP/CAM系统中，CAPP需要提供CAM数控编程所需的工艺参数文件；在CIMS环境下，CAPP需要通过数据库存储产品工艺过程信息，以实现信息共享。

这些基本组成也可细化为以下几个不同模块：

1）控制模块。

2）零件信息获取模块。

3）工艺过程设计模块。

4）工序决策模块。

5）工步决策模块。

6）NC加工指令生产模块。

7）输出模块。

8）加工过程动态仿真模块等。

## 三、CAPP的基本原理

CAPP系统有多种分类方式，按原理和开发方法可分为样件法CAPP系统、创成法CAPP系统和半创成法CAPP系统；按所解决的问题与工艺设计联系的紧密程度可分为设计型、管理型和集成型CAPP系统。下面着重介绍3种典型CAPP系统的基本原理。

### （一）样件法CAPP系统

样件法是在成组技术GT（Group Technology）的基础上，将同一个零件组中所有零件的结构要素合成为假想的（或实际的）该零件组的主样件，按照主样件及生产纲领、企业环境等要素制订出最优加工方案的工艺规程，并以文件形式存储在计算机中。所有主样件典型工艺规程文件的集合组成CAPP的基础数据库。当需要编制某一零件的工艺规程时，计算机根据输入的零件信息，自动识别所属的零件组，然后检索并调用该零件组的主样件典型工艺文件，对典型工艺文件进行编辑，如修订加工顺序，调整机床和刀具，重新进行有关工步切削参数的计算等，最后编辑成指定零件的工艺规程。

样件法 CAPP 系统往往具有人机对话功能，在编制工艺规程的过程中通过人机对话，实现插入、更换或删除等修改功能。

样件法 CAPP 系统的基本步骤包括：

### 1. 进行零件和样件的特征描述

即用 CAPP 系统可识别的方式描述零件和样件的特征。

为了便于分析零件的相似性，首先要对零件的相似特征进行描述，以反映零件的相似特征并进行工艺设计。虽然这种描述可以凭直观经验来进行，但描述的结果因人因时而异，所以这种方法是很不完整和严格的。因此，应该采用一种科学的方法来描述，这种方法就是编码技术。

编码就是按照一定的规则选用一定数列的字码来表示所要描述的特征，这种编码规则和方法被称为零件编码法则。

世界上有多种零件编码法则，如我国 1985 年 9 月公布的 JLBM—1 机械零件编码法则，该法则系统由 15 个码位组成。其中，第一、第二码位为名称类别矩阵，这种名称类别能反映零件的功能和主要形状；第三至第九码位为形状与加工；第十码位为材料；第十一码位为毛坯原始形状；第十二码位为热处理；第十三和十四码位为主要尺寸；第十五码位为精度。每一码位包括从 0~9 的 10 个特征项号。

零件和样件的特征描述方法就是利用零件的成组编码确定零件所属组类，将零件的编码转化成一个矩阵，并获得零件组的特征矩阵。

### 2. 对各种工艺信息进行数字化处理

为了便于计算机识别和处理，必须将各种工艺信息数字化。

（1）零件各种形面的数字化　零件的分类编码只表示了该零件的结构及工艺特征，不能表示零件的所有表面。而机械加工过程中的工序或工步，往往是针对零件的某些具体表面。因此，为便于计算机针对零件的表面选取相应的加工工序或工步，首先需将零件各种形状的表面编码。

例如：在图 2-27 中，15 表示外圆表面，13 表示外锥面，33 表示外螺纹，26 表示外沉割槽，32 表示外螺旋油槽，41 表示键槽。

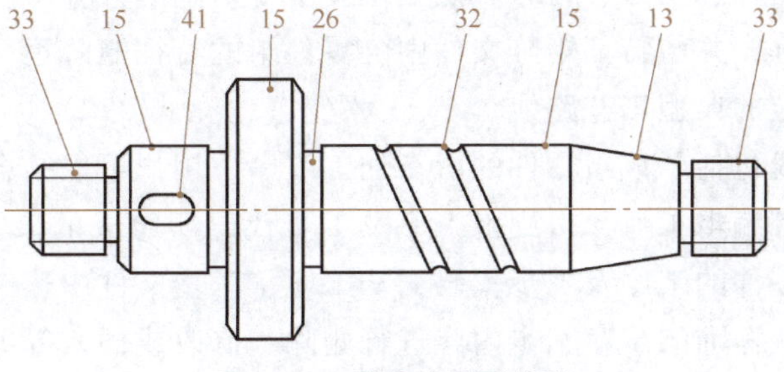


图 2-27　零件的形面编码

（2）典型工艺路线的数字化　典型工艺路线按零件组的主样件来制订。如果将各工序及工步也用代码来表示，那么零件组的典型工艺路线就可以用一个矩阵来表示，矩阵中的行以工步为单位，每一个工步占一行。按此计算的总工步数就决定了矩阵的行数。

（3）工序及工步内容的数字化 首先将包括在各个典型工艺路线中的所有工序及工步，按其具体的工艺内容进行总体编码，使计算机能按统一的方法调出工序或工步的具体内容。内容相同的工序或工步编为一个代码。这种编码仍以工步为单位。热处理、检查等非机械加工工序以及诸如装夹等操作也当作一个工步同样编码。对系统的工序和工步进行总体编码后，就可以用一个工序工步内容矩阵来描述这些工序和工步的具体内容。

### 3. 建立数据库中的数据文件

CAPP 系统软件一般由主程序和数据库两大部分组成。样件法 CAPP 系统的数据库通常包含下面4个数据文件。

（1）特征矩阵 每一个零件组都具有一个特征矩阵。如果一个系统有 $N$ 个零件组，相应地就有 $N$ 个特征矩阵。将它们存入计算机内，就构成特征矩阵文件。将欲编制工艺规程的零件的特征矩阵与零件组的特征矩阵逐一比较，即可确定该零件所属零件组。

（2）典型工艺路线库 每一个零件组都有一个典型的工艺路线矩阵。将系统中所有零件组的典型工艺路线矩阵按一定方式排列起来，存入计算机内，就构成典型工艺路线库。零件组的典型工艺路线矩阵与其特征矩阵相互对应，只要找到了零件组的特征矩阵，就能自动调出该零件组的典型工艺路线矩阵。

（3）标准工序、工步矩阵 该矩阵容纳了系统所有工序和工步的具体内容。CAPP 系统可以按工序、工步的代码，从该矩阵中提取与代码相应的工序或工步的内容，以便形成零件的工艺过程。

（4）工艺数据 工艺数据是一个庞大繁杂的数据集合，它包括各种工件材料在用不同材料与种类的刀具切削时的各种系数、各种机床的每档转速、允许的最大切削力与切削功率等。

一般来说，企业需要根据自己的具体情况来建立这些数据文件，在使用过程中不断完善，以使所存储的信息能反映出本厂的最佳生产情况，生成的工艺规程符合本厂的生产实际。

### 4. 运行样件法 CAPP 系统

当采用样件法编制某一零件的工艺规程时，首先应输入零件的成组编码和工艺规程所需的表头信息，如零件名称、图号、材料、热处理要求等。随后计算机自动将零件的成组编码转换成零件的特征矩阵，并与特征矩阵文件中各零件组的特征矩阵逐一比较，确定零件所属零件组，调出与之相应的典型工艺路线。

这个典型工艺路线包括了该组零件的所有加工工序，用户可以结合具体加工零件对它进行删除、修改或插入等编辑工作，得到由工序及工步代码所组成的该零件的加工工艺路线。接着，计算机根据该零件的工序及工步代码，从工序、工步文件中逐一调出相应的标准工序工步内容，用户对这些标准的工序工步内容进行删除、修改或插入等编辑工作，产生具体的工序工步内容。进而计算机根据机床、刀具的代码查找各工步使用的机床、刀具的名称和型号，根据输入的零件材料、尺寸等信息，计算各工步的切削速度，核算机床切削力和功率，计算机械加工的基本时间、单件时间及工序成本等。

每完成一步工作，都必须进行存储，以便最后形成一份完整的加工工艺规程，一旦需要即可以一定格式打印出来。

### （二）创成法 CAPP 系统

创成法 CAPP 系统利用对各种工艺决策制订的逻辑原则，按规定的算法自动地生成工艺规程。计算机按决策逻辑和优化公式，在不需要人工干预的条件下来制订工艺规程，可以与 CAD 或自动绘图系统连接。但由于工艺过程涉及的因素多，各种组合方案和逻辑关系十分复杂，因此创成法 CAPP 系统比较复杂。

创成法系统在原理上基于专家系统，以自动生成工艺文件为方向。

为了实现“创成”，确定零件的加工路线、定位基准、装夹方式等工艺要素，首先需要以详尽的零件信息、全面的知识库和推理规则为基础，这些信息和知识的表达并不容易。更重要的是，各企业的业务流程、生产条件千差万别，要想建立起广泛适用的创成法 CAPP 系统，需要投入巨大的资源，一般的研究机构和软件开发商难以承受。

正因为如此，完全自动、通用的创成法 CAPP 系统目前仍停留在理论研究和简单应用的阶段，大多数系统只是针对某一类型的零件，或者是采用创成法与样件法配合使用的半创成法（综合法）。

### （三）管理型 CAPP 系统

除了依据工艺路线生成器的工作原理对 CAPP 系统进行分类外，从 CAPP 在技术应用层面发展的角度，依据所解决问题与工艺设计联系的紧密程度进行分类也很有意义。

按与工艺设计联系的紧密程度，CAPP 系统解决的问题可以分为 3 层。

（1）工艺设计层　第一层可以概括称为工艺设计，其联系最紧密，主要包括在分析和处理大量零件、知识、资源等信息的基础上选择加工方法、机床、刀具、加工顺序，计算加工余量、工序尺寸、公差、切削参数、工时定额，绘制工序简图以及编制工艺文件等。

（2）工艺管理层　第二层可以概括称为工艺管理，主要关系到工艺文件、信息的填写、管理，工艺、产品信息的汇总等事务性、管理性工作，如选择特定的表格形式，提供表格填写工具和表格对应功能、工装信息汇总和通知，对工艺文件的审核和批准，标准工艺的存储等。

（3）工艺集成层　第三层可以概括称为工艺集成，是 CAD、CAE、CAQ、CAM、PDM 等系统的集成及并行开发等企业全面信息化工作，如 CAPP 系统从 CAD 系统中智能化获取零件的尺寸、属性、工程符号等信息，对设计模型进行制造工艺分析；CAPP 的输出适应 CAM、PDM 等系统的要求等。

管理型 CAPP 系统主要解决第二层问题。

自 20 世纪 90 年代中、后期以来，国内出现的一些有一定市场占有率的商品化 CAPP 系统主体上是管理型 CAPP 系统，特点是以实用为本，重点解决资料查找、表格填写、数据计算与分类汇总等既烦琐、重复而又适合使用计算机辅助技术的事务性、管理性工作，面向所有机械制造企业，致力于帮助工艺编制人员“甩钢笔”“甩手册”以及“甩计算器”，并使工艺信息为 PDM、CAM 等系统所用，帮助企业实现工艺信息的多系统共享与集成。

管理型 CAPP 系统的开发理念基于对企业的需求分析。

（1）企业工艺部门的个性很强　随产品、生产模式的不同，工艺差异很大，包括使用卡片的不同，工艺汇总方法的不同，工艺编制过程的不同等。工艺部门个性很强的特点要求可以广泛应用的 CAPP 系统必须是一种工具化的产品，能够通过定制或配置，以满足企业的需求。

(2) 工艺设计涉及的因素　如企业的加工设备、工艺装备、工艺手段、典型工艺等，这些信息可以统称为企业的工艺资源。企业的工艺资源是编制工艺文件的基础。而目前不少企业对工艺资源缺乏管理，常常会发生重复制造工艺装备的问题。因此，工艺部门要求 CAPP 系统必须提供一种工具，将企业的工艺资源有效地管理起来。

(3) 工艺设计由许多不同性质的子任务组成　如产品结构工艺性审查、工艺方案设计、设计工艺路线或车间分工明细表、专用装备设计、设计工艺规程、编制工艺定额以及工艺的校对、审核、批准等。工艺设计涉及多个部门和人员，如计划处、生产处、工艺处、设备处、劳资科、标准化室等。这就要求工艺软件提供一种角色和权限机制，提供产品级的工艺编制功能和零件级的工艺编制功能。

可以看出，CAPP 系统具有很强的管理特性。应用 CAPP 系统并不是一个简单的选择软件的问题，不能买来现成的商品化系统直接使用，而是要确定一个包含需求分析、总体规划、软件实施与培训、定制开发等活动的一个整体解决方案。选择 CAPP 系统提供商需要选择一个能够帮助企业从整体上提高工艺部门的技术水平、管理水平，提高工作效率，降低成本的合作伙伴。

管理型 CAPP 系统实施步骤如下。

(1) 需求分析　包括调查企业工艺部门的组织结构、工艺类型、工艺编制的流程、相应的工艺卡片，分析企业的工艺资源和工艺汇总要求等内容。

(2) 总体规划　软件提供商进行需求分析后，应该向企业提交需求分析报告、软件实施方案和培训计划等。再由企业的有关领导和有经验的技术人员与软件提供商的项目实施人员进行沟通，确定 CAPP 软件的实施计划，对需求分析的内容进行确认。这样才能保证软件实施的顺利进行。

(3) 软件实施与培训　软件提供商的项目实施人员与企业的技术人员一起，利用 CAPP 系统在计算机上建立各类工艺卡片，帮助企业建立网络化的工艺资源库。对于有条件的企业，企业级的 CAPP 应用应该和图档管理系统结合起来。

(4) 定制开发　在用 CAPP 系统满足了企业的大部分个性化的需求以后，企业可能仍然需要解决一些特殊的技术问题，这就需要软件提供商与企业协作，进行适当的定制开发。

经过这 4 个步骤，企业才能将 CAPP 系统应用起来。在应用过程中，还需要开发商提供一定的技术服务，并在企业中形成应用 CAPP 系统的人才梯队，使企业的一些技术人员具备自己定义工艺卡片和汇总要求，进行软件配置的能力。这样，才能真正深化 CAPP 的应用。

本书附录 D 详附了一套国产正版软件，专门介绍武汉开目信息技术有限责任公司研发的开目 CAD 系统和开目 CAPP 系统，供读者学习使用。

## 第五节 ■ 工艺过程的生产率和经济性

### 一、工艺过程的生产率

生产率是衡量生产效率的一个综合性指标，它表示在单位时间内生产出合格产品的数量，或在单位时间内为社会创造财富的价值。

不断提高劳动生产率是降低成本、增加积累和扩大再生产的主要途径，但必须注意生产率与产品质量、加工成本之间的关系。首先，任何提高劳动生产率的措施，必须以保证产品质量为前提，否则无意义。其次，提高劳动生产率时要有成本核算观点，在工艺过程中，若不恰当地采用了自动化程度过高的、复杂而又昂贵的设备，则生产率虽有所提高，但由于设备折旧费太大，结果加工成本却高了。

### （一）时间定额

时间定额是指在一定的技术和生产组织条件下制订出来的完成单件产品或某工序所消耗的时间。它是安排生产计划、进行成本核算的重要依据；在新设计和扩建工厂（或车间）时，又是计算设备和人员数量的依据。

单件时间定额是指完成工件一个工序的时间定额。它包括下列部分：

（1）基本时间　指直接改变工件的尺寸、形状和表面质量所消耗的时间，机械加工即是从工件上切去金属层所消耗的时间（包括刀具的切入和切出时间），也称为机动时间。

（2）辅助时间　指在每个工序中为保证完成基本工艺工作所需要的辅助动作（如装卸工件、开停机床、改变切削用量、进退刀具、测量工件等）所耗费的时间。

基本时间和辅助时间之和称为操作时间。

（3）技术性服务时间　指工人在工作时间内照管工作地点和保持工作状态（如在加工过程中调整刀具、修整砂轮、润滑及擦拭机床、清理切屑、刃磨刀具等）所消耗的时间。

（4）休息和自然需要时间　指工人在工作班时间内所允许的必要的休息和生理上的自然需要所消耗的时间。

（5）准备与终结时间　指在加工一批工件的开始时，需要熟悉零件的图样和工艺文件、领取毛坯、安装刀具和夹具、调整机床等；在加工一批工件的结束时，需要拆卸和更换工艺装备、发送成品等所消耗的时间。准备与终结时间对一批工件只需要一次。

### （二）提高生产率的工艺措施

#### 1. 缩短基本时间

（1）提高切削用量　提高切削速度 $v$、进给量 $f$ 和背吃刀量 $a_p$ 都可以缩短基本时间。

（2）减少切削行程长度　减少切削行程长度也可以缩减基本时间，如采用排刀装置，用几把车刀同时加工同一表面。

（3）合并工步　用几把刀具或复合刀具对同一工件的几个不同表面或同一表面同时进行加工，把原来单独的几个工步集中为一个复合工步，各工步的基本时间就可以全部或部分相重合，从而减少了工序的基本时间。

（4）采用多件加工　多件加工有 3 种方式。

1）顺序多件加工。即工件顺着进给方向一个接着一个装夹，如图 2-28a 所示。这种方法减少了刀具切入和切出的时间，也减少了分摊到每一个工件上的辅助时间。

2）平行多件加工。即在一次进给中同时加工多个平行排列的工件，如图 2-28b 所示。

3）平行顺序多件加工。为上述两种方法的综合应用，如图 2-28c 所示，这种方法适用于工件较小、批量较大的情况。

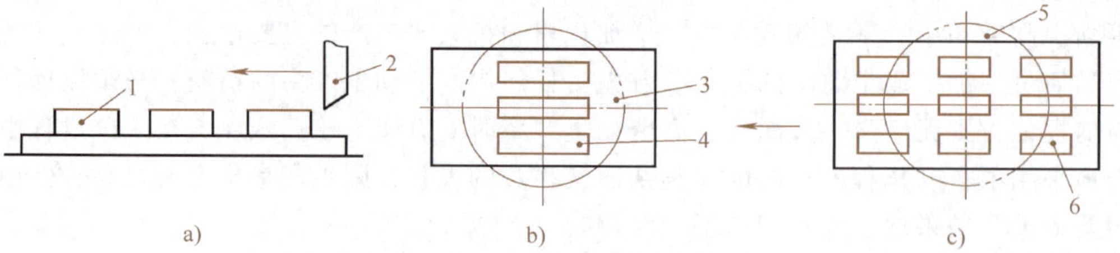


图 2-28 多件加工

1、4、6—工件 2—刨刀 3—铣刀 5—砂轮

### 2. 缩短辅助时间

如果辅助时间占单件时间的 55%~70%以上，则必须考虑采用缩短辅助时间的方法才能提高生产率。

采用快速动作夹具，自动上、下料装置等，都能大大缩短装卸工件所占用的辅助时间。采用转位夹具或转位工作台，利用加工中的时间装、卸工件，从而使装、卸工件的辅助时间与基本时间重合。图 2-29a 所示为直线往复移动式加工的例子；图 2-29b 所示为连续式回转加工的例子。

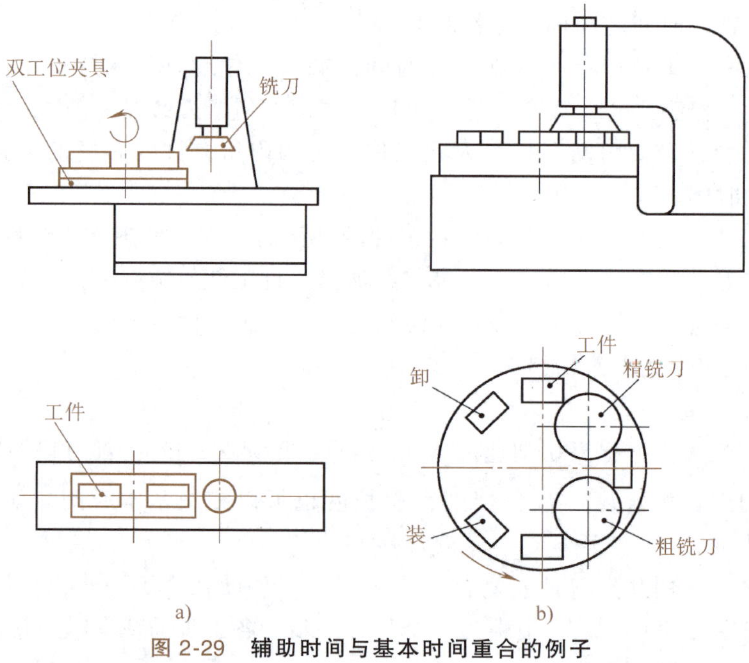


图 2-29 辅助时间与基本时间重合的例子

### 3. 缩短技术性服务时间

技术性服务时间主要是指耗费在更换刀具、修磨砂轮、调整刀具位置的时间，因此可以采用快速换刀、快速对刀、机夹式可转位刀具等措施来减少技术性服务时间。

### 4. 缩短准备与终结时间

采用成组技术，把结构形状、技术条件和工艺过程都比较接近的工件归为一类，制订出典型的工艺规程并为之选择、设计好一套工具和夹具。这样在更换下一批同类工件时，就不需要更换工具和夹具或经过少许调整就能投入生产，从而减少了准备与终结时间。

## 二、工艺过程的经济性

### （一）生产成本和工艺成本

制造一个产品或零件所必需的一切费用的总和，称为产品或零件的生产成本。生产成本由两大部分费用组成：工艺成本和其他费用。

工艺成本是与工艺过程直接有关的费用，占生产成本的70%～75%，它又包含可变费用（$V$）和不变费用（$C$）。

可变费用（$V$）的组成：材料费，操作工人工资，机床维持费，通用机床折旧费，刀具维持费折旧费，以及夹具维持费折旧费。它们与年产量直接有关。

不变费用（$C$）的组成：调整工人工资，专用机床折旧费，专用刀具折旧费，以及专用夹具折旧费。它们与年产量无直接关系。因为专用机床、专用工装是专门为某种零件加工所用的，不能用于其他零件，所以它们的折旧费、维持费等是确定的，与年产量无直接关系。

由此可知，一个零件的全年工艺成本$E$（元/年）为

$$E=NV+C \tag{2-8}$$

式中　$V$——可变费用（元/年）；

$N$——年产量（件）；

$C$——全年的不变费用（元）。

单件工艺成本$E_d$（元/年）为

$$E_d=V+C/N \tag{2-9}$$

### （二）工艺成本与年产量的关系

图2-30及图2-31分别所示为全年工艺成本以及单件工艺成本与年产量的关系。从图上可看出，全年工艺成本$E$与年产量呈线性关系，说明全年工艺成本的变化量$\Delta E$与年产量的变化量$\Delta N$成正比；单件工艺成本$E_d$与年产量呈双曲线关系，说明单件工艺成本$E_d$随年产量$N$的增大而减少，各处的变化率不同，其极限值接近可变费用$V$。

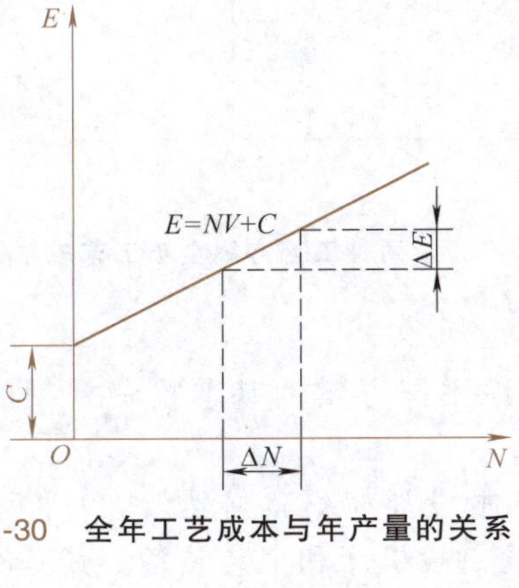


图2-30　全年工艺成本与年产量的关系

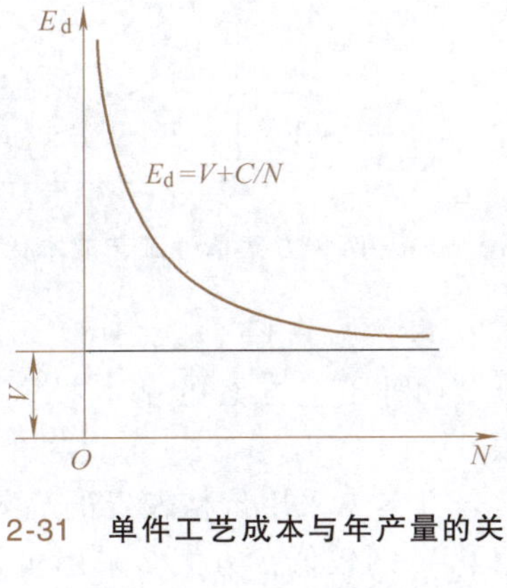


图2-31　单件工艺成本与年产量的关系

### （三）不同工艺方案的经济性比较

对不同的工艺方案（下面均以两种工艺方案为例）进行经济性比较时，有下列两种情况。

### 1. 基本投资相近时

若两种工艺方案的基本投资相近或都采用现有设备时，则工艺成本即作为衡量各方案经济性的重要依据。

（1）若两种工艺方案只有少数工序不同　可对这些不同工序的成本进行比较。当年产量 $N$ 一定时，有

$$E_{d1}=V_1+C_1/N$$
$$E_{d2}=V_2+C_2/N$$

当 $E_{d1}>E_{d2}$ 时，则第2方案经济性好。

若 $N$ 为一变量，可用图2-32所示曲线进行比较。$N_K$ 为两曲线相交处的产量，称为临界产量。由图2-32可见，当 $N<N_K$ 时，$E_{d1}>E_{d2}$，应取第2方案；当 $N>N_K$ 时，$E_{d1}<E_{d2}$，取第1方案。

（2）当两种工艺方案有较多的工序不同时　可对该零件的全年工艺成本进行比较。两方案全年工艺成本分别为

$$E_1=NV_1+C_1$$
$$E_2=NV_2+C_2$$

如图2-33所示，对应于两直线交点处的产量 $N_K$ 称为临界产量。当 $N<N_K$ 时，宜用第2方案；当 $N=N_K$ 时，$E_1=E_2$，则两种方案经济性相当。所以有

$$N_K V_1+C_1=N_K V_2+C_2$$

故

$$N_K=\frac{C_2-C_1}{V_1-V_2} \tag{2-10}$$

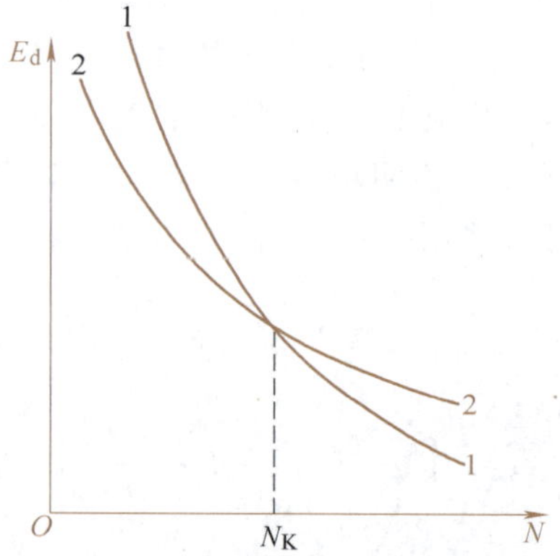

图2-32　两种方案单件工艺成本比较

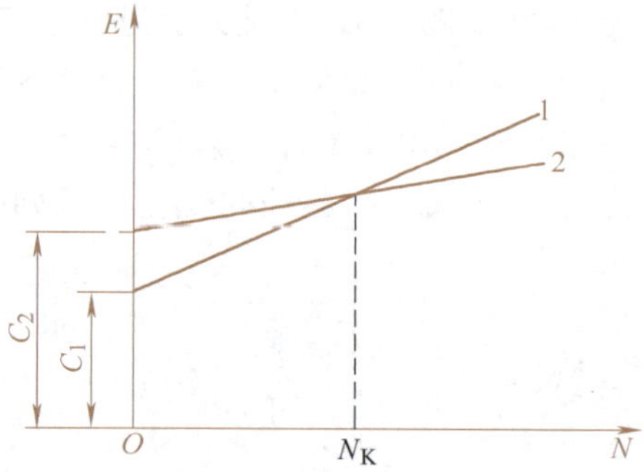

图2-33　两种工艺方案全年工艺成本比较

### 2. 基本投资相差较大时

若两种工艺方案的基本投资相差较大时，必须考虑不同方案的基本投资差额的回收期限。

若方案1采用价格较贵的高效机床及工艺装备，基本投资（$K_1$）必然较大，但工艺成本（$E_1$）则较低；方案2采用价格便宜、生产率较低的一般机床和工艺装备，其基本投资（$K_2$）较小，但工艺成本（$E_2$）则较高。

从两种工艺方案的经济性比较来看，如果仅比较工艺成本的高低是不全面的，而应该同时考虑两种方案基本投资的回收期。投资回收期是指方案1比方案2多用的投资需多少时间

才能由其工艺成本的降低而收回，回收期越短，则经济性越好。它可由下式求得。

$$T=\frac{K_1-K_2}{E_2-E_1}=\frac{\Delta K}{\Delta E} \tag{2-11}$$

式中　$T$——回收期（年）；

$\Delta K$——两种方案基本投资的差额（元）；

$\Delta E$——全年工艺成本节约额（元/年）。

在计算回收期 $T$ 时应注意下列问题。

1）回收期应小于所用设备的使用年限。

2）回收期应小于市场对该产品的需要年限。

3）回收期应小于国家规定的标准回收年限。

## 本章小结

本章介绍了机械加工工艺规程的组成、作用和制订程序，通过理论分析与实际案例透彻分析了工艺规程制订过程中定位基准、加工方法、加工顺序等重要原则问题的选择，深入阐述了加工余量与工序尺寸及公差的确定、工艺尺寸链的分析与解算以及工艺过程中的生产率和生产成本等主要问题，简要介绍了 CAPP 和工艺过程优化的基本知识以及在实际生产中灵活运用的体会。

零件的结构工艺性是指在满足使用要求的前提下制造的可行性和经济性。工序、工步、安装和工位分别指的是不同部分的具体工艺过程。粗基准的选择原则包括重要表面余量均匀原则、工件表面间相互位置要求原则、余量足够原则、定位可靠性原则、不重复使用原则。精基准的选择原则包括基准重合原则、统一基准原则、自为基准原则、互为基准反复加工原则、定位可靠性原则。机械加工工序的安排原则有先基面后其他原则、先粗后精原则、先主后次原则、先面后孔原则。对于简单工序尺寸的计算可采用“逆推法”；对于复杂工序尺寸的计算必须运用工艺尺寸链。工艺尺寸链的两大特征是封闭性和关联性。基准不重合的尺寸换算、余量校核、中间工序尺寸及极限偏差换算是最主要的几种典型工艺尺寸链分析与计算问题。

## 知识拓展：贵金属手表壳制造工艺过程简析

贵金属手表具有种类多、定制多、加工精度高、废品率要求低等特点，这就需要严格控制其制造工艺过程。目前，贵金属手表壳（以贵金属 18K 玫瑰金合金表壳为例）制造工艺主要分为熔炼工艺、冲压成形工艺、NC 精密加工工艺、后处理工艺 4 个方面。

### 1. 熔炼工艺

贵金属 18K 玫瑰金合金表壳胚板，一般以 75%（质量分数）金、22.5%（质量分数）铜、2.5%（质量分数）银配方比例，采用连续铸造拉板机，通过氩气保护在高温状态下混合熔炼而成。出模后，使用冷却水循环降温，液态 18K 玫瑰金在上模内凝固，并通过转轮和下模拉板拉出，得到 4mm 厚 18K 玫瑰金板材。板材性能由 18K 玫瑰金材料的流动性、合金熔点、熔炼后综合质量（气孔、砂眼、杂质、裂纹、成色不均匀等）以及熔炼设备的工艺参数所决定。相比传统的有氧环境熔炼工艺，这种熔炼工艺可有效提高合金板材质量、降低原材料报废率、减少重新熔炼次数。

### 2. 冲压成形工艺

熔炼拉板后形成的板材，必须进行合金成分 EDX 检测和万分之一天平称重后，再对其进行成分和质量分析。分析结果合格后，进行表壳的冲压成形工序。经过冲压设备加工表壳初胚，每次冲压成形后要通过尺寸检测来判断表壳是否需要再次回火和冲压，一般需要七八次甚至更多次重复回火和冲压才会成形。表壳的再次回火和再次冲压成形主要受 18K 玫瑰金熔炼后的硬度、冲压成形尺寸、模具制造精度等的影响。在冲压成形工艺中，拉深成形最为复杂，难度也较大。同时，冲压过程中贵金属加工主要为单工序加工，在不考虑使用连续模和复合模的前提下，单工序生产的优点是加工成本低、精度高。

### 3. NC 精密加工工艺

表壳经过冲压成形工艺后，一般采用五轴数控机床、数控车床进行精密制造。五轴数控机床主要是使用编程软件进行 NC 编程，对表壳 3D 模型进行加工基准的确定、刀具的选择、粗/精加工余量的设定、进给路线的规划等，并仿真整个数控加工过程，同时通过试样加工来检验数控编程的合理性、准确性。NC 精雕工艺可加工客户需求的 LOGO 标识，对手表零件美观度和光洁度有较大影响。

### 4. 后处理工艺

表壳的后处理工艺主要有研磨、抛光等工艺。研磨主要针对的是表壳较为刺手的表面，可提高客户使用舒适度。抛光则是针对表壳表面的美观度，可提高客户视觉感。抛光不仅可以增加工件的美观度，而且能够改善材料表面的耐蚀性、耐磨性及获得特殊性能。现有的抛光方式有机械抛光、化学抛光、电解抛光、超声波抛光等，依据抛光工件的材料特性，选用相应的抛光方式，保证工件表面的光泽和质量。

## 习题与思考题

2-1　工艺规程对组织生产有何作用？

2-2　对零件图的结构工艺性分析的内容和作用是什么？

2-3　工序、工步的定义是什么？

2-4　成批生产图 2-34 所示的齿轮，试按表中的加工顺序将其工序、安装、工位、工步用数码区分开来。

2-5　粗、精基准选择的原则是什么？

2-6　决定零件的加工顺序时，通常考虑哪些因素？

2-7　何谓工序分散、工序集中？各在什么情况下采用？

2-8　试述总余量和加工余量的概念，说明影响加工余量的因素和确定余量的方法。

2-9　如图 2-35 所示的零件，$A$、$B$、$C$ 各平面及 $\phi$14H7 和 $\phi$26H7 两孔均已加工。试分析加工 $\phi$15H7 孔时，应如何选择定位基准？

2-10　成批生产图 2-36 所示的零件，其工艺路线为：①粗、精刨底面；②粗、精刨顶面；③在卧式镗床上镗孔，先粗镗，再半精镗、精镗 $\phi$85H7 孔，将工作台准确地移动（85±0.03）mm，再粗镗、半精镗 $\phi$65H7 孔。试分析上述工艺路线有无缺陷。若有，请提出改进方案。

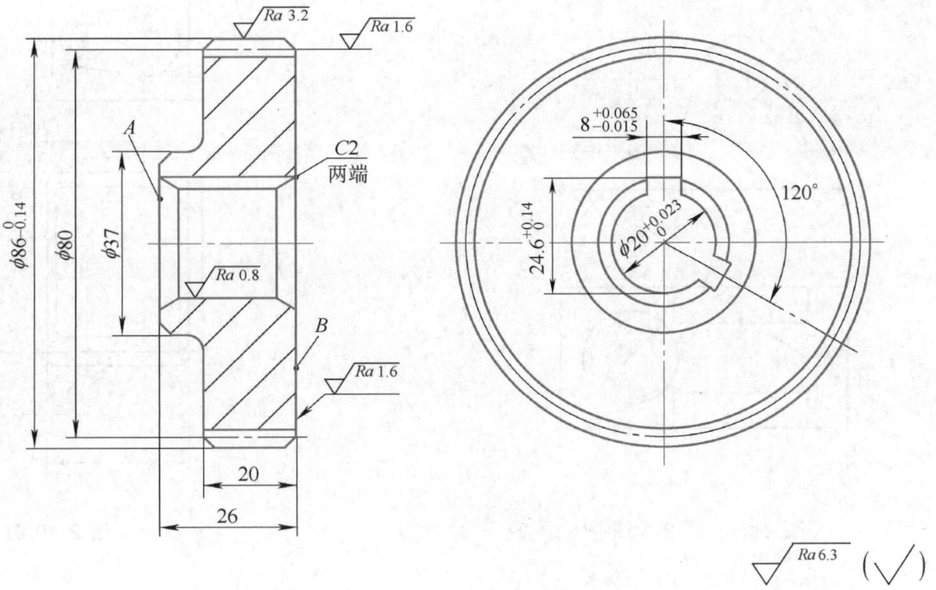


| 顺序 | 加 工 内 容 | 工序 | 安装 | 工位 | 工步 |
|---|---|---|---|---|---|
| 1 | 在立钻上钻孔 | | | | |
| 2 | 在同一立钻上锪端面 *A* | | | | |
| 3 | 在同一立钻上倒角 | | | | |
| 4 | 调头,倒角 | | | | |
| 5 | 在拉床上拉孔 | | | | |
| 6 | 在插床上插一键槽 | | | | |
| 7 | 再插另一键槽(夹具回转 120°) | | | | |
| 8 | 在多刀车床上粗车外圆、台阶、端面 *B* | | | | |
| 9 | 在卧式车床上精车外圆 | | | | |
| 10 | 再精车端面 *B* | | | | |
| 11 | 在滚齿机上滚齿 | | | | |
| | $v=25\text{mm/min}, a_p=4\text{mm}, f=0.8\text{mm/r}$ | | | | |
| | $v=35\text{mm/min}, a_p=2\text{mm}, f=0.5\text{mm/r}$ | | | | |
| 12 | 在钳工台上去毛刺 | | | | |
| 13 | 检验 | | | | |

图 2-34　**题 2-4 图**

2-11　试拟订图 2-37 所示零件的机械加工工艺路线（包括工序名称、加工方法、定位基准），已知该零件毛坯为铸件（孔未铸出），成批生产。

2-12　加工图 2-38 所示轮盘的孔。已知工艺路线为扩、粗镗、半精镗、精镗、精磨。毛坯为锻件，孔已锻出，求各工序加工余量、工序尺寸及公差。

2-13　何谓工艺尺寸链？如何判定工艺尺寸链的封闭环和增、减环？

2-14　尺寸链的主要特征是什么？试述尺寸链的基本计算方法。

2-15　在尺寸链计算中，当需要将封闭环的公差分配给各组成环时，有哪几种分配方法？各应遵循什么原则？各组成环的公差及上、下极限偏差是怎样分配的？

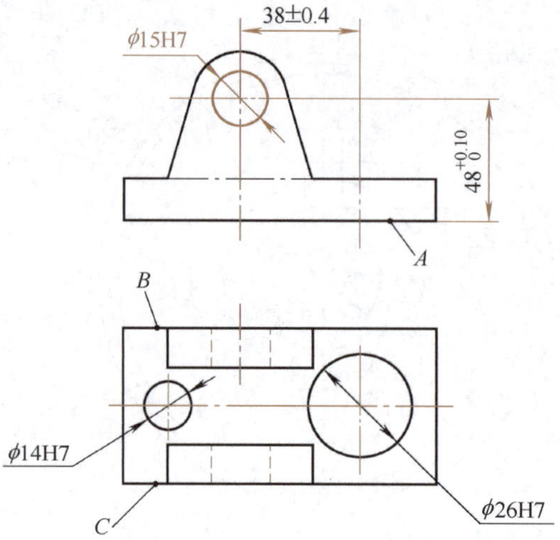


图 2-35　**题 2-9 图**

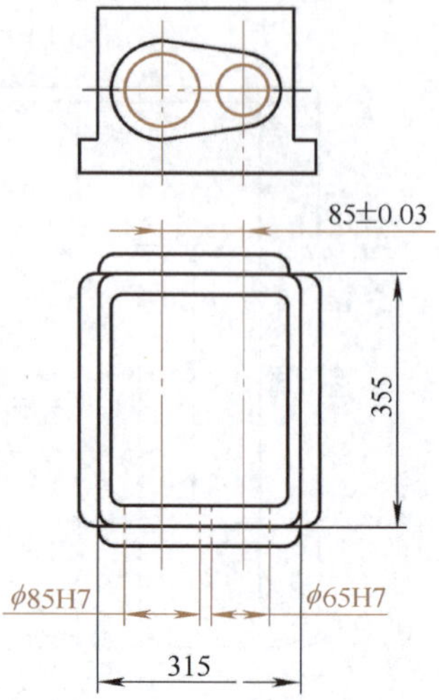


图 2-36　**题 2-10 图**

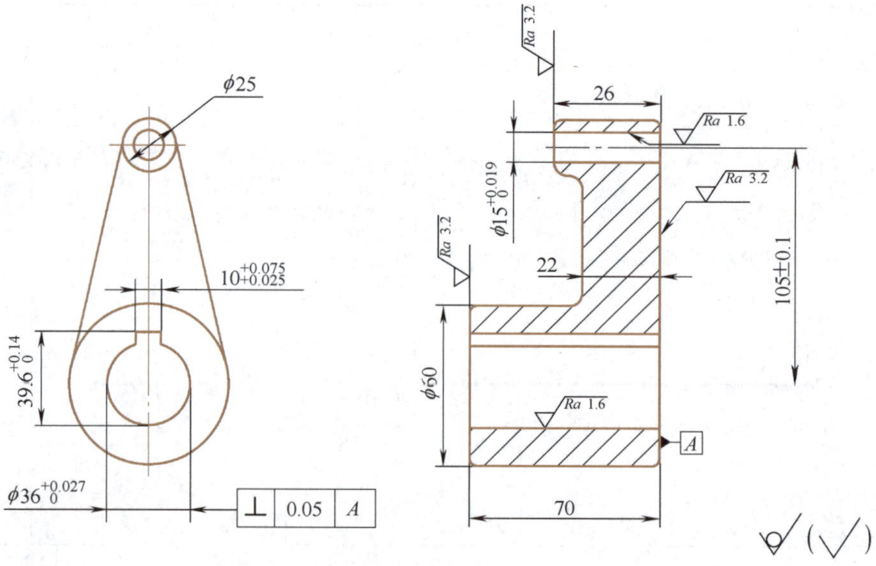


图 2-37　**题 2-11 图**

2-16　如图 2-39 所示的零件，在镗孔 $\phi1000^{+0.3}_{0}$mm 的内径后，再铣端面 *A*，得到要求尺寸为 $540^{0}_{-0.35}$mm，问工序尺寸 *B* 的公称尺寸及上、下极限偏差应为多少？

2-17　如图 2-40 所示的零件，成批生产时用端面 *B* 定位加工表面 *A*，以保证尺寸 $10^{+0.2}_{0}$mm，试标注铣此缺口时的工序尺寸及公差。

2-18　加工图 2-41 所示的零件，工序为：车外圆 $\phi80.5^{0}_{-0.1}$mm，铣键槽尺寸达到 *A*，磨内圆尺寸达到 $\phi80^{0}_{-0.05}$mm，如车外圆与磨内圆轴线的同轴度公差为 $\phi0.1$mm，试求铣键槽的工序尺寸 *A*。

2-19　图 2-42 所示为某零件的加工路线图。工序Ⅰ：粗车小端外圆、肩面及端面；工

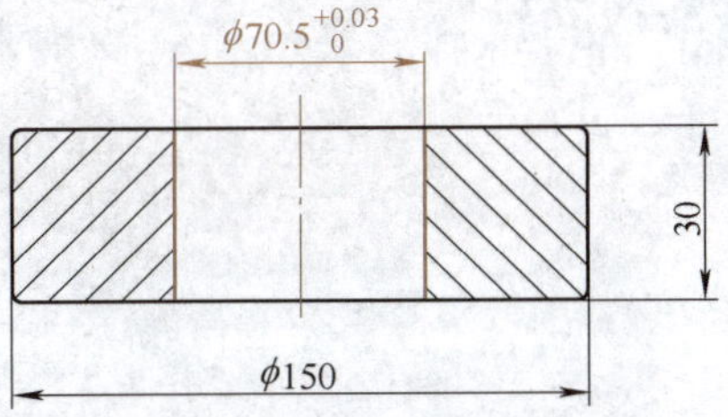


图 2-38　**题 2-12 图**

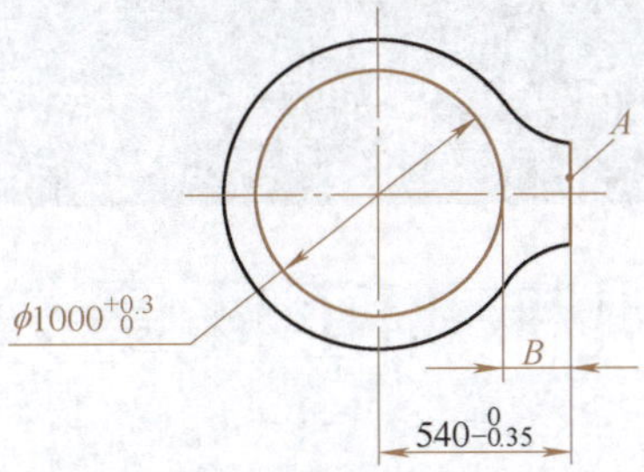


图 2-39　**题 2-16 图**

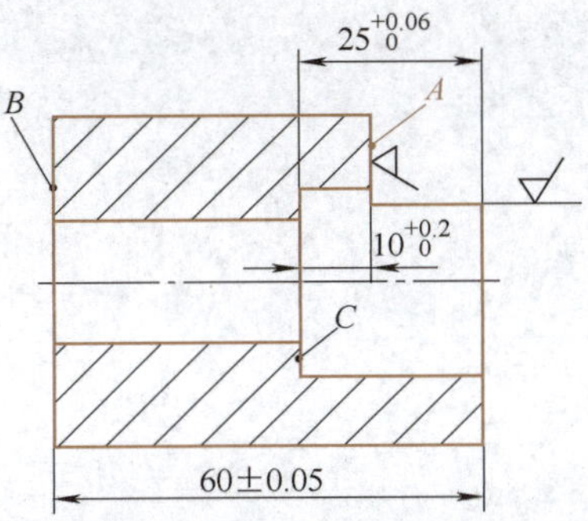


图 2-40　**题 2-17 图**

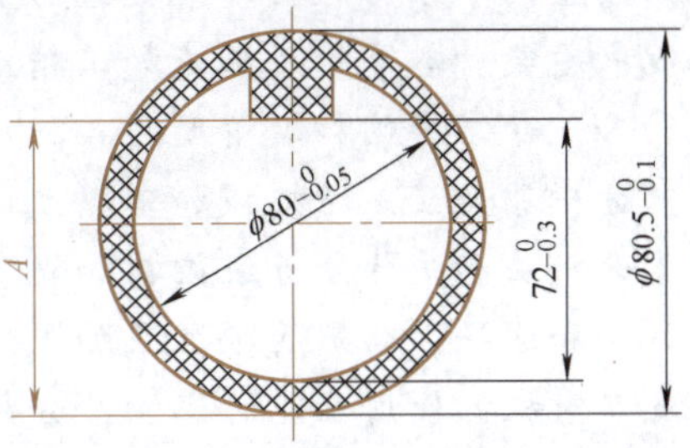


图 2-41　**题 2-18 图**

序Ⅱ：车大外圆及端面；工序Ⅲ：精车小端外圆、肩面及端面。试校核工序Ⅲ精车端面的余量是否合适。若余量不够应如何改进？

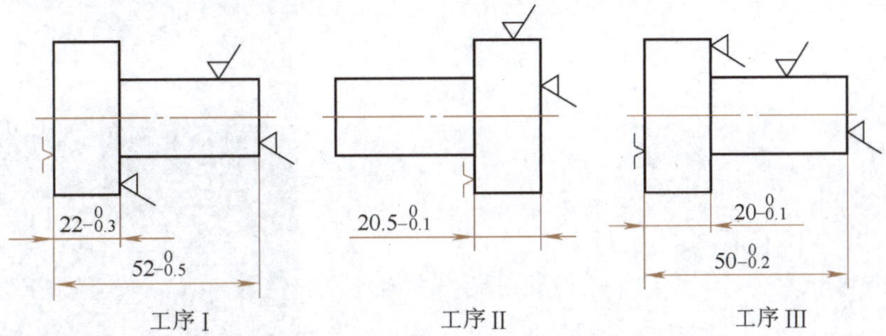


图 2-42　**题 2-19 图**

2-20　何谓 CAPP？简述 CAPP 系统的组成和基本原理。

2-21　何谓劳动生产率？举例说明提高机械加工劳动生产率可以采取哪些工艺措施。

2-22　何谓时间定额？它在生产中有何作用？何谓单件时间定额？如何计算？

2-23　举例说明缩短基本时间、辅助时间的工艺措施。

2-24　何谓生产成本和工艺成本？何谓可变费用和不变费用？何谓全年工艺成本和单件工艺成本？

2-25　怎样比较不同工艺方案的经济性？

# 第三章 机械加工质量分析及控制

**本章提要：**机器零件的加工质量包括加工精度和表面质量两个方面的指标，直接影响整台机器的使用性能和寿命。本章研究机械加工精度和表面质量的问题，一是介绍影响加工精度的各种原始误差的基本概念，分析原始误差对机械加工精度的影响，介绍采用因素分析法和统计分析法控制和提高实际加工中精度的方法和途径；二是阐述机械加工表面质量的基本概念及其对机器使用性能的影响，分析影响机械加工表面质量的各种因素及其影响机理，寻求控制和提高机械加工表面质量的方法和途径。机械加工质量分析及控制是本课程的核心内容之一。

**重点提示：**

掌握加工精度和表面质量的内涵，熟悉机床误差、受力变形与热变形引起的误差，掌握分布曲线的误差分析统计方法，掌握加工误差、表面粗糙度和机械振动的具体控制途径。

# 第一节 ■ 概述

## 一、加工精度和表面质量的概念

零件的加工质量包括两个方面的指标：加工精度和表面质量。

### （一）加工精度

在机械加工过程中，由于各种因素的影响，使刀具相对于工件的正确位置产生偏移，因而加工出的零件不可能与理想的要求完全符合。加工精度就是指零件加工后的形状、尺寸、表面相互位置等几何参数与理想零件的相符合程度。加工精度由尺寸精度、形状精度和位置精度组成。

零件加工后实际几何参数与理想零件几何参数的不符合程度称为加工误差。显然，加工误差大，则加工精度低；反之，加工误差小，则加工精度高。在实际生产中，加工精度的高低是用加工误差的大小来衡量的。

### （二）表面质量

经过机械加工的表面，虽然看起来很光亮，但实际上都存在着不同程度的凹凸不平和内部组织缺陷层。这个缺陷层虽然很薄，但它对零件使用性能的影响却很大。表面质量是指零件表面的几何特征和表面层的物理力学性能。表面的几何特征包括表面粗糙度和波纹度，表面层的物理力学性能包括表面层的冷作硬化、金相组织变化和表层金属中的残余应力。

#### 1. 加工表面的几何形状

加工后的表面几何形状总是以“峰”“谷”交替的形式出现，如图 3-1 所示。

（1）表面粗糙度　它是指加工表面的微观几何形状误差，$L/H<50$ 属于微观几何形状偏差，称为表面粗糙度。国家标准规定：表面粗糙度用在一定长度内（称为基本长度）轮廓的算术平均偏差值 $Ra$ 或轮廓最大高度 $Rz$ 作为评定指标。

（2）表面波纹度　它是介于宏观几何形状与微观几何形状误差（即粗糙度）之间的周期性几何形状误差。$L/H=50\sim1000$，则称为表面波纹度。表面波纹度通常是由于加工过程中工艺系统的低频振动造成的。

#### 2. 加工表面层的物理力学性能变化

表面层材料在加工时会产生物理、力学和化学性质的变化。图 3-2a 所示为加工表面层沿深度的变化。在最外层生成氧化膜或其他化合物，并吸收、渗进了气体粒子，故称为吸附层。在加工过程中由切削力造成的表面塑性变形区称为压缩层，厚度在几十至几百微米之内，随加工方法的不同而变化。其上部为纤维层，它由被加工材料与刀具间的摩擦力造成。另外切削热也会使表面层产生各种变化，如同淬火、回火一样使材料产生相变以及晶粒大小的变化等。所以表面层的物理力学性能不同于基体，它包括如下三方面。

（1）表面层的冷作硬化　工件在机械加工过程中，表面层产生的塑性变形使晶体间发生剪切滑移，晶格被扭曲，晶粒被拉长、破碎和纤维化，引起材料的强化，使表面层的强度和硬度都有所提高，这种现象称为表面冷作硬化，如图 3-2b 所示。

（2）表面层残余应力的形成　在切削或磨削加工过程中，出于切削变形和切削热的影响，加工表面层会产生残余应力，即在加工后表面层与基体材料间产生互相平衡的弹性应

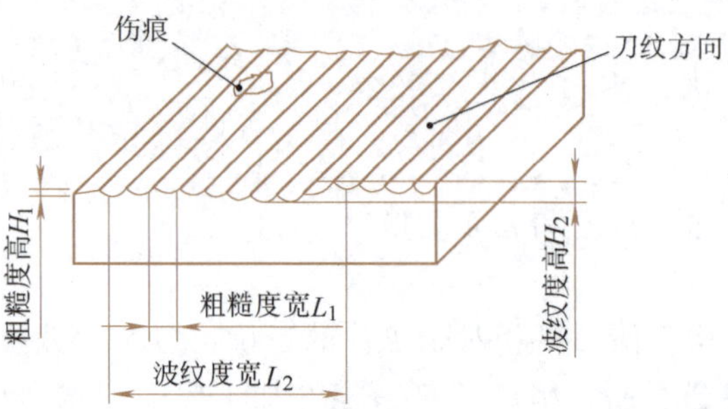


图 3-1　加工表面的几何形状特征

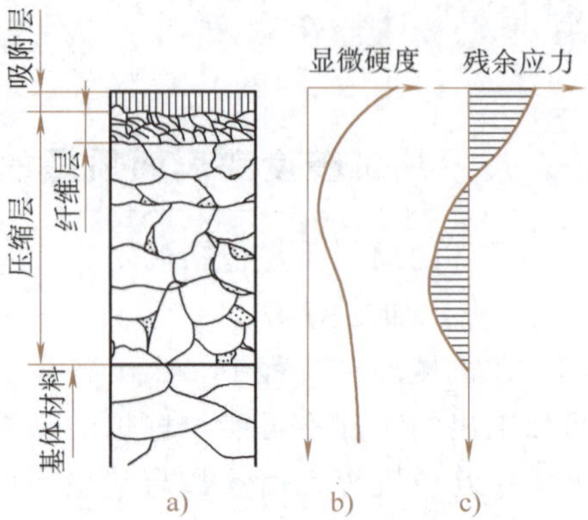


图 3-2　加工表面层沿深度的变化

力，如图 3-2c 所示。

(3) 表面层的金相组织变化　在机械加工特别是磨削加工中，工件表面在切削热产生的高温作用下，常会发生不同程度的金相组织变化。

## 二、加工精度的获得方法

### 1. 尺寸精度的获得方法

机械加工中获得规定尺寸的方法有试切法、定尺寸刀具法、调整法和自动控制法。

(1) 试切法　先试切出很小一部分加工表面，测量试切所得尺寸，然后根据测量结果重新调整刀具位置。再试切，再测量，如此反复，直至测得的尺寸合格为止。这种方法获得的尺寸精度取决于测量精度、机床进给机构的工作精度、刀具的切削性能、工艺系统的刚性以及操作工人的技术水平。此方法的生产率比较低，一般只适用于单件小批生产。

(2) 定尺寸刀具法　利用刀具的相应尺寸来保证被加工表面的尺寸。例如：用一定尺寸的钻头和铰刀来加工孔，用铣刀铣键槽，用丝锥加工螺纹等。用这种方法获得的尺寸精度取决于刀具本身的尺寸精度和一系列其他的因素，如刀具和工件的安装、机床运动的准确性和稳定性、工件材料的性质、冷却润滑条件等。

(3) 调整法　根据要求的工件尺寸，利用机床上的定程装置或对刀装置预先调整好机床、刀具和工件的相对位置，再进行加工。采用这种加工方法得到的加工精度除了受调整精度的影响之外，还受诸如工艺系统弹性变形等一些因素的影响。和试切法相比，由于省去了重复多次的试切和测量工作，因而生产率比较高，适用于成批大量生产。

(4) 自动控制法　采用自动控制系统对加工过程中的刀具进给、工件测量和切削运动等进行自动控制而获得要求的工件尺寸。这种加工方法生产率高，能够加工形状复杂的表面，且适应性好，已获得日益广泛的应用。采用这种加工方法得到的工件尺寸精度取决于控制系统中各元件的灵敏度、系统的稳定性以及机械装置的工作精度。

### 2. 形状精度的获得方法

机械加工中获得一定形状表面的方法可以归纳为如下三种。

(1) 轨迹法　利用刀具的运动轨迹形成要求的表面几何形状。刀尖的运动轨迹取决于刀具与工件的相对运动（成形运动）。例如：刨刀的直线运动和工件垂直于刀具运动方向的间断直线运动形成平面；工件的回转运动和车刀的直线运动可以形成圆柱面或圆锥面；工件的回转运动和车刀沿靠模所做的曲线运动可以形成特殊形状的回转表面等。用这种方法得到的形状精度取决于刀具与工件成形运动的精度。

（2）成形法　利用成形刀具代替普通刀具来获得要求的几何形状的表面。机床的某些成形运动被成形刀具的切削刃所取代，从而简化了机床的结构，提高了劳动生产率。例如：用成形车刀加工曲面、用成形铣刀铣削成形表面等。用这种方法获得的表面形状精度既取决于切削刃的形状精度，又有赖于机床成形运动的精度。

（3）展成法　利用刀具和工件做展成切削运动来获得加工表面。展成法中切削刃的形状是被加工面的共轭曲线，它在啮合运动中的包络面就是被加工面，如在滚齿机上加工齿轮的齿面。展成法的加工精度取决于切削刃的几何形状精度和啮合运动的准确精度。

### 3. 位置精度的获得方法

机械加工中获得一定表面相互位置精度的方法主要有以下两种。

（1）一次装夹获得法　当零件上有相互位置精度要求的各表面是在同一次装夹中加工出来时，表面相互位置精度是由机床有关部分的相互位置精度来保证的。

（2）多次装夹获得法　当零件上有相互位置精度要求的各表面被安排在不同的安装中加工时，零件表面的相互位置精度主要取决于安装精度。

## 三、表面质量对零件使用性能的影响

### 1. 对零件耐磨性的影响

零件表面越粗糙，配合表面间的实际有效接触面积越小，单位面积压力增大，表面易磨损。但过于光滑的表面不利于润滑油的储存，还会增加两表面的分子吸附作用，磨损也会加剧。

具有表面粗糙度的两表面相贴合时，往往是凸峰顶部先接触。因此，实际接触面积大大小于理论接触面积，表面粗糙度值越大，实际接触面积越小。在初期磨损阶段，因零件表面有较多的尖峰，实际接触面积极小，因而磨损较快。随着磨损的加大，实际接触面积逐渐增大，单位面积载荷逐渐下降，磨损过程减缓而趋向稳定，进入正常磨损阶段。最后磨损继续发展，实际接触面积越来越大，产生了金属分子间的亲和力，使表面容易咬焊，从而进入急剧磨损阶段。

表面粗糙度值对初期磨损量有直接影响，如图 3-3 所示，在一定工况下，摩擦副表面有一最佳表面粗糙度值，该值过大或过小都会使初期磨损量增大，使总的耐磨时间缩短。

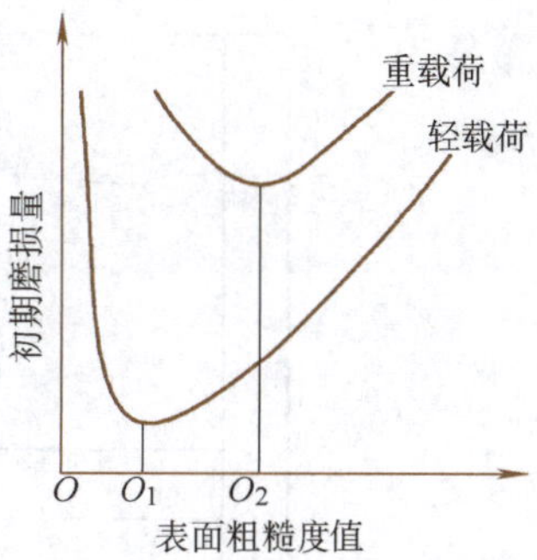


图 3-3　表面粗糙度值与初期磨损量的关系

### 2. 对零件配合性能的影响

在间隙配合中，如果配合表面粗糙度值较大，则在初期磨损阶段磨损量就大，造成零件的尺寸发生变化，使配合间隙量增大，改变了配合性质。

在过盈配合中，如果配合表面粗糙，则装配后表面的凸峰将被挤压平整，从而使实际过盈量减小，减弱了过盈配合的接合强度。因此，在设计零件时，对于配合精度要求高的零件，应该规定较小的表面粗糙度值。

### 3. 对零件疲劳强度的影响

在交变载荷作用下，零件上的应力集中区容易产生和发展成疲劳裂纹，导致疲劳损坏。由于表面粗糙度的谷部在交变载荷作用下容易形成应力集中，因此表面粗糙度对零件疲劳强度有较大的影响。表面粗糙度（特别是在零件上应力集中区的表面粗糙度）值大将大大降低零件的疲劳强度。

### 4. 对零件耐蚀性的影响

零件的表面粗糙度对耐蚀性也有影响，当零件在潮湿的空气中或在腐蚀性介质中工作时，会发生化学腐蚀或电化学腐蚀。由于粗糙表面的凹谷处容易积聚腐蚀性介质而发生化学腐蚀，或在两种材料的凸峰间容易产生电化学作用而引起电化学腐蚀。所以，减小表面粗糙度值可以提高零件的耐蚀性。

### 5. 对零件接触刚度的影响

表面粗糙度对零件的接触刚度有很大影响，表面粗糙度值越小，则接触刚度越高。故减小表面粗糙度值是提高零件接触刚度的一个最有效的措施。

另外，表面粗糙度对零件间的密封性和摩擦因数也有很大影响，表面粗糙度值小，则密封性好，摩擦因数小；反之，则密封性差，摩擦因数大。

## 第二节 ■ 影响加工精度的主要因素及其控制

零件的机械加工是在由机床、夹具、刀具和工件所组成的工艺系统中进行的，因此，工艺系统中各方面的误差都有可能造成工件的加工误差。凡是能直接引起加工误差的各种因素都称为原始误差。

原始误差的存在，使工艺系统各组成部分之间的位置关系或速度关系偏离了理想状态，致使加工后的零件产生了加工误差。例如：在图 3-4 所示的活塞销孔精镗工序中存在以下一些原始误差：由于定位基准不是设计基准而产生的定位误差，以及由于夹紧力过大而产生的夹紧误差，称为工件装夹误差；由于加工前必须对机床、刀具和夹具进行调整，而产生了调整误差。

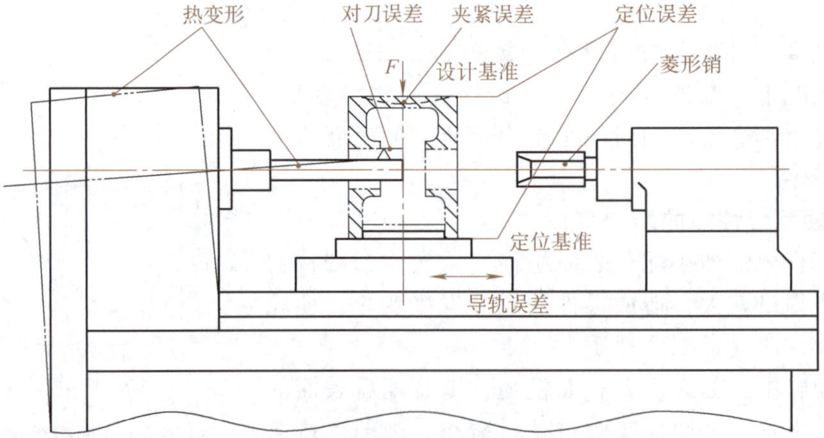


图 3-4　活塞销孔精镗工序中的原始误差

由于工艺系统在加工过程中受切削力、切削热和摩擦而产生的受力变形、受热变形和磨损，都会造成加工误差。这类在加工过程中产生的原始误差，称为工艺系统的动误差；而在加工前就已经存在的机床、刀具、夹具本身的制造误差，称为工艺系统的几何误差，或工艺系统的静误差。

在加工完毕、对工件进行测量时，由于测量方法和量具本身的误差而产生的误差，称为度量误差。

此外，工件在毛坯制造、切削加工和热处理时，由于力和热的作用而产生的内应力，也会引起工件变形而产生加工误差。有时由于采用了近似的成形方法进行加工，还会造成加工原理误差。原始误差可归纳并分类如下。

- 原始误差
  - 加工原理误差
  - 工件装夹误差
  - 工艺系统静误差
    - 机床误差
    - 夹具误差
    - 刀具误差
  - 调整误差
  - 工艺系统动误差
    - 工艺系统受力变形
    - 工艺系统受热变形
    - 刀具磨损
    - 工件受残余应力变形
  - 度量误差

## 一、加工原理误差

加工原理误差是指采用了近似的成形运动或近似的切削刃轮廓进行加工而产生的误差。

例如：在三坐标数控铣床上采用球头铣刀铣削复杂形面零件时（图 3-5），常采用“行切法”加工，加工时刀具与零件轮廓的切点轨迹是一行一行的。按照这种方法加工，是将空间立体形面视为众多的平面截线的集合。实际上，数控机床一般只具有直线插补功能，所以实际加工时是按照允许的逼近误差，用许多很短的折线去逼近要加工的曲线。因此，在曲线或曲面的数控加工中，刀具相对于工件的成形运动对于设计曲面来说是近似的。又如：滚齿用的齿轮滚刀，为了制造方便，采用阿基米德蜗杆或法向直廓蜗杆来代替渐开线蜗杆而产生的切削刃齿廓近似误差；用模数铣刀铣削齿轮时，也采用近似切削刃齿廓，同样会产生加工原理误差。

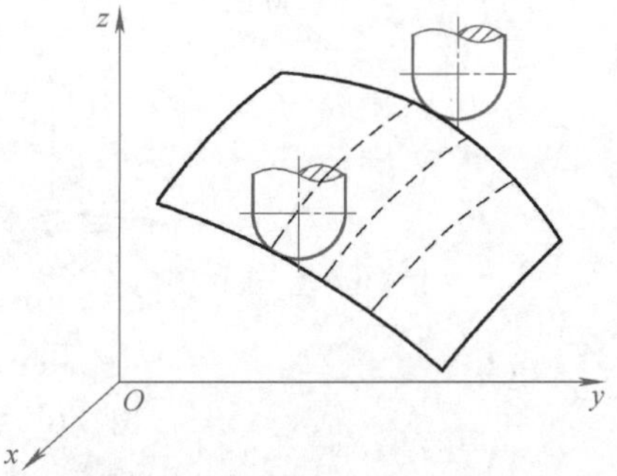

图 3-5　空间曲面的数控加工

采用近似的成形运动或近似的切削刃轮廓，虽然会带来加工原理误差，但往往能简化机构或刀具形状，或提高工作效率，有时因机床结构或刀具形状的简化而使近似加工的精度比使用准确切削刃轮廓及准确成形运动进行加工所得到的精度还要高。因此，有加工原理误差的加工方法在生产中仍然广泛使用。

## 二、工艺系统静误差

### (一) 机床误差

机床误差包括机床的制造误差、安装误差和磨损等。机床误差的项目很多，在这里主要分析对加工精度影响较大的主轴回转误差、导轨导向误差和传动链的传动误差。

#### 1. 主轴回转误差

机床主轴是用来装夹工件或刀具的基准件，并传递切削运动和动力。它的回转精度是机床精度的一项重要指标，主要影响被加工零件的几何形状精度、位置精度和表面粗糙度。

(1) 主轴回转误差的基本形式　主轴回转时，其回转轴线的空间位置应该固定不变。实际上，由于主轴部件中轴承、轴颈、轴承座孔等的制造误差和装配质量、润滑条件以及回转过程中多方面动态因素的影响，主轴在每一瞬时回转轴线的空间位置都在变化，即存在着回转误差。

主轴回转误差是指主轴实际回转轴线相对其理想回转轴线的漂移。实际上，理想回转轴线虽然客观存在，但却无法确定其位置，因此通常是以平均回转轴线（各瞬时回转轴线的平均位置）来代替。

主轴回转误差可以分解为纯径向圆跳动、纯轴向窜动和纯倾角摆动三种基本形式，如图 3-6 所示。主轴回转精度可以通过传感器测量，并在示波器上显示出来。

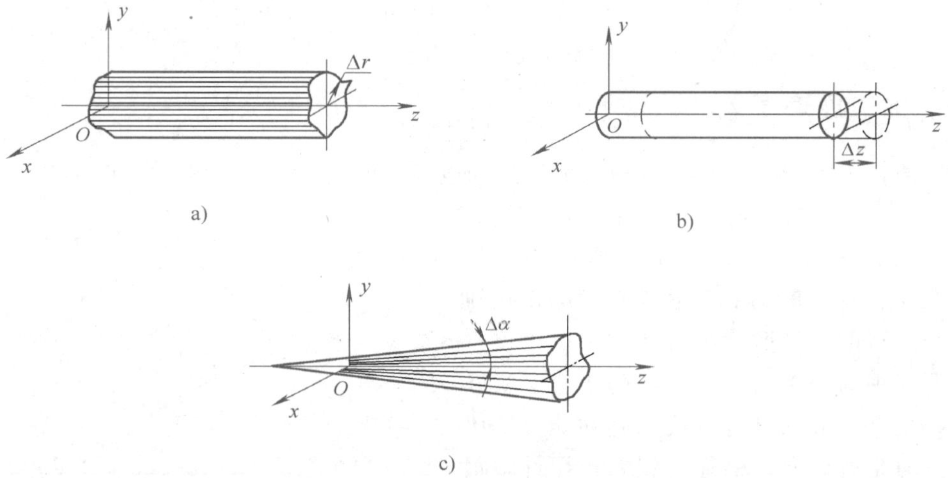


图 3-6　主轴回转误差的基本形式

a) 纯径向圆跳动　b) 纯轴向窜动　c) 纯倾角摆动

(2) 主轴回转误差对加工精度的影响　主轴回转误差对加工精度的影响，取决于不同截面内主轴瞬时回转轴线相对于刀尖位置的变化情况。对于不同的加工方法和不同形式的主轴，回转误差所造成的加工误差通常不同。

1) 主轴的径向圆跳动对加工精度的影响。主轴的径向圆跳动会使工件产生圆度误差，但径向圆跳动的方式和规律不同，加工方法不同（如车削和镗削），对加工精度的影响也不同。

如图 3-7 所示，在镗床上镗孔时，刀具回转，工件不转。假设主轴回转中心在 $x$ 方向上做简谐直线运动，其频率与主轴转速相同，振幅为 $A$，则镗刀刀尖的运动轨迹为一椭圆，而加工出的孔即呈现椭圆形状，其圆度误差为 $A$。

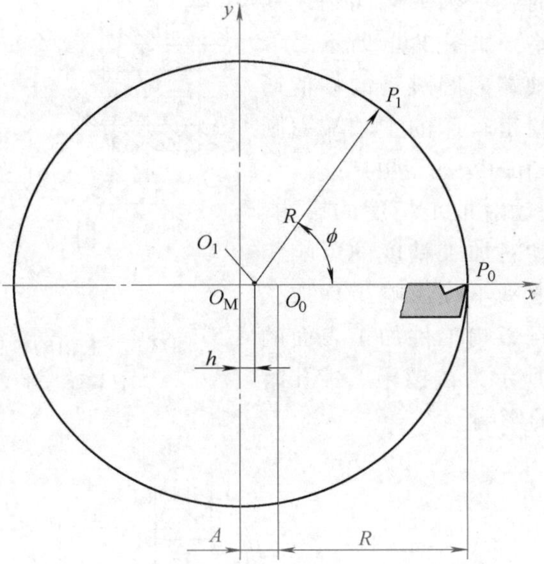


图 3-7　主轴的径向圆跳动对镗孔精度的影响

如图 3-8 所示，在车削加工时，当工件旋转而刀具不动，若主轴径向圆跳动的规律同前，则车削得到的工件表面接近于正圆。但由于加工面轴心 $O_M$ 与工序定位基准轴心 $O_0$ 不重合，可能造成加工面的同轴度误差。

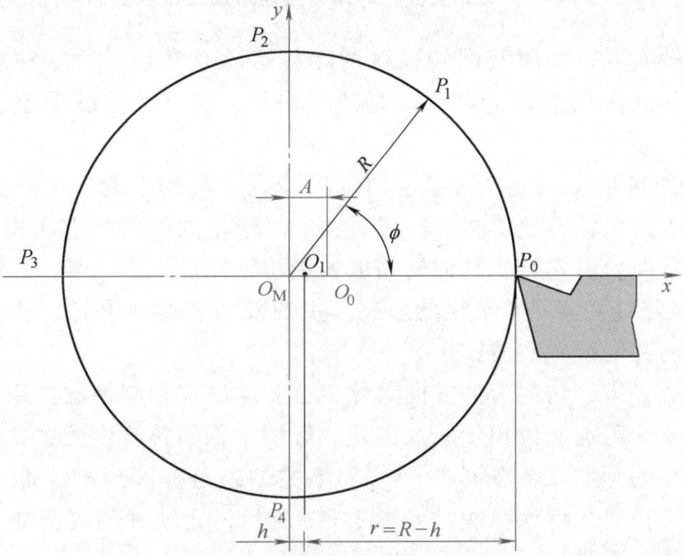


图 3-8　主轴的径向圆跳动对车外圆精度的影响

上面以特例说明了主轴径向圆跳动对加工误差的影响。实际上，主轴径向圆跳动的规律很复杂，因而引起的工件圆度误差形式也很复杂，通常只能用实测的方法加以确定。

2）主轴的轴向窜动对加工精度的影响。主轴的轴向窜动对圆柱面的加工精度没有影响，但在加工端面时，会使车出的端面与圆柱面不垂直，如图 3-9a 所示。如果主轴回转一周的过程中跳动一次，则加工出的端面近似为螺旋面。加工螺纹时，主轴的端面圆跳动将使螺距产生周期误差，如图 3-9b 所示。

因此，对机床主轴端面圆跳动的幅值通常都有严格要求，如精密车床的主轴端面圆跳动允许值规定为 2~3μm，甚至更严。

3）主轴的倾角摆动对加工精度的影响。这个影响与径向圆跳动对加工精度的影响相似，其区别在于倾角摆动不仅影响工件加工表面的圆度误差，而且影响工件加工表面的圆柱度误差。图 3-10 所示为在镗床上镗孔时倾角摆动对加工精度的影响。

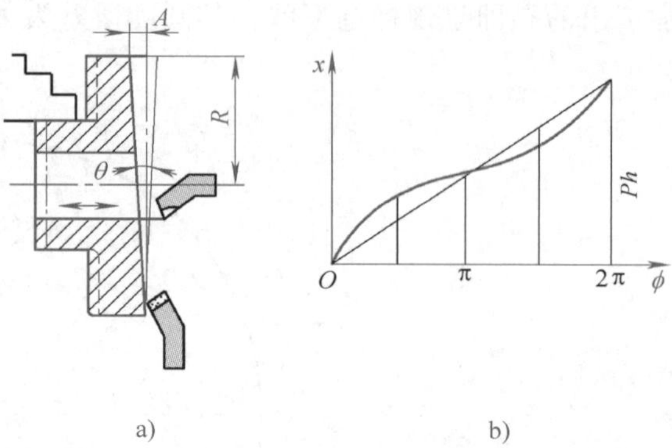


图 3-9　**主轴的轴向窜动对加工精度的影响**

a）工件端面与轴线不垂直　b）螺距周期误差

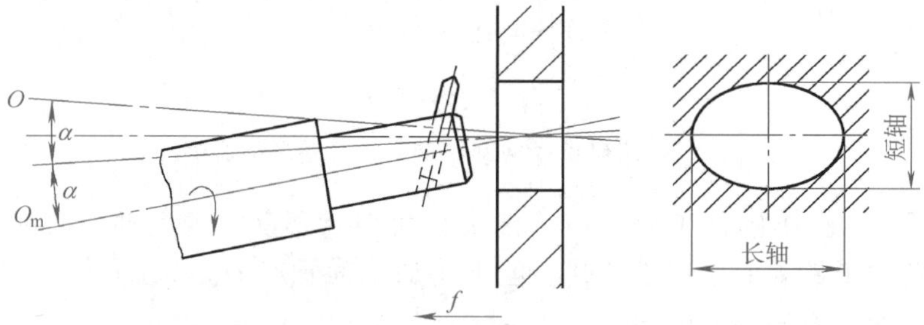


图 3-10　**在镗床上镗孔时倾角摆动对加工精度的影响**

还需指出，主轴实际工作时其回转轴线的漂移运动通常是上述三种形式误差运动的合成，故由此而引起的加工误差很复杂，既有圆度误差，也有圆柱度误差，还有端面的形状误差。

（3）影响主轴回转精度的主要因素　主轴回转误差与轴承的误差、轴承的间隙、与轴承配合零件的误差以及主轴转速等多种因素有关。对于不同类型的机床和不同类型的主轴结构形式，其主轴轴承原始误差对主轴回转精度的影响不同。

1）滑动轴承误差对主轴回转精度的影响。主轴采用滑动轴承时，轴承误差主要来源于主轴轴颈和轴承孔的圆度误差和波纹度。

对于工件回转类机床，切削力的方向大体不变，主轴在切削力的作用下，主轴轴颈以不同部位和轴承孔的某一固定部位相接触。因此，影响主轴回转精度的主要是主轴轴颈的圆度和波纹度，而轴承孔的形状误差影响较小。如果主轴颈是椭圆形的，那么，主轴每回转一周，主轴回转轴线就径向圆跳动两次，如图 3-11a 所示。主轴轴颈表面如有波纹度，主轴回转时将产生高频的径向圆跳动。

对于刀具回转类机床，由于切削力方向随主轴的回转而变换，主轴轴颈在切削力作用下总是以某一固定部位与轴承孔内表面的不同部位接触。此时，对主轴回转精度影响较大的是轴承孔的圆度。如果轴承孔是椭圆形的，则主轴每回转一周，就会径向圆跳动一次，如图 3-11b 所示。轴承内孔表面如有波纹度，主轴同样会产生高频径向圆跳动。

上面的分析仅适用于单油楔动压轴承。如采用多油楔动压轴承，则主轴回转时产生的几

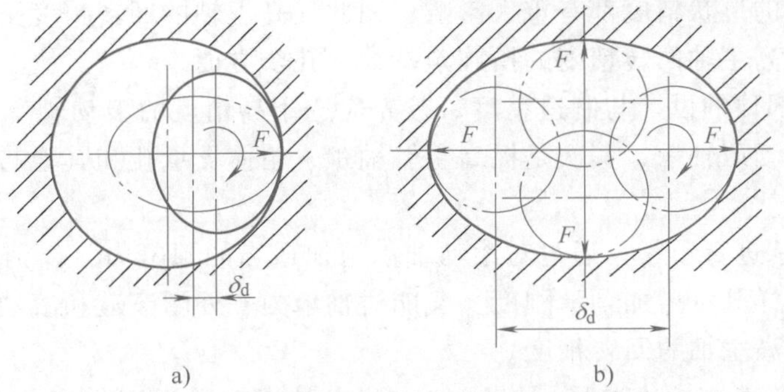


图 3-11　**采用滑动轴承时主轴的径向圆跳动**

a）工件回转类　b）刀具回转类

个油楔，将把轴颈推向中央，油膜刚度也较单油楔为高，故主轴回转精度较高，此时主要影响回转精度的是轴颈的圆度。如果采用静压轴承，由于油膜压力是由液压泵提供的，与主轴转速无关，同时外载荷由油腔间的压力变化差来平衡，因此油膜厚度变化引起的轴线漂移小于动压轴承。此外，静压轴承与动压轴承相比油膜厚度较厚，能对轴承孔或轴颈的圆度误差起均化作用，故可得到较高的主轴回转精度。

2）滚动轴承误差对主轴回转精度的影响。主轴采用滚动轴承时，滚动轴承的内圈、外圈和滚动体本身的几何精度将影响主轴回转精度。在分析时，可将滚动轴承的外圈滚道看作轴承孔，而将滚动轴承的内圈滚道看作轴颈。因此，对于工件回转类机床，滚动轴承内圈滚道圆度对主轴回轴精度影响较大；而对于刀具回转类机床，滚动轴承外圈滚道圆度对主轴回转精度影响较大。滚动轴承的内、外圈滚道若有波纹度，则无论是刀具回转类机床还是工件回转类机床都将使主轴产生高频径向圆跳动。

推力轴承滚道端面误差会造成主轴端面圆跳动，如图 3-12 所示，若只有一个滚道端面存在误差，对端面圆跳动影响很小；只有当两个滚道端面均存在误差时，才会引起较大的跳动量。

图 3-12　**推力轴承滚道端面误差**

a）一个滚道端面有误差　b）两个滚道端面均有误差

3）轴承配合质量对主轴回转精度的影响。与轴承相配合零件的制造精度和装配质量对主轴回转精度有重要影响。由于轴承内、外圈或轴瓦很薄，受力后容易变形，因此与之相配合的轴颈或箱体支承孔的圆度误差，会使轴承圈或轴瓦发生变形而产生圆度误差，其结果造成主轴回转轴线的径向漂移。与轴承端面配合的零件，如果端面有平面度误差或与主轴回转轴线不垂直，会使轴承圈滚道倾斜，造成主轴回转轴线的轴向漂移。

主轴轴承间隙对回转精度影响也很大。对于滑动轴承，过大的轴承间隙会使主轴工作时油膜厚度增大，油膜承载能力降低，当工作条件（载荷、转速等）变化时，引起油楔厚度变化，造成主轴轴线漂移。对于滚动轴承，轴承间隙过大也将造成主轴轴线的径向漂移。

（4）提高主轴回转精度的措施　无论是刀具回转类机床还是工件回转类机床，回转精度对工件加工表面的形状精度都有重大影响，因此提高主轴的回转精度是获得高精度加工表面的主要手段。提高主轴回转精度的措施包括如下几个方面。

1）提高主轴部件的设计与制造精度。首先应选用高精度的滚动轴承，或采用高精度的静压轴承或多油楔动压轴承。其次是提高主轴轴颈、箱体支承孔和其他与轴承相配合零件有关表面的加工精度。

2）对滚动轴承进行预紧。通过对滚动轴承施加适当的预紧力，以消除轴承间隙，甚至产生微量过盈，这样既可增加轴承刚度，又能对轴承内、外圈滚道和滚动体的误差起均化作用，从而有效地提高主轴的回转精度。

3）采用误差转移法。通过采用专用的工装夹具直接保证工件在加工过程中的回转精度，使主轴的误差不再反映到工件上，这是保证工件形状精度的简单而有效的方法。例如：在外圆磨床上磨削外圆柱面时，为了避免工件头架主轴回转误差的影响，工件采用两个固定顶尖支承，主轴只起传动作用，如图 3-13 所示。回转精度完全取决于顶尖和顶尖孔的形状误差和同轴度误差，而提高顶尖和顶尖孔的精度要比提高主轴部件的精度容易且经济得多。

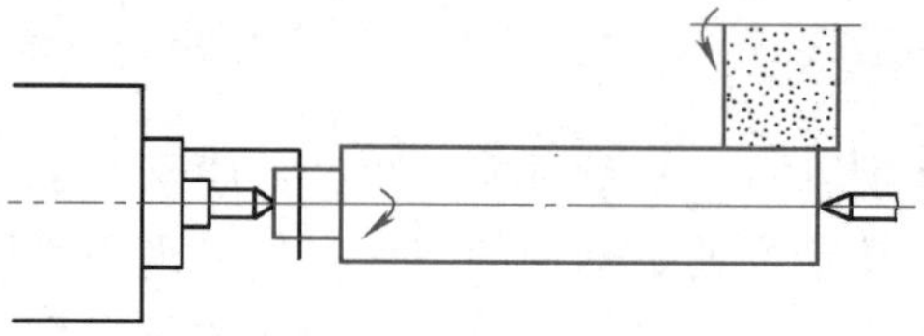

图 3-13　用固定顶尖支承磨外圆

2. 导轨导向误差

机床导轨是机床中确定主要部件相对位置的基准，也是运动的基准。机床导轨的导向精度是指导轨副的运动件实际运动方向与理想运动方向的符合程度，这两者之间的偏差值称为导向误差。由于机床导轨副的制造误差、安装误差、配合间隙以及磨损等因素影响，会使导轨产生导向误差。在机床的精度标准中，直线导轨的导向精度一般包括导轨在水平面内的直线度、导轨在垂直面内的直线度、前后导轨的平行度（扭曲）、导轨对主轴回转轴线的平行度（或垂直度）等。

（1）导轨导向误差对加工精度的影响　对于不同的加工方法和加工对象，导轨导向误差所引起的加工误差也不一样。在分析导轨导向误差对加工精度的影响时，主要应考虑导轨导向误差引起刀具与工件在误差敏感方向的相对位移。下面以在车床上车削圆柱面为例，分析导轨导向误差对加工精度的影响。

1）导轨在水平面内的直线度误差。在卧式车床上车削外圆柱面时，若床身导轨在水平面内存在直线度误差 $\Delta y$，如图 3-14 所示，则由 $\Delta y$ 引起的加工半径误差 $\Delta R=\Delta y$。由此可以看出车床导轨在水平面内的直线度误差对加工精度的影响较大。

2）导轨在垂直面内的直线度误差。导轨在垂直面内的直线度误差 $\Delta z$ 引起的加工半径误差为

$$\Delta R=\frac{(\Delta z)^2}{D} \tag{3-1}$$

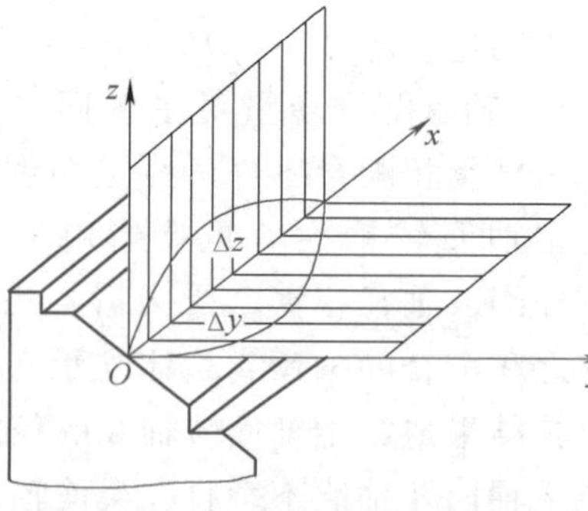


图 3-14　卧式车床导轨直线度误差

由于 $\Delta z$ 引起的加工半径误差 $\Delta R$ 为 $\Delta z$ 的二次方误差，数值很小，因而可以忽略不计。由此可见，同样大小的原始误差在不同方向所引起的加工误差也不相同。当原始误差的方向恰为加工表面的法线方向时，引起的加工误差最大。我们把对加工精度影响最大的这个方向

称为加工误差敏感方向。

3）导轨扭曲误差。如图 3-15 所示，如果机床前、后导轨不平行（扭曲），则引起被加工零件半径误差为

$$\Delta R=\Delta y=\alpha H\approx\frac{\delta H}{B} \tag{3-2}$$

式中　$H$——车床中心高；

$B$——导轨宽度；

$\alpha$——导轨倾斜角；

$\delta$——前、后导轨的扭曲量。

一般卧式车床 $H/B\approx2/3$，外圆磨床 $H\approx B$，因此由导轨扭曲引起的加工误差不容忽略。

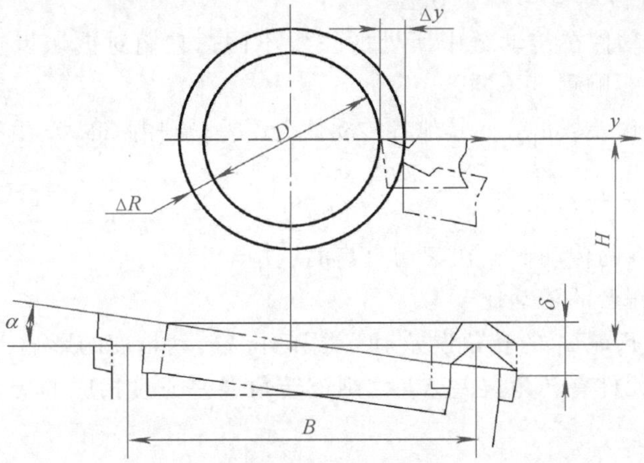


图 3-15　导轨扭曲误差

（2）影响机床导轨导向误差的因素

1）机床制造误差。它包括导轨的制造误差、滑板的制造误差以及导轨的装配误差等。

2）机床安装误差。机床安装不正确引起的导轨误差往往远大于制造误差。特别是床身和导轨长度较长的大型机床，床身导轨刚性较差，在本身自重的作用下，很容易发生变形。如果安装不正确，或者地基不良，就会造成导轨弯曲变形。因此，机床在安装时应有良好的基础，并严格进行测量和校正，而且在使用期间还应定期复校和调整。

3）导轨磨损。由于使用程度不同及受力不均，机床使用一段时间后，导轨沿全长各段的磨损量不等，并且在同一截面上各导轨面的磨损量也不相等。引起床鞍在水平面和垂直面内发生位移，且有倾斜，从而造成刀具位置误差。机床导轨副的磨损与工作的连续性、负荷特性、工作条件、导轨的材质和结构等有关。

为了提高机床导轨的导向精度，在机床设计与制造时，应从结构、材料、加工工艺等方面采取措施，提高制造精度；在机床安装时，应校正好水平和保证地基质量；在使用时，要注意调整导轨配合间隙，同时保证良好的润滑和防护。

**3. 传动链的传动误差**

（1）传动链的传动误差及其对加工精度的影响　在加工螺纹、齿轮、蜗轮等成形表面

时，刀具和工件之间的精确运动关系是由机床的传动系统来保证的，它是影响加工精度的主要因素。传动链的传动误差是指内联系的传动链中首末两端传动元件之间相对运动的误差。对于机械传动机床，传动链一般由齿轮副、蜗杆副、丝杠螺母副等组成。

图 3-16 所示为某滚齿机用单头滚刀加工直齿轮时的传动链图。由于传动链中各组成环节的制造和装配误差，每个传动件的误差都通过传动链影响被切齿轮的精度。由于各传动件在传动链中所处的位置不同，它们对被切齿轮的加工精度（即末端件的转角误差）的影响程度不同。

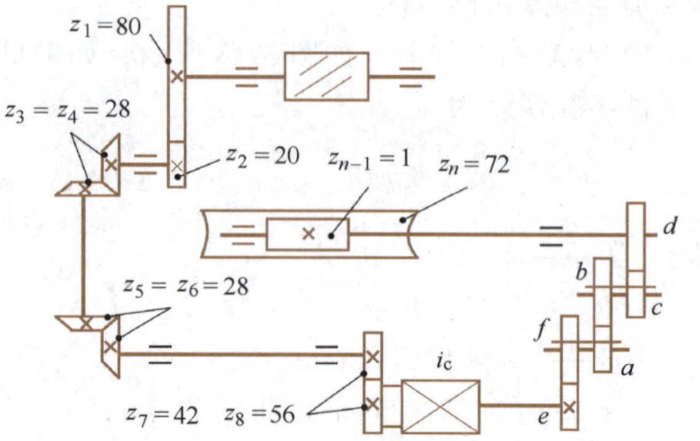

图 3-16 某滚齿机用单头滚刀加工直齿轮时的传动链图

若齿轮 $z_1$ 有转角误差 $\Delta\phi_1$，而其他各传动件无误差，则由 $\Delta\phi_1$ 产生的工件转角误差为

$$\Delta\phi_{1n}=\Delta\phi_1\times\frac{80}{20}\times\frac{28}{28}\times\frac{28}{28}\times\frac{42}{56}\times i_c\times\frac{e}{f}\times\frac{a}{b}\times\frac{c}{d}\times\frac{1}{72}=k_1\Delta\phi_1 \tag{3-3}$$

式中 $i_c$——差动轮系的传动比，在滚切直齿时，$i_c=1$；

$k_1$——$z_1$ 到工作台的传动比。

这里，$k_1$ 反映了齿轮 $z_1$ 的转角误差对终端工作台转动精度的影响，称为误差传递系数。同理，若第 $j$ 个传动元件有转角误差 $\Delta\phi_j$，则该转角误差通过相应的传动链传递到工作台上的转角误差为

$$\Delta\phi_{jn}=k_j\Delta\phi_j \tag{3-4}$$

式中 $k_j$——第 $j$ 个传动件的误差传递系数。

由于传动链中所有传动件都可能存在误差，因此，各传动件对被切齿轮精度影响的总和 $\Delta\phi_\varepsilon$ 为

$$\Delta\phi_\varepsilon=\sum_{j=1}^{n}\Delta\phi_{jn}=\sum_{j=1}^{n}k_j\Delta\phi_j \tag{3-5}$$

传动链的传动精度可用磁分度仪和光栅式分度仪等装置来测量。测量得到的传动误差曲线输入频谱分析仪，可以得到传动误差的各阶谐波分量，并可以根据各误差分量幅值的大小找出影响传动误差的主要环节。

（2）减少传动链传动误差的措施 由以上分析得出，要减少传动链的传动误差，可以采取以下措施。

1）缩短传动链长度，减少传动链中传动件的数目。因为传动链的传动误差等于组成传动链各传动件传递误差之和。例如：在车床上加工较高精度螺纹时，不经过进给箱，而用交换齿轮直接传动丝杠，以缩短传动链长度，减少传动链的传动误差。

2）采用降速传动链。由前面分析可知，传动比小，传动元件误差对传动精度的影响就小，而传动链末端传动元件的误差对传动精度影响最大。因此，采用降速传动是保证传动精度的重要原则。对于螺纹或丝杠加工机床，为保证降速传动，机床传动丝杠的导程应大于工件螺纹导程；对于齿轮加工机床，分度蜗轮的齿数一般很大，其目的也是为了得到大的降速

传动比。

3）提高传动元件，特别是提高末端传动元件的制造精度和装配精度。传动链中各传动件的加工、装配误差对传动精度均有影响，其中最后的传动件（末端件）的误差影响最大，如在滚齿机上切出的齿轮的齿距误差及齿距累积误差，大部分是由分度蜗杆副引起的。所以，滚齿机上分度蜗杆副的精度等级应比被加工齿轮的精度高1~2级。

4）采用误差补偿的方法。采用测量仪器测出传动误差，然后据此测量值在原转动链中人为地加入一个误差，其大小与传动链本身的误差相等而方向相反，从而使之相互抵消。例如：高精度螺纹加工机床可以采用机械式的校正装置，或采用计算机控制的传动误差补偿装置。如图3-17所示，在车床主轴上安装光电编码器，用光栅位移传感器测量刀架的纵向位移，将主轴回转器信号与刀架位移信号同步输入计算机，计算得到误差数据后发出控制信号，驱动压电陶瓷微位移刀架做螺距误差补偿运动。

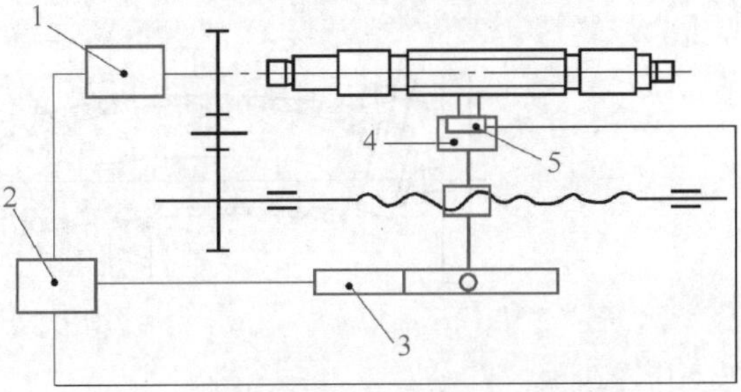

图3-17　精密丝杠螺距误差补偿设置
1—光电编码器　2—计算机　3—光栅位移传感器
4—刀架　5—压电陶瓷微位移刀架

（二）刀具与夹具误差

1. 刀具误差

刀具误差包括刀具的制造误差、安装误差和磨损。刀具误差对加工精度的影响依刀具种类而异。对于定尺寸刀具，如钻头、铰刀、键槽铣刀、镗刀块及圆拉刀等，加工时刀具的尺寸精度直接影响工件的尺寸精度；采用成形车刀、成形铣刀、成形砂轮等成形刀具加工时，刀具的形状精度将直接影响工件的形状精度；采用展成法加工时，如齿轮滚刀、花键滚刀、插齿刀等展成刀具的切削刃形状必须是加工表面的共轭曲线，因此，切削刃的形状误差和尺寸误差会影响加工表面的形状精度。

对于普通刀具，如车刀、镗刀、铣刀等，当采用轨迹法加工时，其制造精度对加工精度无直接影响。但刀具几何参数和形状将影响刀具的寿命，因此间接影响加工精度。

在切削过程中，刀具会逐渐地磨损，使原有形状和尺寸发生变化，由此引起工件尺寸和形状误差。在加工工件较大或一次进给需较长时间时，会对尺寸精度产生较大的影响；当用调整法加工一批工件时，刀具的磨损会扩大工件尺寸的分散范围。

2. 夹具误差

夹具误差将直接影响工件加工表面的位置精度或尺寸精度，详见第五章。

## 三、工艺系统的动误差

（一）工艺系统受力变形引起的误差

1. 工艺系统的刚度

切削加工时，由机床、夹具、刀具和工件组成的机械加工工艺系统，在切削力、夹紧力以及重力的作用下，将产生相应的变形。这种变形将破坏刀具和工件在静态下调整好的相互位置，并会使切削成形运动所需要的正确几何关系发生变化，而造成加工误差。例如：在车削细长轴时，工件在切削力的作用下会发生变形，使加工出的轴出现中间粗两头细的情况

（图 3-18a）；在内圆磨床上采用径向进给磨孔时，由于内圆磨头主轴弯曲变形，磨出的孔会出现锥度的圆柱度误差（图 3-18b）。

从影响加工精度的角度出发，工艺系统的刚度可定义为在加工误差敏感方向上工艺系统所受外力与变形量之比。

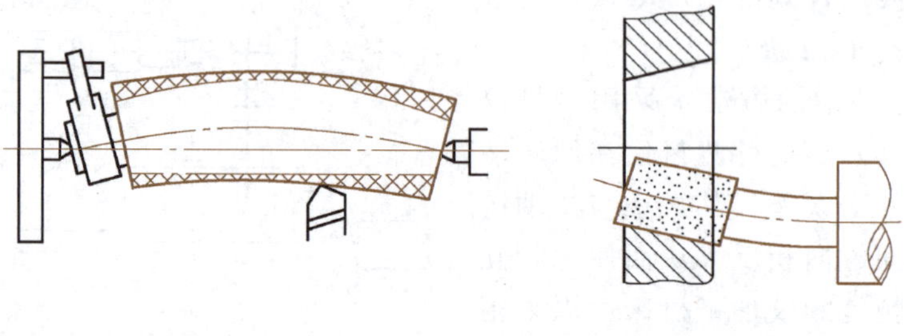

a) b)

图 3-18 工艺系统受力变形对加工精度的影响

a）车削细长轴时，工件的受力变形 b）内圆磨头主轴弯曲变形

根据系统所受载荷的性质不同，工艺系统刚度可分为静刚度和动刚度两种。静刚度主要影响工件的几何精度，动刚度则反映系统抵抗动态力的能力，主要影响工件表面的波纹度和表面粗糙度。本节只讨论静刚度的问题。

### 2. 机床部件的刚度及其特点

在工艺系统的受力变形中，机床的变形最为复杂，且通常占主要成分。由于机床部件刚度的复杂性，很难用理论公式来计算，一般都用实验方法来测定（有关机床部件刚度的测定请参阅有关的实验指导书）。对一台中心高为 200mm 的卧式车床刀架施加静载荷，得到的静刚度特性曲线如图 3-19 所示。

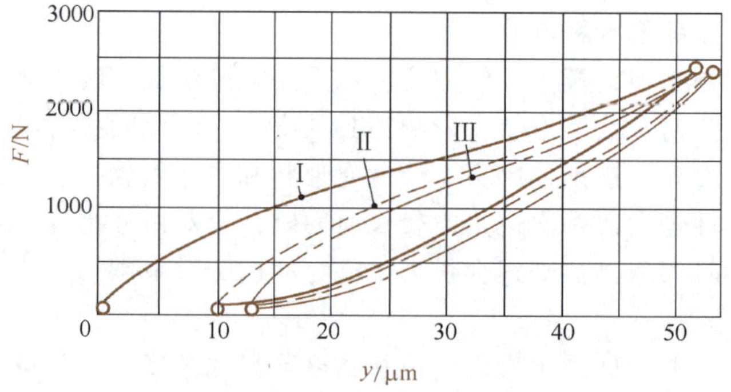


图 3-19 卧式车床刀架的静刚度特性曲线

Ⅰ、Ⅱ、Ⅲ—分别表示三次加载

由图可以看出机床部件刚度的特点：

1）作用力与变形不是线性关系，反映出刀架的变形不纯粹是弹性变形。

2）加载与卸载曲线不重合，两曲线间包容的面积代表了加载—卸载循环中所损失的能量，即外力在克服部件内零件间的摩擦力和接触面塑性变形所做的功。

3）卸载后曲线不回到原点，说明产生了残余变形。在反复加载—卸载后，残余变形逐渐趋近于零。

4）部件的实际刚度远比按实体所估算的要小。由于机床部件的刚度曲线不是线性的，其刚度不是常数，一般取曲线两端点连线的斜率来表示其平均刚度。

机床部件一般由多个零件组成，因而影响机床部件刚度的因素很复杂，主要因素包括以下几方面。

（1）连接表面间的接触变形　当外力作用时，由于零件表面几何形状误差和表面粗糙度的影响，使得零件之间接合表面的实际接触面积只是理论接触面积的一小部分，真正处于接触状态的，只是一些凸峰。这些接触点处将产生较大的接触应力，并产生接触变形，其中有表面层的弹性变形，也有局部塑性变形。这就是部件刚度曲线不呈直线，以及部件刚度远比同尺寸实体的刚度要低得多的主要原因。

（2）薄弱零件的变形　在机床部件中，薄弱零件受力变形对部件刚度的影响很大。例如：刀架和溜板部件中的楔块（图 3-20a），由于其结构细长，又难以做到平直，以致装配后与导轨配合不好，容易产生变形。又如：滑动轴承衬套因形状误差而与壳体接触不良，如图 3-20b 所示，受载后极易产生变形，故造成整个部件刚度大大降低。

**图 3-20　机床部件薄弱环节**

a）溜板中的楔块　b）滑动轴承衬套

（3）零件表面间摩擦力的影响　机床部件受力变形时，零件间连接表面会发生错动，加载时摩擦力阻碍变形的发生，卸载时摩擦力阻碍变形的恢复，造成加载和卸载刚度曲线不重合。

（4）接合面的间隙　部件中各零件间如果有间隙，那么只要受到较小的力（克服摩擦力）就会使零件相互错动，表现为刚度低。加工过程中，如果单向受载，那么在第一次加载消除间隙后对加工精度的影响较小；如果工作载荷不断改变方向（如镗床、铣床的切削力），则间隙的影响不容忽视。

**3. 工艺系统刚度对加工精度的影响**

（1）切削力作用点位置变化引起的工件形状误差　加工过程中，如果总切削力的大小不变，但由于其作用点位置不断变化，使工艺系统刚度随之变化，将会引起工件的形状误差。

例如：在车床顶尖之间装夹加工光轴时，变形大的地方，从工件上切除的金属层薄；变形小的地方，从工件上切除的金属层厚，故加工出来的工件呈两端粗、中间细的鞍形，如图 3-21 所示。

（2）切削力大小变化引起的加工误差　机械加工中，由于毛坯形状误差或相互位置误差较大导致加工余量不均，或者材料的硬度不均匀，都会引起切削力大小变化，从而产生加工误差。如图 3-22 所示，车削一椭圆形横截面毛坯，加工时根据设定尺寸（双点画线圆的位置）调整刀具的背吃刀量，车削后的工件呈椭圆形，仍然具有圆度误差。也就是当车削具有圆度误差 $\Delta_m = a_{p1} - a_{p2}$ 的毛坯时，由于工艺系统受力变形，而使工件产生相应的圆度误差 $\Delta_g = \Delta_1 - \Delta_2$。这种毛坯误差部分地反映在工件上的现象称为误差复映，并称 $\varepsilon = \Delta_g / \Delta_m$ 为误差复映系数。由于 $\Delta_g$ 通常小于 $\Delta_m$，所以 $\varepsilon$ 是一个小于 1 的正数，它定量地反映了毛坯误差加工后减小的程度。当毛坯误差较大，一次进给不能消除误差复映的影响，可通过增加进给次数来减小工件的复映误差，提高加工精度，但这样会降低生产率。

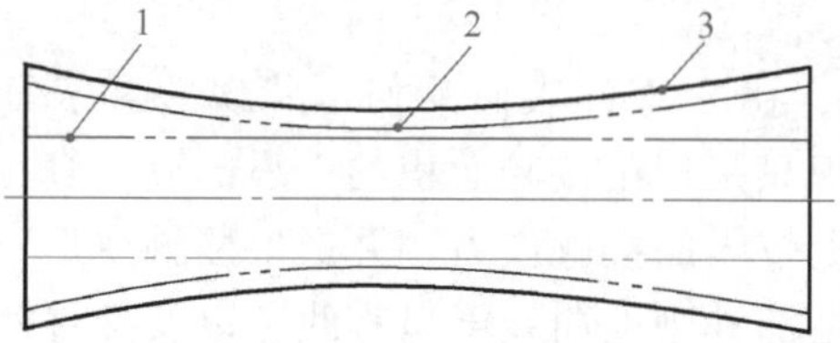


图 3-21 工件在顶尖上车削后的形状

1—车床没有变形的形状 2—考虑主轴、尾座变形后的形状

3—考虑主轴、尾座变形及刀架变形后的形状

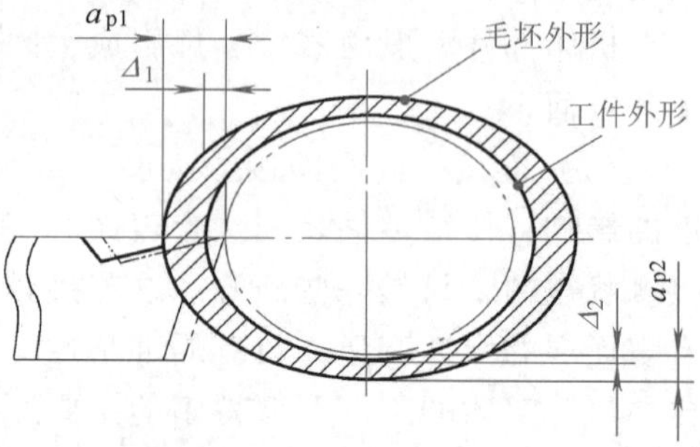


图 3-22 误差复映现象

由以上分析可知，当工件毛坯有形状误差或相互位置误差时，加工后仍然会有同类的加工误差出现。在成批大量生产中用调整法加工时，如毛坯尺寸不一，那么加工后这批工件将会造成尺寸分散。毛坯材料硬度不均匀，同样会造成加工误差。

（3）其他作用力对加工精度的影响　加工过程中，工艺系统除受到切削力的作用外，还受到惯性力、传动力、夹紧力和重力的作用，在这些力的作用下，工艺系统产生变形，从而影响工件的加工精度。

例如：工件在装夹时，由于工件刚度较低或夹紧力着力点不当，会使工件产生相应的变形，造成加工误差。如图 3-23 所示，用自定心卡盘夹持薄壁套筒后进行镗孔，假定毛坯件是正圆形，夹紧后毛坯件呈三棱柱形，虽然镗出的孔为正圆形，但松开后，套筒弹性恢复使孔又变成三棱柱形。为了减少套筒因夹紧变形造成的加工误差，可采用开口过渡环或采用圆弧面卡爪夹紧，使夹紧力均匀分布。

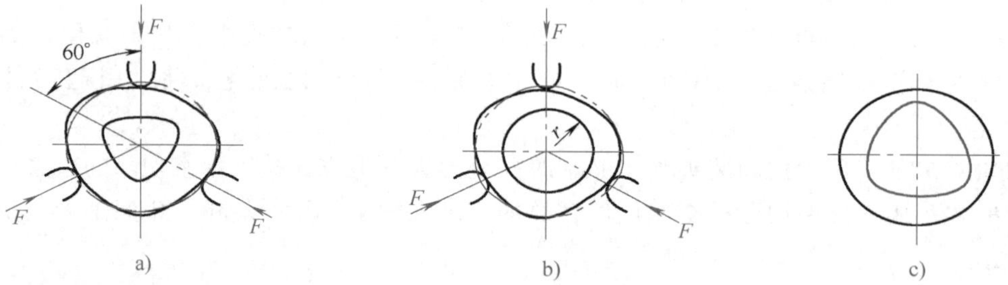


图 3-23 套筒夹紧变形误差

a）夹紧后 b）镗孔后 c）松开后

又如在平面磨床上磨削薄片工件，若工件毛坯有翘曲，当它被磁性工作台吸紧时，会产生弹性变形，将工件磨平后取下，由于弹性恢复，使已磨平的表面又产生翘曲，如图 3-24a～c 所示。改进的办法是在工件和磁力吸盘之间垫入一层薄的橡胶垫（0.5mm 以下）或纸片，如图 3-24d、e 所示。当工作台吸紧工件时，橡胶垫受到不均匀的压缩，使工件变形减少，

翘曲的部分就将被磨去。如此将正、反面多次磨削后，就可得到较平的平面。

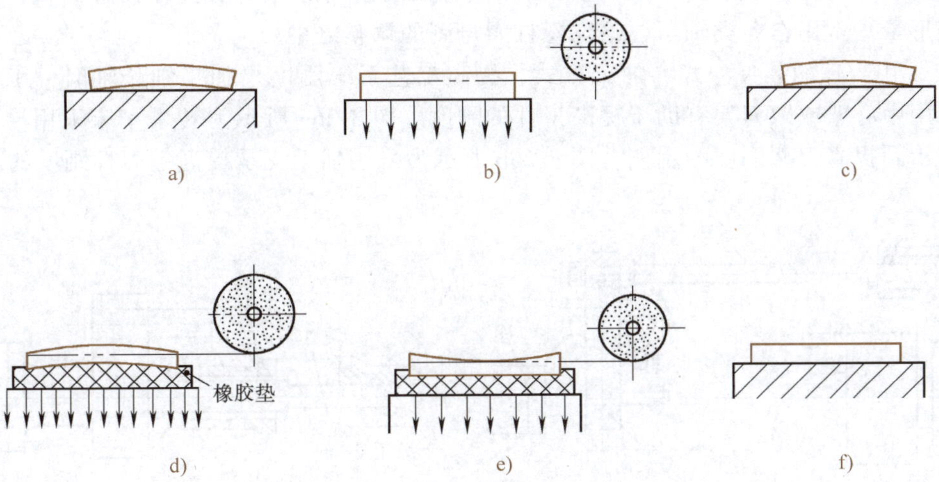


图 3-24　薄片工件的磨削

a）毛坯　b）磁性工作台吸紧　c）磨后松开　d）磨削凸面　e）磨削凹面　f）磨后松开，工件平直

工艺系统有关零部件自身的重力所引起的相应变形，也会造成加工误差。如图 3-25 所示，在靠模车床上加工尺寸较大的光轴时，由于尾座刚度比头架低，在工件重量的作用下，尾座的下沉变形比头架大，加工的外圆柱表面将产生圆柱度误差。而对于大型工件的加工（如磨削床身导轨面），工件自重引起的变形有时会成为产生加工形状误差的主要原因。在实际生产中，装夹大型工件时，恰当地布置支承可以减小自重所引起的变形。

### 4. 减小工艺系统受力变形的措施

减小工艺系统受力变形是保证加工精度的有效途径之一。在实际生产中，常从两个主要方面采取措施予以解决。一方面采取适当的工艺措施减小载荷及其变化，如合理地选择刀具几何参数和切削用量以减小切削力，特别是减小背向力，就可以减少受力变形；将毛坯分组，使一次调整中加工的毛坯余量比较均匀，也能减小切削力的变化，从而减小复映误差。另一方面是采取以下措施提高工艺系统的刚度。

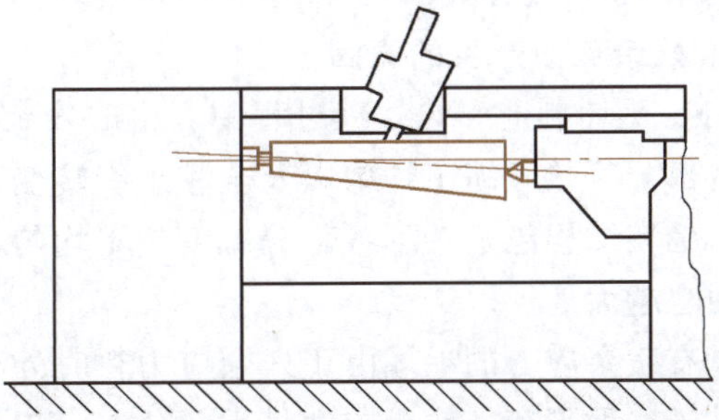

图 3-25　工件自重引起的加工误差

（1）合理设计零部件结构　在设计工艺装备时，应尽量减少连接面数目，并注意刚度的匹配，防止有局部低刚度环节出现。在设计基础件、支承件时，应合理选择零件结构和截面形状。

（2）提高连接表面的接触刚度　由于部件活动接合面的接触刚度大大低于实体零件本身的刚度，所以提高连接表面的接触刚度是提高工艺系统刚度的重要措施。此外提高接触刚度的主要措施还有：

1）提高机床部件中零件间接合表面的质量。提高机床导轨的刮研质量，减小其表面粗糙度值等都能使实际接触面积增加，从而有效地提高表面的接触刚度。

2）给机床部件预加载荷。此措施可消除接合面间的间隙，增加实际接触面积，减少受力后的变形量。常用在各类轴承、滚珠丝杠螺母副的调整之中。

（3）采用合理的装夹方式、加工方式，提高工艺系统刚度　加工细长轴时，工件的刚性差，采用中心架或跟刀架有助于提高工件的刚度。图 3-26a 所示为转塔车床采用导套和导杆辅助支承副提高刀架刚度的示例；图 3-26b 所示为采用辅助支承提高镗刀杆刚度的示例。

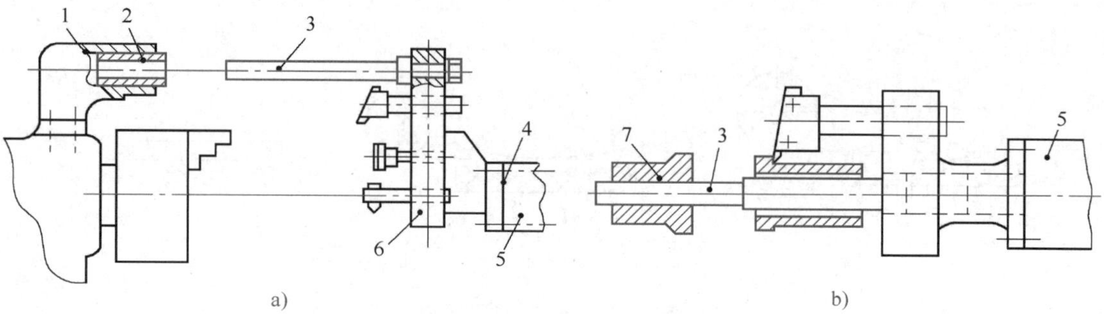


**图 3-26　转塔车床提高刀架刚度的示例**

a）采用导套和导杆辅助支承副　b）采用辅助支承

1—支架　2—导套　3—导杆　4—刚度薄弱环节（接触面）　5—回转刀架

6—刀夹　7—导套（装在主轴孔内）

### （二）工件受残余应力引起的误差

残余应力又称为内应力，是指在没有外力作用下或去除外力后仍残存在工件内部的应力。工件中的残余应力往往处于一种不稳定的平衡状态，在外界某种因素的影响下，它会使内部组织很容易失去原有的平衡，并达到新的平衡。在这一过程中，内应力重新分布，导致工件产生变形，从而破坏工件原有的精度。

#### 1. 残余应力产生的原因

（1）毛坯制造和热处理过程中产生的残余应力　在铸、锻、焊、热处理等加工过程中，由于各部分冷热收缩不均匀以及金相组织转变而引起的体积变化，将会使毛坯内部产生残余应力。毛坯结构越复杂，各部分厚度越不均匀，散热条件相差越大，则在毛坯内部产生的残余应力也越大。

具有残余应力的毛坯由于残余应力暂时处于相对平衡的状态，加工时切去一层金属后，就打破了这种平衡，残余应力将重新分布，工件就会产生明显的变形。

例如：图 3-27 所示为一内外壁厚薄相差较大的铸件在铸造过程中产生残余应力的情形。铸件浇注后，由于 $A$ 和 $C$ 比较薄，容易散热，所以冷却速度较 $B$ 快。当 $A$、$C$ 从塑性状态冷却到弹性状态时，$B$ 尚处于塑性状态。当 $A$、$C$ 继续收缩时，$B$ 不阻止其收缩，故不产生残余应力。当 $B$ 也冷却到弹性状态时，$A$、$C$ 的温度已降低很多，其收缩速度变得很慢，但这时 $B$ 收缩较快，因而受到 $A$、$C$ 的阻碍。因此，$B$ 内就产生拉应力，而 $A$、$C$ 内就产生压应力，形成了相互平衡状态。如果在 $A$ 上开一缺口，其上的压应力消失，铸件在 $B$、$C$ 的残余应力作用下，$B$ 收缩，$C$ 伸长，铸件就产生弯曲变形，直至残余应力重新分布达到新的平衡状态为止。

各种铸件都难免发生冷却不均匀而产生残余应力现象。例如：铸造后的机床床身，其导

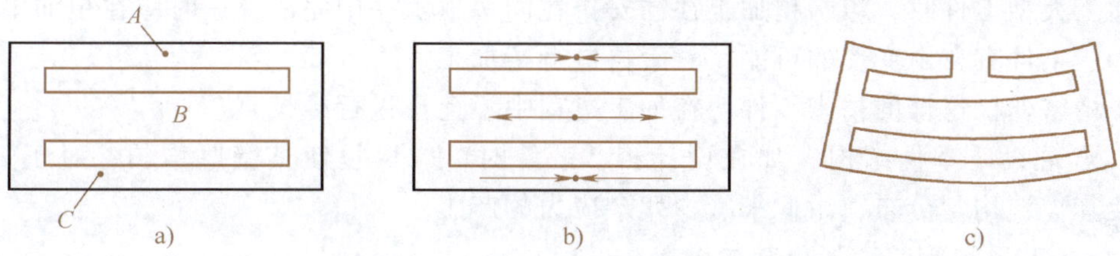


图 3-27　铸件残余应力的形成过程

a）壁后不均匀的铸件　b）冷却时产生内应力　c）切口后产生变形

轨面和冷却快的地方都会出现压应力。粗加工导轨表面被切去一层后，残余应力就重新分布达到新的平衡，结果使导轨中部下凹，如图 3-28 所示。

（2）冷校直带来的残余应力　为了纠正细长轴类零件的弯曲变形，有时采用冷校直方法。此种方法是在与变形相反的方向上施加作用力，如图 3-29a 所示，使工件产生反方向弯曲，并产生一定的塑性变形。当工件外层应力超过屈服强度时，其内层应力还未超过弹性极限，故其应力分布情况如图 3-29b 所示。去除外力后，由于下部外层已产生拉伸的塑性变形，上部外层已产生压缩的塑性变形，故里层的弹性恢复受到阻碍。结果上部外层产生残余拉应力，上部里层产生残余压应力；下部外层产生残余压应力，下部里层产生残余拉应力，如图 3-29c 所示。冷校直后虽然弯曲减小了，但内部组织处于不稳定状态，经加工后，又会产生新的弯曲变形。

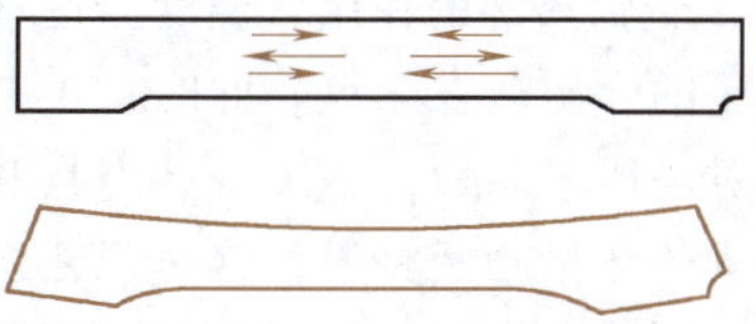

图 3-28　床身因内应力引起的变形

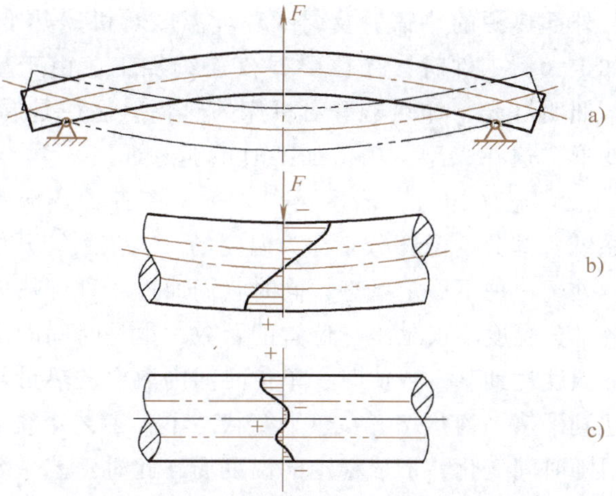


图 3-29　冷校直引起的残余应力

（3）切削加工带来的残余应力　在切削加工中，工件表面在切削力、切削热作用下，也会产生残余应力，详见本章第四节。

2. 减小残余应力的措施

（1）增加时效处理工序　对于一些精密零件，采用自然时效处理、振动时效处理等工序，可有效地减少或消除工件中的残余应力。

（2）合理安排工艺过程　将粗、精加工安排在不同工序中进行，使粗加工后有一定时间让残余应力重新分布，以减少对精加工的影响。

在加工大型工件时，粗、精加工往往安排在同一道工序中完成，这时应在粗加工后将工件松开，让工件有自由变形的可能，然后再进行精加工。

对于精密丝杠这样的精密零件，在加工过程中不允许进行冷校直。

(3) 合理设计零件结构　如在设计铸、锻件时，应尽量使其壁厚均匀；对于焊接件，应尽量使其焊缝均匀分布，由此来减少残余应力的产生。

### (三) 工艺系统受热变形引起的误差

#### 1. 概述

在机械加工过程中，工艺系统会受到各种热源的影响，使工艺系统各个组成部分产生复杂的变形，这种变形称为热变形，它将破坏刀具与工件间的正确几何关系和运动关系，造成工件的加工误差。例如：在精密加工和大件加工中，热变形所引起的加工误差有时会占到工件加工总误差的 40%~70%。

(1) 工艺系统的热源　引起工艺系统热变形的热源可分为内部热源和外部热源两大类，主要包括切削热、摩擦热、环境温度及辐射等。

切削热是切削加工过程中最主要的热源，它对工件加工精度的影响最为直接。在切削(磨削) 过程中，消耗于切削的弹、塑性变形能及刀具、工件和切屑之间摩擦的机械能，绝大部分都转变成了切削热。

工艺系统中的摩擦热，主要是由机床和液压系统中运动部件产生的，如电动机、轴承、齿轮、丝杠副、导轨副、液压泵等各运动部分产生的摩擦热。尽管摩擦热比切削热少，但摩擦热在工艺系统中是局部发热，会引起局部温升和变形，破坏了系统原有的几何精度。

外部热源的热辐射及周围环境温度对机床热变形的影响，有时也是不容忽视的。例如：在加工大型工件时，往往要昼夜连续加工，由于昼夜温度不同，从而影响了加工精度。又如：照明灯光、加热器等对机床的热辐射往往是局部的，因而会引起机床各部分不同的温升和变形，这在大型、精密加工时不能忽视。

(2) 温度场与工艺系统热平衡　在各种热源作用下，工艺系统各部分的温度不同。工艺系统各部分的温度分布称为温度场。工艺系统开始工作时，受到热源的作用，温度会逐渐升高，处于一种不稳定状态，同时它们通过各种传热方式向周围的介质散发热量。此时，工艺系统各部分温度不仅是坐标位置的函数，也是时间的函数。经过一段时间后，当工件、刀具和机床的温度达到某一数值时，单位时间内散出的热量与热源传入的热量趋于相等，这时工艺系统就达到了热平衡状态。在热平衡状态下，工艺系统各部分的温度保持在一相对固定的数值上，不再随时间变化，形成稳定的温度场，此时工艺系统各部分的热变形也相应地趋于稳定。

目前，对于温度场和热变形的研究，仍然着重于模型试验与实测。传统的测温手段包括热电偶、热敏电阻、半导体温度计测量。近年来红外测温、激光全息照相、光导纤维等先进测量手段已开始在机床热变形研究中得到应用。例如：利用红外热像仪可将机床的温度场拍摄成热像图，用激光全息技术拍摄变形场，用光导纤维引出发热信号而测出工艺系统内部的局部温升。此外，应用有限元方法和有限差分法来研究工艺系统热变形也取得了很大的进展。

#### 2. 机床热变形对加工精度的影响

机床工作过程中，在内、外热源的影响下，各部分温度将逐渐升高。由于各部件的热源分布不均匀和机床结构的复杂性，形成不均匀的温度场，使机床各部件之间的相互位置发生变化，从而破坏了机床原有的几何精度，造成加工误差。由于各类机床的结构和工作条件相差较大，引起机床热变形的热源和变形形式也多种多样。

对于车、铣、钻、镗类机床，主轴箱中的齿轮、轴承摩擦发热和润滑油发热是其主要热源，使主轴箱及与之相连部分（如床身或立柱）的温度升高而产生较大变形。例如：车床主轴箱的温升将使主轴升高（图 3-30a），又因主轴前轴承的发热量大于后轴承的发热量，故主轴前端温度将比后端高。同时由于主轴箱的热量传给床身，使床身导轨向上凸起，故而加剧了主轴的倾斜。对于图 3-30b 所示的万能铣床，主传动系统轴承的发热，使左箱壁温度升高，造成主轴轴线升高并倾斜。

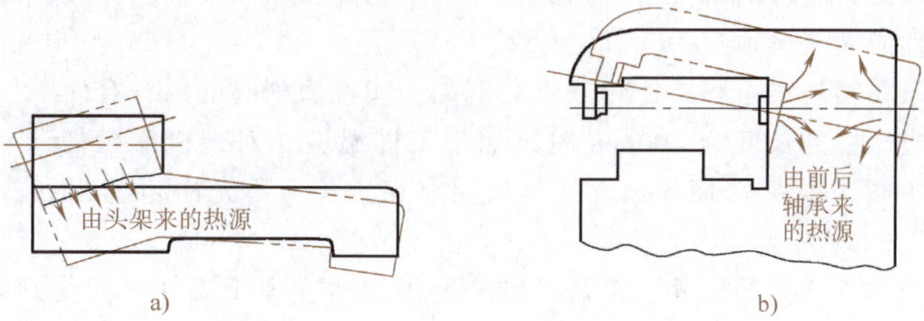


图 3-30　卧式车床和卧式铣床的热变形

a）卧式车床　b）万能铣床

### 3. 刀具热变形对加工精度的影响

刀具热变形主要是由切削热引起的。通常传入刀具的热量并不多，但由于热量集中在切削部分，以及刀体小，热容量小，因此刀具切削部分的温度高、变化大。

连续切削时，刀具的热变形在切削初始阶段增加很快，随后变得较缓慢，经过不长时间便趋于热平衡状态。此后，热变形的变化量非常小，如图 3-31 所示曲线 $A$。间断切削时，由于刀具具有短暂的冷却时间，故其热变形曲线具有热胀冷缩的双重特性，且总的变形量比连续切削时要小，最后稳定在 $\Delta_1$ 范围内变动，如图 3-31 所示曲线 $C$。当切削停止时，刀具温度立即下降，开始冷却较快，以后逐渐减慢，如图 3-31 所示曲线 $B$。

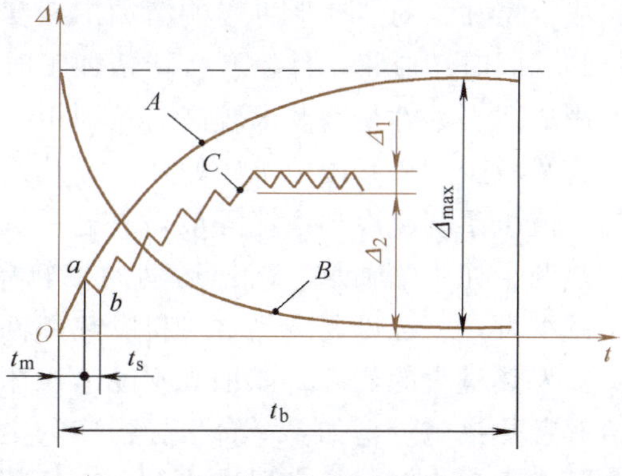


图 3-31　刀具热伸长量与切削时间的关系

加工大型零件时，刀具热变形往往造成加工工件的几何形状误差。例如：车长轴或在立式车床上加工大直径平面时，由于刀具在长时间的切削过程中逐渐膨胀，往往造成工件圆柱度或平面度误差。

### 4. 工件热变形对加工精度的影响

工件主要受切削热的影响而产生热变形。对于不同形状和尺寸的工件，采用不同的加工方法，工件的热变形是不同的。加工一些形状较简单的轴类、套类、盘类零件的内、外圆时，工件受热比较均匀。此时，可依据物理学公式计算工件长度或直径上的热变形量，即

$$\Delta L=\alpha_l L\Delta t \tag{3-6}$$

式中　$L$——工件原有长度或直径（mm）；

$\alpha_l$——工件材料的线膨胀系数；

$\Delta t$——温升（℃）。

加工一些形状较简单的轴类、套类、盘类零件的内、外圆时，工件受热虽然比较均匀，但随着切削的进行，温度逐渐升高，工件直径随之逐渐膨胀，至进给终了时工件直径增到最大，因而车刀的背吃刀量将随进给而逐渐增大。当工件冷却后直径变小，产生圆柱度和尺寸误差。

一般来说，如杆件的长度尺寸精度要求不高，热变形引起的伸长可以不用考虑。但当工件以两顶尖定位，工件受热伸长时，如果顶尖不能轴向位移，则工件受顶尖的压力将产生弯曲变形，这对加工精度影响就大了。因此，当加工精度较高的轴类零件时，如磨外圆、丝杠等，宜采用弹性或液压尾顶尖。

工件热变形在精加工中影响比较严重。例如：丝杠磨削时的温升会使工件伸长，产生螺距累积误差。当丝杠的长度为 400mm 时，如果工件温度相对于机床丝杠升高 1℃，则丝杠将产生 4.4μm 的累积误差。而 5 级丝杠累积误差在全长上不允许超过 5μm，由此可见热变形的严重性。

对于工件受热不均匀的零件，在铣、刨、磨加工时，由于工件单面受到切削热的作用，上、下表面间的温差将导致工件向上拱起，加工时中间凸起部分被切去，冷却后工件变成下凹，造成平面度误差。例如：在磨床上进行机床导轨的磨削加工时，床身的上、下温差可达 3℃，在垂直面内的热变形可达 0.1mm，严重影响了导轨的磨削加工精度。

5. 减少热变形对加工精度影响的措施

（1）减少热源的发热和隔离热源　在精加工中，为了减小切削热和降低切削区域温度，应合理选择切削用量和刀具几何参数，并给予充分冷却和润滑。如果粗、精加工在一个工序内完成，粗加工的热变形将影响精加工精度。一般可以在粗加工后停机一段时间，使工艺系统冷却，同时还应将工件松开，待精加工时再夹紧。这样就可减少粗加工热变形对精加工精度的影响。当零件精度要求较高时，则粗、精加工分开为宜。

为了减少工艺系统中机床的发热，凡是有可能从主机中分离出去的热源，如电动机、变速箱、液压系统、冷却系统等最好放置在机床外部，使之成为独立单元。对于不能和主机分离的热源，如主轴轴承、高速运动的导轨副等，则可以从结构、润滑等方面改善其摩擦特性，减少发热，也可用隔热材料将发热部件和机床大件（如床身、立柱等）隔离开来。

对发热量大的热源，如果既不能从机床内部移出，又不便隔热，则可采用强制性风冷、水冷等散热措施。例如：一台坐标镗床的主轴箱采用恒温喷油循环强制冷却后，主轴与工作台之间在垂直方向的热变形减少到 15μm，且机床运转不到 2h 时就达到热平衡。而不采用强制冷却时，机床运转 6h 后，上述热变形产生了 190μm 的位移，而且机床尚未达到热平衡。因此，目前大型数控机床、加工中心机床普遍采用冷冻机对润滑油、切削液进行强制冷却，以提高冷却效果。精密丝杠磨床的母丝杠中则通以切削液，以减少其热变形。

（2）均衡温度场　图 3-32 所示的立式平面磨床采用热空气加热温升较低的立柱后壁，以均衡立柱前、后壁的温升，减小立柱的向后倾斜。图 3-32 中热空气从电动机风扇排出，通过特设的软管引向立柱的后壁空间。采用这种措施后，磨削平面的平面度误差可降到未采取措施前的 1/4~1/3。

（3）采用合理的机床结构　在变速箱中，将轴、轴承、传动齿轮等对称布置，可使箱壁温升均匀，箱体变形减小。机床大件的结构和布局对机床的热态特性有很大影响。以加工中心机床为例，在热源影响下，单立柱结构会产生较大的扭曲变形，而双立柱结构由于左、右对称，仅产生垂直方向的热位移，这很容易通过调整的方法予以补偿。

(4) 控制环境温度，加速达到热平衡状态　精密机床应安装在恒温车间，其恒温精度一般控制在±1℃以内。对于精密机床特别是大型机床，达到热平衡的时间较长。为了缩短这个时间，可以在加工前，使机床进行高速空运转，或人为地给机床加热，使机床较快地达到热平衡状态，然后进行加工。

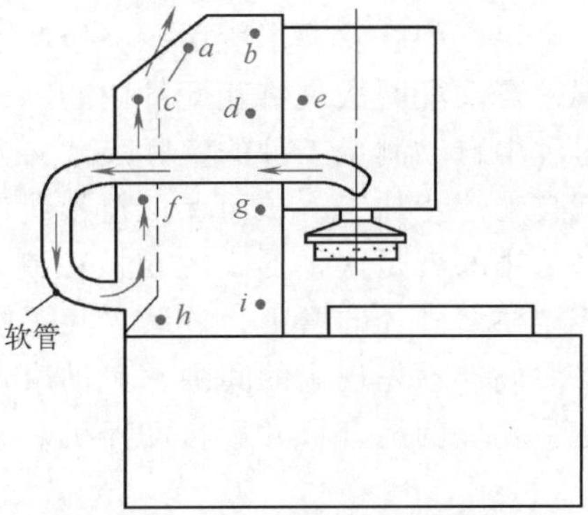

图 3-32　均衡立柱前后壁的温度场

## 四、保证和提高加工精度的技术措施

保证和提高加工精度的技术措施可分成两大类。一类是误差预防。它是指减少原始误差或减少原始误差的影响。实践表明，当加工精度要求高于某一程度后，利用误差预防技术来提高加工精度所花费的成本将按指数规律增长。另一类是误差补偿。通过分析、测量误差源，建立数学模型，然后人为地在系统中引入附加误差，使之与系统中现存的表现误差抵消，以减少或消除零件的加工误差。在现有工艺系统条件下，误差补偿技术是一种有效而经济的方法，特别是借助计算机辅助技术，可以达到很好的效果。

(1) 减少误差法　直接减少误差最根本的方法是合理采用先进的工艺与设备。在制订零件的加工工艺规程时，应对零件每道加工工序的能力进行评价，并应合理地采用先进的工艺和装备，以使每道工序都具备足够的工序能力。生产中为了有效地提高加工精度，首先要查明影响加工精度的主要原始误差因素，然后设法将其消除或减少。

(2) 误差转移法　误差转移法是把影响加工精度的原始误差转移到误差的非敏感方向上。图 3-13 所示为误差转移法的实例。

(3) 误差分组法　机加工中有时某工序的加工状态是稳定的，但如果毛坯误差较大，误差复映的存在会造成加工误差扩大。解决这类问题可采用分组调整的方法，把毛坯按误差大小分为 $n$ 组，每组毛坯的误差就缩小为原来的 $1/n$；然后按各组分别调整刀具与工件的相对位置或选用合适的定位元件，就可大大缩小整批工件的尺寸分散范围。

(4) 误差平均法　研磨时，研具的精度并不很高，分布在研具上的磨料粒度大小也可能不一样。但由于研磨时工件和研具间有复杂的相对运动轨迹，使工件上各点均有机会与研具的各点相互接触并受到均匀的微量切削。同时工件和研具相互修整，精度也逐步共同提高，进一步使误差均化，因此可获得精度高于研具原始精度的加工表面。

(5) 误差补偿法　误差补偿法就是人为地加入一个附加输入，尽量使得引入的误差与原始误差之间大小相等、方向相反，从而达到减少加工误差、提高加工精度的目的。

在图 3-33 所示的大型龙门铣床中，由于横梁受立铣头自重的影响，产生向下的弯曲变形。生产实际中通过刮研横梁导轨，按照变形曲线，使导轨面预先产生一个向上凸起的变形，从而抵消由于铣头自重产生向下的弯曲变形，保证机床的加工精度。

用误差补偿法来消除或减小常值系统误差一般来说是比较容易的，因为用于抵消常值系统误差的补偿量是固定不变的。对于变值系统误差的补偿就不是一种固定的补偿量所能解决的，于是生产中就发展了所谓积极控制的误差补偿法。

偶件自动配磨法是将互配件中的一个零件作为基准，去控制另一个零件的加工精度。在加工过程中自动测量工件的实际尺寸，并和基准件的尺寸进行比较，直至达到规定的差值时机床就自动停止加工，从而保证精密偶件间要求很高的配合间隙。柴油机高压油泵柱塞的自动配磨采用的就是这种形式的积极控制。如图 3-34 所示，以自动测量出柱塞套的孔径为基准去控制柱塞外径的磨削，该装置除了能够连续测量工件尺寸和自动操纵机床动作以外，还能够按照偶件预先规定的间隙，自动决定磨削的进给量，在粗磨到一定尺寸后自动变换为精磨，达到要求的配合尺寸后自动停机。

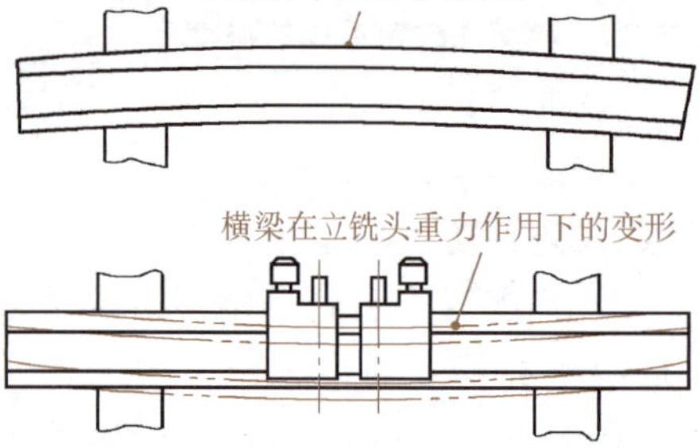


图 3-33 龙门铣床横梁导轨预加变形

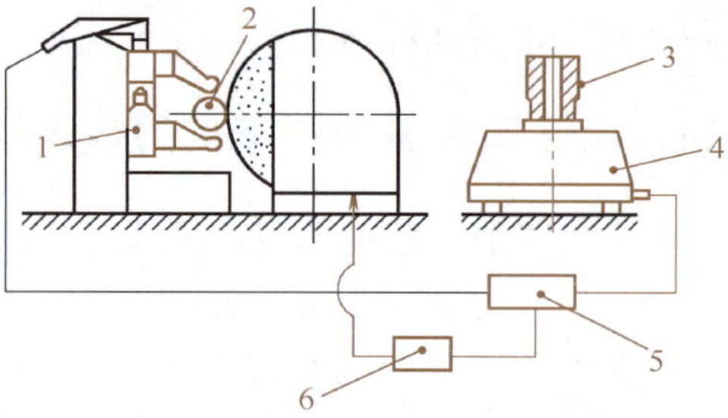


图 3-34 高压油泵偶件自动配磨装置示意图

1—测轴仪 2—柱塞 3—柱塞套 4—测孔仪 5—比较控制仪 6—执行机构

另外，在线自动补偿法是在加工中随时测量出工件的实际尺寸（形状、位置精度），根据测量结果按一定的模型或算法，随时给刀具以附加的补偿量，从而控制刀具和工件间的相对位置，使工件尺寸的变动范围始终在自动控制之中。

## 第三节 ■ 加工误差的综合分析及 CAT & CASA

### 一、加工误差的性质

#### 1. 系统误差

在顺序加工的一批工件中，如果加工误差的大小和方向都保持不变，或者按一定规律变化，则称为系统误差。系统误差又分为常值系统误差和变值系统误差两类。加工原理误差、机床（或刀具、夹具与量具）的制造误差、工艺系统静力变形等引起的加工误差均与加工时间无关，其大小和方向在一次调整中也基本不变，因此都属于常值系统误差。机床、刀具和夹具等在热平衡前的热变形误差以及刀具的磨损等，随加工过程（或加工时间）而有规律地变化，由此产生的加工误差属于变值系统误差。

#### 2. 随机误差

在顺序加工的一批工件中，如果加工误差的大小和方向呈不规则的变化，则称为随机误差。随机误差是由许多相互独立的因素随机综合作用的结果。例如：毛坯的余量大小不一致或硬度不均匀时都将引起切削力的变化，在变化的切削力作用下由于工艺系统的受力变形而导致的加工误差就带有随机性，属于随机误差。此外，定位误差、夹紧误差、多次调整误差、残余应力引起的工件变形误差等都属于随机误差。

## 二、加工误差的统计分析方法

### （一）分布曲线分析法

分布曲线分析法是将测量加工后所得一批工件的实际尺寸或误差，根据测量结果做该批工件尺寸或误差的分布图，然后按照此图来分析和判断加工误差的情况。

#### 1. 实际分布曲线（直方图）

成批加工某种零件，随机抽取其中 $n$ 个工件（称为样本）进行测量，由于随机误差和变值系统误差的存在，所测工件的加工尺寸或偏差（用 $x$ 表示）是一个在一定范围内变动的随机变量。按工件尺寸或偏差大小将它们分成 $k$ 组（分组数按表 3-1 选取），每组中零件的尺寸处在一定的间隔范围（称为组距）内，同一尺寸间隔内的零件数量称为频数，频数与样本容量之比称为频率，频率除以每组尺寸间隔称为频率密度。

表 3-1　分组数 $k$ 的选定

| 样本数 $n$ | 50~100 | 100~160 | 160~250 | 250 以上 |
|---|---|---|---|---|
| 分组数 $k$ | 7~10 | 8~11 | 9~12 | 10~20 |

以工件尺寸（或误差）为横坐标，以频数或频率为纵坐标，就可作该批工件加工尺寸（或误差）的实际分布曲线图，即直方图。

为了分析该工序的加工精度情况，可在直方图上标出该工序的加工公差带位置，并计算出该样本的统计数字特征——平均值 $\bar{x}$ 和标准差 $S$。

样本的平均值 $\bar{x}$ 表示该样本的尺寸分布中心，其计算公式为

$$\bar{x} = \frac{1}{n}\sum_{i=1}^{n} x_i \tag{3-7}$$

式中　$x_i$——各工件的实测尺寸（或偏差）。

样本的标准差 $S$ 反映了该样本的尺寸分散程度，其计算公式为

$$S = \sqrt{\frac{1}{n-1}\sum_{i=1}^{n}(x_i - \bar{x})^2} \tag{3-8}$$

下面举例说明直方图的绘制步骤。

【例 3-1】　如在无心磨床上磨削一批轴承外圈，直径要求为 $\phi30^{+0.015}_{+0.005}$mm，绘制工件直径尺寸的直方图，具体步骤如下：

【解】

（1）采集数据　首先确定样本容量。若样本容量太小，不能准确地反映总体的实际分布；若样本容量太大，则又增加了测量与计算的工作量。在实际生产中，通常取样本容量$n=50\sim250$。本例取 $n=100$。对随机抽取的 100 个样件，用千分比较仪逐个进行测量，实测数据列于表 3-2 中。

表 3-2　外径尺寸偏差的实测值

（单位：μm）

| | | | | | | | | | | | | | | | | | | | |
|---|---|---|---|---|---|---|---|---|---|---|---|---|---|---|---|---|---|---|---|
| 10 | 8 | 10 | 7 | 14 | 8 | 4 | 8 | 9 | 10 | 9 | 8 | 9 | 11 | 10 | 9 | 9 | 6 | 6 | 6 |
| 5 | 10 | 6 | 12 | 9 | 10 | 8 | 8 | 13 | 10 | 9 | 5 | 11 | 9 | 9 | 10 | 8 | 8 | 7 | 7 |
| 13 | 9 | 11 | 10 | 10 | 5 | 6 | 11 | 9 | 8 | 9 | 9 | 12 | 7 | 7 | 10 | 9 | 9 | 6 | 8 |
| 10 | 10 | 11 | 11 | 7 | 9 | 9 | 4 | 7 | 7 | 12 | 9 | 7 | 6 | 9 | 5 | 8 | 8 | 8 | 11 |
| 5 | 10 | 10 | 8 | 5 | 11 | 9 | 7 | 7 | 8 | 9 | 8 | 12 | 10 | 8 | 8 | 8 | 7 | 6 | 10 |

（2）确定分组数、组距 $h$、各组组界和组中值

1）按表 3-1 初选分组数 $k=10$。

2）确定组距，找出最大值 $x_{max}=14\mu m$，最小值 $x_{min}=4\mu m$，计算组距。

千分比较仪的最小读数值为 1，组距应是最小读数的整数倍，故取组距 $h=1\mu m$。

3）确定分组数

$$k=\frac{x_{max}-x_{min}}{h}+1=\frac{10}{1}+1=11$$

4）确定各组组界

$$x_{min}+(i-1)h\pm\frac{h}{2}\quad(i=1,2,\cdots,k)$$

本例中各组的组界分别为 3.5、4.5、…、14.5。

5）统计各组频数　本例中各组频数分别为 2、6、8、12、19、21、17、8、4、2、1。

（3）计算平均值和标准差　由式（3-7）和式（3-8）可得：$\bar{x}=8.57$，$S=2.04$。

（4）画出直方图　如图 3-35 所示，横坐标表示偏差值，纵坐标表示频数。

### 2. 理论分布曲线

研究加工误差时，常应用数理统计学中一些理论分布曲线来近似代替实验分布曲线，这样做常可使问题得到简化。与加工误差有关的常用理论分布曲线有以下几种。

（1）正态分布曲线　概率论已经证明，相互独立的大量微小随机变量，其总和的分布符合正态分布。实验表明：在机械加工中，用调整法连续加工一批零件时，如不存在明显的变值系统误差因素，则加工后零件的尺寸近似于正态分布。

正态分布曲线的形状如图 3-36 所示，它具有如下性质。

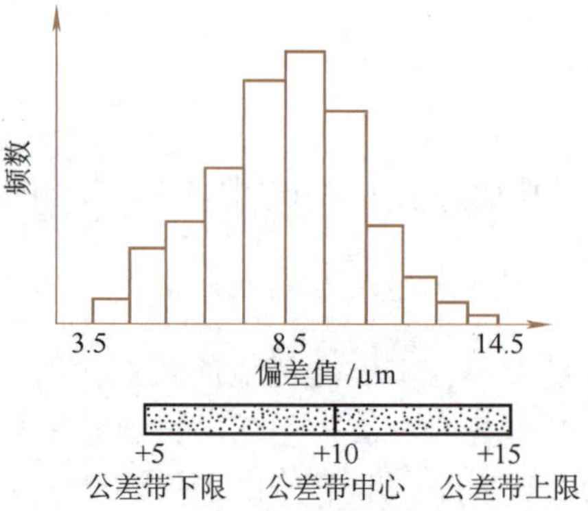


图 3-35　轴承外圈直方图

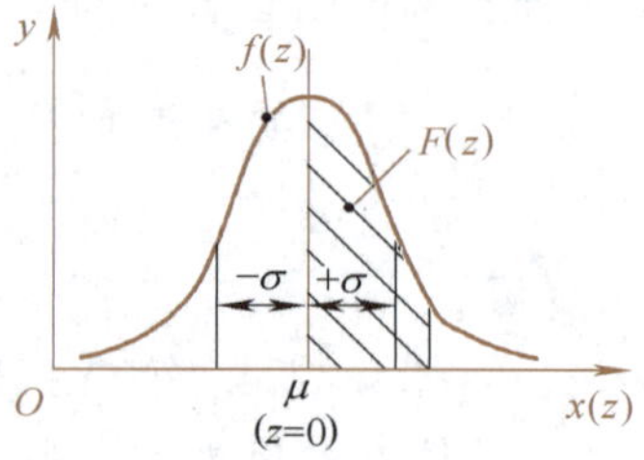


图 3-36　正态分布曲线的形状

1）正态分布曲线呈钟形，是关于直线 $x=\mu$ 的对称曲线。

2）当 $x=\mu$ 时，曲线取得最大值 $y_{max}=1/(\sigma\sqrt{2\pi})$。由于分布曲线所围成的面积总是等于1，因此 $\sigma$ 越小，分布曲线两侧越向中间收紧。反之，当 $\sigma$ 增大时，$y_{max}$ 减小，分布曲线越平坦地沿横轴伸展（图3-37b）。由此可见，$\sigma$ 是表征分布曲线形状的参数，它反映了随机变量 $x$ 取值的分散程度。

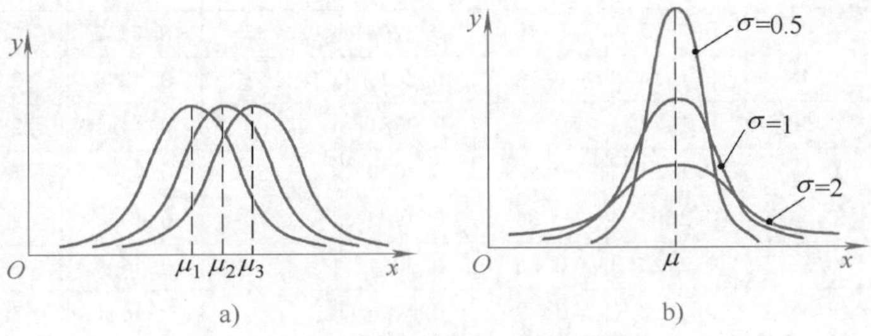


图3-37　**μ、σ对正态分布曲线的影响**

a）平均值变化　b）标准差变化

3）如果改变 $\mu$ 值，分布曲线将沿横坐标移动而不改变其形状（图3-37a），这说明 $\mu$ 是表征分布曲线位置的参数。

平均值 $\mu=0$，标准差 $\sigma=1$ 的正态分布，称为标准正态分布，记为：$x(z)\sim N(0,1)$。由分布函数的定义可知，正态分布函数是正态分布概率密度函数的积分，即

$$F(x)=\frac{1}{\sigma\sqrt{2\pi}}\int_{-\infty}^{x}e^{-\frac{1}{2}\left(\frac{x-\mu}{\sigma}\right)^2}dx \tag{3-9}$$

由上式可知，$F(x)$ 为正态分布曲线上、下积分限间包含的面积，它表示了随机变量 $x$ 落在区间（$-\infty$，$x$）上的概率。任何非标准正态分布都可以通过坐标变换变为标准正态分布，故可以利用标准正态分布的函数值，求得各种正态分布的函数值。

令 $z=(x-\mu)/\sigma$，则 $dx=\sigma dz$，得

$$F(z)=\frac{1}{\sqrt{2\pi}}\int_{0}^{z}e^{-\frac{z^2}{2}}dz \tag{3-10}$$

$F(z)$ 为图3-36中有阴影部分的面积。对于不同z值的 $F(z)$，可由表3-3查出。

当 $z=\pm3$ 时，即 $x-\mu=3\sigma$ 时，由表3-3查得 $2F(3)=0.49865\times2=99.73\%$。这说明随机变量 $x$ 落在 $\pm3\sigma$ 范围内的概率为99.73%，落在此范围以外的概率仅为0.27%。因此可以认为正态分布的随机变量的分散范围是 $\pm3\sigma$，就是所谓的 $\pm3\sigma$ 原则。

$\pm3\sigma$ 的概念在研究加工误差时应用很广，是一个重要的概念。$6\sigma$ 的大小代表了某种加工方法在一定条件下所能达到的加工精度。所以在一般情况下，应使所选择的加工方法的标准差 $\sigma$ 与公差带宽度 $T$ 之间具有下列关系

$$6\sigma\leqslant T \tag{3-11}$$

正态分布总体的 $\mu$ 和 $\sigma$ 通常是不知道的，但可以通过它的样本平均值 $\bar{x}$ 和样本标准差 $S$ 来估计。这样，成批加工一批工件，抽检其中一部分，即可判断整批工件的加工精度。

表 3-3　$F(z)$ 值

| $z$ | $F(z)$ | $z$ | $F(z)$ | $z$ | $F(z)$ | $z$ | $F(z)$ | $z$ | $F(z)$ |
|---|---|---|---|---|---|---|---|---|---|
| 0.05 | 0.0199 | 0.38 | 0.1480 | 0.68 | 0.2517 | 1.10 | 0.3643 | 2.10 | 0.4821 |
| 0.08 | 0.0319 | 0.40 | 0.1554 | 0.70 | 0.2580 | 1.20 | 0.3849 | 2.20 | 0.4861 |
| 0.10 | 0.0398 | 0.42 | 0.1628 | 0.72 | 0.2642 | 1.30 | 0.4032 | 2.30 | 0.4893 |
| 0.12 | 0.0478 | 0.44 | 0.1700 | 0.74 | 0.2703 | 1.40 | 0.4192 | 2.40 | 0.4918 |
| 0.14 | 0.0557 | 0.46 | 0.1772 | 0.76 | 0.2764 | 1.50 | 0.4332 | 2.50 | 0.4938 |
| 0.16 | 0.0636 | 0.48 | 0.1814 | 0.78 | 0.2823 | 1.55 | 0.4394 | 2.60 | 0.4853 |
| 0.18 | 0.0714 | 0.50 | 0.1915 | 0.80 | 0.2881 | 1.60 | 0.4452 | 2.70 | 0.4965 |
| 0.20 | 0.0793 | 0.52 | 0.1985 | 0.82 | 0.2039 | 1.65 | 0.4505 | 2.80 | 0.4974 |
| 0.22 | 0.0871 | 0.54 | 0.2004 | 0.84 | 0.2995 | 1.70 | 0.4554 | 2.90 | 0.4981 |
| 0.24 | 0.0948 | 0.56 | 0.2123 | 0.86 | 0.3051 | 1.75 | 0.4599 | 3.00 | 0.49865 |
| 0.26 | 0.1023 | 0.58 | 0.2190 | 0.88 | 0.3106 | 1.80 | 0.4641 | 3.20 | 0.49931 |
| 0.28 | 0.1103 | 0.60 | 0.2257 | 0.90 | 0.3159 | 1.85 | 0.4678 | 3.40 | 0.49966 |
| 0.30 | 0.1179 | 0.62 | 0.2324 | 0.94 | 0.3264 | 1.90 | 0.4713 | 3.60 | 0.499841 |
| 0.34 | 0.1331 | 0.64 | 0.2389 | 0.96 | 0.3315 | 1.95 | 0.4744 | 3.80 | 0.499928 |
| 0.36 | 0.1406 | 0.66 | 0.2454 | 1.00 | 0.3413 | 2.00 | 0.4772 | 4.00 | 0.499968 |

（2）非正态分布曲线　工件尺寸的实际分布有时并不近似于正态分布。例如：将两次调整下加工的工件或两台机床加工的工件混在一起，尽管每次调整时加工的工件都接近正态分布，但由于其常值系统误差不同，即两个正态分布中心位置不同，叠加在一起就会得到图 3-38a 所示的双峰曲线。

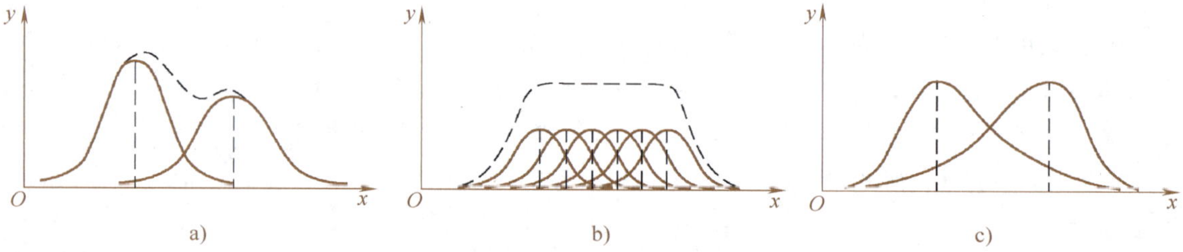


**图 3-38　几种非正态分布图**

a）双峰分布　b）平顶分布　c）偏态分布

当加工中刀具或砂轮的尺寸磨损比较显著，所得一批工件的尺寸分布如图 3-38b 所示。尽管在加工的每一瞬时，工件的尺寸呈正态分布，但是随着刀具和砂轮的磨损，不同瞬时尺寸分布的算术平均值是逐渐移动的（当均匀磨损时，瞬间平均值可看成是匀速移动），因此分布曲线呈平顶分布。

当工艺系统存在显著的热变形时，由于热变形在开始阶段变化较快，以后逐渐减弱，直至达到热平衡状态。在这种情况下，分布曲线呈现不对称状态，如图 3-38c 所示，故称为偏态分布。又如用试切法加工时，由于主观上不愿意产生废品，加工孔时宁小勿大，加工外圆时宁大勿小，使分布图也常常出现不对称现象。

**3. 分布曲线分析法的应用**

（1）判别加工误差性质　如果加工过程中没有明显的变值系统误差，其加工尺寸分布接近正态分布（几何误差除外），这是判别加工误差性质的基本方法之一。

生产中对工件抽样后算出 $\bar{x}$ 和 $S$，绘出分布图。如果 $\bar{x}$ 值偏离公差带中心，则加工过程中，工艺系统有常值系统误差，其值等于分布中心与公差带中心的偏移量。

正态分布的标准差 $\sigma$ 的大小表明随机变量的分散程度。例如：样本的标准差 $S$ 较大，说明工艺系统随机误差显著。

（2）确定工序能力及其等级　工序能力是指工序处于稳定、正常状态时，此工序加工误差正常波动的幅值。当加工尺寸服从正态分布时，根据 $\pm 3\sigma$ 原则，其尺寸分散范围是 $6\sigma$，所以工序能力就是 $6\sigma$。当工序处于稳定状态时，工序能力系数 $C_p$ 按下式计算，即

$$C_p = \frac{T}{6\sigma} \tag{3-12}$$

式中　$T$——工序尺寸公差。

工序能力等级是以工序能力系数来表示的，它代表了工序能满足加工精度要求的程度。根据工序能力系数 $C_p$ 的大小，可将工序能力分为五级，见表 3-4。一般情况下，工序能力不应低于二级，即要求 $C_p>1$。

表 3-4　工序能力等级

| 工序能力系数 | 工序等级 | 说明 |
|---|---|---|
| $C_p>1.67$ | 特级工艺 | 工艺能力过高，可以允许有异常波动，不经济 |
| $1.67 \geqslant C_p>1.33$ | 一级工艺 | 工艺能力足够，可以允许有一定的异常波动 |
| $1.33 \geqslant C_p>1.00$ | 二级工艺 | 工艺能力勉强，必须密切注意 |
| $1.00 \geqslant C_p>0.67$ | 三级工艺 | 工艺能力不足，会出现少量不合格品 |
| $0.67 \geqslant C_p$ | 四级工艺 | 工艺能力很差，必须加以改进 |

必须指出，$C_p>1$ 只说明该工序的工序能力可以满足加工精度要求，但加工中是否会产生不合格品，还要看调整的是否正确。例如：加工中有常值系统误差，$\mu$ 与公差带中心位置 $A_M$ 不重合，只有当 $T \geqslant 6\sigma+2|\mu-A_M|$ 时才不会出现不合格品。如 $C_p<1$，则无论怎样调整，不合格品总是不可避免的。

（3）估算合格品率或不合格品率　在例 3-1 中，可得 $F(z)=0.4599$，不合格品率即为 $Q=0.5-F(z)=0.5-0.4599=0.0401=4.01\%$。

分布曲线分析法的缺点在于没有考虑一批工件加工的先后顺序，不能反映误差变化的趋势，难以区别变值系统误差与随机误差的影响，而且必须等到一批工件加工完毕后才能绘制分布图，因此不能在加工过程中及时提供控制精度的信息。

采用下面介绍的点图分析法，可以弥补这些不足。

**（二）点图分析法**

点图是按加工顺序展开的各瞬时工件尺寸的分布图。利用点图可分析工艺过程的稳定性，以便及时检查和调整机床，达到预防废品产生的目的。点图有多种形式，下面介绍单值点图和 $\bar{x}$-$R$ 图。

**1. 单值点图**

按加工顺序逐个测量一批工件的尺寸，以工件序号为横坐标，工件尺寸（或误差）为纵坐标，就可作如图 3-39a 所示的单值点图。为了缩短点图长度，可将顺次加工出的几个工

件编为一组，以工件组序为横坐标，而纵坐标保持不变，同一组内各工件可根据尺寸，分别点在同一组号的垂直线上，就可以得到如图 3-39b 所示的点图。假如把点图的上、下极限点包络成两根平滑的曲线，并作这两根曲线的平均值曲线，就能较清楚地揭示出加工过程中误差的性质及其变化趋势，如图 3-39c 所示。平均值曲线表示了瞬时分散中心的变化情况，而上、下两条包络线的宽度则反映了分散范围随时间变化的情况。

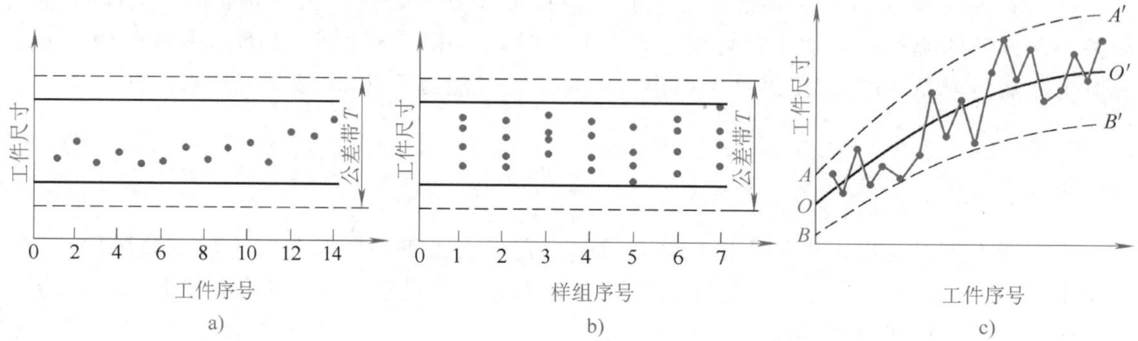


图 3-39　**单值点图**

a）单值点图形式Ⅰ　b）单值点图形式Ⅱ　c）单值点图的平均值曲线

单值点图上画有上、下两条控制界限线（图 3-39 中用实线表示）和两极限尺寸线（用虚线表示），作为控制不合格品的参考界限。

2. $\bar{x}$-$R$ 图

$\bar{x}$-$R$ 图是平均值 $\bar{x}$ 控制图和极差 $R$ 控制图联合使用时的统称。前者控制工艺过程质量指标的分布中心，后者控制工艺过程质量指标的分散程度。

在 $\bar{x}$-$R$ 图上，横坐标是按时间先后采集的小样本（称为样组）的组序号，纵坐标分别为各小样本的平均值 $\bar{x}$ 和极差 $R$。在 $\bar{x}$-$R$ 图上各有三根线，即中心线和上、下控制线。

绘制 $\bar{x}$-$R$ 图是以小样本顺序随机抽样为基础的。在加工过程进行中，每隔一定时间连续抽取容量 $n=2\sim10$ 件的一个小样本，求出小样本的平均值 $\bar{x}$ 和极差 $R$。经过若干时间后，就可取得若干个（如 $k$ 个）小样本，将各组小样本的 $\bar{x}$ 和 $R$ 值分别点在相应的 $\bar{x}$ 图和 $R$ 图上，即制成了 $\bar{x}$-$R$ 图。

由概率论可知，当总体是正态分布时，$\bar{x}$ 的分散范围是 $\mu\pm3\sigma/\sqrt{n}$。$R$ 的分布虽然不是正态分布，但当 $n\leqslant10$ 时，其分布与正态分布是比较接近的，因而 $R$ 的分散范围也可取为 $\bar{R}\pm3\sigma_R$（$\bar{R}$、$\sigma_R$ 分别是 $R$ 分布的均值和标准差）。

3. $\bar{x}$-$R$ 控制图分析

控制图上点子的变化反映了工艺过程是否稳定。例如：在自动车床上加工一批销轴，按时间顺序先后抽取 20 个，每组取样 5 件。作的 $\bar{x}$-$R$ 图如图 3-40 所示。从图中可以看出，有 4 个点越出控制线，表明工艺过程不稳定，应及时查找原因，加以解决。

点图上点子波动通常有两种情况：一是随机性波动，其特点是浮动的幅值一般不大，这种正常波动是工艺系统稳定的表现；二是工艺过程中存在某种占优势的误差因素，以致点图上的点子具有明显的上升或下降倾向，或出现幅值很大的波动，这种情况称为工艺系统不稳定。$\bar{x}$ 在一定程度上代表了瞬时的分布中心，$R$ 在一定程度上代表了瞬时的尺寸分散范围，

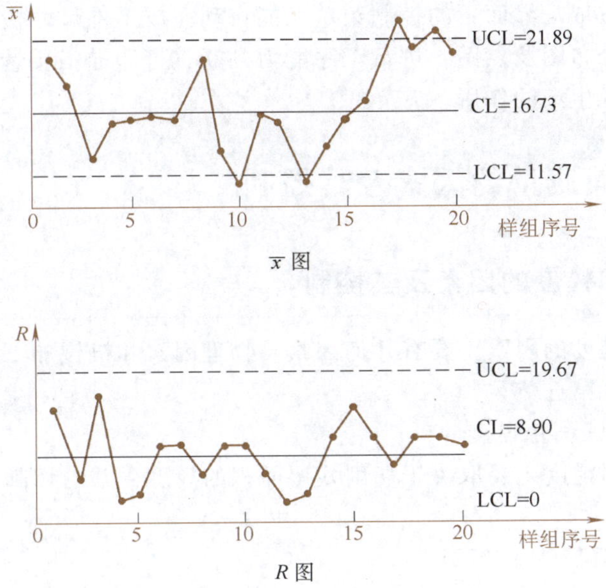


图 3-40　$\overline{x}$-$R$ 图

故必须将主要反映系统误差及其变化趋势的 $\overline{x}$ 点图和反映随机误差及其变化趋势的 $R$ 点图结合起来应用，才能全面反映加工误差的情况。

### （三）工件加工误差的计算机辅助检测与统计分析

工件加工误差的统计分析是一项非常复杂、烦琐的工作，随着传感器技术及计算机技术的普及与发展，可利用它们自动、方便、准确地对工件进行检验或误差分析。

计算机辅助检测 CAT（Computer Aided Test）是指利用计算机辅助进行测试的一种方法。采用计算机进行辅助测试，为采样点的密化提供了可能，这样可以使最终拟合出的各种误差曲线的精确性大大提高，为工作台定位时的误差补偿提供了可靠保证；在测量过程中，考虑到了各环境因素对测量精度的影响，并进行了相应补偿，提高了测量精度；同时，也大大提高了测量效率，测量数据的处理也变得高效、准确。

计算机辅助统计分析 CASA（Computer Assisted Statistical Analysis）是针对某一特定对象，借助有关的计算机系统进行信息的统计、分析、模拟、推理，并给出相应的统计分析结果的研究工作。计算机辅助统计分析系统由数据库、信息分析方法、信息分析软件和信息分析人员 4 大要素构成，为信息分析提供了有效的体系化解决方案，显著提升了信息分析的智能化程度。

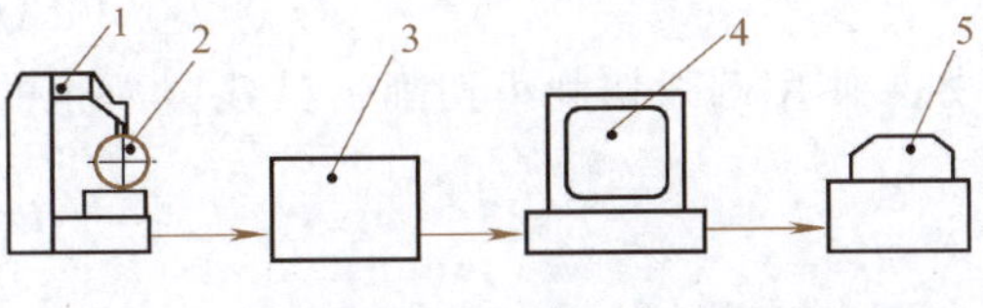


图 3-41　计算机辅助检测与分析系统示意图

1—电感测微仪　2—工件　3—A-D 转换器
4—计算机　5—打印机

图 3-41 所示为计算机辅助检测与分析系统示意图。工件放在测试平台或测量夹具上，系统通过电感测微仪测得工件尺寸，并将其转化为电压信号，经 A-D 模数转换送入计算机进行分析和处理。

该系统由硬件和软件两部分组成，其中硬件部分包括：测量夹具、由电感测微仪组成的测试系统、A-D转换器、由计算机组成的数据采集系统。

软件部分采用Windows界面下的控制菜单，能自动完成工件尺寸检测，及时处理现场质量数据；能自动绘制分布图及点图，进行工序能力判断，打印加工质量报告，并及时反馈给操作者，起到真正指导生产的作用。

## 第四节 ■ 影响表面质量的因素及其控制

### 一、影响表面粗糙度的因素及其控制

影响加工表面粗糙度的因素主要有几何因素、物理因素和机械加工振动三个方面。机械加工振动问题详见本章第五节。

#### （一）切削加工的表面粗糙度

切削加工的表面粗糙度主要取决于切削残留面积的高度，并与切削表面塑性变形及积屑瘤的产生有关。

##### 1. 影响切削残留面积高度的因素

车削、刨削加工时残留面积高度如图3-42所示。如果使用直线切削刃切削，则切削残留面积高度为

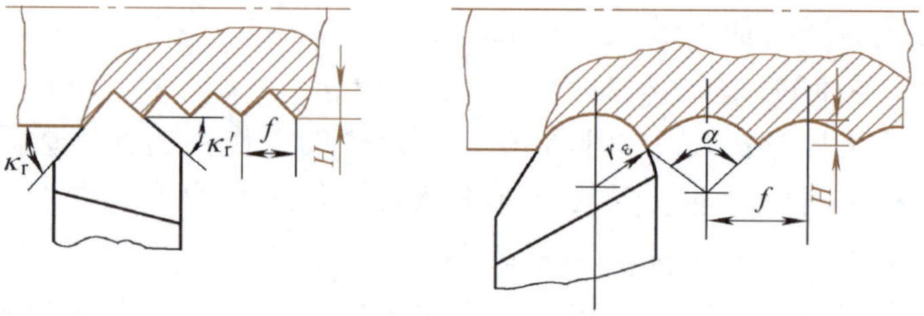


图3-42　车削、刨削加工时残留面积高度

a）直线切削刃　b）圆弧切削刃

$$H=\frac{f}{\cot\kappa_r+\cot\kappa_r'} \tag{3-13}$$

如果使用圆弧切削刃切削，其残留面积的高度为

$$H=\frac{f^2}{8r_\varepsilon} \tag{3-14}$$

可见，减小主偏角$\kappa_r$、副偏角$\kappa_r'$及进给量$f$，增大刀尖圆弧半径$r_\varepsilon$，能够降低切削残留面积高度。

##### 2. 影响切削表面积屑瘤和鳞刺的因素

加工塑性材料时，切削速度对表面粗糙度的影响较大。当切削速度处于20～50m/min时，表面粗糙度值最大，这是由于产生积屑瘤或鳞刺所致。当切削速度超过100m/min时，表面粗糙度值减小，并趋于稳定。在实际切削低碳钢、低合金钢等塑性金属时，选择低速宽刀精切和高速精切，往往可以得到较小的表面粗糙度值。

一般来说，材料韧性越大或塑性变形趋势越大，被加工表面粗糙度值就越大。切削脆性材料比切削塑性材料容易达到表面粗糙度的要求。对于同样的材料，金相组织越粗大，切削加工后的表面粗糙度值就越大。为减小切削加工后的表面粗糙度值，常在精加工前进行调质等处理，其目的在于得到均匀细密的晶粒组织和较高的硬度。

此外，合理选择切削液，适当增大刀具法前角，提高刀具的刃磨质量等，均能有效地减小加工表面粗糙度值。

### （二）磨削加工的表面粗糙度

影响磨削加工表面粗糙度的因素主要包括与磨削过程和砂轮结构有关的几何因素、与磨削过程和工件塑性变形有关的物理因素及工艺系统的振动因素等。

#### 1. 砂轮对表面粗糙度的影响

（1）砂轮粒度　仅从几何因素考虑，砂轮粒度越细，磨削后的表面粗糙度值越小。但磨粒太细时，砂轮易被磨屑堵塞，致使加工表面塑性变形增大，而增大表面粗糙度值；若导热情况不好，还容易在加工表面产生烧伤。

（2）砂轮硬度　砂轮硬度是指磨粒在磨削力的作用下从砂轮上脱落的难易程度。砂轮太硬，磨粒不易脱落，磨钝了的磨粒不能及时被新磨粒所替代，使表面粗糙度值增大；砂轮太软，磨粒易脱落，磨削作用减弱，也会使表面粗糙度值增大。

（3）砂轮组织　砂轮组织是指磨粒、结合剂和气孔的比例关系。紧密组织中的磨粒比例大，气孔小，在成形磨削和精密磨削时，能获得高精度和较小的表面粗糙度值。疏松组织的砂轮不易堵塞，适于磨削软金属、非金属软材料和热敏性材料（不锈钢、耐热钢等），可获得较小的表面粗糙度值。

（4）砂轮磨粒材料　砂轮磨粒材料选择适当，可获得满意的表面粗糙度值。氧化物（刚玉）砂轮适用于磨削钢类零件；碳化物（碳化硅、碳化硼）砂轮适用于磨削铸铁、硬质合金等材料。

（5）砂轮修整　砂轮修整对表面粗糙度也有重要影响。修整砂轮时，金刚石笔的纵向进给量越小，砂轮表面磨粒的等高性越好，被磨工件的表面粗糙度值就越小。

另外，采用超硬磨料（人造金刚石、立方氮化硼和陶瓷）砂轮进行磨削，可以获得很小的表面粗糙度值，这是目前精密和超精密磨削的主要方法。这种砂轮的修整方法不同于普通砂轮，如金刚石超声波修整等。经过修整后的砂轮，其磨粒具有很高的微刃性、等高性和自锐性，能切除极薄的被加工工件材料，甚至是在工件晶粒内进行，可以对各种高硬度、高脆性材料（如硬质合金、陶瓷、玻璃等）和高温合金材料进行精密及超精密加工，在航空、航天、汽车、刀具等行业中应用广泛，并顺应了磨削加工向高精度、高效率和高硬度方向发展的趋势。

采用超硬磨料磨削与普通磨削的最大区别在于超微量切除，可能还伴有塑性流动和弹性破坏等作用，其磨削机理尚处于探索之中。本节主要介绍普通磨削对表面质量的影响及其控制。

#### 2. 磨削用量对表面粗糙度的影响

砂轮的速度越高，单位时间内通过被磨表面的磨粒数就越多，因而工件表面的粗糙度值就越小；砂轮的速度越高，就有可能使表面金属塑性变形的传播速度小于切削速度，工件材料来不及变形，致使表层金属的塑性变形减小，磨削表面粗糙度值也将减小。工件速度对表面粗糙度的影响则与砂轮速度的影响相反，增大工件速度时，单位时间内通过被磨表面的磨粒数减少，表面粗糙度值将增加。

砂轮的纵向进给量减小，工件表面的每个部位被砂轮重复磨削的次数增加，被磨表面粗糙度值将减小。磨削深度增大，表层塑性变形将随之增大，被磨表面粗糙度值也会增大。

此外，工件材料的性质、切削液的选用等对磨削表面粗糙度也有明显的影响。

## 二、影响表面层物理力学性能的因素及其控制

### (一) 表面层的冷作硬化

#### 1. 影响切削加工表面冷作硬化的因素

(1) 切削用量的影响　切削用量中以进给量和切削速度的影响最大。加大进给量时，切削力增大，表层金属的塑性变形加剧，冷作硬化程度增大，表层金属的显微硬度将随之增大。但这种情况只是在进给量比较大时出现；如果进给量很小，如切削厚度小于0.05~0.06mm时，继续减小进给量，表层金属的冷作硬化程度不仅不会减小，反而会增大。

切削速度对冷作硬化程度的影响是力因素和热因素综合作用的结果。当切削速度增大时，刀具与工件的作用时间减少，使塑性变形的扩展深度减小，因而有减小冷作硬化程度的趋势。但切削速度增大时，切削热在工件表面层上的作用时间也缩短了，又有使冷作硬化程度增加的趋势。

背吃刀量对表层金属冷作硬化的影响不大。

(2) 刀具几何形状的影响　切削刃钝圆半径的大小对切屑形成过程有较大的影响。实验证明，已加工表面的显微硬度随着切削刃钝圆半径的加大而明显增大。这是因为切削刃钝圆半径增大，径向切削分力也将随之加大，表层金属的塑性变形程度加剧，导致冷作硬化加剧。

前角在±20°范围内变化时，对表层金属的冷作硬化没有显著影响。后角和主偏角、副偏角等对表层金属的冷作硬化影响不大。

刀具磨损对表层金属的冷作硬化影响很大。这是由于磨损宽度加大后，刀具后刀面与被加工工件的摩擦加剧，塑性变形增大，导致表面冷作硬化增大。

(3) 加工材料性能的影响　工件材料的塑性越大，冷作硬化倾向越大，冷作硬化程度也越严重。碳钢中含碳量越大，强度越高，其塑性越小，因而冷作硬化程度越小。非铁合金材料的熔点低，易回复，冷作硬化现象比钢材轻得多。

#### 2. 影响磨削加工表面冷作硬化的因素

(1) 工件材料性能的影响　在磨削加工中，工件材料主要从塑性和导热性两个方面影响表面冷作硬化。磨削高碳工具钢T8，加工表面冷作硬化程度平均可达160%~165%，个别可达200%；而磨削纯铁时，加工表面冷作硬化程度可达175%~180%，有时甚至可达240%~250%。其原因是纯铁的塑性好，磨削时的塑性变形大，强化倾向大。此外，纯铁的导热性比高碳工具钢高，热量不容易集中于表面层，弱化倾向小。

(2) 磨削用量的影响　磨削深度增大，磨削力随之增大，磨削过程的塑性变形加剧，表面冷作硬化倾向增加。加大纵向进给速度，每颗磨粒的切削厚度随之增大，磨削力加大，冷作硬化倾向增大。但提高纵向进给速度，有时又会使磨削区产生较大的热量而使冷作硬化减弱。加工表面的冷硬状况取决于上述两种因素综合作用的结果。

提高工件转速，会缩短砂轮对工件热作用的时间，使软化倾向减弱，因而表面层的冷硬增大。提高磨削速度，每颗磨粒切除的切削厚度变小，减弱了塑性变形程度，而且磨削区的温度增高，弱化倾向增大。所以，高速磨削时加工表面的冷硬程度总比普通磨削时低。

(3) 砂轮的影响　砂轮粒度越大，每颗磨粒的载荷越小，冷硬程度也越小。砂轮磨钝修整不良，热回复作用加大，表面硬化现象减弱。

### (二) 表层的残余应力

#### 1. 影响切削表层残余应力的因素

(1) 切削用量的影响　切削速度增加，使表面沿速度方向的塑性变形减少，工件表层产生的残余拉应力随速度的提高而下降。但加工 18CrNiMoA 钢时，如果再增加切削速度，将使表层温度逐渐增高至淬火温度，表层金属产生局部淬火，因而在表层金属中产生压缩残余应力。加大进给量，会使表层金属塑性变形增加，切削区发生的热量也增加，其结果会使残余应力的数值及扩展深度相应增大。

(2) 刀具角度的影响　前角对表层金属残余应力的影响很大。前角的变化不仅影响残余应力的数值和符号，而且在很大程度上影响残余应力的扩展深度。切削 45 钢的实验表明，当前角由正值变为负值或继续增大负前角，拉伸残余应力的数值将减小。刀具负前角很大（如 $\gamma=-30°$）时，表层金属发生淬火反应，产生压缩残余应力。

此外，刀具切削刃钝圆半径、刀具磨损状态等都对表层金属残余应力的性质及分布有影响。

(3) 工件材料的影响　塑性大的材料，切削加工后表面层一般产生残余拉应力；脆性材料如铸铁，切削时由于后刀面的挤压与摩擦，表面层产生残余压应力。

#### 2. 影响磨削表层残余应力的因素

在磨削加工中，热因素和塑性变形对磨削表面残余应力的影响都很大。在一般磨削过程中，若热因素起主导作用，工件表面将产生拉伸残余应力。若塑性变形起主导作用，工件表面将产生压缩残余应力。当工件表面温度超过相变温度且又冷却充分时，工件表面出现淬火烧伤，此时金相组织变化因素起主导作用，工件表面将产生压缩残余应力。

(1) 磨削用量的影响　磨削深度对表面层残余应力的性质、数值都有很大影响。例如：磨削低碳钢时，当磨削深度很小（如 $a_p=0.005\text{mm}$）时，塑性变形起主要作用，因此磨削表面形成压缩残余应力。继续加大磨削深度，塑性变形加剧，磨削热随之增大，热因素的作用逐渐占主导地位，在表面层产生拉伸残余应力；且随着磨削深度的增大，拉伸残余应力的数值将逐渐增大。当 $a_p>0.025\text{mm}$ 时，尽管磨削温度很高，但因工业铁的含碳量极低，不可能出现淬火现象，此时塑性变形因素逐渐起主导作用，表层金属的拉伸残余应力数值逐渐减小。当 $a_p$ 取值很大时，表层金属呈现压缩残余应力状况。

提高砂轮速度，磨削区温度增高，而每颗磨粒所切除的金属厚度减小，此时热因素的作用增大，塑性变形因素的影响减小，因此提高砂轮速度将使表面金属产生拉伸残余应力的倾向增大。

加大工件的回转速度和进给速度，将使砂轮与工件的热作用时间缩短，热因素的影响逐渐减小，塑性变形因素的影响逐渐加大。这样，表面金属中产生拉伸残余应力的趋势逐渐减小，而产生压缩残余应力的趋势逐渐增大。

(2) 工件材料的影响　一般来说，工件材料的强度越高、导热性越差、塑性越低，在磨削时表面金属产生拉伸残余应力的倾向就越大。

### （三）表层金属金相组织的变化

在机械加工过程中，在工件的加工区及其邻近的区域，温度会急剧升高，当温度升高到超过工件材料金相组织变化的临界点时，就会发生金相组织变化。特别是在磨削加工中，由于磨削比压大，磨削速度高，切除金属所产生的热量大部分（约 80%）将传给加工表面，使工件表面达到很高的温度。高温使表层金属的金相组织产生变化，造成表层金属硬度下降，工件表面呈现氧化膜颜色，这种现象称为磨削烧伤。磨削烧伤将会严重影响零件的使用性能。

发生磨削烧伤的根本原因是磨削温度过高，因此避免和减轻磨削烧伤的基本途径是减少热量的产生和加速热量的发散，具体措施如下。

（1）正确选择砂轮　为避免产生烧伤，应选择较软的砂轮。选择具有一定弹性的结合剂（如橡胶结合剂、树脂结合剂），也有助于避免烧伤现象的产生。

（2）合理选择磨削用量　磨削深度 $a_p$ 对磨削温度影响最大，从减轻烧伤的角度考虑，$a_p$ 不宜过大。平磨时，加大横向进给量 $f_t$ 有助于减轻烧伤。加大工件回转速度 $v_w$，磨削表面的温度升高，但其增长速度与磨削深度 $a_p$ 的影响相比要小得多；且 $v_w$ 越大，热量越不容易传入工件内层，具有减小烧伤层深度的作用。但增大工件回转速度 $v_w$ 会使表面粗糙度值增大，为了弥补这一缺陷，可以相应提高砂轮速度 $v_s$。实践证明，同时提高砂轮速度 $v_s$ 和工件回转速度 $v_w$，可以避免烧伤。

从减轻烧伤而同时又尽可能地保持较高的生产率考虑，在选择磨削用量时，应选用较大的工件回转速度 $v_w$ 和较小的磨削深度 $a_p$。

（3）改善冷却条件　内冷却是一种较为有效的冷却方法。其工作原理是：经过严格过滤的切削液通过中空主轴法兰套引入砂轮中心腔内，由于离心力的作用，这些切削液就会通过砂轮内部的孔隙向砂轮四周的边缘洒出，这样切削液就有可能直接进入磨削区，如图 3-43a 所示。

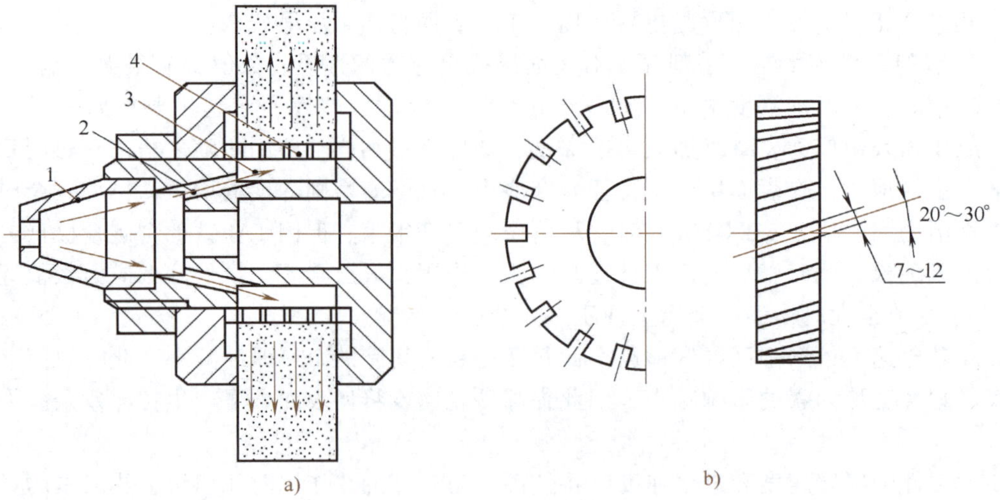


图 3-43　改善冷却条件的方法

a）内冷却砂轮　b）开槽砂轮

1—锥形盖　2—切削液通孔　3—砂轮中心腔　4—开孔薄壁套

采用开槽砂轮也是改善冷却条件的一种有效方法。在砂轮的四周上开一些横槽，能使砂轮将切削液带入磨削区，从而提高冷却效果；砂轮开槽同时形成间断磨削，工件受热时间短，金相组织来不及转变。砂轮开槽还能起扇风作用，可改善散热条件，如图 3-43b 所示。因此，开槽砂轮可有效地防止烧伤现象的发生。

## 第五节 ■ 机械加工中振动的基本知识

在机械加工过程中，常常伴随振动现象的发生。振动会干扰和破坏工艺系统的正常运动，使加工表面产生波纹，影响零件的表面质量和使用性能。由于工艺系统持续承受动态交变载荷的作用，刀具寿命降低，机床连接性受到破坏，精度会逐步丧失，严重时甚至使切削加工无法继续进行，为减少振动，有时不得不降低切削用量，从而使机械加工的效率降低。此外，振动引起的强烈噪声会危害周围人员的身体健康。

机械加工产生的振动按其产生的原因可分为自由振动、强迫振动和自激振动（颤振）3种类型。自由振动由于对加工过程影响较小，故不进行介绍。

### 一、机械加工中的强迫振动

机械加工中的强迫振动是在外界周期性干扰力的作用下，系统受迫产生的振动。

#### 1. 强迫振动产生的原因

强迫振动的振源有来自机床内部的称为机内振源，也有来自机床外部的称为机外振源。机内振源主要有机床旋转件的不平衡，机床传动机构的缺陷，往复运动部件的惯性力以及切削过程中的冲击等。

机床中各种高速旋转的零件（如电动机转子、带轮、齿轮、卡盘、砂轮等），由于不平衡产生周期性的激振力，使加工过程产生强迫振动。不平衡力与旋转零件转速的平方成正比。转速越高，产生的周期性激振力的幅值就越大。

齿轮制造不精确或有安装误差也会产生周期性干扰力。往复运动换向时的冲击、液压系统的压力脉动等的动载荷都会引起强迫振动。加工断续表面也会发生由于周期性冲击而引起的强迫振动。

#### 2. 强迫振动的特点

（1）强迫振动是一种不衰减的振动　只要有激振干扰力存在，振动就不会衰减，但振动本身不会引起干扰力的变化。

（2）强迫振动的振动频率与干扰力相关　振动频率或是与干扰力频率相同，或是干扰力频率的整数倍。这种频率对应关系是诊断机械加工中所产生的振动是否为强迫振动的主要依据，并可利用上述频率特征去分析、查找强迫振动的振源。

（3）强迫振动的幅值与干扰力和工艺系统相关　幅值既与干扰力的幅值有关，又与工艺系统的动态特性及干扰力频率有关。一般来说，干扰力的幅值越大，强迫振动的幅值也越大。工艺系统的动态特征对强迫振动的幅值影响极大。如果干扰力频率远离工艺系统各阶模态的固有频率，则振动幅值很小；当干扰力频率接近工艺系统某一固有频率时，强迫振动的幅值将明显增大；若干扰力频率与工艺系统某一固有频率相同，系统将产生共振。如果工艺系统阻尼较小，则共振幅值将增大。根据强迫振动的这一幅频响应特征，可通过改变运行参数或工艺系统的结构，使干扰力频率发生变化或让工艺系统的某阶固有频率发生变化，以使干扰力频率远离工艺系统的固有频率，强迫振动的幅值就会明显减小。

(4) 强迫振动的位移变化滞后于干扰力　位移变化总是比干扰力在相位上滞后一个 $\phi$ 角，其值与系统的动态特性及干扰力频率有关。

## 二、机械加工中的自激振动

### 1. 自激振动的概念和特点

在机械加工过程中，在没有周期性外力干扰作用下，由系统内部激发反馈产生的周期性振动，称为自激振动，简称为颤振。

机床加工系统是一个由振动系统和调节系统组成的闭环反馈控制系统，如图 3-44 所示。在加工过程中，由于偶然性的外界干扰（如加工材料硬度不均、加工余量有变化等）引起切削力的变化而作用在机床系统上，会使系统产生振动（自由振动）。

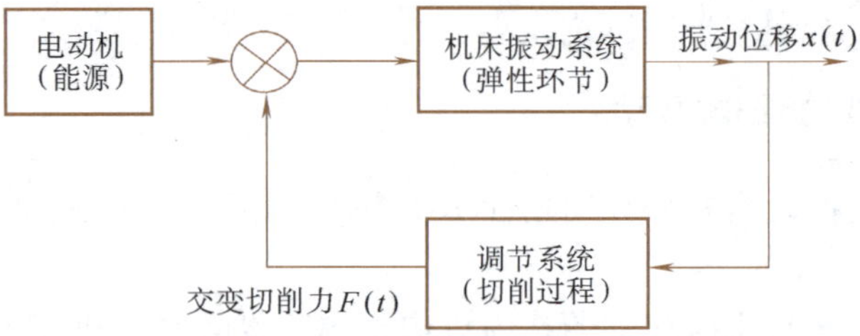


图 3-44　自激振动闭环系统

系统的振动将引起工件、刀具间的相对位置发生周期性变化，使切削过程产生交变切削力，并因此再次引起工艺系统振动。如果工艺系统不存在自激振动的条件，这种偶然性的外界干扰，将因工艺系统存在阻尼而使振动逐渐衰减。维持自激振动的能量来自电动机，电动机通过切削过程把能量传给振动系统，以维持工艺系统的振动。

自激振动的特点是：机械加工中的自激振动是在没有外力（相对于切削过程而言）干扰下所产生的振动，这与强迫振动有着本质的区别。自激振动的频率接近于系统的某一固有频率，也就是说自激振动频率取决于振动系统的固有特性。自激振动是否产生取决于振动系统在同一振动周期内，从能源输入到振动系统的能量是否等于振动系统所消耗的能量。

### 2. 自激振动的产生机理

产生自激振动的激振原理非常复杂，目前较为公认的有再生自激振动原理和振型耦合原理。

(1) 再生自激振动原理　在切削和磨削加工过程中，时常出现后一次进给与前一次进给的切削区发生部分重叠。如果在车削过程中受到一个偶然的瞬时扰动，刀具与工件便会发生相对振动（自由振动），它的幅值将因阻尼存在而逐渐衰减。但这种振动会在工件表面上留下一段振纹。当工件转过一转后，刀具将在留有振纹的表面上重复切削，此时切削厚度将发生波动，因而产生动态交变力。一旦机床工艺系统满足产生自激振动的条件，振动便会进一步发展到持续的自激振动状态。

这种由振纹和动态切削力的相互影响作用称为振纹的再生效应，而把由振纹的再生效应导致的切削自激振动称为再生型自激振动。

（2）振型耦合原理　在一些切削加工（如螺纹车削）中，切削表面完全没有重叠，不存在再生自激振动的条件。但当背吃刀量增加到一定程度时，切削过程仍会发生切削自激振动。实验表明，此种情况下产生的自激振动，刀尖与工件相对运动的轨迹是一个形状和位置都十分不稳定的、封闭的近似椭圆。这时，刀具做振入运动时，切削厚度较薄，切削力较小；而在刀具做振出运动时，切削厚度较大，切削力较大。于是振出时切削力所做的正功就大于振入时切削力所做的负功，系统就会有能量输入，振动得以维持。这种由于振动系统在各主振模态间相互耦合、相互关联而产生的自激振动，称为振型耦合型自激振动。

## 三、抑制机械加工振动的措施

抑制机械加工振动的措施主要有：消除或减弱产生振动的条件；改善工艺系统的动态特性，采取隔振措施；采用各种减振装置等。

1. 消除或减弱产生强迫振动的条件

（1）减小机内干扰力的幅值　高速旋转零件（如磨床的砂轮、高速车床的卡盘等）必须进行平衡。尽量减小传动机构的缺陷，设法提高带传动、链传动、齿轮传动及其他传动装置的稳定性。

对于高精度机床，应尽量少用或不用齿轮、平带等可能成为振源的传动元件，并使振源（尤其是液压系统）与机床本体分离，放在分开的两个地基基础之上。

对于往复运动部件，应采用较平稳的换向机构。在条件允许的情况下，适当降低换向速度及减小往复运动部件的质量，以减小惯性力。

（2）适当调整振源的频率　在选择转速时，使可能引起强迫振动的振源频率远离机床加工系统薄弱模态的固有频率。

（3）采取隔振措施　隔振有两种方式：一种为主动隔振，是为了阻止机床振源通过地基外传；另一种是被动隔振，是阻止机外干扰力通过地基传给机床。常用的隔振材料有橡皮、金属弹簧、空气弹簧、泡沫胶、软木等。中小型机床多用橡皮衬垫，而重型机床多用金属弹簧或空气弹簧。

2. 消除或减弱产生自激振动的条件

（1）合理选择切削用量和刀具几何角度　切削区重叠直接影响再生效应的大小。重叠程度取决于加工方式、切削刃的几何形状及切削用量等，增大刀具的主偏角和增大进给量，均可使重叠减小。例如：在外圆切削时，采用 $\kappa_r=90°$ 的车刀，就具有明显的减振作用。

适当减小刀具后角，可以加大工件和刀具后刀面之间的摩擦阻尼，对提高切削稳定性有利。必要时还可在后刀面磨出带有负后角的消振棱。

（2）改变刀具结构　采用图 3-45 所示的弯头刨刀和车螺纹用的弹簧刀杆，受到冲击力作用时，刀尖相对于工件向后退出，切削力减小，切削力对刀具所做的正功也减小，系统的振动也就不能维持。

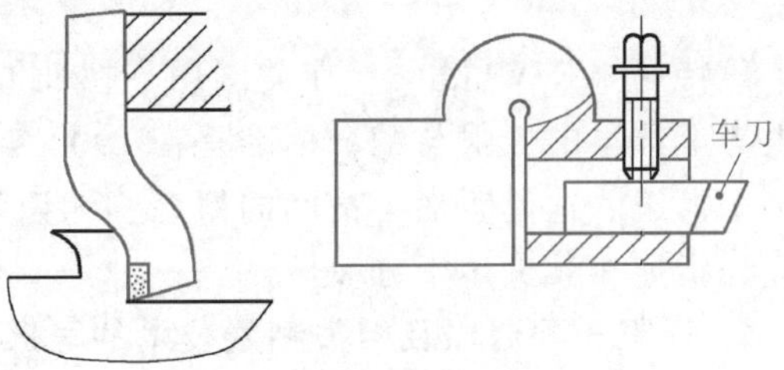

图 3-45　抗振刀具

（3）调整振动系统小刚度主轴的位置　改进机床结构设计，合理安排刀具与工件的相对位置，以及调整刚度主轴的相对位置，都是较为有效的措施。

### 3. 改善工艺系统的动态特性

提高工艺系统的刚度，可以有效地改善工艺系统的抗振性和稳定性。在增强工艺系统刚度的同时，应尽量减小构件自身的质量。工艺系统的阻尼大部分来自零部件接合面间的摩擦阻尼，有时它可占总阻尼的 90%，应通过各种途径加大接合面间的摩擦阻尼。对于机床的活动接合面，应当注意调整其间隙，必要时可施加预紧力以增大摩擦力。

### 4. 采用各种减振装置

常用的减振器有动力减振器、摩擦减振器、冲击减振器三类。

动力减振器是用弹性元件将一个附加质量连接到主振动系统上，利用附加质量的动力作用，使其加到主振动系统上的作用力（或力矩）与激振力（或力矩）大小相等、方向相反，从而达到抑制主振动系统振动的目的。

摩擦减振器是利用摩擦阻尼来消耗振动能量，达到减振的目的。

图 3-46 所示的冲击减振器是由一个与振动系统刚性连接的壳体和一个在壳体内可以自由冲击的质量块所组成的。这种减振器具有结构简单、重量轻、体积小、减振效果与减振频率无关等特点，可在较大的频率范围内使用。

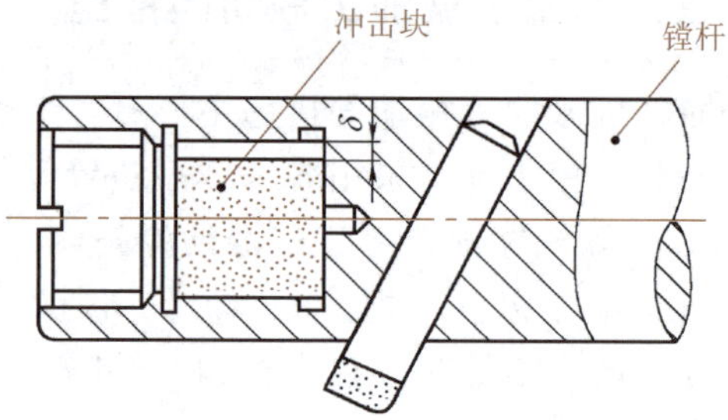

图 3-46 冲击减振镗杆

## 本章小结

本章主要介绍了零件加工精度和表面质量两个重要指标。加工精度就是指零件加工后在形状、尺寸、表面相互位置等几何参数与理想零件的相符合程度，其分为尺寸精度、形状精度和位置精度。表面质量是指零件表面的几何特征和表面层的物理力学性能。表面的几何特征包括表面粗糙度和波纹度，表面层的物理力学性能包括表面层的冷作硬化、金相组织变化和表层金属中的残余应力。

在上述基本知识和基本理论的基础上，本章系统地介绍了影响加工精度和表面质量的加工原理误差、工艺系统静误差与动误差、物理化学性能和机械振动等因素和控制途径，以及加工误差综合统计分析方法和具体工艺问题的具体分析。

## 知识拓展：机械加工精度相关理论

惠特尼（E. Whitney）在美国用互换性方法制造枪支始于 1801 年；英国纽瓦尔公司编制出世界上最早的极限与配合标准是在 1902 年。这两个与加工精度相关的重要事件整整相隔了一个世纪。这说明加工精度的概念、知识和标准长时期内一直在实践中摸索，缺少理论的研究与指导，其进步十分缓慢。

### 1. 极限与配合以及相关测量技术的早期发展

互换性技术的发展是由生产决定的。对于互相要求配合的零件，最初都是按“配作”

的方式制造。图样上只有公称尺寸，没有公差，通过试装和修配来满足配合要求。

为了得到准确的间隙配合，出现了精确制造的标准量规——塞规和环规。有了标准量规，轴和孔就可以分别制造。每一个孔恰为塞规通过，每个轴又恰为环规通过，即可得到期望的间隙。零件有了互换性，生产率就提高了。但标准量规的缺点是对零件的制造精度要求太高，因此其应用受到了限制。惠特尼在美国使用互换性生产方法制造枪支时，采用的就是这种标准量规。俄国使用标准量规是在18世纪60年代，比惠特尼还要早40多年。

后来人们发现，轴孔配合间隙不一定要那么准确，只要其变动不超过一定的范围即可，这才有了“精度”和“公差”的概念。于是标准量规被极限量规代替，塞规和环规都做成两个，即按照极限尺寸制造的通规和止规。这样，对零件的加工精度有了一个合理的要求，互换性生产才蓬勃发展起来。最早使用极限量规的是英、法、德、俄等国家。各企业均是在实践中摸索达到某种配合所需要的零件公差。到1902年，英国纽瓦尔公司才编制出世界上最早的极限与配合标准“极限表”，开始使用极限量规的时间不会比这早很多。

20世纪上半叶，英国、德国、苏联，最后是国际标准化组织ISO，都制定了极限与配合的国家标准和国际标准。

### 2. 形状和位置公差标准的发展

人们对形状和位置精度的认识比尺寸精度要晚得多。

在轴孔配合还仅仅是配作的时代，主要矛盾是尺寸精度，还轮不到考虑形状和位置精度的问题。在使用极限量规、出现了极限标准以后，制造精度提高了，人们才开始注意到形状和位置误差的问题。如果只通过收紧尺寸公差的方法来满足形状和位置精度，就会使工艺复杂，制造成本很高。随着机床精度的提高，可以靠机床达到形状和位置精度的要求，这时才提出放宽尺寸精度，给定形状和位置公差来保证零件精度的方法。

在图样上出现形状和位置公差比较早，但直到1948年前后，英国和美国才制定了国家标准。

### 3. 对加工精度的认识与分析

从蒸汽机到电动机和内燃机，机器的速度不断提高，所需要的工件加工精度要求也在不断提高。要提高工件的加工精度，首先要提高机床的精度，机床的误差是造成工件几何误差和运动误差的主要原因。

自从金属工件成为切削机床加工的主要对象，切削力和切削热就引起了人们的注意，它们造成了工件的力变形误差和热变形误差。

车间中出现的加工精度问题摆在了工程师的面前。简单的问题，工程师能够独立解决，并成为工艺经验而贡献于机械制造行业；复杂些的问题，就被提交到研究院和高等学校，正如索科洛夫斯基所说“这些部门的工作人员每天都遇到需要书本和学校帮助的问题”“日益发展的机器制造工业方面的征询促使这门课程（机械制造工艺学）诞生出来”。机械加工精度正是这种为解决生产实践中的问题而建立起来的理论。

从现在掌握的资料看，苏联学者对机械加工精度理论的建立贡献较大。我国机械制造教科书中的内容主要来自苏联教科书。大约从二战结束后开始，直至20世纪60年代，一批苏联学者又运用概率论和数理统计的方法研究零件机械加工的工艺过程。

### 4. 机械加工中的振动问题

高速切削的出现提高了生产率，并使得以前不能加工的工件（如薄壁零件）能够加工。

但当刀具较长且工件较薄时，工件—刀具系统的刚度就明显不足，必然产生加工振动。振动会导致噪声、表面质量变坏，甚至出现刀具损坏。这常迫使机械师不得不降低切削速度。

关于加工振动的研究始于泰勒在1907年发表的著作。他将加工振动描述为“机械师所面临的所有问题中了解最少，而又处理起来最为棘手”的一个问题。这一论断在今天也仍然没有完全过时。关于加工振动较深入的研究出现在二战后的19世纪50~60年代。虽然用数学模型可以很精确地模拟加工振动，但是在实践中避免加工振动却是一个复杂得多的问题。机械工程师减小加工振动的主要方法有：①尽可能加大工件、刀具和机床的刚性；②选择激起振动尽可能小的刀具（修正刀具的角度、尺寸、进行表面处理等）；③选择主轴速度、刀具齿数等参数时，要计算激励频率，使之能最大限度地限制加工系统的振动。

在工厂里安排加工过程通常还是主要基于传统的技术经验，并用试凑的方法来确定加工系统的最佳参数。按照切削深度、刀具路径、工件布置、刀具参数的顺序逐个研究，不同的工厂会有不同的方法。当振动问题带来的经济损失太大时，则会把专家请来，经过测量和计算做出诊断，修改主轴转速和刀具参数。

线性振动理论解决不了机床振动问题。机床振动的本质是自激振动，而机床自激振动的研究在20世纪40年代以后才开展起来。所以，20世纪上半叶加工振动的计算很难说已经走在了正确的道路上。

## 习题与思考题

3-1 机械加工质量包括哪些内容？

3-2 零件加工表面质量对机器的使用性能有哪些影响？

3-3 何谓原始误差？影响机械加工精度的原始误差有哪些？

3-4 何谓加工原理误差？是否允许存在加工原理误差？

3-5 何谓主轴回转误差，机床主轴回转误差对零件加工精度有何影响？

3-6 影响机床主轴回转误差的因素有哪些？

3-7 在车削前，工人要在刀架上装上镗刀修整自定心卡盘三个卡爪的工作面或花盘的端面，其目的是什么？这样能否提高主轴的回转精度（径向圆跳动和轴向窜动）？

3-8 何谓误差敏感方向？

3-9 为什么要求车床床身导轨在水平面内的直线度误差小于垂直面内的直线度误差？而对于平面磨床的床身导轨要求则相反？

3-10 影响机床部件刚度的因素有哪些？为什么机床部件的刚度值远比其按实体估计的要小？

3-11 如何减小工艺系统受力变形对加工精度的影响？

3-12 何谓误差复映现象？误差复映系数的含义是什么？减小误差复映有哪些工艺措施？

3-13 机床和刀具的热变形有何特点？如何减小工艺系统热变形对加工精度的影响？

3-14 在车床上加工一批光轴的外圆，加工后经度量，发现整批工件有如图3-47所示的几何形状误差，试分别说明可能产生这些误差的各种原因。

3-15 何谓系统误差？何谓随机误差？

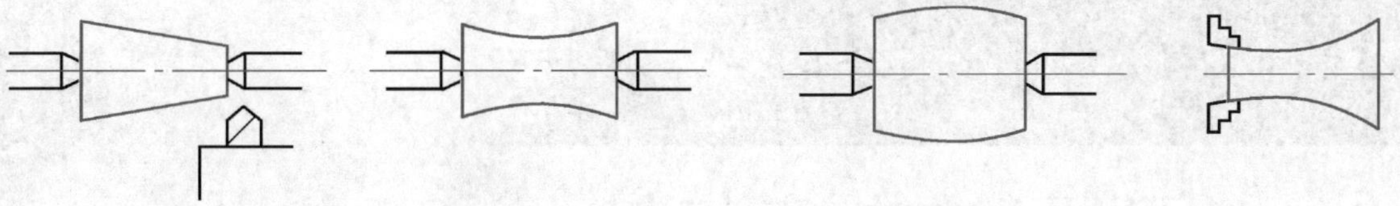


图 3-47　**题 3-14 图**

a）锥形　b）鞍形　c）腰鼓形　d）喇叭形

3-16　分布曲线图有什么功用？$\bar{x}$-$R$ 图有什么功用？

3-17　影响切削加工表面粗糙度的因素有哪些？它们如何减小加工表面粗糙度？

3-18　机械加工中的振动有哪几类？它们对机械加工有何影响？

3-19　何谓机械加工中的强迫振动？强迫振动有什么特点？如何消除和控制机械加工中的强迫振动？

3-20　何谓机械加工中的自激振动？自激振动有什么特点？控制自激振动的措施有哪些？

# 第四章 典型零件的加工工艺

**本章提要：**不同零件的材料、结构和用途不同，技术要求也千差万别，因此零件的加工工艺各不一样。本章研究常见零件的典型加工工艺问题，结合生产实例，重点分析阐述轴类零件和箱体类零件的典型加工工艺（包括数控加工工艺），并简要介绍了其他典型零件的结构特点和加工方法，以灵活运用制订工艺规程的原理和方法，理解和掌握常见零件典型加工工艺所具有的共同规律和方法，保证高效经济地达到预期加工质量。

**重点提示：**

轴类零件和箱体类零件的加工工艺。

## 第一节 ■ 轴类零件的加工

轴类零件在机器中用来支承传动零部件，以实现运动和动力的传递。

### 一、轴类零件的结构特点和技术要求

轴类零件是回转体零件，其长度大于直径。一般由同轴线的圆柱面、圆锥面、螺纹和相应的端面所组成，有些轴上还有花键、沟槽、径向孔等。

按结构形状的不同，轴可分为光轴、阶梯轴、空心轴和异形轴等几大类，如图 4-1 所示。

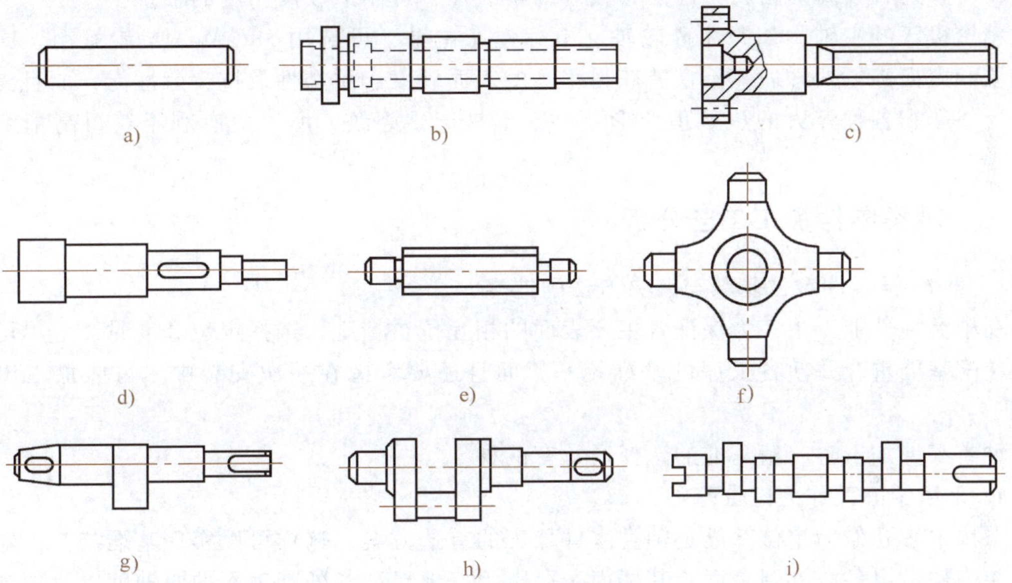

图 4-1　轴的种类

a）光轴　b）空心轴　c）半轴　d）阶梯轴　e）花键轴　f）十字轴　g）偏心轴　h）曲轴　i）凸轮轴

按轴的长度和直径比来分，一般长径比小于 6 的轴称为短轴，大于 20 的轴称为细长轴，大多数轴则介于两者之间。

一般传动轴都有两个支承轴颈，工作时通过轴颈支承在轴承上，这两个支承轴颈便是其装配基准，通常也是其他表面的设计基准，所以它的精度和表面质量要求较高。对于一些重要的轴，支承轴颈除规定较高的尺寸精度外，通常还规定圆度、圆柱度以及两轴径之间的同轴度等形状精度要求等。对于其他工作轴颈，如安装齿轮、带轮、螺母、轴套等零件的轴颈，除了有本身的尺寸精度和表面粗糙度外，通常还要求其轴线与两支承轴颈的公共轴线同轴，以保证轴上各运动部件的运动精度。此外，一些重要轴颈的端面对轴线的垂直度也有要求。

### 二、轴类零件的材料、毛坯和热处理

轴类零件的毛坯常用棒料和锻件。光滑轴、直径相差不大的非重要阶梯轴宜选用棒料，

一般比较重要的轴大都采用锻件，只有某些大型的、结构复杂的轴采用铸件。

根据生产规模的不同，毛坯的锻造方式有自由锻和模锻两种。中小批生产多采用自由锻，大批大量生产时通常采用模锻。

轴类零件应根据不同的工作条件和使用要求选用不同的材料，并且采用不同的热处理方法，以获得一定的强度、韧性和耐磨性。

45 钢是轴类零件的常用材料，它价格便宜，经过调质（或正火）后，可得到较好的切削性能，而且能够获得较高的强度和韧性，淬火后表面硬度可达 45~52HRC。

40Cr 等合金结构钢适用于中等精度而转速较高的轴类零件。这类钢经调质和淬火，具有较好的综合力学性能。

轴承钢 GCr15 和弹簧钢 65Mn 等材料，经过调质和表面高频淬火后，表面硬度可达 50~58HRC，并具有较高的耐疲劳性能和较好的耐磨性，可制造较高精度的轴。

精密机床的主轴，如磨床砂轮轴、坐标镗床主轴，可选用 38CrMoAlA 渗氮钢。这种钢经调质和表面渗氮处理后，不仅能获得很高的表面硬度和耐磨性及抗疲劳性能，而且渗氮处理要比渗碳和各种淬火的热处理变形要小，不易产生裂纹，所以更有利于获得高精度和高性能。

## 三、轴类零件加工工艺分析

### （一）轴类零件定位基准与装夹方法的选择

在轴类零件加工中，为保证各主要表面的相互位置精度，选择定位基准时，应尽可能使其与装配基准重合并使各工序的基准统一，而且还要考虑在一次安装中尽可能加工出较多的面。

轴类零件加工时，精基准的选择通常有两种。

#### 1. 采用中心孔作为定位基准

采用中心孔作为定位基准是轴类零件加工的首选方案。这样可以实现基准统一，能在一次安装中加工出各段外圆表面及其端面，可以很好地保证各外圆表面的同轴度以及外圆与端面的垂直度，加工效率高并且所用夹具结构简单。所以对于实心轴（锻件或棒料毛坯），在粗加工之前，应先钻中心孔，以后的工序都用中心孔定位。对于空心轴，由于中心的孔钻出后，中心孔消失，可采用下面的方法。

（1）中心通孔的直径较小　可直接在孔口倒出宽度不大于 2mm 的 60°锥面，用倒角锥面代替中心孔。

（2）不宜采用倒角锥面作为定位基准　可采用带有中心孔的锥堵或带锥堵的拉杆心轴，如图 4-2 所示。锥堵与工件的配合面应根据工件的形状做成相应的锥形（图 4-2a），如果轴的一端是圆柱孔，则锥堵的锥度取 1：500（图 4-2b）。通常情况下，锥堵装好后不应拆卸或更换，如必须拆卸，重装后必须按重要外圆进行找正和修磨中心孔。

如果轴的长径比较大，而刚性较差，通常还需要增加中间支承来提高系统的刚性，常用的辅助支承是中心架或跟刀架。

#### 2. 采用支承轴颈定位

精基准选择的另一方案是采用支承轴径定位，因为支承轴颈既是装配基准，也是各个表面相互位置的设计基准，这样定位符合基准重合的原则，不会产生基准不重合误差，容易保

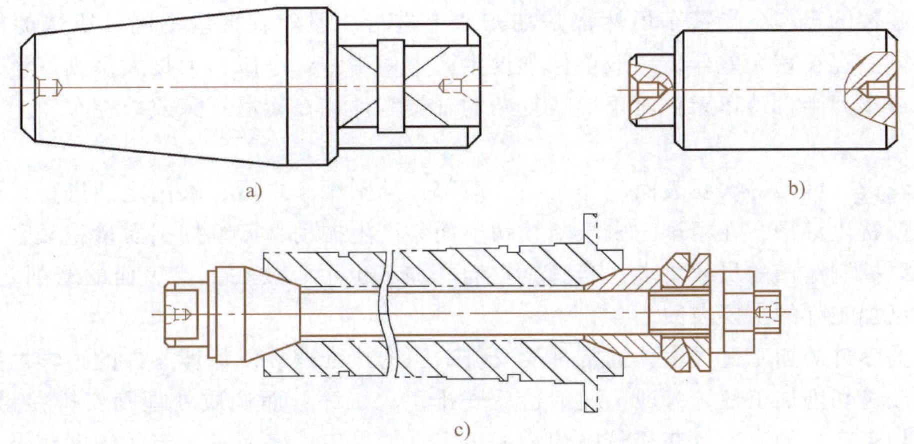


图 4-2 锥堵与带锥堵的拉杆心轴

a)、b) 锥堵 c) 带锥堵的拉杆心轴

证关键表面间的位置精度。

### （二）轴类零件中心孔的修研

作为定位基面的中心孔的形状误差（如多角形、椭圆等）会复映到加工表面上去，中心孔与顶尖的接触精度也将直接影响加工误差，因此，对于精密轴类零件，在拟订工艺过程时必须保证中心孔具有较高的加工精度。

单件小批生产时，中心孔主要是在卧式车床或钻床上钻出；大批量生产时，均用铣端面钻中心孔机床来加工中心孔，不但生产率高，而且能保证两端中心孔在同一轴线上和保证一批工件两端中心孔间距相等。

中心孔经过多次使用后可能磨损或拉毛，或者因热处理和内应力而使表面产生氧化皮或发生位置变动，因此在各个加工阶段（特别是热处理后）必须修研中心孔，甚至重新钻中心孔。修研中心孔常用的方法有：

（1）用磨石或橡胶砂轮修研　修研时将圆柱形的磨石或橡胶砂轮夹在车床的卡盘上，用装在刀架上的金刚石笔将它前端修成顶尖形状，然后将工件顶在磨石和车床后顶尖之间，加入少量的润滑油，高速开动车床使磨石转动进行修研；同时，手持工件断续转动，以达到均匀修整的目的。这种方法磨石或砂轮的损耗量大，不适合大批量生产。

（2）用铸铁顶尖修研　与第一种方法基本相同，只是用铸铁顶尖代替磨石顶尖，顶尖转速略低一些，而且修研时要加研磨剂。

（3）用硬质合金顶尖修研　修研用的工具为硬质合金顶尖，它的结构是在60°锥面上磨出六角形，并留有 $f$=0.2~0.5mm 的等宽刃带。这种方法生产率高，但修研质量稍差，多用于普通轴中心孔的修研，或作为精密轴中心孔的粗研。

（4）用中心孔专用磨床磨削　这种方法精度和效率都较高，表面粗糙度 $Ra$ = 0.32μm，圆度公差达 0.8μm。

### （三）轴类零件典型加工工艺路线

对于7级精度、表面粗糙度 $Ra$ = 1 ~ 0.5μm 的一般传动轴，其典型工艺路线为：正火—车端面、钻中心孔—粗车各表面—精车各表面—铣花键、键槽等—热处理—修研中心孔—粗磨外圆—精磨外圆—检验。

轴类零件的粗车、半精车虽然都是在车床上进行，但随着批量不同，所选的机床也不同，加工方法存在较大差异。一般单件小批生产中使用卧式车床，大批大量则广泛采用液压仿形车床或多刀半自动车床；对于形状复杂的轴类零件，在转塔车床或数控车床上加工效果更好。

轴上花键、键槽等次要表面的加工，一般都在外圆精车之后、磨削之前进行。因为如果在精车前就铣出键槽，在精车时由于断续切削而易产生振动，影响加工质量，又容易损坏刀具，也难以控制键槽的尺寸要求；当然，它们的加工也不宜放在主要表面的磨削之后进行，以免划伤已加工好的主要表面。

在轴类零件的加工过程中，通常都要安排适当的热处理，以保证零件的力学性能和加工精度，并改善切削加工性。一般毛坯锻造后安排正火工序，而调质处理则安排在粗加工后，以消除粗加工产生的应力及获得较好的金相组织。如果工件表面有一定的硬度要求，则需要在磨削之前安排淬火工序或在粗磨后、精磨前安排渗氮处理工序。

### （四）车床主轴加工工艺及检验

机床主轴一般都是单一轴线的阶梯轴，工艺过程较长，定位和加工较复杂。下面以图 4-3 所示成批生产的 C6150 型车床主轴为例，说明主轴加工的工艺过程及检验方法。

#### 1. C6150 型车床主轴加工工艺过程

C6150 型车床主轴的机械加工工艺过程见表 4-1。

表 4-1　C6150 型车床主轴的机械加工工艺过程

（单位：mm）

| 序号 | 工序内容 | 定位基面 | 设　备 |
|---|---|---|---|
| 1 | 锻造 | | |
| 2 | 正火 | | 回火炉 |
| 3 | 锯小端，保证总长 853±1.5 | | 锯床 |
| 4 | 钻中心孔 | 小端外形 | 钻床 |
| 5 | 粗车各外圆（均留余量 2.5~3），$\phi$115 外圆只车一段 | 大端外形及端面，小端中心孔 | C731 液压仿形车床 |
| 6 | 1）粗车 *B* 面、$\phi$180 外圆，均放余量 2.5~3<br>2）粗车法兰后端面及 $\phi$115 外圆，与上工序接平；半精车 $\phi$100 外圆为 $\phi$102±0.05（工艺要求）；车小头端面，保留中心部分（不大于 20） | 1）小端外形，$\phi$100 表面（搭中心架）<br>2）大端外形，小端中心孔 | C630 车床 |
| 7 | 钻 $\phi$50 中心导向孔 | 小端外形，$\phi$100 表面（搭中心架） | C630 车床 |
| 8 | 钻 $\phi$50 中心通孔 | 小端外形，$\phi$100 表面（搭中心架） | 深孔钻床 |
| 9 | 调质硬度 230~250HBW | | |
| 10 | 车小端面，车内孔（光出即可，长度不少于 10），孔口倒角 | 大端外形，$\phi$80 表面（搭中心架） | C620 车床 |
| 11 | 半精车各外圆及 1∶12 锥面，留磨量 0.5~0.6，螺纹外径留磨量 0.2~0.3，$\phi$80、$\phi$72 外圆车至尺寸 | 大端外形，小端孔口倒角 | C731 液压仿形车床 |

（续）

| 序号 | 工 序 内 容 | 定 位 基 面 | 设 备 |
|---|---|---|---|
| 12 | 1）半精车大端法兰，半精车莫氏锥孔，车内环槽 $\phi58\times30$<br>2）半精车法兰后端面，半精车 $\phi115$ 外圆，车各沉割槽及斜槽，倒角 | 1）小端外形，$\phi100$ 外圆（搭中心架）<br>2）大端外形，小端孔口倒角 | C620 车床 |
| 13 | 扩中心 $\phi52$ 通孔 | 大端外形，$\phi80$ 外圆（搭中心架），径向圆跳动不大于 0.05 | 深孔钻床 |
| 14 | 热处理：按图中 $\phi180$、$\phi100$、$\phi90$、$\phi80$ 各部位调质高频淬火，硬度 54HRC，$B$ 端锥孔淬火，硬度 45~50HRC | | |
| 15 | 1）精车 $B$ 面及 $\phi100\times1.5$ 内凹面<br>2）车小端 Morse No. 6 锥孔（工艺用），精车端面，内外倒角 | 1）小端外形，$\phi100$ 外圆（搭中心架）<br>2）大端外形，$\phi80$ 外圆（搭中心架） | C620 车床 |
| 16 | 半精磨各外圆（留磨量 0.12~0.15）、1∶12 锥面（留磨量 0.2~0.3）、螺纹外圆、法兰外圆及后端面 | 用锥套心轴夹持，找正 $\phi80$、$\phi100$ 外圆，径向圆跳动不大于 0.03 | M1432B 外圆磨床 |
| 17 | 1）铣键槽 16h10<br>2）铣键槽 12h10 | 1）$\phi95$ 外圆<br>2）$\phi82$ 外圆（在 $\phi100$ 处加辅助支承） | 3# 万能铣床 |
| 18 | 钻法兰各孔，用冲头在孔口倒角 | $B$ 面，$\phi180$ 外圆及 16h10 键槽 | 专用钻床 |
| 19 | 精车 M95×2、M90×2、M76×2 螺纹，精车法兰后端面 | 大端外形，小端孔口倒角；找正 $\phi100$、$\phi80$ 外圆，径向圆跳动不大于 0.05 | C6150 车床 |
| 20 | 精磨各外圆、$A$ 面、$B$ 面、1∶12 锥面，$\phi90h5$ 外径工艺要求为 $\phi90_{-0.015}^{\ 0}$ | 锥套心轴夹持，找正 $\phi100$、$\phi80$ 外圆，径向圆跳动不大于 0.01 | M1432 外圆磨床 |
| 21 | 精磨大端锥孔 | 找正 $\phi100$、$\phi80$ 外圆，径向圆跳动不大于 0.005，以 $\phi82$ 轴肩作为轴向定位 | 专用磨床 |

### 2. C6150 型车床主轴加工工艺过程分析

从表 4-1 中可以看出，C6150 型车床主轴的加工既有轴类零件加工的共性，也有空心轴加工的工艺特点，分析如下：

（1）加工阶段的划分　由于主轴是多阶梯带通孔的零件，切除大量金属后，会引起残余应力重新分布而变形，所以安排工序时，一定要粗、精加工分开。C6150 型车床主轴的加工就是以重要表面的粗加工、半精加工和精加工为主线，适当穿插其他表面的加工工序而组成的工艺路线，各阶段的划分大致以热处理为界。

（2）定位基准的选择　为避免引起变形，主轴通孔的加工不能安排在最后，所以安排工艺路线时不可能用主轴本身的中心孔作为统一的定位基准，而要使用中心孔和外圆表面互为基准。

1）用毛坯外圆表面作为粗基面，钻中心孔。

2）用中心孔定位，粗车外圆表面和端面。

3）用外圆表面定位，钻中心通孔。

4）用外圆表面定位，半精加工中心通孔、大端锥孔和小端圆柱孔（或锥孔）。

5）用带有中心孔的锥套心轴定位，进行半精加工和精加工工序，如图 4-4 所示。

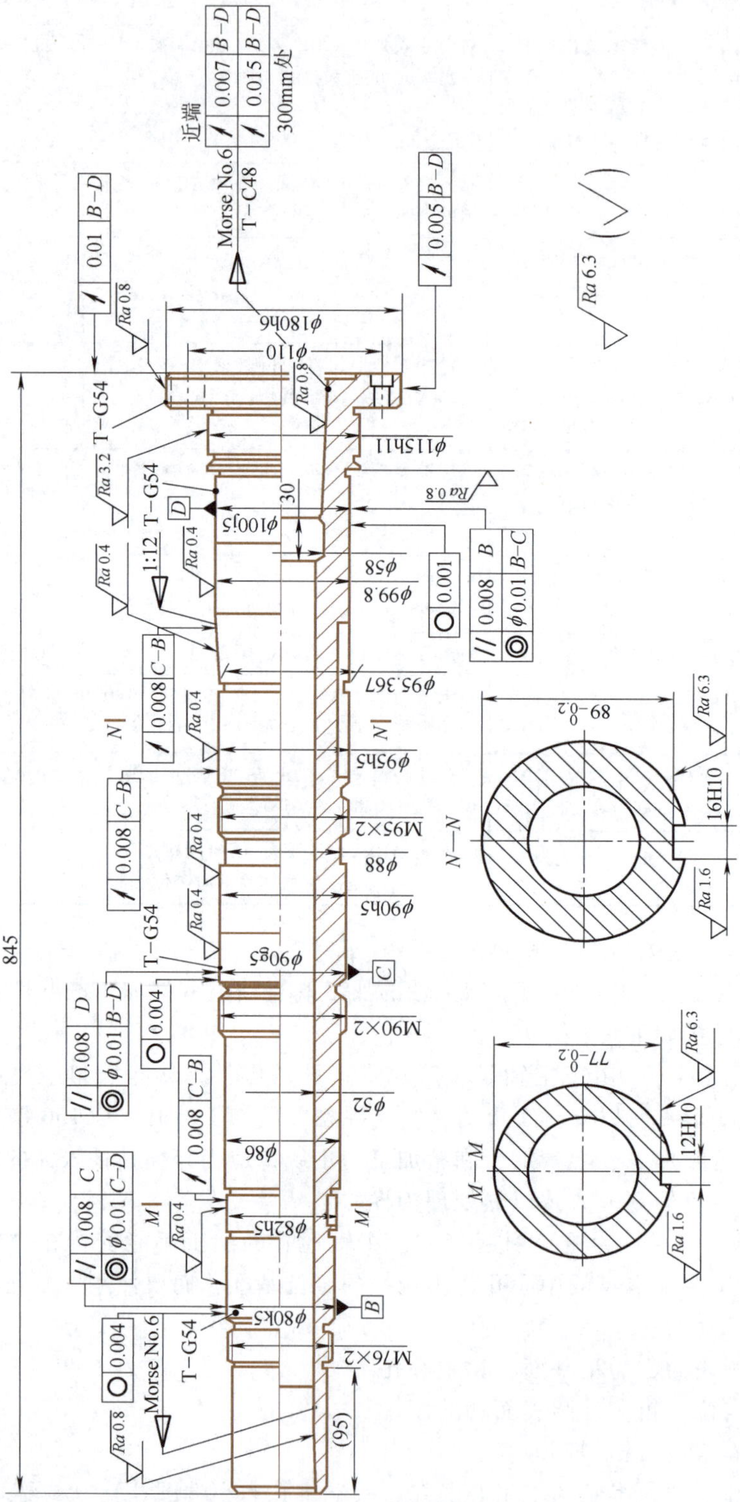


图 4-3　C6150 型车床主轴简图

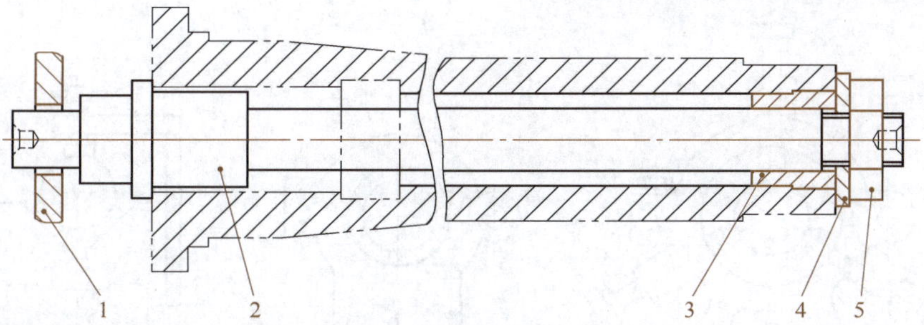


**图 4-4　锥套心轴**

1—夹头　2—心轴　3—锥套　4—垫圈　5—螺母

（3）工序顺序的安排

1）先安排定位基面加工。在主轴的加工过程中，不论在任何加工阶段，总是先安排好定位基面的加工，为加工其他表面做好准备，如粗加工阶段工序 4、半精加工阶段工序 10、精加工阶段工序 15。

2）后安排其他表面和次要表面的加工。对于主轴上的花键、键槽、螺纹等次要表面的加工，通常安排在外圆精车或粗磨以后、精磨之前进行，否则会在外圆终加工时产生冲击，不利于保证加工质量和影响刀具的寿命，或者会破坏主要表面已经获得的精度。

3）深孔的加工。为使中心孔能够在多道工序中使用，深孔加工应靠后安排。但深孔加工属于粗加工，余量大、发热多、变形大，所以不能放到最后加工。本例安排在外圆半精车之后，以便有一个较为精确的轴颈作为定位基准，这样加工出的孔容易保证主轴壁厚均匀。

（4）主要表面加工方法的选择

1）主轴各外圆表面的加工。主轴各外圆表面的车削通常划分为粗车、半精车、精车三个步骤。为了提高生产率，不同生产条件下采用不同的机床设备：单件小批生产时，采用卧式车床；成批生产时，采用液压仿形车床、转塔车床或数控车床；大批大量生产时，常采用液压仿形或多刀半自动车床等。

一般精度的车床主轴精加工采用磨削方法，安排在最终热处理之后，用以纠正热处理中产生的变形，并最后达到精度和表面粗糙度要求。

磨削主轴一般在外圆磨床或万能磨床上进行，前后两顶尖都采用高精度的固定顶尖，并注意顶尖和中心孔的接触面积，必要时要研磨中心孔，并对磨床砂轮轴的轴承也提出很高的要求。

2）主轴锥孔的精加工。主轴锥孔的精加工是主轴加工的最后一个关键工序。C6150 型车床主轴的锥孔加工在改装的专用锥孔磨床上进行，采用两个支承轴颈表面作为定位基面，并以 $\phi 82$ 轴肩作为轴向定位。安装主轴支承轴颈的夹具有图 4-5 所示三种，可根据生产类型和加工要求选用。

锥孔磨削时，为减少磨床工件头架主轴的圆跳动对工件回转精度的影响，工件头架主轴必须通过浮动连接传动工件，工件的回转轴线应由前述磨床夹具确定，可以消除头架主轴回转中心线圆跳动对工件回转轴线产生的影响。

3）主轴中心通孔的加工。C6150 型车床主轴的中心通孔加工属于深孔加工，使用的刀

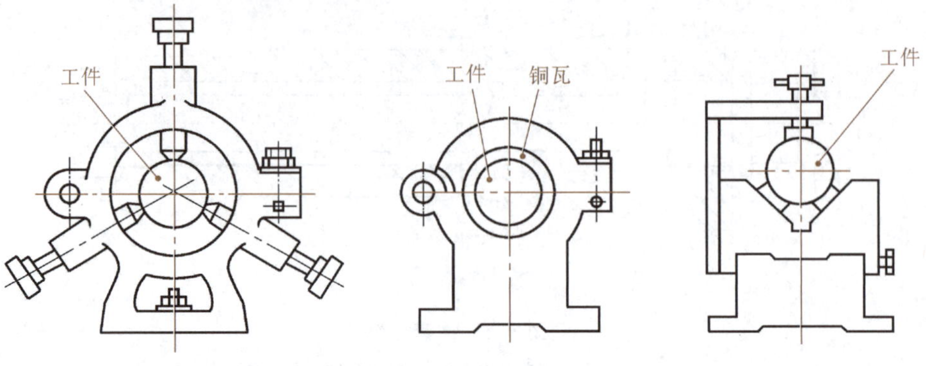


图 4-5　主轴锥孔的磨床夹具

a）中心架　b）剖分轴承式　c）V形磨具

具细长、刚性差、排屑困难、散热条件差，因此加工困难，工艺较复杂。单件小批生产时，可在普通钻床上用接长的麻花钻加工。但要注意，加工中需要多次退出钻头，以便排屑和冷却钻头和工件。批量较大时，采用深孔钻床及深孔钻头，可以获得较高的加工质量和生产率。

### 3. 主轴的检验

在零件加工全部完成后，要对主轴的尺寸精度、形状精度、位置精度和表面粗糙度进行全面检查，以确保各项精度指标达到图样要求。

主轴的最终检验要按一定顺序进行，先检验各个外圆的尺寸精度、素线平行度和圆度，再用外观比较法检验各表面的粗糙度和表面缺陷，最后再用专用检具检验各表面之间的位置精度，这样可以判明和排除不同性质误差之间对测量精度的干扰。

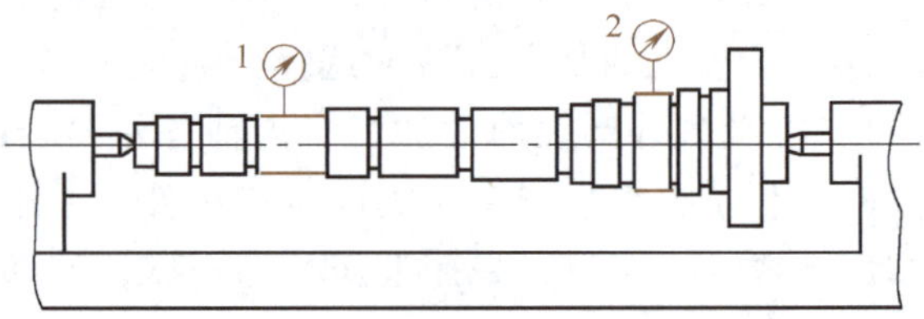


图 4-6　支承轴颈同轴度误差的检验

检验前、后支承轴颈对公共基准的同轴度误差，通常采用如图 4-6 所示的方法。如果支承轴颈的圆度误差很小，可以忽略，千分表的读数可作为各对应轴径相对于轴线的同轴度误差。

C6150 型车床主轴上其他各表面相对于支承轴颈位置精度的检验常在图 4-7 所示的专用检具上进行。按照检验要求，在各个有关表面放置千分表，用手轻轻转动主轴，通过千分表读数的值即可测出各项误差。检验主轴前锥孔对支承轴颈的径向圆跳动和端面圆跳动时，为了消除检验心

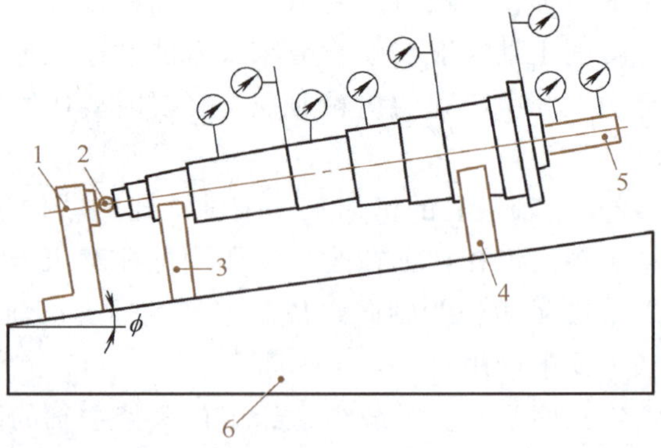


图 4-7　主轴各表面相对于支承轴颈位置精度的检验

1—挡铁　2—钢球　3、4—V形架　5—检验心棒　6—测量座

棒测量部分和圆锥体之间的同轴度误差，应将心棒转过 180°插入主轴锥孔再测一次，求两次读数的平均值。前端锥孔的形状误差和尺寸精度，可用专用锥度量规检验，并用涂色法检查锥孔表面的接触情况，这项检验应在检验锥孔跳动之前进行。

### （五）细长轴加工工艺特点

丝杠、光杠等细长轴刚性差，加工过程中极易产生变形，加工效率低。即使在切削用量很小的情况下，也容易发生弯曲变形和振动，难以保证较高的加工质量。生产中常采用下面的办法来解决这些问题。

#### 1. 采用跟刀架

图 4-8a 所示为两爪和三爪跟刀架。跟刀架装在刀架的滑板上和刀具一起纵向移动，这样可以消除由于径向切削力作用到工件上把工件顶弯的现象，但是一定要注意把跟刀架的中

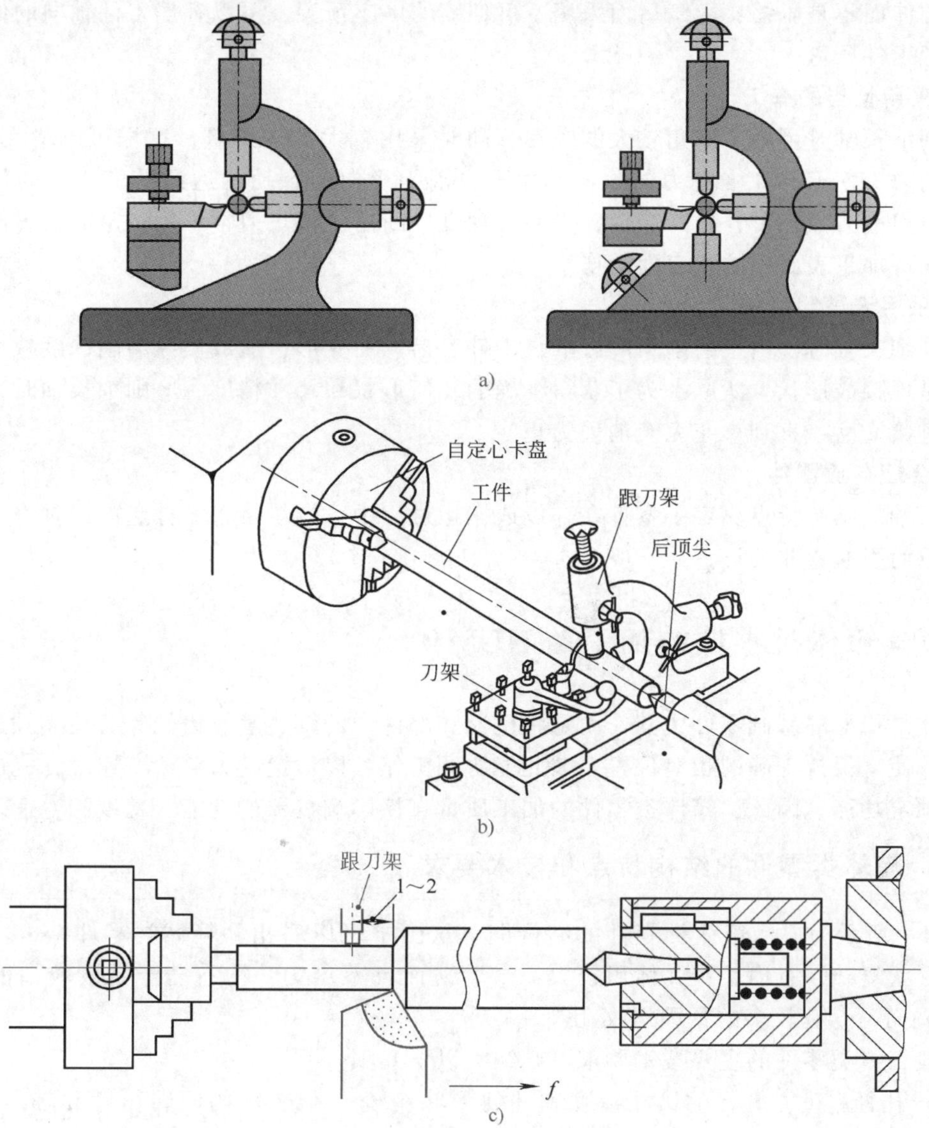


图 4-8　细长轴工件的装夹与加工

a）两爪和三爪跟刀架　b）一头夹一头顶　c）反向进给

心与机床顶尖中心调整一致。粗车时，跟刀架的支承块装在刀尖后面 1~2mm 处；精车时装在刀尖的前面，以免划伤精车过的表面。

#### 2. 采用恰当的工件装夹方法

车削细长轴时，常采用一头夹一头顶的装夹方法，如图 4-8b、c 所示。同时，在卡盘的一端车出一个缩颈，缩颈的直径约为工件棒料直径的一半。缩颈的作用就像一个万向接头，可以增加工件的柔性，消除了由于坯料本身的弯曲而在卡盘强制夹持下轴线歪斜的影响。在各卡爪与工件之间垫上钢丝，也可以起到同样的作用。同时后顶尖采用弹性顶尖，这样工件在热伸长后，可以使顶尖轴向伸缩，减少工件的变形。

#### 3. 采用反向进给

如图 4-8c 所示，进给方向由卡盘一端指向尾座，刀具作用在工件上的进给力对工件的作用是拉伸而不是压缩，由于后面采用了可伸缩的尾座顶尖，可以补偿工件轴向的伸长，所以不会把工件压弯。

#### 4. 采用恰当的车刀

车削细长轴时可用主偏角较大的车刀，同时采用较大的进给量，这样可以增大进给力，减小背向力，使工件在强有力的拉伸作用下，消除径向的颤动，达到平稳切削的效果。此外，粗车刀前刀面还可开出断屑槽，以便实现良好断屑；精车刀常采用一定的负刃倾角，使切屑流向待加工表面，防止表面刮伤。

#### 5. 采用无进给磨削

磨削细长轴时，由于磨削力的影响，工件容易弯曲变形，造成实际磨削深度减小，磨出的工件呈现腰鼓形状。所以，为了获得精确的几何形状和尺寸精度，磨削细长轴时必须进行多次无进给光磨，直到火花完全消失为止。

#### 6. 合理存放零件

细长轴的结构特点决定了零件在存放或搬运过程中，应尽量将零件竖放或垂直吊置，以免因自重而引起弯曲变形。

## 第二节 ■ 箱体类零件的加工及 NCMP

箱体是机器的基础零件，其作用是将机器和部件中的轴、套、齿轮等有关零件连成一个整体，并使之保持正确的相对位置，彼此能协调工作，以传递动力，改变速度，完成机器或部件的预定功能。因此，箱体类零件的加工质量直接影响机器的性能、精度和寿命。

### 一、箱体类零件的结构特点和技术要求

图 4-9 所示为典型箱体类零件的结构图。从图中可以看出，箱体类零件结构主要特点是：①形状复杂，有内腔；②体积较大；③壁薄而且不均匀；④有若干精度较高的孔（孔系）和平面；⑤有较多的紧固螺纹孔等。

一般箱体类零件的主要技术要求可归纳为以下几项。

（1）孔径精度　孔径的尺寸精度和几何形状精度会影响轴的回转精度和轴承的寿命，因此箱体类零件对孔径精度要求较高。

（2）孔与孔的位置精度　同一轴线上各孔的同轴度误差和孔的端面对轴线的垂直度误

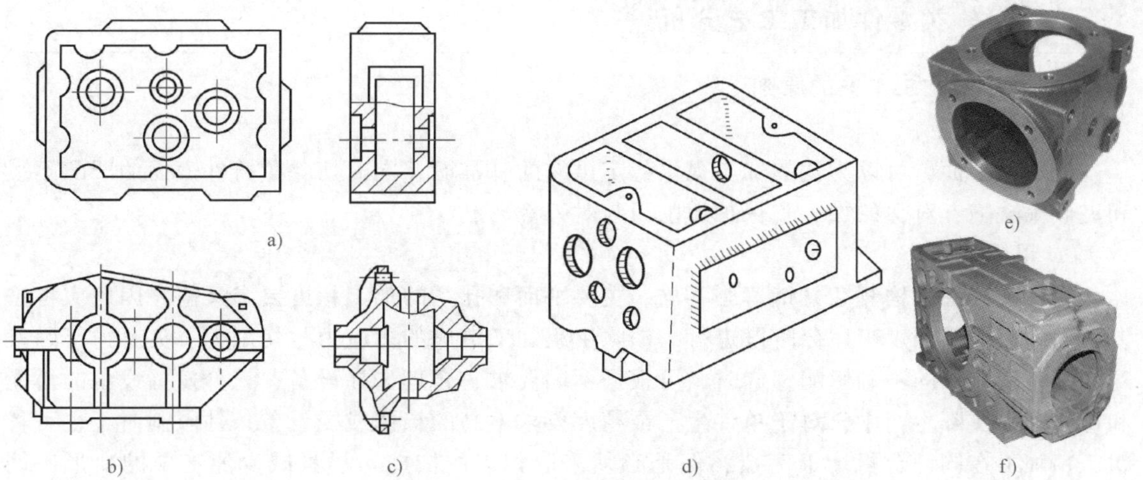


图 4-9　典型箱体类零件的结构图

a）组合机床主轴箱　b）减速箱　c）汽车后桥分速器　d）主轴箱　e）、f）箱体实物照片

差，会影响主轴的径向圆跳动和轴向窜动，同时也使温升增加，并加剧轴承磨损。一般同轴线上各孔的同轴度约为最小孔径尺寸公差的一半。孔系之间的平行度误差会影响齿轮的啮合质量。

（3）主要平面的精度　箱体类零件上的装配基面通常即是设计基准又是工艺基准，其平面度误差直接影响主轴与床身连接时的接触刚度，加工时还会影响轴孔的加工精度，因此这些平面必须本身平直，彼此相互垂直或平行。

（4）孔与平面的位置精度　箱体类零件一般都要规定主要轴承孔和安装基面的平行度要求，它们决定了主要传动轴和机器上装配基准面之间的相互位置及精度。

（5）表面粗糙度　重要孔和主要表面的粗糙度会影响连接面的配合性质和接触刚度，所以都有较严格的要求。

## 二、箱体类零件的材料、毛坯和热处理

一般箱体类零件材料常选用灰铸铁，其价格便宜，并具有较好的耐磨性、可铸性、可加工性和吸振性。有时为了缩短生产周期和降低成本，在单件生产或某些简易机器的箱体，也可以采用钢材焊接结构。在某些特定条件下，也可以采用非铸铁等其他材料，如飞机发动机箱体常采用铝镁合金，摩托车曲轴箱选用铝合金，可在保证强度和刚度的基础上减轻重量，同时用铸铁镶套嵌入曲轴轴承孔中增加耐磨性。

铸件毛坯的加工余量视生产批量而定。在单件小批生产时，一般采用木模手工造型，毛坯精度低，加工余量较大；在大批量生产时，采用金属模机器造型，毛坯精度高，加工余量可适当减小。单件小批生产中直径大于 50mm 的孔、成批生产中直径大于 30mm 的孔，一般都在毛坯上铸出预制孔，以减少加工余量。

毛坯铸造时，应防止砂眼和气孔的产生。为了减少毛坯铸造时产生的残余应力，铸造后应安排退火或时效处理，以减少零件的变形，并改善材料的切削性能。对于精度高或壁薄而且结构复杂的箱体，在粗加工后应进行一次人工时效处理。

## 三、箱体类零件加工工艺分析

### (一) 拟订加工工艺的原则

#### 1. 先面后孔

先加工平面，可以为孔的加工提供稳定可靠的基准面，同时切除了铸件表面的凹凸不平和夹砂等缺陷，对孔的加工和保护切削刃与对刀都有利。

#### 2. 粗精分开

箱体类零件结构复杂，壁薄厚不均，主要平面和孔系的加工精度要求又高，因此应将主要表面的粗、精加工工序分阶段进行，消除由粗加工造成的内应力、切削力、夹紧力等因素对加工精度造成的不利影响。同时，可根据不同要求，合理选择设备，充分发挥设备的潜能和优势。在实际生产中，对于单件生产或精度要求不高的箱体或受设备条件限制时，也可将粗、精加工在同一台机床上完成，但是必须采取相应的措施，尽量减少加工中的变形。例如：粗加工后，应将工件松开并冷却，使工件在夹紧力的作用下产生的弹性变形得以恢复，并且达到释放应力的作用，然后再以较小的力重新夹紧，并以较小的切削用量和多次进给进行精加工。

#### 3. 定位基准的选择

(1) 精基准的选择　精基准选择时应尽量符合“基准重合”和“基准统一”原则，保证主要加工表面（主要轴径的支承孔）的加工余量均匀，同时定位基面应形状简单、加工方便，以保证定位质量和夹紧可靠。此外，精基准的选择还与生产批量的大小有关。箱体类零件典型的定位方案有两种。

1）采用装配基面定位。箱体类零件的装配基准通常也是整个零件上各项主要技术要求的设计基准，因此选择装配基准作为定位基准，不存在基准不重合误差，并且在加工时箱体开口一般朝上，便于安装调整刀具、更换导向套、测量孔径尺寸、观察加工情况和加注切削液等。

如果箱体中间壁上有孔需要加工，为提高刀具系统的刚性，必须在箱体内部相应的部位设置刀杆的导向支承——吊架，如图 4-10 所示。由于加工中吊架需要反复装卸，加工辅助时间较长，不易实现自动化，而且由于吊架的刚性较差，加工精度也会受到影响，所以这种定位方式只适合于生产批量不大或无中间孔壁的简单箱体。

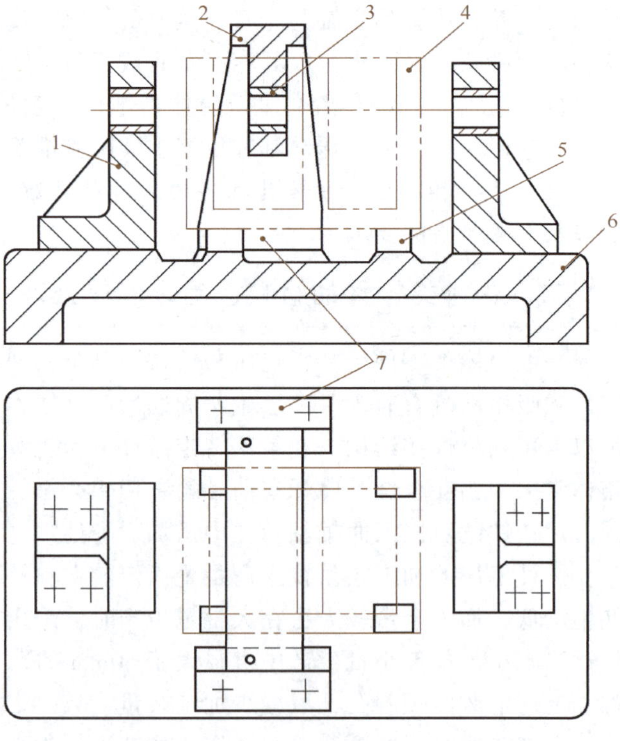


图 4-10　安装吊架镗模示意图

1—镗模架　2—吊架　3—中间导向孔　4—工件
5—定位板　6—底座　7—吊架定位板

2）采用“一面两孔”定位。在实际生产中，“一面两孔”的定位方式在各种箱体加工中的应用十分广泛，如图 4-11 所示。可以看出，这种定位方式，夹具结构简单，装卸工件方便，定位稳定可靠，并且在一次安装中，可以加工除定位面以外的所有 5 个平面和孔系，也可以作为从粗加工到精加工大部分工序的定位基准，实现“基准统一”。因此，在大批量生产，尤其是在组合机床和自动线上加工箱体时，常采用这种定位方式。

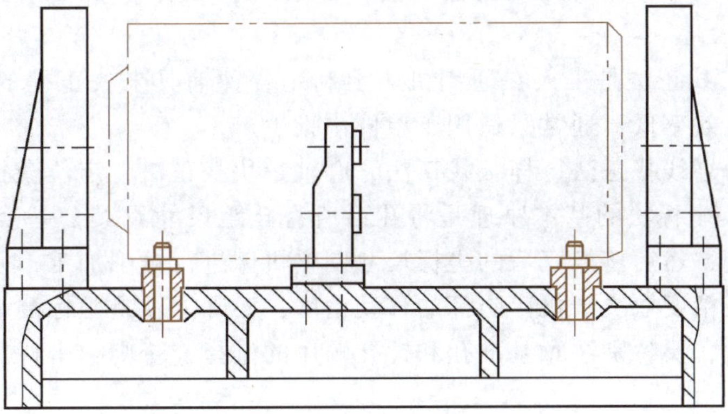

图 4-11　“一面两孔”定位夹具

（2）粗基准的选择　箱体类零件加工面较多，粗基准选择时主要考虑各加工面能否分配到合理的加工余量，以及加工面与非加工面之间是否具有准确的相互位置关系。

箱体类零件上一般有一个（或几个）主要的大孔，为了保证孔加工的余量均匀，应以该毛坯孔作为粗基准。箱体类零件上的不加工面以内腔为主，它和加工面之间有一定的相互位置关系。箱体中往往装有齿轮等传动件，它们与不加工的内壁之间只有不大的间隙，如果加工出的轴承孔与内腔壁之间的误差太大，就有可能使齿轮安装时与箱体壁相碰。从这一要求出发，应选内壁为粗基准，但这将使夹具结构十分复杂。考虑到铸造时内壁与主要孔都是由同一个型芯浇注的，因此实际生产中常以孔为主要粗基准，限制 4 个自由度，而辅之以内腔或其他毛坯孔为次要基准面，以实现完全定位。

#### 4. 工序集中

在大批大量生产中，箱体类零件的加工广泛采用组合机床、专用机床或数控机床等其他高效机床来使工序集中。这样可以有效地提高生产率，减少机床数目和占地面积，同时有利于保证各表面之间的相互位置精度。

#### 5. 合理安排热处理

一般箱体类零件在铸造后必须消除内应力，防止加工和装配后产生变形，所以应合理安排时效处理。时效的方法多采用自然时效或人工时效。为了避免和减少零件在机加工和热处理车间之间的运输工作量，时效处理可在毛坯铸造后、粗加工前进行。对于精度要求较高的箱体类零件，通常粗加工后还要再安排一次时效处理。

#### 6. 加工方法和加工设备的选择

箱体上的轴承孔通常在卧式镗床上进行加工，轴承孔的端面可以在镗孔时的一次安装中加工出来。导轨面、底面、顶面或接合面等主要表面的粗、精加工，通常在龙门铣床或龙门刨床上加工，小型的也可在普通铣床上加工。连接孔、螺纹孔、销孔、通油孔等可以在摇臂钻床、立式钻床或组合专用机床上加工。

### （二）箱体类零件的孔系加工

孔系加工是箱体类零件加工的关键。箱体类零件上的孔，不仅本身精度要求高，而且孔之间相互位置精度要求也高。

#### 1. 平行孔系的加工

箱体上轴线相互平行而且孔距也有一定精度要求的一组孔称为平行孔系。生产中保证孔距精度的方法如下。

（1）找正法　找正法是工人在通用机床上利用各种辅具来找正孔的正确加工位置的方法。这种方法加工效率低，通常只适用于单件小批生产。

找正法可分为划线找正法、样板找正法、心轴量块找正法、定位套找正法等。

（2）坐标法　坐标法的基本原理是将孔系所有孔距尺寸及其公差换算成直角坐标系中的坐标尺寸及公差，然后按换算后的坐标尺寸调整机床进行镗削加工，以达到图样要求。

坐标法的加工精度取决于机床坐标的移动精度，实际上就是坐标测量装置的精度。采用坐标法加工孔系时，要特别注意基准孔和镗孔顺序的选择，否则，坐标尺寸的累积误差会影响孔距精度。

（3）镗模法　在成批和大量生产中，多采用镗模在镗床上加工孔系，如图 4-12 所示。这种方法加工精度高，生产率也高。在小批生产中，当零件形状比较复杂，精度要求较高时，也常采用此法。

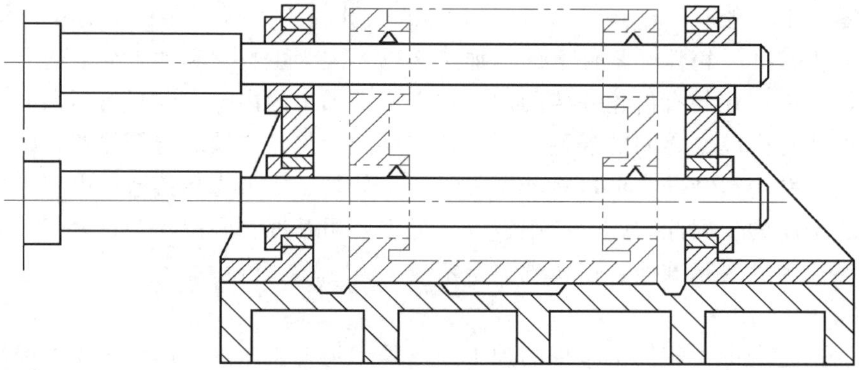

图 4-12　**用镗模加工孔系**

用镗模加工时，一般镗杆与机床主轴之间采用浮动连接，机床主轴仅起传递转矩的作用，所以，如果镗模的精度足够高，即使在普通精度的机床上，也能加工出较高精度的孔系。

#### 2. 同轴孔系的加工

同轴孔系的加工方法与生产批量有关。成批生产时，一般用镗模加工，同轴度由镗模保证。单件小批生产时，常采用下面几种方法。

（1）利用已加工孔导向　如图 4-13 所示，此法用于加工距离箱壁较近的同轴孔。

（2）利用镗床后立柱上的导向套支承镗杆　用这种方法加工时，镗杆为两端支承，刚性较好，但镗杆较长，加工时调整比较麻烦，所以只适用于大型箱体零件的同轴孔加工。

（3）采用调头镗　当箱体壁距离较远时，可以采用调头镗的方法。采用这种方法，必须采取一定措施仔细找正工作台回转后的方向，以保证同轴度精度。如图 4-14 所示，利用箱体上与所镗孔的轴线有平行度要求的较长平面来找正。如果工件上没有这种已加工好的工艺基面，也可以用平行长铁置于工作台上，用类似的方法找正。

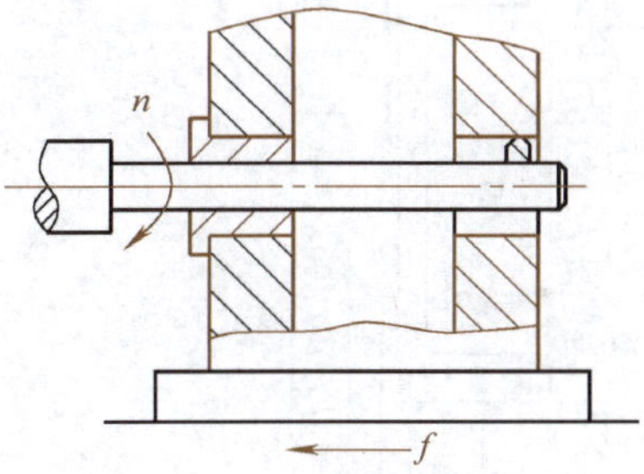


**图 4-13　利用已加工孔导向加工同轴孔系**

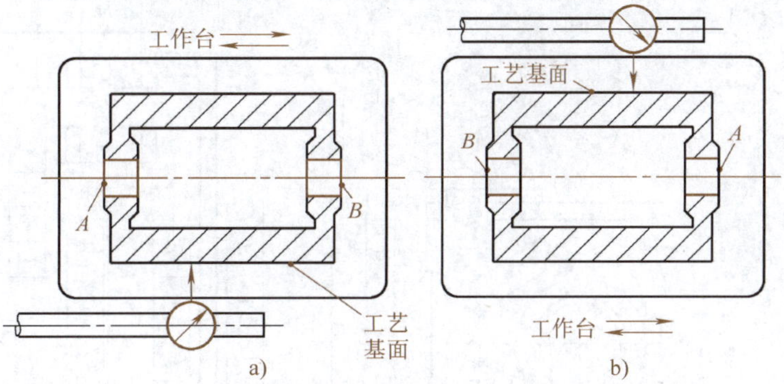


**图 4-14　调头镗时工件的找正**

a）第一工位　b）第二工位

## （三）车床主轴箱加工工艺及检验

车床主轴箱结构较复杂，精度要求较高，是非常典型的箱体零件。现以图 4-15 所示的某车床主轴箱为例，简单介绍其加工工艺路线。表 4-2 列出了其大批量生产的工艺过程。

可以看出，该主轴箱的机械加工工艺过程遵循了箱体类零件加工的基本原则。

**表 4-2　某车床主轴箱大批量生产的工艺过程**

| 序　号 | 工 序 内 容 | 定　位　基　准 |
|---|---|---|
| 1 | 铸造 | |
| 2 | 时效 | |
| 3 | 油漆 | |
| 4 | 铣顶面 *A* | Ⅰ孔和Ⅱ孔 |
| 5 | 钻、扩、铰 2×$\phi$8H7 工艺孔 | 顶面 *A* 及外形 |
| 6 | 铣两端面 *E*、*F* 及前面 *D* | 顶面 *A* 及两工艺孔 |
| 7 | 铣导轨面 *B*、*C* | 顶面 *A* 及两工艺孔 |
| 8 | 磨顶面 *A* | 导轨面 *B*、*C* |
| 9 | 粗镗各纵向孔 | 顶面 *A* 及两工艺孔 |
| 10 | 精镗各纵向孔 | 顶面 *A* 及两工艺孔 |
| 11 | 精镗主轴孔Ⅰ | 顶面 *A* 及两工艺孔 |
| 12 | 加工横向孔及各面上的次要孔 | |
| 13 | 磨 *B*、*C* 导轨面及前面 *D* | 顶面 *A* 及两工艺孔 |
| 14 | 将 2×$\phi$8H7 及 4×$\phi$7.8 均扩至 $\phi$8.5，攻 6×M10 | |
| 15 | 清洗、去毛刺、倒角 | |
| 16 | 检验 | |

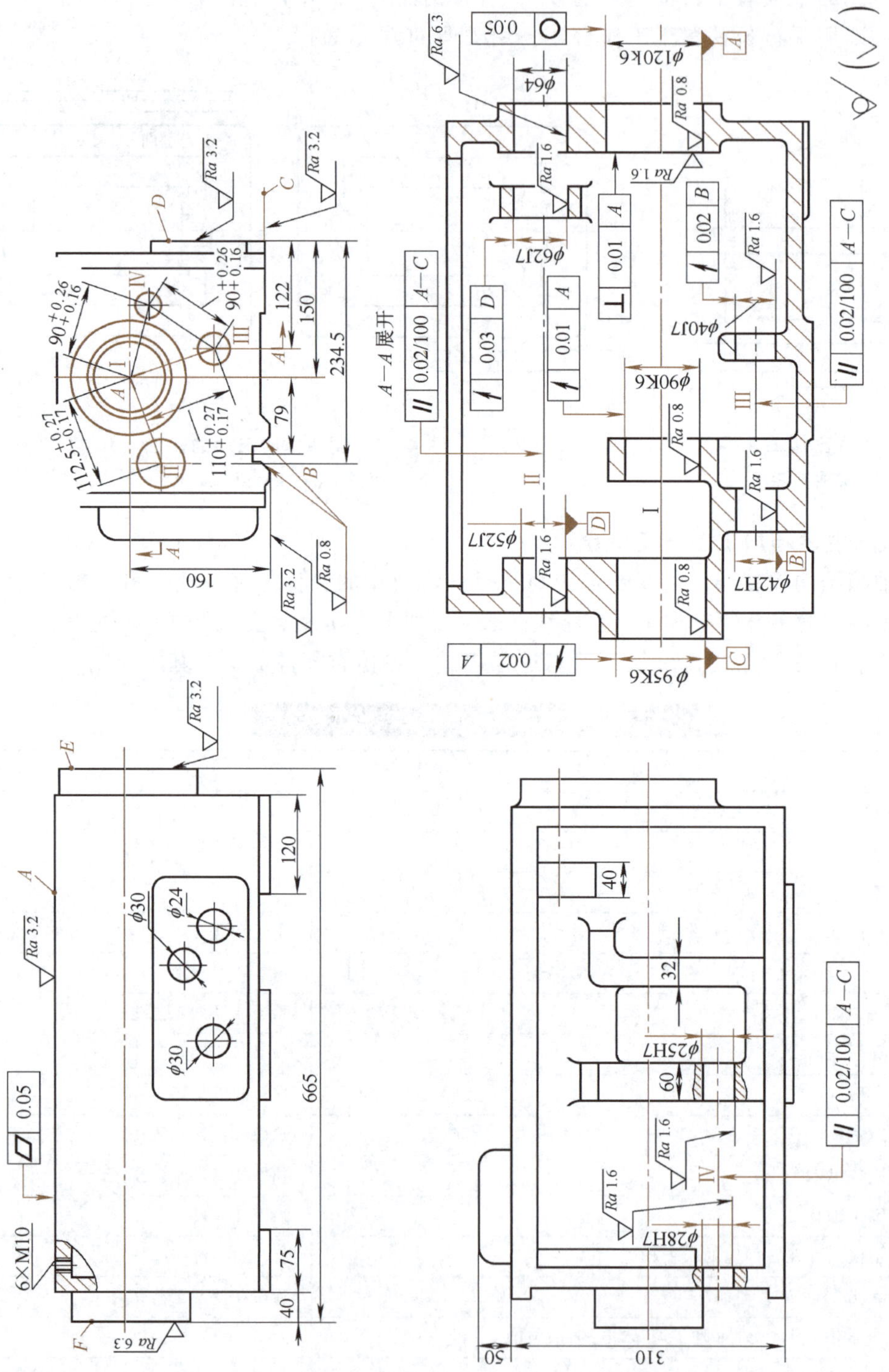


图 4-15　某车床主轴箱简图

为了消除内应力，同时减少运输工作量，毛坯进入机加工车间前进行了时效处理。

在工序 4 中，以主要孔作为定位基准，遵循了“重要表面”的原则，先加工主要定位面 *A* 面，紧接着加工工艺孔，后面的主要工序基本都以 *A* 面和两个 $\phi$8mm 的工艺孔定位，遵循了“基准统一”的原则；在工序 6、7 中，先加工各表面，然后在后边的 9、10、11 工序中加工各表面上的孔，遵循了“先面后孔”的基本思想。次要表面的加工，如工序 12、14 安排在主要表面加工（如工序 6、7、8、9、10、11、13）之后；而且以工序 8 提高定位面 *A* 的精度为特征，将加工划分为粗加工和精加工两个阶段；能在一个工序中完成的加工则尽量安排在一个工序中完成，如工序 6、9、10、12、13、14，这样一次安装下各表面的相互位置精度只与机床的精度有关，而与安装误差无关，从而更容易保证加工要求。

考虑各轴孔的加工由镗模进行调整法加工，所以只考虑安排一次最终检验。零件的检验主要有：各加工表面的表面粗糙度及外观；孔与平面的尺寸精度及几何精度；孔系相互位置精度等。

（1）表面粗糙度检验　表面粗糙度通常用目测或样板比较法检验，只有表面粗糙度值 *Ra* 很小时，才考虑采用光学量仪。外观检查只需要根据工艺规程检查完工情况及加工表面有无缺陷即可。

（2）孔的尺寸精度检验　孔的尺寸精度一般用塞规检验。单件小批生产或需要确定误差数值时，可采用内径千分尺或内径千分表检验。

（3）平面的直线度与平面度检验　平面的直线度一般用平尺和塞尺或水平仪与样板检验；平面的平面度一般用自准直仪或水平仪与样板检验，也可用涂色检验。

（4）箱体类零件孔系的相互位置精度检验　孔系的相互位置精度一般采用如下方法检验。

1）同轴度检验。一般工厂常用通用检验棒按图 4-16 所示方法检验；用图 4-17 所示方法可测定孔同轴度误差数值。

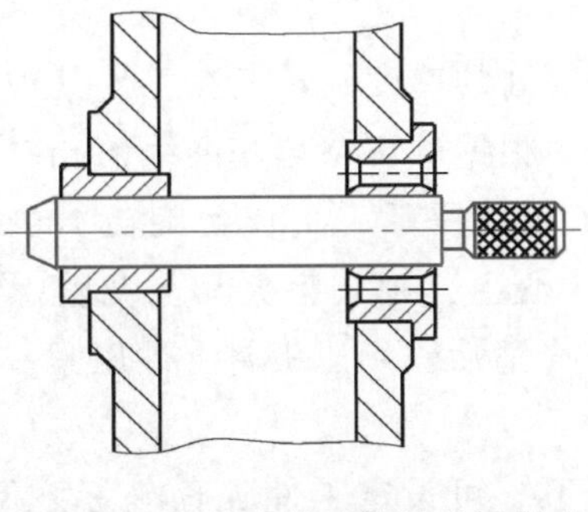

图 4-16　**用通用检验棒检验同轴度**

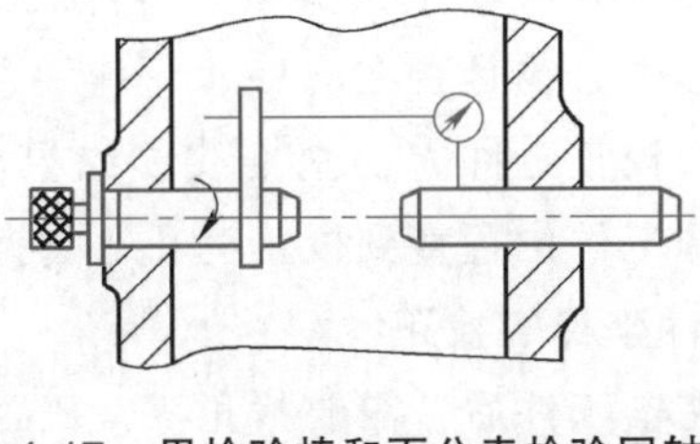

图 4-17　**用检验棒和百分表检验同轴度**

2）孔间距和孔轴线平行度的检验。如图 4-18 所示，根据孔精度的高低，可以分别使用游标卡尺或千分尺，测量出图示 $a_1$ 和 $a_2$ 或 $b_1$ 和 $b_2$ 的大小即可得出孔距 *A* 和平行度的实际值。

3）孔轴线对基准平面的距离和平行度检验。方法如图 4-19 所示。

除了上述方法外，零件的尺寸、形状和位置误差等也可在三坐标测量机上进行。

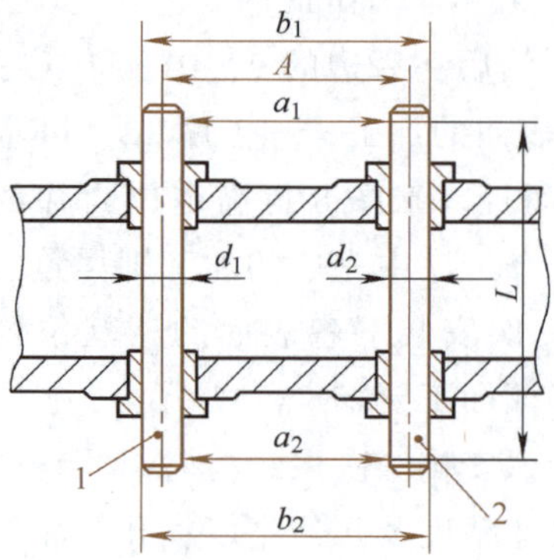


图 4-18 孔间距和孔轴线平行度的检验
1、2—标准量棒

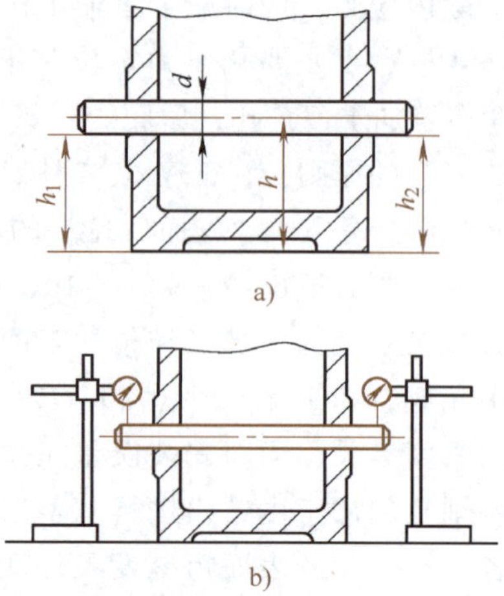


图 4-19 孔轴线对基准平面的距离和平行度的检验
a) 距离检验 b) 平行度检验

## 四、箱体类零件的数控加工工艺

箱体类零件可以采用数控加工中心进行加工，借助数控加工中心自身的高精度、高加工效率、高刚度和自动换刀的优点，可以较好地解决箱体类零件类难加工问题。下面以韩国大宇公司制造的 ACE HM800 型卧式加工中心为例，说明图 4-15 所示的某车床主轴箱箱体零件的数控加工工艺（Numerical Control Machining Process，NCMP）。

### 1. 毛坯的准备

箱体类零件使用加工中心加工前的准备工序可以由其他设备来完成。各面粗铣完毕后，以底面为基准将工件平放在钳工台上，按图画出各面精加工线及箱体各侧面中心基准线，供加工中心校正用。

### 2. 工件的校正

以刀库中的钻头为校正工具，并使主轴以 1000r/min 的速度旋转，在工件其中的一个侧面如 $F$ 面水平基准线上钻头微切工件表面（即试切），根据试切点与基准线的相对位置，确定工件左右中心线是否在同一水平上。校正好工件 $F$ 面水平后，工作台旋转 180°位置，采用同样方法校正工件 $E$ 面基准线。如果基准线不在中心上，则调整夹具上调整螺栓的松紧程度，微调工件位置直到校正为止。各基准线均校正合适后，用压板将工件压紧。

### 3. 工件坐标的找正

校正完毕工件后，需要找正 $E$、$F$ 面的工件坐标系。可设定工件 $F$ 面坐标系位 G54，$E$ 面坐标系位 G55，选择功能开关至手动输入位置（MDI），让工件 $E$ 面面向主轴，调用钻头刀具，钻头对准箱体上事先划好的 $X$ 轴和 $Y$ 轴方向中心线，然后看 NC 显示器上机械坐标的 $X$ 轴和 $Y$ 轴坐标值，并在工件坐标系 G55 中输入该 $X$ 坐标值，然后用 1250mm（机床 $X$ 轴圆点坐标）减去 $X$ 轴坐标所得的数值输入 G54 坐标系的 $X$ 坐标值。

由于工件水平方向已经校正，因此两坐标系中的 $Y$ 坐标值相同，按照显示器显示的坐标值输入两坐标即可。两坐标系的 $Z$ 坐标值采用试切的方法确定。

### 4. 程序的编制

加工中心具有自动换刀装置，能在工件一次装夹下自动完成铣、钻、镗、铰、攻螺纹等多种工序，具有多功能、高生产率、高质量和高稳定性的特点。为充分发挥加工中心的特点，应在加工程序设计上注意工序的划分和工艺方法的合理选择，它直接关系到加工中心的使用效率、加工精度、刀具数量和经济性等问题，尽量做到工序集中，工艺路线最短，机床停顿时间和辅助时间最少。编制程序时应注意以下事项。

（1）加工程序的安排　总的设计原理是：遵循由粗到精的原则，即先进行粗加工、重切削，去除毛坯上大部分加工余量；然后安排一些发热量小、加工要求不高的部位，使工件在精加工之前有充分的时间冷却；最后再进行精加工。

该工件的加工顺序为：粗铣各平面→钻孔→攻螺纹→粗镗孔→精铣→精镗孔。

（2）工步的细分　设计程序时，应将一次换刀作为一个工步，并注明加工内容和需要保证的尺寸要求。工步与工步之间增加 M01 指令，与机床上的选择开关配合使用，机床换刀后停止运行，可检验换刀的准确性，以对程序进行充分验证，批量加工时只需将选择开关关闭，程序仍执行连续运行模式。

（3）粗精铣分开　粗铣平面时加工余量较大，工件会产生较大的热变形，应将粗铣、精铣分开，使工件能够充分冷却。

（4）保证钻孔的精度　设计钻孔程序时，应考虑孔的加工精度要求。对于一般精度要求的孔加工，可以不使用中心钻预钻。鉴于钻孔后还要攻螺纹，可将各孔位置编制成子程序，采用 M98 指令呼叫到主程序中，既可方便地重复使用，又可减少编程时坐标的错误。在机床功率许可的情况下，螺纹孔全部采用刚性方式，以提高加工效率。

（5）精镗孔的编程　精镗孔时，由于一般使用单刃镗刀，编程时还应注意几个问题。

1）当手工在主轴位置装刀时，应先用 M19 指令使主轴进给，然后让刀尖朝内（即背对操作者）进行安装。

2）采用 G76 指令编程时，应先设定相应的定位值（Q 值）镗孔完成后主轴会向刀尖相反的方向移动一个 Q 值，退刀时可避免刀具划伤孔表面。

由于工件两侧孔径不同，在编程时可以先镗孔径大的一头孔，然后换刀完成另一侧小孔的镗削。这样，由于采用同一个平面坐标系和同一主轴坐标，可以确保获得很高的孔同轴度。

### 5. 切削用量的选择

粗加工时，在工艺系统刚性和机床功率允许的条件下，尽可能选取较大的背吃刀量。

一般地，背吃刀量为 5~6mm，主轴转速为 200~300r/min，粗铣平面时主轴移动速度为 300mm/min；粗镗孔时主轴移动速度为 200mm/min。精加工时为了获得较高的几何精度和较小的表面粗糙度值，背吃刀量可以小一些，一般选择为 0.3~0.5mm，主轴转速为 300~450r/min，精铣平面主轴移动速度为 220mm/min，精镗加工孔时主轴移动速度为 100~150mm/min，钻孔时主轴移动速度为 300mm/min，攻螺纹时主轴移动速度为主轴转速和螺距的乘积。

### 6. 刀具的选择

面铣刀、镗刀可选用机夹可转位刀具，刀片材料为硬质合金或涂层刀片；钻头和丝锥可选用内冷式硬质合金整体式刀具。采用不调头法加工两面对称孔时，由于刀杆较长，长刀杆可以通过不同需要按照模块化刀柄、刀杆系统进行组合；同时为降低切削时的振动，应选用重金属减振刀杆或阻尼减振刀杆。

加工中心所有刀具尽量选用国际标准刀具，刀具规格、专用刀具代号和该刀具所要加工的内容，应列表记录下来供编程使用。同时，刀库中所有使用的刀具都必须使用对刀仪进行检测，并将数据输入 OFFSET 内的刀具补偿值中。从性价比上考虑，粗加工时由于毛坯余量大，加工精度要求低，尽量采用国产刀具；精加工时为提高切削效率，获得较好的表面加工质量，刀具可选用伊斯卡、肯纳、瓦尔特、山特维克等知名品牌。

## 第三节 ■ 其他典型零件的加工

### 一、齿轮零件的加工

#### （一）概述

齿轮传动在现代机器和仪器中的应用极为广泛，其功用是按照规定的速比传递运动和动力。

齿轮的材料一般采用中碳结构钢和低、中碳合金结构钢，如 45、20Cr、40Cr、20CrMnTi 等；对于一些重载、高速、有冲击载荷的齿轮，可选用 18CrMnTi、38CrMoAlA、18CrMoTi 等强度和韧性较好的合金材料，以提高齿轮的硬度、耐磨性和抗冲击能力；对于传力较小的齿轮，可以选用铸铁、加布胶木和尼龙等材料。

在齿坯加工前后通常安排预备热处理——正火或调质，主要目的是消除锻造及粗加工所引起的残余应力，改善材料的切削性能和提高综合力学性能。齿形加工后，为了提高齿面的硬度和耐磨性，常进行渗碳淬火、高频淬火、渗氮处理等热处理工艺。

齿轮的毛坯形式主要有棒料、锻件和铸件。棒料用于小尺寸、结构简单且对强度要求不太高的齿轮；当齿轮强度要求高，并且耐磨损、耐冲击时，多用锻件毛坯；齿轮的直径大于 $\phi400 \sim \phi600$mm 时，常用铸造的方法铸造齿坯；为了减少机械加工量，对大尺寸、低精度的齿轮，可以直接铸造出轮齿；对于小尺寸、形状复杂的齿轮，可以采用精密铸造、压力铸造、粉末冶金、热轧、冷轧等新工艺来制造，以提高劳动生产率，节约原材料。

#### （二）机械加工工艺

一般齿轮加工的工艺路线可归纳为：毛坯制造—齿坯热处理—齿坯加工—轮齿加工—轮齿热处理—轮齿主要表面精加工—轮齿的精整加工。

对于常见的盘形圆柱齿轮齿坯的加工，大批大量生产时采用“钻—拉—多刀车”的工艺方案；成批生产时常采用“车—拉—车”的工艺方案；单件小批生产时，内孔、端面、外圆的粗、精加工都可在通用车床上进行。

目前齿坯的大量生产中有两个发展趋势：一是向切削加工自动化方向发展；另一个是向少无切屑加工方向发展。无切屑加工包括热轧齿轮、冷轧齿轮、精密锻造、粉末冶金等新工艺。这些工艺方法具有生产率高、材料消耗少、成本低等一系列优点，但加工精度较低，生产批量小时成本高。

齿形的有屑加工可分为仿形法和展成法两大类。仿形法的特点是所用刀具切削刃的形状与被切削齿轮齿槽的形状相同，常用的方法是铣齿和拉齿，主要用于单件小批和修配工作中加工精度不高的齿轮。展成法是应用齿轮啮合的原理来进行加工的，如滚齿、插齿、剃齿、珩齿和磨齿等，其中剃齿、珩齿和磨齿属于齿形的精加工方法。展成法的加工精度和生产率都较高，刀具的通用性好，在生产中应用十分广泛。

常见的齿形加工方法、加工精度和适用范围见表 4-3。

表 4-3　常见的齿形加工方法、加工精度和适用范围

| 齿形加工方法 | | 刀　具 | 机　床 | 加工精度和适用范围 |
|---|---|---|---|---|
| 仿形法 | 铣齿 | 模数铣刀 | 铣床 | 加工精度及生产率均较低，一般精度在 9 级以下 |
| | 拉齿 | 齿轮拉刀 | 拉床 | 加工精度和生产率都较高，但拉刀制造困难，成本高，故只在大量生产时使用，主要用于拉内齿轮 |
| 展成法 | 滚齿 | 滚刀 | 滚齿机 | 通常用于加工 6~10 级精度齿轮，最高能达 4 级，生产率较高，通用性好，常用以加工直齿、斜齿的外啮合圆柱齿轮和蜗轮 |
| | 插齿 | 插齿刀 | 插齿机 | 通常能加工 7~9 级精度齿轮，最高到 6 级，生产率较高，通用性好，适用于加工内外啮合齿轮、扇形齿轮、齿条等 |
| | 剃齿 | 剃齿刀 | 剃齿机 | 能加工 5~7 级精度齿轮，生产率高，主要用于齿轮滚、插预加工后、淬火前齿面的精加工 |
| | 冷挤齿 | 挤轮 | 挤齿机 | 能加工 6~8 级精度齿轮，生产率比剃齿高，成本低，多用于齿形淬硬前的精加工，以代替剃齿，属于无切屑加工 |
| | 珩齿 | 珩磨轮 | 珩磨机或剃齿机 | 能加工 6~7 级精度齿轮，多用于经过剃齿和淬火后齿形的精加工 |
| | 磨齿 | 砂轮 | 磨齿机 | 加工精度高，能加工 3~7 级精度齿轮，但生产率低，加工成本高，多用于齿形淬硬后的精密加工 |

齿轮加工时的定位基准应尽可能与装配基准、测量基准相一致，符合“基准重合”原则，以避免基准不重合误差。同时为了实现基准统一，在齿轮加工的整个过程中（如滚、剃、珩）尽可能采用相同的定位基准：对于小直径的轴齿轮，可采用两端中心孔或锥体作为定位基准；大直径的轴齿轮，通常采用轴颈定位，并以一个较大的端面作为支承。

对于淬火齿轮，淬火后的基准孔存在一定的变形，需要进行修正。修正一般采用在内圆磨床上磨孔工序，也可采用推孔工序或采用精镗孔工序。

## 二、套筒零件的加工

### （一）概述

套筒是一种应用非常广泛的零件，如图 4-20 所示。支承旋转轴的各种形式的轴承、夹具上的各种导套、内燃机上的气缸套以及液压系统中的液压缸等都是典型的套筒零件。

机器中的套筒零件，通常起支承或导向的作用，其结构上具有共同的特点：长度尺寸一般大于直径尺寸，主要表面为同轴度要求较高的内、外旋转表面，壁厚较薄，容易变形等。一般地，内孔起支承和导向作用，常与其端面作为设计基准；外圆支承表面，常以过盈或过渡配合同箱体或机架上的孔相连接。

套筒一般采用钢、铸铁、青铜或黄铜等材料制成，有些滑动轴承采用双金属结构，即用离心铸造法在钢或铸铁的内壁上浇注巴士合金等轴承合金材料，以提高轴承的寿命。

套筒毛坯的选择与其材料、结构和尺寸等因素有关。孔径较小（如 $d$<20mm）时，一般

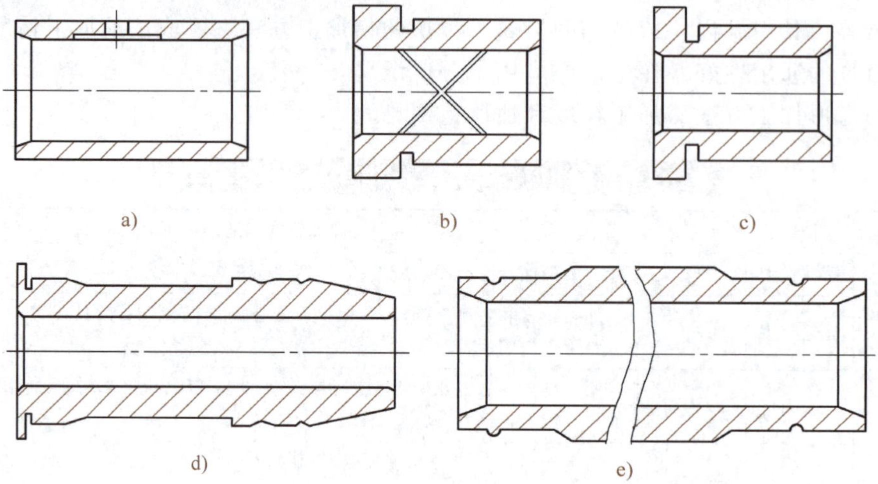


**图4-20 套筒零件示例**

a)、b) 滑动轴承 c) 钻套 d) 气缸套 e) 液压缸

采用热轧或冷拉棒料，也可用实心铸件；孔径较大时，常采用无缝钢管或带孔的铸件和锻件。大量生产时可采用冷挤压和粉末冶金等先进的毛坯制造工艺，既提高生产率又节约金属材料。

### （二）机械加工工艺

套筒零件的主要加工表面有内孔、外圆和端面，其中内孔既是装配基准又是设计基准，加工精度和表面粗糙度一般要求较高；内、外圆之间的同轴度及端面与孔的垂直度也有一定技术要求。

由于结构形式有差异，加工精度的高低和基准使用情况也各不相同，所以套筒零件加工工艺也不一样。典型的工艺路线大致是：调质（或正火）—粗车端面、外圆—钻孔、粗精镗孔—钻法兰小孔、插键槽等—热处理—磨外圆—磨端面、磨内孔。

外圆表面加工可以根据精度要求选择车削和磨削。孔加工方法的选择需要考虑零件的结构特点、孔径大小、长径比、精度和表面粗糙度要求以及生产规模等各种因素，对于加工精度要求较高的孔，常用的方案是：钻孔—半精车孔或镗孔—粗磨孔—精磨孔。

对于精基准的选择，主要是考虑如何保证内外圆的同轴度以及端面与孔轴线的垂直度，常有以下两种方法。

（1）以内孔作为精基准　通过内孔安装在心轴上，这种方法简单方便，刚性较好，应用普遍。

（2）以外圆作为精基准　当内孔的直径太小或长度太短或不适于定位时，则先加工外圆，再以外圆定位加工内孔。这种方法一般采用卡盘装夹，动作迅速可靠。如果采用弹性膜片卡盘、液性塑料夹头等定心精度较高的专用夹具，可获得较高的位置精度。

套筒本身的结构为薄壁件，夹紧时极易产生变形，所以在工艺上必须采取措施减小或防止变形，常采取的措施如下。

1）改变夹紧力方向，即改径向夹紧为轴向夹紧；

2）如果必须径向夹紧时，也应尽可能使径向夹紧力均匀分布，如使用过渡套或弹簧套夹紧工件，或做出工艺凸边或用工艺螺纹来夹紧工件。

## 三、叉杆零件的加工

### （一）概述

叉杆是一些外形不规则的中小型零件，如机床拨叉、连杆、铰链杠杆等。

由于叉杆零件在机器中的作用各不相同，所以结构和精度要求差别较大。其共同特点是：外形不太规则，刚性较差。为此必须合理选择定位基准和装夹方式，以确保准确定位和避免加工中的变形。

由于零件功能的需要，这类零件一般都有 1~2 个主要孔，既是装配基准又是设计基准，因此它本身的精度及与其他表面之间的位置精度要求较高。

叉杆零件的材料多为碳钢，毛坯一般为模锻件，少数受力不大的叉杆零件也可以采用铸铁毛坯。

### （二）机械加工工艺

图 4-21 所示为拨叉零件图，表 4-4 为该零件的机械加工工艺过程。

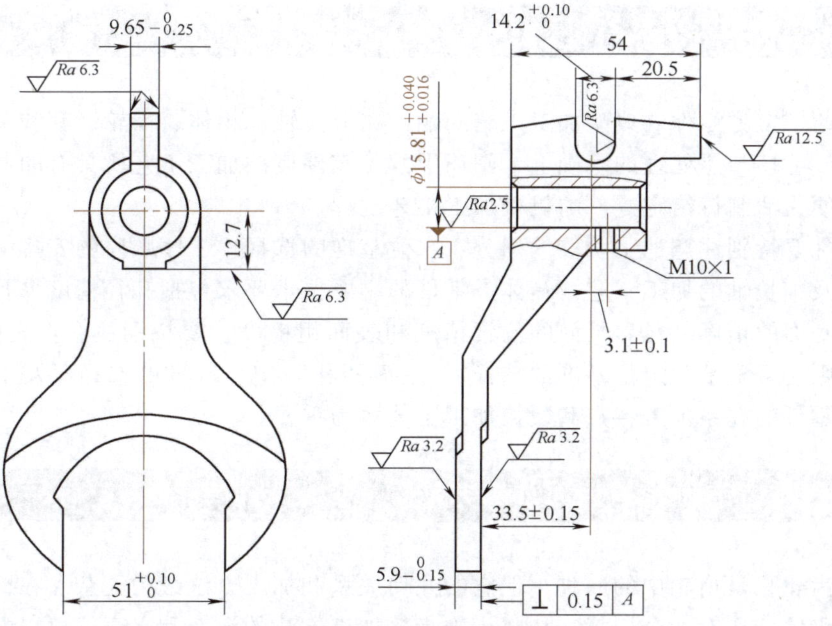


图 4-21　拨叉零件图

表 4-4　拨叉的机械加工工艺过程

（单位：mm）

| 序号 | 工序内容 | 定位基面 | 设备 |
|---|---|---|---|
| 1 | 钻扩铰 ϕ15.81 孔 | 外形轮廓（圆形） | 立式钻床 |
| 2 | 车端面、孔口倒角 | ϕ15.81 内孔 | 车床 |
| 3 | 校正 | ϕ15.81 内孔 | |
| 4 | 铣叉口开档 | ϕ15.81 内孔、叉脚平面（底）及外圆轮廓 | 卧式铣床 |
| 5 | 铣扁榫 | ϕ15.81 内孔及端面、叉脚内侧面 | 卧式铣床 |

（续）

| 序　号 | 工　序　内　容 | 定 位 基 面 | 设　　备 |
|---|---|---|---|
| 6 | 铣槽及两端面 | 同上 | 卧式铣床 |
| 7 | 铣叉脚平面 | $\phi$15.81 内孔、14.2 槽和叉脚外圆轮廓 | 卧式铣床 |
| 8 | 铣凸台面 | $\phi$15.81 内孔、扁榫侧面 | 立式铣床 |
| 9 | 钻攻 M10×1 螺纹孔 | $\phi$15.81 内孔、14.2 槽和叉脚外圆轮廓 | 立式钻床 |

该拨叉的装配基准面为 $\phi$15.81mm 的孔，因此选择定位基准时应该以该孔为主要的精基准，并辅以端面和其他表面定位，既能使大多数表面的位置精度要求符合“基准重合”原则，定位又比较稳定，夹具结构也比较简单。

孔的加工一般有两种方案：当生产批量不太大时，常采用钻—扩—铰的典型方案，一次安装下把孔加工出来，孔的尺寸精度容易保证；当生产批量较大时，常采用钻—拉方案，这样可以提高生产率。平面和槽的加工一般采用粗铣—精铣方案，要求不太高时也可以一次铣出。

## 本章小结

本章介绍了常见零件的典型加工工艺问题，在分析轴、箱体、齿轮、套和叉杆等零件的结构、材料、毛坯与热处理的基础上，阐述了常见零件典型加工工艺所具有的共同规律和具体方法，以便灵活制订给定零件的机械加工工艺规程。

轴类零件要特别注意加工阶段的划分、定位基准的选择、工序顺序的安排、加工表面方法的选择以及细长轴的加工工艺；箱体类零件的主要技术要求包括孔径精度、孔与孔的位置精度、主要平面的精度、孔和平面的位置精度和表面粗糙度。要特别注意：先面后孔原则、粗精分开原则、装配基面定位基准的选择、“一面两孔”定位基准的选择以及工序的集中安排；箱体类零件的孔系加工特点和数控加工工艺尤为重要。

## 知识拓展：弧齿锥齿轮的齿面加工方法

弧齿锥齿轮只是齿轮中的一种，但它的几何关系和加工方法最为复杂。在此介绍这样一种较特殊的齿轮，还有一个用意：从弧齿锥齿轮加工方法的演变和兴衰，可以看到不同技术之间的相互推动和影响。

弧齿锥齿轮成为一个关键零件，是由于它在汽车差速器传动中的应用。随着汽车工业和航空工业的发展，弧齿锥齿轮和准双曲面齿轮的用量非常大，这既要求高的生产率，也要求高的精度。

1865 年，爱尔兰的格里森（W. Gleason）在美国纽约州建立了专门生产齿轮机床的格里森公司，开始生产直齿锥齿轮加工机床。1913 年，为汽车差速器而开发的弧齿锥齿轮刚刚出现不久，格里森就发明了能大批量生产这种齿轮的加工机床，其加工原理即著名的格里森加工法。格里森加工法为单齿分度铣削加工（图 4-22），得到的齿轮纵向齿线为圆弧，轮齿的齿高由大端向小端是收缩的（即“收缩齿”）。该加工方法也可用于磨齿和研齿。1927

年，又实现了准双曲面齿轮的加工。

1944 年，瑞士的奥利康（Oerlikon）公司研制成另一种加工弧齿锥齿轮的机床，相应的加工方法称为奥利康加工法。奥利康加工法为连续铣削（图 4-23），得到的齿轮纵向齿线为外摆线，各点的曲率不同；得到的轮齿从大端到小端是等高的（即“等高齿”）。

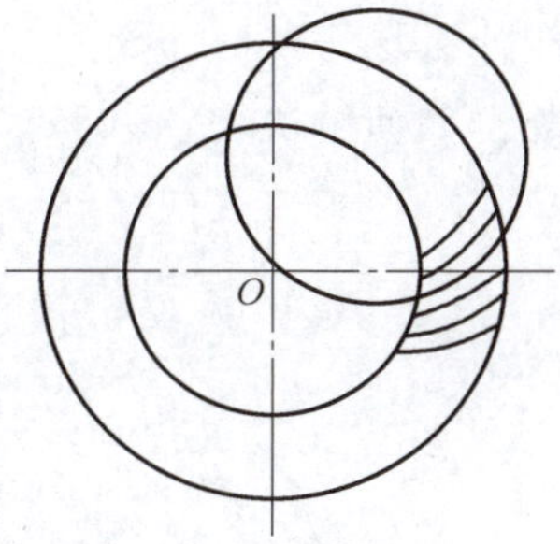


图 4-22　**格里森加工法**

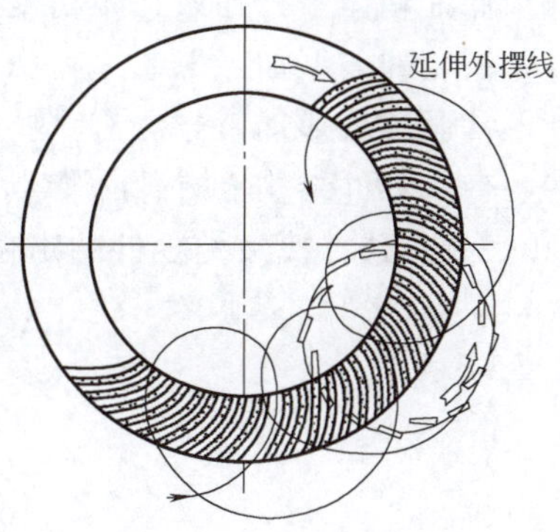


图 4-23　**奥利康加工法**

弧齿锥齿轮与普通的圆柱齿轮不同，用不同的加工方法加工出来的锥齿轮是不能啮合的。

奥利康加工法实际上是 1924 年格里森公司的专利。为什么格里森公司对这个专利弃之不用呢？奥利康法是连续铣削，生产率比格里森法的单齿分度高，但它不能采用基于展成法的磨齿加工，而汽车和飞机都采用硬齿面齿轮，必须进行磨齿加工。格里森公司在 1930 年就开发出了弧齿锥齿轮的磨齿加工工艺。此外，等高齿被认为不符合等强度的原则，因此格里森机床长期在市场上处于领先地位。

20 世纪 50 年代初期，数控加工机床问世，铣、车、刨、磨等机床先后实现了数控化。20 世纪 70 年代，运动最复杂的弧齿锥齿轮加工机床也迎来了数控化的改造时代，格里森机床随即也能加工奥利康齿轮了，反之亦然。1993 年德国克林贝尔格公司收购了奥利康的齿轮技术中心。20 世纪 90 年代，机械加工与机械分析的新技术给奥利康方法带来了新的转机：①1989 年实现了磨齿，数控机床出现后诞生的曲面加工理论使得磨削可以逐点进行，摆脱了按展成法磨削的传统思维；②1997 年奥利康公司开发出 C28 机床，采用超细硬质合金，将高速干切削应用于弧齿锥齿轮的加工，生产率大幅度提高；③有限元分析表明：等高齿的强度没有问题。

2002 年，克林贝尔格-奥利康机床，首次在弧齿锥齿轮加工机床的世界市场上实现了销售额领先。

## 习题与思考题

4-1　一般轴类零件加工的典型工艺路线是什么？为什么这样安排？

4-2　试分析主轴加工工艺过程中如何体现“基准统一”“基准重合”“互为基准”的原则。它们在保证主轴的精度要求中起什么作用？

4-3　主轴中心孔在加工中起什么作用？为什么在精加工阶段前都要进行中心孔的研磨？

中心孔的研磨的方法有哪些？

4-4 为什么箱体加工常采用统一的精基准？试举例比较采用“一面两孔”或“几个面”组合定位两种方案的优缺点及其适用场合。

4-5 拟订箱体类零件的机械加工工艺的基本原则有哪些？

4-6 保证箱体平行孔系孔距精度的方法有哪些？各适用于哪种场合？

4-7 齿轮的典型加工工艺过程由哪几个加工阶段所组成？

4-8 常用的齿形加工方法有哪些？各有什么特点？应用在什么场合？

4-9 套筒零件结构上有什么特点？加工时应注意哪些问题？如何解决？

4-10 如何选择拨叉类零件的定位基准？为什么？

# 第五章 夹具设计的基本原理

**本章提要：**机床夹具是机械加工工艺系统的一个重要组成部分。本章研究工件在夹具中定位和夹紧的基本原理，主要包括：机床夹具的功用、分类及组成；常见的定位方式及其定位元件、定位误差及其分析与计算；基本夹紧机构和典型夹紧机构的组成和设计要求，并简介专用夹具的设计方法和计算机辅助夹具设计 CAFD 等内容。机床夹具的设计原理是本课程的核心内容之一。

**重点提示：**

常见的定位方式及其定位元件、定位误差及其分析与计算；基本夹紧机构的组成及设计要求。

# 第一节 ■ 概述

## 一、机床夹具的功用

### 1. 稳定保证工件的加工精度

用夹具装夹工件时，工件相对于刀具及机床的位置精度由夹具保证，不受工人技术水平的影响，使一批工件的加工精度趋于一致。

### 2. 减少辅助工时，提高劳动生产率

使用夹具装夹工件无须划线找正，可显著地减少辅助工时，方便快捷；可提高工件刚性，使用较大切削用量；可实现多件、多工位同时装夹，可采用高效夹紧机构，提高劳动生产率。

### 3. 扩大机床的使用范围，实现一机多能

根据加工机床的成形运动，附以不同类型的夹具，可扩大机床的工艺范围。例如：在摇臂钻床的工作台上安装镗模后，可进行箱体类零件的镗孔加工。

## 二、机床夹具的分类

机床夹具一般可按专门化程度、使用的机床和夹紧动力源进行分类。

### 1. 按专门化程度分类

(1) 通用夹具　通用夹具是指已经标准化的，在一定范围内可用于加工不同工件的夹具。例如：车床上的自定心卡盘和单动卡盘，铣床上的平口钳、分度头和回转工作台等都是通用夹具。这类夹具一般由专业工厂生产，作为机床附件提供给用户，其特点是适应性广，但生产率低，主要适用于单件小批量生产中。

(2) 专用夹具　专用夹具是指专为某一工件的某道工序而专门设计的夹具，其特点是结构紧凑，操作迅速、方便、省力，可以保证较高的加工精度和生产率，但设计制造周期较长、制造费用也较高。当产品变更时，夹具将无法再使用，只适用于产品固定且批量较大的生产中。

(3) 通用可调夹具和成组夹具　其特点是夹具的部分元件可以更换，部分装置可以调整，以适应不同零件的加工。成组夹具适用于相似零件的成组加工，与通用可调夹具相比，加工对象的针对性明确。

(4) 组合夹具　组合夹具是指按零件的加工要求，由一套事先制造好的标准元件和部件组装而成的夹具，其特点是灵活多变、通用性强、制造周期短、元件可反复使用，特别适用于新产品的试制和单件小批生产。

(5) 随行夹具　随行夹具是一种在自动线上使用的夹具，与工件成为一体沿着自动线从一个工位移到下一个工位，进行不同工序的加工。

### 2. 按使用的机床分类

按所使用的机床不同，夹具可分为车床夹具、铣床夹具、钻床夹具、镗床夹具、磨床夹具、齿轮机床夹具和其他机床夹具等。

3. 按夹紧动力源分类

根据夹具所采用的夹紧动力源不同，夹具可分为手动夹具、气动夹具、液压夹具、气液夹具、电动夹具、磁力夹具、真空夹具等。

## 三、机床夹具的组成

机床夹具的组成，可以通过一个专用夹具的实例来说明。图 5-1a 所示为某轴套，其要求加工 $\phi$6H7 孔并保证轴向尺寸(37.5±0.02)mm。图 5-1b 所示为其钻床夹具，工件以内孔及端面为定位基准，通过夹具上的定位销 6 及其端面即可确定工件在夹具中的正确位置。拧紧螺母 5，通过开口垫圈 4 可将工件夹紧，然后由装在钻模板 3 上的快换钻套 1 导引钻头进行钻孔。

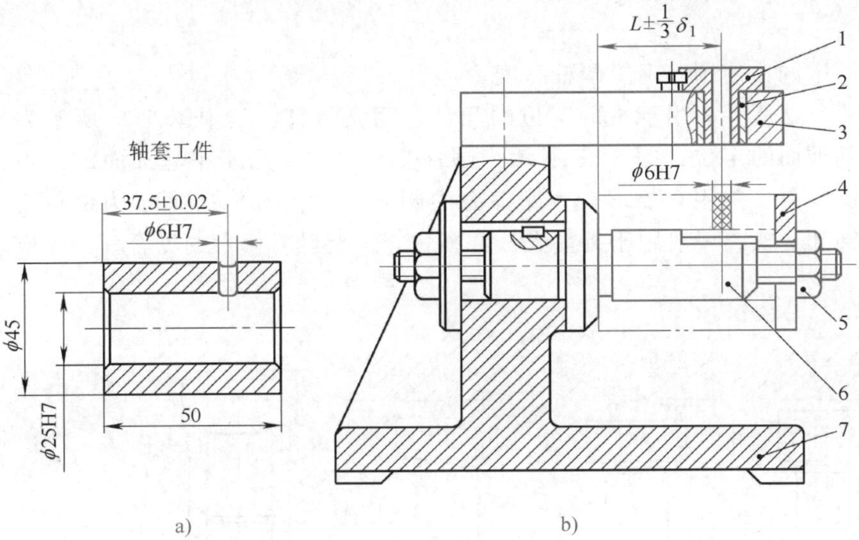


图 5-1　钻床夹具

1—快换钻套　2—导向套　3—钻模板　4—开口垫圈　5—螺母　6—定位销　7—夹具体

可以看出，夹具一般由以下几部分组成。

（1）定位元件（定位装置）　定位元件与工件的定位基面相接触，用于确定工件在夹具中的正确位置，如图 5-1 所示的定位销 6。

（2）夹紧元件（夹紧装置）　夹紧元件的作用是将工件压紧夹牢，使工件在加工过程中保持在夹具中的既定位置，如图 5-1 所示的螺母 5 和开口垫圈 4。

（3）对刀元件与导引元件　用于确定刀具在加工前正确位置的元件称为对刀元件，如对刀块。用于确定刀具位置并导引刀具进行加工的元件称为导引元件，如图 5-1 所示的快换钻套 1。

（4）夹具体　夹具体是用于连接或固定夹具上各元件及装置，使其成为一个整体的基础件。它与机床有关部件进行连接、对定，使夹具相对机床具有确定的位置，如图 5-1 所示的夹具体 7。

（5）其他元件及装置　有些夹具根据工件的加工要求，要有分度机构，铣床夹具还要有定位键等。

以上这些组成部分，并不是对每种机床夹具都是缺一不可的，但是任何夹具都必须有定位元件和夹紧元件，它们是保证工件加工精度的关键，目的是使工件定准、夹牢。

## 第二节 ■ 工件在夹具中的定位

在分析工件定位方案时，主要利用第一章介绍的六点定位原理，根据工件的具体结构特点和工序加工精度要求正确选择定位方式，设计定位元件，进行定位误差的分析与计算。

### 一、常见的定位方式及其定位元件

#### （一）工件以平面定位

工件以平面定位时，常见的定位元件有以下几种。

**1. 固定支承**

支承的高度是固定的，使用时不能调整高度。

（1）支承钉　图 5-2 所示为用于平面定位的几种常用支承钉，其中图 5-2a 所示为平顶支承钉，常用于精基准面的定位；图 5-2b 所示为圆顶支承钉，多用于粗基准面的定位；图 5-2c 所示为网纹顶支承钉，常用在要求较大摩擦力的侧面定位；图 5-2d 所示为带衬套支承钉，由于它便于拆卸和更换，一般用于批量大、磨损快、需要经常修理的场合。一个支承钉只限制一个自由度。

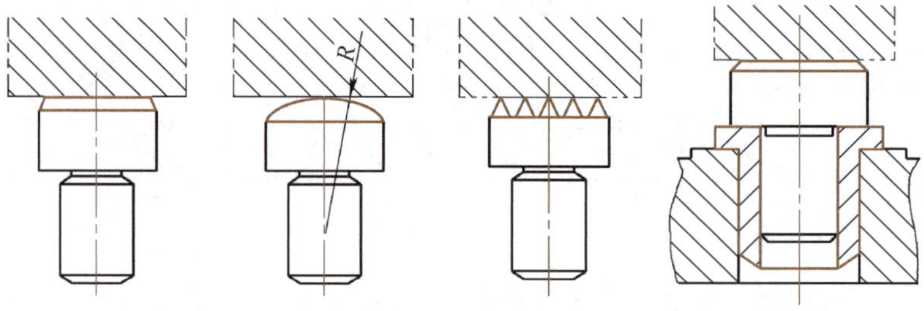


a)　b)　c)　d)

图 5-2　几种常用支承钉

（2）支承板　支承板有较大的接触面积，工件定位稳固。一般较大的精基准平面定位多用支承板作为定位元件。图 5-3 所示为两种常用的支承板，其中图 5-3a 所示为平板式支承板，结构简单、紧凑，但不易清除落入沉头螺纹孔中的切屑，一般用于侧面定位；图 5-3b 所示为斜槽式支承板，清屑容易，适用于底面定位。

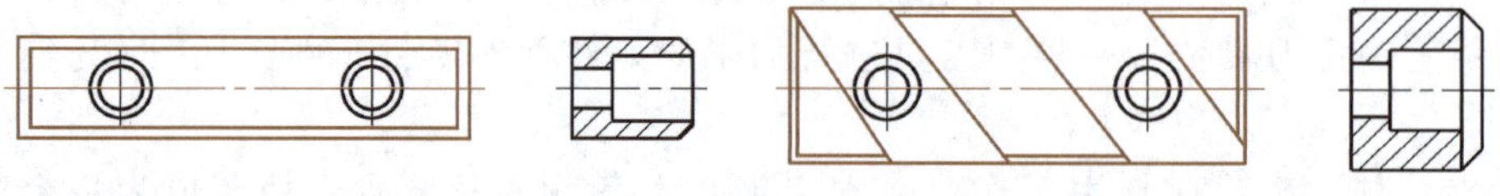

a)　b)

图 5-3　两种常用的支承板

一个短支承板限制一个自由度，一个长支承板限制两个自由度。

支承钉、支承板的结构、尺寸均已标准化，设计时可查有关国家标准手册。材料一般用

20 钢，渗碳深度为 0.8~1.2mm，淬火硬度为 60~64HRC。

2. 可调支承

可调支承的顶端位置可以在一定的范围内调整。图 5-4 所示为几种常用的可调支承典型结构。可调支承用于未加工过的平面定位，以调节补偿各批毛坯尺寸误差。

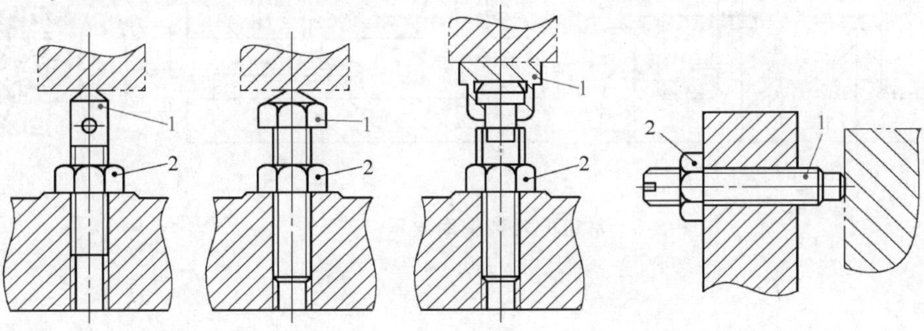


a)　b)　c)　d)

**图 5-4　几种常用的可调支承典型结构**

1—可调支承螺钉　2—螺母

3. 自位支承

自位支承又称为浮动支承，在定位过程中，支承本身所处的位置随工件定位基准面的变化而自动调整并与之相适应。图 5-5 所示为几种常见的自位支承结构，尽管每一个自位支承与工件间可能是两点或三点接触，但实质上仍然只起一个定位支承点的作用，只限制工件的一个自由度，常用于毛坯表面、断续表面、阶梯表面定位。

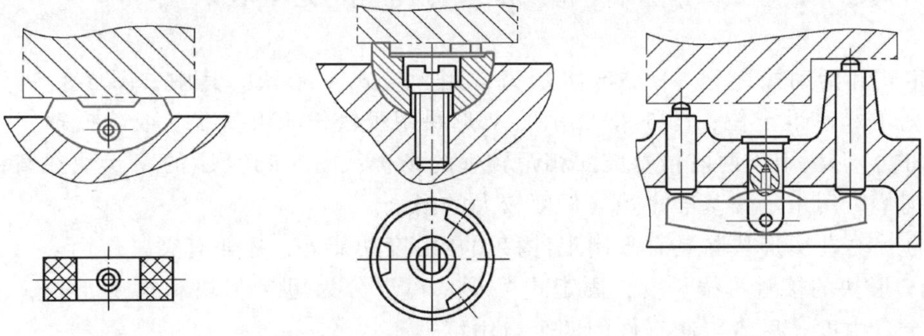

a)　b)　c)

**图 5-5　几种常见的自位支承结构**

4. 辅助支承

辅助支承是在工件实现定位后才参与支承的定位元件，不起定位作用，只能提高工件加工时刚度或起辅助定位作用。图 5-6 所示为常见的几种辅助支承。其中，图 5-6a、b 所示为螺旋式辅助支承，用于小批量生产；图 5-6c 所示为推力式辅助支承，用于大批量生产。

图 5-7 所示为辅助支承应用实例。其中，图 5-7a 所示的辅助支承用于提高工件稳定性和刚度；图 5-7b 所示的辅助支承起预定位作用。

(二) 工件以外圆柱面定位

工件以外圆柱面作为定位基准时，根据外圆柱面的完整程度、加工要求和安装方式，可

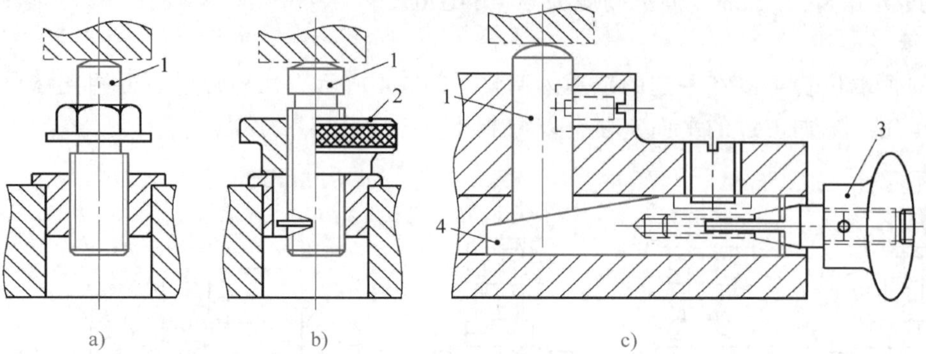


图 5-6　常见的几种辅助支承

1—支承　2—螺母　3—手轮　4—楔块

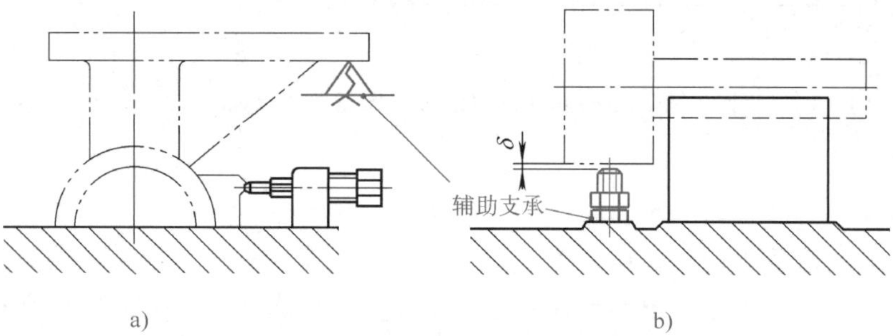


图 5-7　辅助支承应用实例

以在 V 形块、定位套、半圆套及圆锥套中定位。其中，最常用的是 V 形块。

1. V 形块

V 形块有固定式和活动式之分。图 5-8 所示为常用固定式 V 形块。其中，图 5-8a 所示的 V 形块用于较短的精基准定位；图 5-8b 所示的 V 形块用于较长的粗基准（或阶梯轴）定位；图 5-8c 所示的 V 形块用于两段精基准面相距较远的场合；图 5-8d 所示的 V 形块在铸铁底座上镶有淬火钢垫，用于定位基准直径与长度较大的场合。

图 5-9 所示的活动式 V 形块除具有限制工件移动自由度功能外，还兼有夹紧作用。

根据工件与 V 形块的接触母线长度，固定式 V 形块可以分为短 V 形块和长 V 形块，前者限制工件的两个自由度，后者限制工件的四个自由度。

V 形块定位的优点如下。

1）对中性好，可使工件的定位基准轴线对中在 V 形块两斜面的对称平面上，不会发生偏移且安装方便。

2）应用范围较广，不论定位基准是否经过加工，不论是完整的圆柱面还是局部圆弧面，都可采用 V 形块定位。

V 形块上两斜面间的夹角一般选用 60°、90°和 120°，其中以 90°应用最多。其典型结构和尺寸均已标准化，设计时可查有关国家标准手册。V 形块的材料一般用 20 钢，渗碳深度为 0.8～1.2mm，淬火硬度为 60～64HRC。

2. 定位套

工件以定位套定位的方法一般适用于精基准定位。图 5-10a 所示为短定位套定位，限制

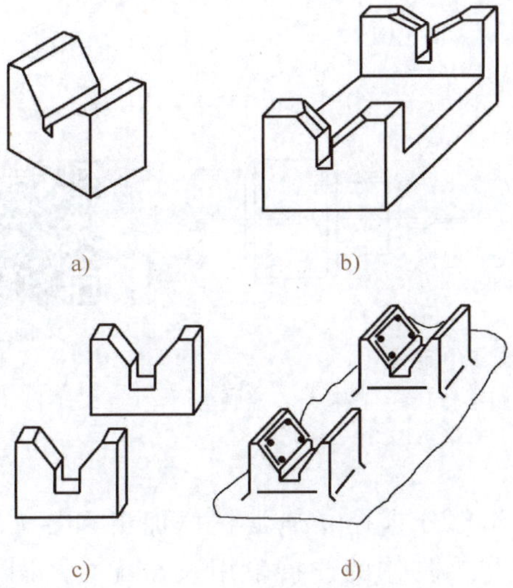

图 5-8　常用固定式 V 形块

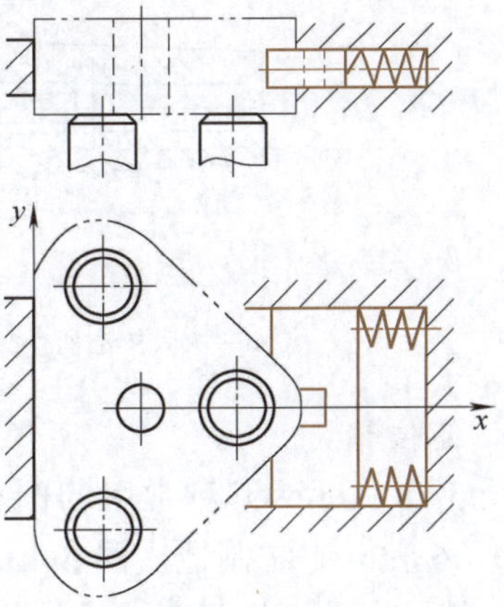

图 5-9　活动式 V 形块应用实例

工件的两个自由度；图 5-10b 所示为长定位套定位，限制工件的四个自由度。

3. 半圆套

图 5-11 所示为半圆套结构简图，下半圆套起定位作用，上半圆套起夹紧作用。其中，图 5-11a 所示为可卸式；图 5-11b 所示为铰链式，装卸工件方便。短半圆套限制工件的两个自由度，长半圆套限制工件的四个自由度。

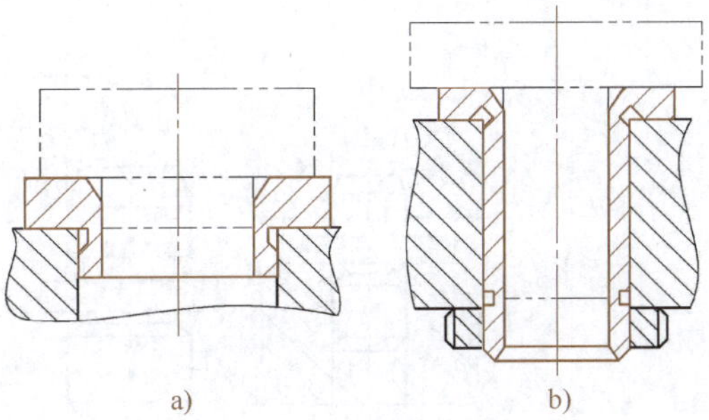

图 5-10　工件在定位套内定位

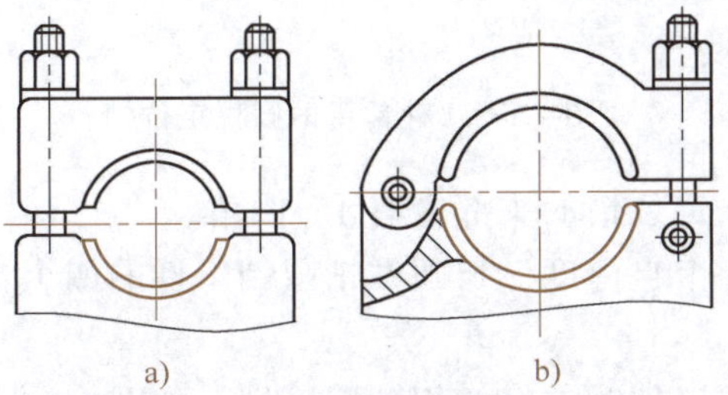

图 5-11　半圆套结构简图

4. 圆锥套

工件以圆锥套定位时，常与后顶尖配合使用。如图 5-12 所示，夹具体锥柄 1 插入机床主轴孔中，通过传动螺钉 2 对定位圆锥套 3 传递转矩，工件 4 的圆柱左端部在定位圆锥套 3 中通过齿纹锥面进行定位，限制工件的三个移动自由度；工件圆柱右端锥孔在后顶尖 5 上定位，限制工件的两个转动自由度。

（三）工件以圆孔定位

工件以圆孔定位的常用定位元件有定位销、圆柱心轴、圆锥销、圆锥心轴等。圆孔定位还经常与平面定位联合使用。

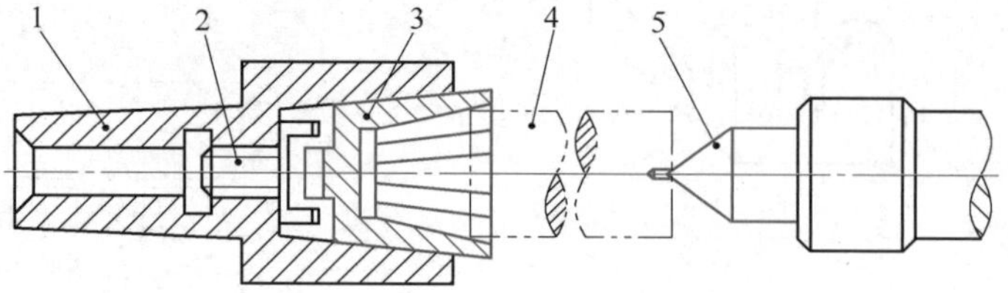


图 5-12　**工件在圆锥套中定位**

1—夹具体锥柄　2—传动螺钉　3—定位圆锥套　4—工件　5—后顶尖

### 1. 定位销

图 5-13 所示为几种常用的圆柱定位销，其工作部分直径 $d$ 通常根据加工和装夹要求，按 g5、g6、f6 或 f7 制造。图 5-13a～c 所示定位销与夹具体的连接采用过盈配合；图 5-13d 所示为带衬套的可换式圆柱销结构，定位销与衬套的配合采用间隙配合，位置精度较固定式定位销低，一般用于大批大量生产中。

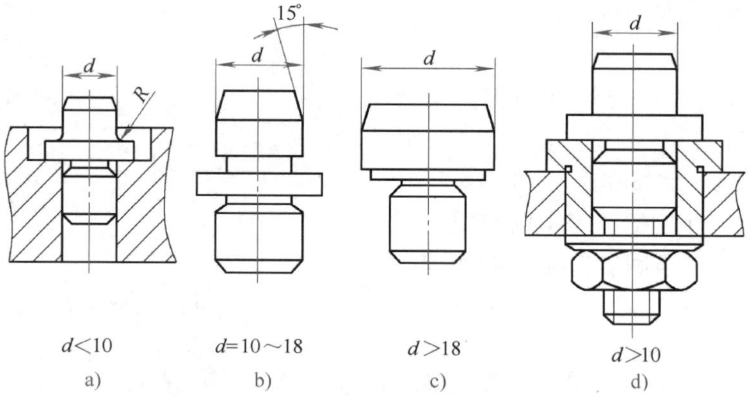


图 5-13　**几种常用的圆柱定位销**

为便于工件顺利装入，定位销的头部应有 15°倒角。

短圆柱销限制工件的两个自由度，长圆柱销限制工件的四个自由度。

### 2. 圆锥销

在加工套筒、空心轴类工件时，经常用到圆锥销，如图 5-14 所示。图 5-14a 所示的圆锥销用于粗基准；图 5-14b 所示的圆锥销用于精基准。圆锥销限制了工件 $\vec{x}$、$\vec{y}$、$\vec{z}$ 三个自由度。

工件在单个圆锥销上定位容易倾斜，所以圆锥销一般与其他定位元件组合定位。如图 5-15 所示，工件以底面作为主要定位基面，在限制了 $\vec{x}$、$\vec{y}$、$\vec{z}$ 三个自由度的同时，采用活动圆锥销，又可限制 $\widehat{x}$、$\widehat{y}$ 两个转动自由度，即使工件的孔径变化较大，也能准确定位。

### 3. 定位心轴

定位心轴主要用于套筒类和空心盘类工件的车、铣、磨及齿轮加工。常见的有圆柱心轴和圆锥心轴等。

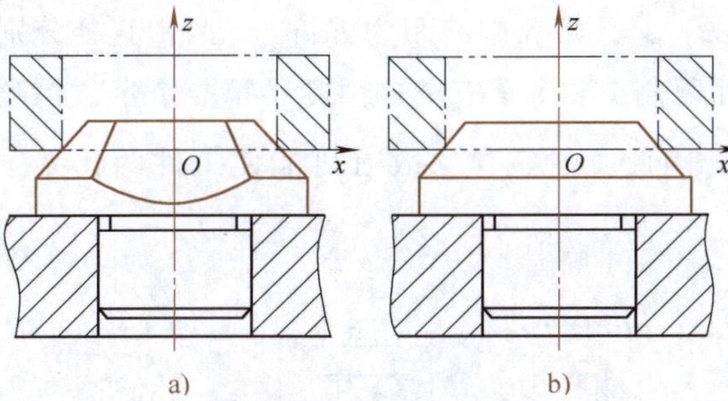


图 5-14　圆锥销

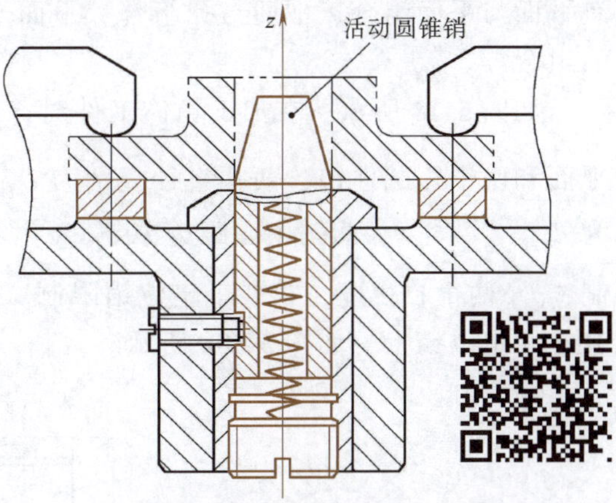


图 5-15　圆锥销组合定位

（1）圆柱心轴　图 5-16a 所示为间隙配合圆柱心轴，定位精度不高，但装卸工件方便；图 5-16b 所示为过盈配合圆柱心轴，常用于对定心精度要求高的场合；图 5-16c 所示为花键心轴，用于以内花键为定位基准的场合。当工件孔的长径比 $L/D>1$ 时，工作部分可略带锥度。

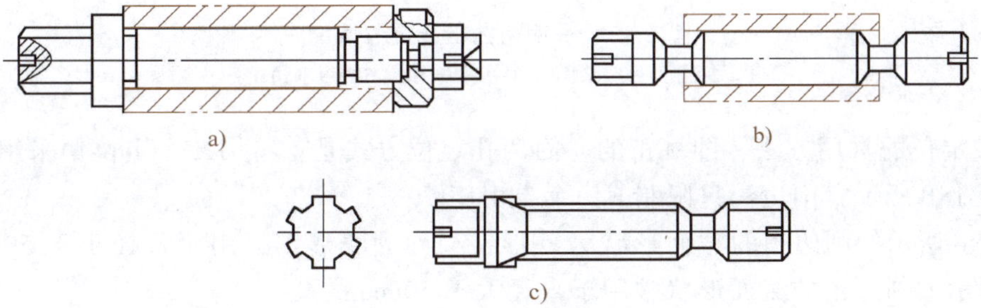


图 5-16　常见的几种圆柱心轴

短圆柱心轴限制工件的两个自由度，长圆柱心轴限制工件的四个自由度。

（2）圆锥心轴　某工件以圆锥孔在圆锥心轴上定位的情形，如图 5-17 所示。定位时，圆锥孔和圆锥心轴的锥度相同，因此定心精度与角向定位精度均较高，而轴向定位精度取决于工件孔和心轴的尺寸精度。圆锥心轴可限制除绕其轴线转动的自由度之外的其他五个自由度。

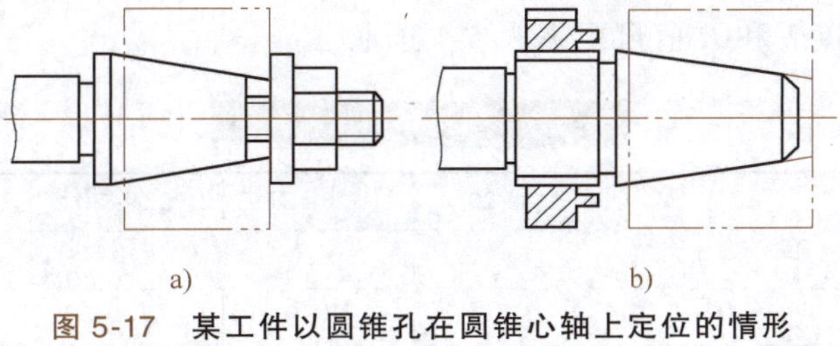


图 5-17　某工件以圆锥孔在圆锥心轴上定位的情形

### （四）工件以组合表面定位

在实际加工过程中，工件往往不是采用单一表面的定位，而是以组合表面定位。常见的有平面与平面组合、平面与孔组合、平面与外圆柱面组合、平面与其他表面组合、锥面与锥面组合等。

如图 5-18 所示，在加工箱体工件时，往往采用一面两孔组合定位。定位元件采用一个平面和两个短圆柱销，两孔直径分别为 $D_{1}{}_{\ 0}^{+\delta_{D_1}}$、$D_{2}{}_{\ 0}^{+\delta_{D_2}}$，两孔中心距为 $L\pm\delta_{LD}$，两销直径分别为 $d_{1-\delta_{d_1}}^{0}$、$d_{2-\delta_{d_2}}^{0}$，两销中心距为 $L\pm\delta_{Ld}$。由于平面限制 $\vec{x}$、$\vec{y}$、$\vec{z}$ 三个自由度，第一个定位销限制 $\vec{x}$、$\vec{y}$ 两个自由度，第二个定位销限制 $\vec{x}$ 和 $\overset{\frown}{z}$，因此 $\vec{x}$ 过定位，故有可能使工件两孔无法套在两定位销上，如图 5-18a 所示。

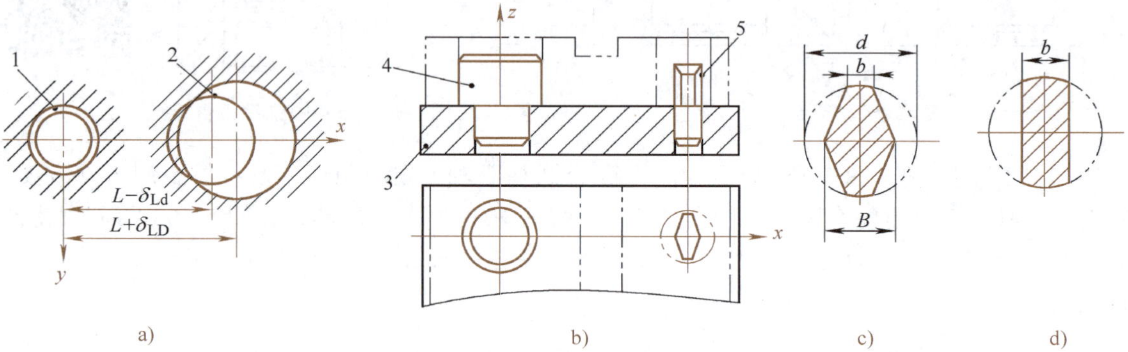


**图 5-18 一面两孔组合定位情况**

1、2—孔 3—平面 4—短圆柱销 5—短削边销

解决过定位的常用方法，即真正的一面两孔定位方式是：将第二个定位销采用削边销结构，如图 5-18b 所示，削边销只限制 $\overset{\frown}{z}$ 一个自由度。

图 5-18c 所示的削边销的截面形状为菱形，又称为菱形销，用于直径小于 50mm 的孔；图 5-18d 所示的削边销的截面形状常用于直径大于 50mm 的孔。

在实际设计中，销尺寸设计的方法与步骤如下。

（1）确定两销中心距 两销中心距的公称尺寸等于两孔中心距的公称尺寸（两孔中心距应转化为对称标注）。两销中心距的偏差一般取两孔中心距偏差的 1/5~1/3，当孔距公差大时，取小值；反之，取大值，以便于制造。

（2）确定第一个定位销直径尺寸 $d_1$ 取 $d_{1\min}=D_{1\max}$，定位销的直径公差一般按 g6、f7 配合选取，最后应对销尺寸进行圆整处理。

（3）确定削边销宽度 $b$ 和 $B$ 值 削边销的结构尺寸已经标准化，设计时应尽量按照标准选用。削边销的宽度 $b$ 和 $B$ 值可根据表 5-1 选取。

**表 5-1 削边销的结构尺寸**

（单位：mm）

| 配合孔 $D_2$ | >3~6 | >6~8 | >8~20 | >20~24 | >24~30 | >30~40 | >40~50 |
|---|---|---|---|---|---|---|---|
| $b$ | 2 | 3 | 4 | 5 | | 6 | 8 |
| $B$ | $D_2-0.5$ | $D_2-1$ | $D_2-2$ | $D_2-3$ | $D_2-4$ | $D_2-5$ | |

（4）计算削边销直径尺寸 $d_2$ 先按下式计算出削边销与孔配合的最小间隙，再计算削边销直径尺寸 $d_2$，并按 g6 或 f7 选取偏差，然后圆整处理。

$$\Delta_{2\min} \approx \frac{2b(\delta_{LD} + \delta_{Ld})}{D_2} \tag{5-1}$$

$$d_2 = D_2 - \Delta_{2\min} \tag{5-2}$$

式中　$\Delta_{2\min}$——削边销与孔配合的最小间隙（mm）；
$b$——削边销的宽度（mm）；
$\delta_{LD}$、$\delta_{Ld}$——分别为工件上两孔中心距公差和夹具上两销中心距公差（mm）；
$D_2$——工件上削边销定位孔直径（mm）；
$d_2$——削边销直径尺寸（mm）。

## 二、定位误差及其分析与计算

按照六点定位原理，可以设计和检查工件在夹具上的正确位置，但能否满足工件对工序加工精度的要求，则取决于刀具与工件之间正确的相互位置。而影响这个正确的位置关系的因素很多，如夹具在机床上的装夹误差、工件在夹具中的定位误差和夹紧误差、机床的调整误差、工艺系统的弹性变形和热变形误差、机床和刀具的制造误差及磨损误差等。

因此，为保证工件的加工质量，应满足如下关系式

$$\Delta \leqslant \delta \tag{5-3}$$

式中　$\Delta$——各种因素产生的误差总和；
$\delta$——工件被加工尺寸的公差。

本章只研究定位误差对加工精度的影响，所以式（5-3）可写为

$$\Delta_D + \omega \leqslant \delta \quad 或 \quad \Delta_D \leqslant \delta - \omega \tag{5-4}$$

式中　$\Delta_D$——工件在夹具中的定位误差，一般应小于$\delta/3$；
$\omega$——除定位误差外，其他因素引起的误差总和，可按经济加工精度查表确定。

式（5-4）可用于验算加工工件是否合格。

### （一）定位误差及其产生原因

定位误差是指由于工件定位造成的加工面相对工序基准的位置误差。因为对一批工件来说，刀具经调整后位置是不动的，即被加工表面的位置相对于定位基准是不变的，所以定位误差就是工序基准在加工尺寸方向上的最大变动量。

造成定位误差的原因如下。

（1）基准不重合误差　由于定位基准与工序基准不一致所引起的定位误差，称为基准不重合误差，即工序基准相对定位基准在加工尺寸方向上的最大变动量，以$\Delta_B$表示。

（2）基准位移误差　由于定位副制造误差及其配合间隙所引起的定位误差，称为基准位移误差，即定位基准的相对位置在加工尺寸方向上的最大变动量，以$\Delta_Y$表示。

### （二）常见定位方式的定位误差分析与计算

定位误差是由于基准不重合误差和基准位移误差共同作用的结果，故

$$\Delta_D = \Delta_Y \pm \Delta_B \tag{5-5}$$

在进行定位误差的分析与计算时，可以将两项误差分别计算，再按式（5-5）合成。当$\Delta_B$和$\Delta_Y$变动方向相同时，取“+”号；反之，取“-”号。

下面讨论常见定位方式的定位误差分析与计算。

1. 工件以平面定位

图 5-19 所示为铣台阶面的两种定位方案。

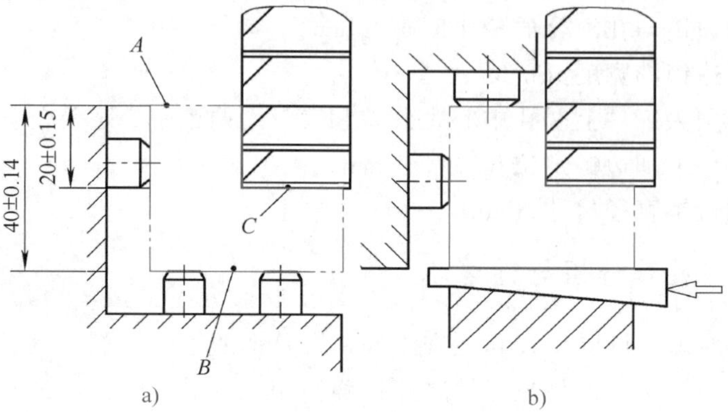


图 5-19　铣台阶面的两种定位方案

若按图 5-19a 所示定位方案铣工件上的台阶面 $C$，由工序简图知，加工尺寸（20±0.15）mm 的工序基准是 $A$ 面，而定位基准是 $B$ 面，可见定位基准与工序基准不重合，必然存在基准不重合误差。这时的定位尺寸是（40±0.14）mm，与加工尺寸方向一致，所以基准不重合误差的大小就是定位尺寸的公差，即 $\Delta_B=0.28\text{mm}$。若定位基准 $B$ 面制造得比较平整光滑，则同批工件的定位基准位置不变，不会产生基准位移误差，即 $\Delta_Y=0$，故有

$$\Delta_D=\Delta_B+\Delta_Y=\Delta_B=0.28\text{mm}$$

而加工尺寸（20±0.15）mm 的公差为：$\delta=0.30\text{mm}$，故 $\Delta_D=0.28\text{mm}>\delta/3$。因此，定位误差太大，此方案不宜采用。

若改为图 5-19b 所示的定位方案，则由于定位基准与工序基准重合，所以定位误差为零。但工件需从下向上夹紧，且夹具结构复杂。

2. 工件以外圆柱面定位

工件以外圆柱面在 V 形块上定位时，若不考虑 V 形块的制造误差，则工件定位基准在 V 形块的对称面上，因此工件中心线在水平方向上的位移为零。但在垂直方向上，因工件外圆柱面有制造误差，而产生基准位移，如图 5-20a 所示。其值为

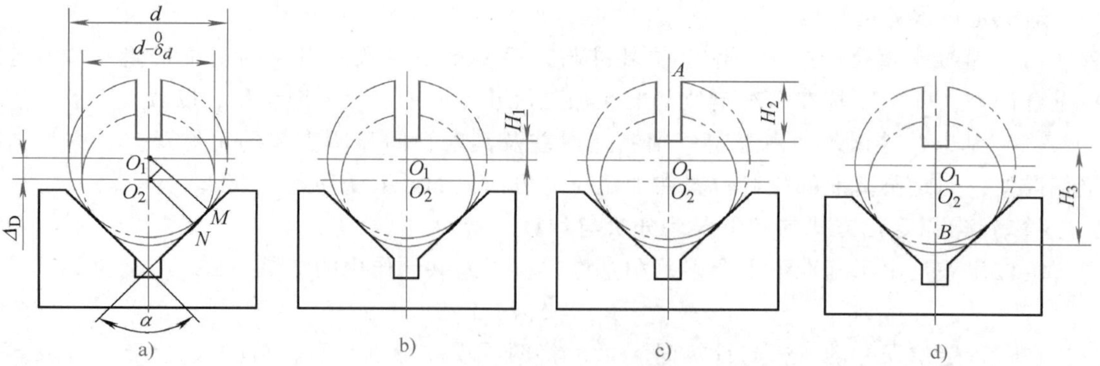


图 5-20　工件在 V 形块上定位时定位误差分析

$$\Delta_Y = O_2O_1 = \frac{O_1M}{\sin\frac{\alpha}{2}} - \frac{O_2N}{\sin\frac{\alpha}{2}} = \frac{\frac{1}{2}d}{\sin\frac{\alpha}{2}} - \frac{\frac{1}{2}(d-\delta_d)}{\sin\frac{\alpha}{2}} = \frac{\delta_d}{2\sin\frac{\alpha}{2}} \tag{5-6}$$

图 5-20b~d 所示为加工同一槽的三种不同工序尺寸标注情况，工件直径尺寸为 $d_{-\delta_d}^{\ 0}$，其定位误差的分析计算如下。

图 5-20b 所示为工序基准与定位基准重合，此时 $\Delta_B=0$，只有基准位移误差，故影响工序尺寸 $H_1$ 的定位误差为

$$\Delta_D = \Delta_Y = \frac{\delta_d}{2\sin\frac{\alpha}{2}} \tag{5-7}$$

图 5-20c 所示为工序基准选在工件上母线 $A$ 处，工序尺寸为 $H_2$。此时，工序基准与定位基准不重合，其误差为 $\Delta_B=\delta_d/2$，基准位移误差 $\Delta_Y$ 同上。当工件直径尺寸减小时，工件定位基准将下移；当工件定位基准位置不变时，若工件直径尺寸减小，则工序基准 $A$ 下移，两者变化方向相同，故定位误差为

$$\Delta_D = \Delta_Y + \Delta_B = \frac{\delta_d}{2\sin\frac{\alpha}{2}} + \frac{\delta_d}{2} \tag{5-8}$$

图 5-20d 所示为工序基准选在工件下母线 $B$，工序尺寸为 $H_3$。当工件直径尺寸变小时，定位基准将下移，当工件定位基准不变时，若工件直径尺寸减小，则工序基准将上移，两者变化方向相反，故定位误差为

$$\Delta_D = \Delta_Y - \Delta_B = \frac{\delta_d}{2\sin\frac{\alpha}{2}} - \frac{\delta_d}{2} \tag{5-9}$$

可以看出，当 $\alpha$ 角相同时，以工件下母线为工序基准时，定位误差最小，而以工件上母线为工序基准时定位误差最大，所以图 5-20d 所示尺寸标注方法最好。另外，随 V 形块夹角 $\alpha$ 的增大，定位误差减小，但夹角过大时，将引起工件定位不稳定，故一般多采用 90°的 V 形块。

### 3. 工件以圆柱孔定位

工件以单一圆柱孔定位时，常用的定位元件是圆柱定位心轴（或定位销），此时定位误差的计算有以下两种情形。

（1）工件孔与定位心轴（或定位销）采用过盈配合时　此时定位副间无间隙，定位基准的位移量为零，所以 $\Delta_Y=0$。

若工序基准与定位基准重合，如图 5-21a 中的 $H_1$ 尺寸，则定位误差为

$$\Delta_D = \Delta_B + \Delta_Y = 0 \tag{5-10}$$

若工序基准在工件定位孔的母线上，如图 5-21b 中的 $H_2$ 尺寸，则定位误差为

$$\Delta_D = \Delta_B + \Delta_Y = \Delta_B = \frac{\delta_d}{2} \tag{5-11}$$

若工序基准在工件外圆母线上，如图 5-21c 中的 $H_3$ 尺寸，则定位误差为

$$\Delta_{\mathrm{D}}=\Delta_{\mathrm{B}}+\Delta_{\mathrm{Y}}=\Delta_{\mathrm{B}}=\frac{\delta_{D}}{2} \tag{5-12}$$

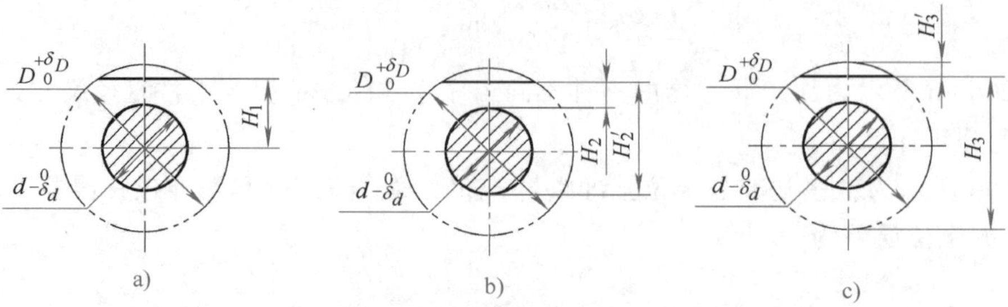


图 5-21 工件以圆柱孔在过盈配合心轴上定位时定位误差分析

（2）工件孔与定位心轴（或定位销）采用间隙配合时 此时分以下两种情况。

1）工件孔与定位心轴（或定位销）水平放置。图 5-22a 所示为理想定位状态，工序基准（孔中心线）与定位基准（心轴轴线）重合，$\Delta_{\mathrm{B}}=0$；但由于工件的自重作用，使工件孔与定位心轴（或定位销）的上母线单边接触，孔中心线相对于定位心轴（或定位销）轴线将下移。图 5-22b 所示是可能产生的最小下移状态；图 5-22c 所示是可能产生的最大下移状态。由于定位副的制造误差，将产生定位基准位移误差，孔中心线在铅垂方向上的最大变动量为

$$\Delta_{\mathrm{Y}}=O_1O_2=OO_2-OO_1=\frac{D_{\max}-d_{\min}}{2}-\frac{D_{\min}-d_{\max}}{2}=\frac{\delta_D+\delta_d}{2} \tag{5-13}$$

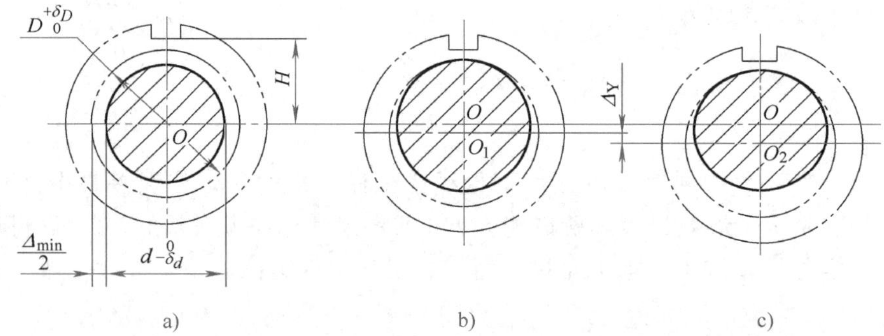


图 5-22 工件孔与定位心轴间隙配合水平放置时定位误差计算

需要注意：基准位移误差 $\Delta_{\mathrm{Y}}$ 是最大位置变化量，而不是最大位移量。$\Delta_{\mathrm{Y}}$ 计算结果中没有包含 $\Delta_{\min}/2$ 常值系统误差（可通过调刀消除），在确定调刀尺寸时应加以注意。

对于基准不重合误差，则应视工序基准的不同而不同。

2）工件孔与定位心轴（或定位销）垂直放置。如图 5-23 所示，定位心轴（或定位销）与工件内孔则可能任意边接触，应考虑加工尺寸方向的两个极限位置及孔轴的最小配合间隙 $\Delta_{\min}$ 的影响，所以在加工尺寸方向上的最大基准位移误差可按最大孔和最小轴求得孔中心线位置的变动量，即

$$\Delta_{\mathrm{Y}}=\delta_D+\delta_d+\Delta_{\min}=\Delta_{\max} \tag{5-14}$$

而基准不重合误差，则应视工序基准的不同而异。

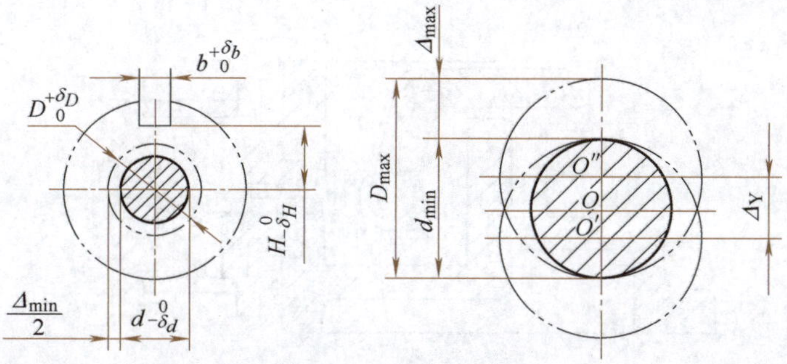

图 5-23 工件孔与定位心轴间隙配合垂直放置时定位误差计算

#### 4. 工件以一面两孔定位

图 5-24 所示为工件以一面两孔定位的情况。

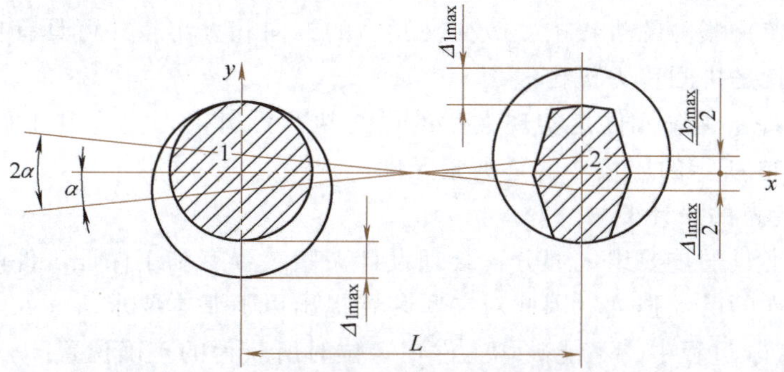

图 5-24 工件以一面两孔定位的情况

1）“1”孔中心线在 $x$、$y$ 方向的最大位移为

$$\Delta_{D(1x)}=\Delta_{D(1y)}=\delta_{D_1}+\delta_{d_1}+\Delta_{1\min}=\Delta_{1\max} \tag{5-15}$$

2）“2”孔中心线在 $x$、$y$ 方向的最大位移分别为

$$\Delta_{D(2x)}=\Delta_{D(1x)}+2\delta_{L_D} \tag{5-16}$$

$$\Delta_{D(2y)}=\delta_{D_2}+\delta_{d_2}+\Delta_{2\min}=\Delta_{2\max} \tag{5-17}$$

3）两孔中心连线对两销中心连线的最大转角误差为

$$\Delta_{D(\alpha)}=2\alpha=2\cot\frac{\Delta_{1\max}+\Delta_{2\max}}{2L} \tag{5-18}$$

# 第三节 ■ 工件在夹具中的夹紧

## 一、夹紧装置的组成和设计要求

### （一）夹紧装置的组成

如图 5-25 所示，典型夹紧装置一般由以下三部分组成。

（1）动力源装置 夹紧力的来源，一是人力；二是机动夹紧装置，如气压装置、液压装置、电动装置、磁力装置等。图 5-25 所示由活塞杆 4、活塞 5 和气缸 6 组成的就是一种气

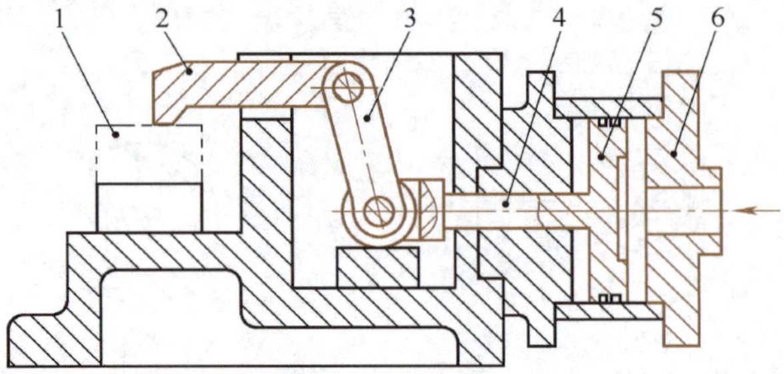


**图 5-25　夹紧装置的组成**

1—工件　2—压板　3—铰链杆　4—活塞杆　5—活塞　6—气缸

压机动夹紧装置。

(2) 中间传力机构　中间传力机构是介于动力源和夹紧元件之间的机构。一般中间传力机构可以在传递夹紧力的过程中，改变夹紧力的方向和大小，并可具有自锁性能。图 5-25 所示的铰链杆 3 就是中间传力机构。

(3) 夹紧元件　夹紧元件是实现夹紧的最终执行元件。通过它和工件直接接触而完成夹紧工件。图 5-25 所示的压板 2 就是夹紧元件。

### （二）夹紧装置的设计要求

夹紧装置是夹具的重要组成部分，合理设计夹紧装置有利于保证工件的加工质量、提高生产率和减轻工人的劳动强度。因此对夹紧装置提出以下基本要求。

1）工件在夹紧过程中，不能破坏工件在定位时所获得的正确位置。

2）夹紧力的大小应可靠、适当，也就是既要保证工件在加工过程中不产生移动或振动，同时又必须防止工件产生不适当的变形和表面损伤。

3）夹紧动作要准确迅速，以便提高生产率。

4）操作方便、省力、安全，以改善工人的劳动条件，减轻劳动强度。

5）结构简单，易于制造。

一套夹紧装置设计的优劣，在很大程度上取决于夹紧力的设计是否合理。夹紧力包括夹紧力的方向、作用点和大小三个要素。

#### 1. 夹紧力的方向

(1) 夹紧力的方向应不破坏工件定位的准确性和可靠性　一般要求夹紧力的方向应指向主要定位基准面，把工件压向定位元件的主要定位表面上。

如图 5-26 所示，直角支座镗孔时要求孔与 $A$ 面垂直，故应以 $A$ 面为主要定位基准，且夹紧力的方向与之垂直，则较容易保证质量。反之，若压向 $B$ 面，当工件 $A$、$B$ 两面有垂直度误差时，就会使孔不垂直 $A$ 面而可能报废。其实质是夹紧力的方向选择不当，改变了工件的主要定位基准面，从而产生了定位误差。

(2) 夹紧力的方向应使工件变形尽可能小　如图 5-27 所示的薄壁套筒零件，用自定心卡盘夹紧外圆（图 5-27a），显然要比用特制螺母从轴向夹紧工件（图 5-27b）变形要大。

(3) 夹紧力的方向应使所需夹紧力尽可能小　在保证夹紧可靠的前提下，减小夹紧力可以减轻工人的劳动强度，提高生产率，同时可以使机构轻便、紧凑以及减少工件变形。为此，应使夹紧力 $Q$ 的方向最好与切削力 $F$、工件重力 $G$ 的方向重合，这时所需要的夹紧力

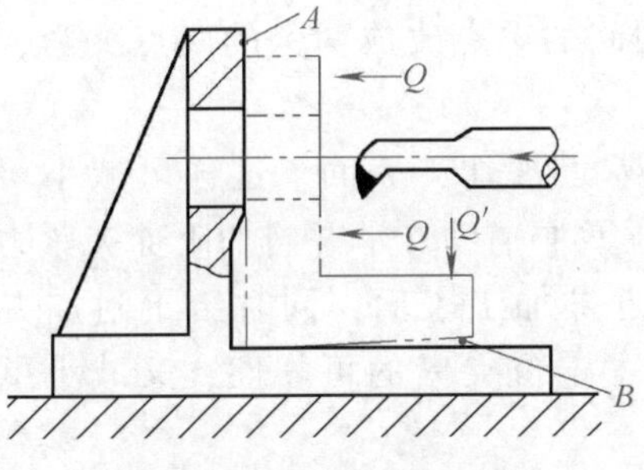


图 5-26　夹紧力方向选择

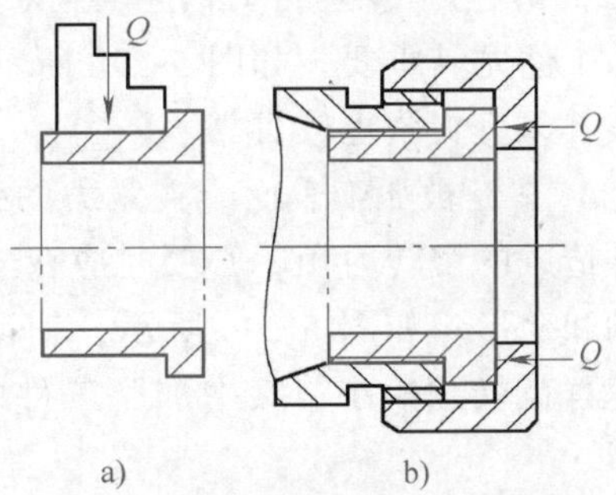


图 5-27　薄壁套筒零件的夹紧方法

为最小。一般在定位与夹紧同时考虑时，切削力 $F$、工件重力 $G$、夹紧力 $Q$ 三个力的方向与大小也要同时考虑。

图 5-28 所示为夹紧力、切削力和重力之间关系的几种示意情况。显然，图 5-28a 所示情况最合理；图 5-28f 所示情况最差。

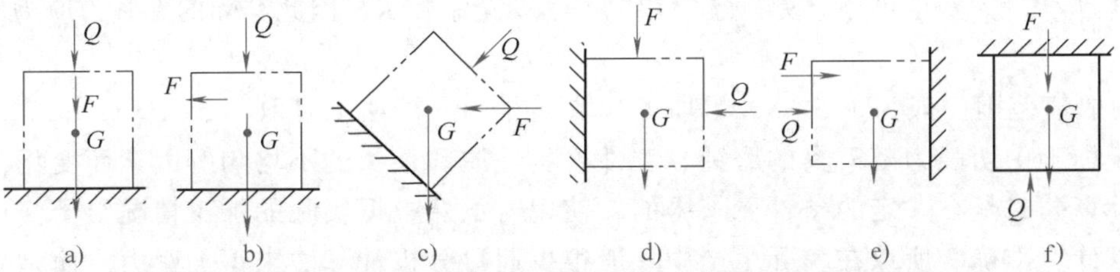


图 5-28　夹紧力、切削力和重力之间关系的几种示意情况

2. 夹紧力的作用点

夹紧力作用点的位置和数目将直接影响工件定位后的可靠性和夹紧后的变形，应注意以下几个方面。

（1）靠近支承区域的中心　夹紧力作用点应靠近支承元件的几何中心或几个支承元件所形成的支承面内。如图 5-29a 所示，夹紧力为 $Q$ 时，因它作用在支承面范围之外，会使工件倾斜或移动，而夹紧力改为 $Q_1$ 时，因它作用在支承面范围之内，所以是合理的。

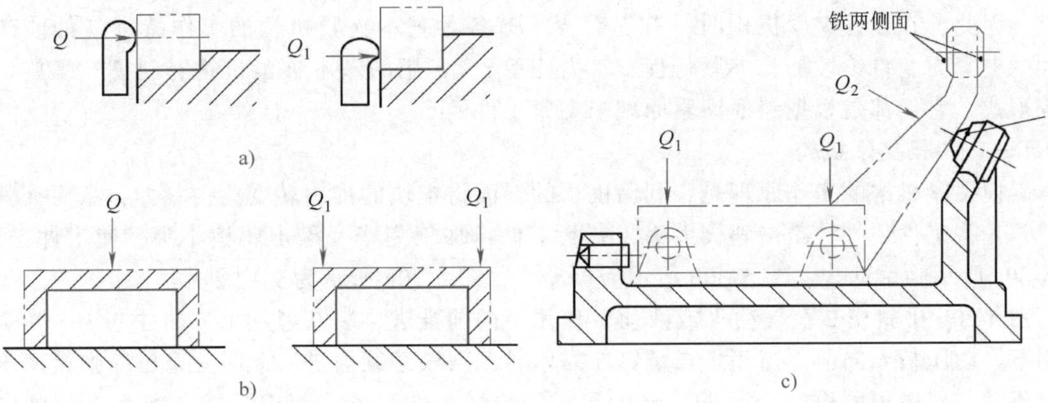


图 5-29　夹紧力作用点的选择

(2) 落在刚度较好的部位上 夹紧力作用点应落在工件刚度较好的部位上，这对刚度较差的工件尤其重要，如图5-29b所示，将作用点由中间的单点改成两旁的两点夹紧，变形大为改善，且夹紧也较可靠。

(3) 靠近被加工表面 夹紧力的作用点应尽可能靠近被加工表面，这样可减小切削力对工件造成的翻转力矩，必要时应在工件刚性差的部位增加辅助支承并施加附加夹紧力，以免振动和变形。如图5-29c所示，辅助支承a尽量靠近被加工表面，同时给予附加夹紧力$Q_2$。这样翻转力矩小，又增加了工件的刚性，既保证了定位夹紧的可靠性，又减小了振动和变形。

3. 夹紧力的大小

夹紧力的大小主要影响工件定位的可靠性、工件的夹紧变形以及夹紧装置的结构尺寸和复杂性，因此夹紧力的大小应当适中。在实际设计中，确定夹紧力大小的方法有两种：经验类比法和分析计算法。

采用分析计算法时，一般根据切削原理的公式求出切削力的大小$F$，必要时算出惯性力、离心力的大小，然后与工件重力及待求的夹紧力组成静平衡力系，列出平衡方程式，即可算出理论夹紧力$Q'$。为安全可靠起见，还要考虑一个安全系数$K$，因此实际的夹紧力应为

$$Q = KQ' \tag{5-19}$$

$K$的取值范围一般为1.5~3，粗加工时取2.5~3，精加工时取1.5~2。

由于加工中切削力随刀具的磨钝、工件材料性质和余量的不均匀等因素而变化，而且切削力的计算公式是在一定的条件下求得的，使用时虽然根据实际的加工情况给予修正，但是仍然很难计算准确。所以在实际生产中一般很少通过分析计算法求得夹紧力，而是采用经验类比的方法估算夹紧力的大小。对于关键性的重要夹具，则往往通过实验方法来测定所需要的夹紧力。

夹紧力三要素的确定，实际上是一个综合性问题，必须全面考虑工件的结构特点、工艺方法、定位元件的结构和布置等多种因素，才能最后确定并具体设计出较为理想的夹紧机构。

## 二、基本夹紧机构

夹紧机构的选择需要满足加工方法、工件所需夹紧力大小、工件结构、生产率等方面的要求，因此，在设计夹紧机构时，首先需要了解各种基本夹紧机构的工作特点（如能产生多大的夹紧力、自锁性能、夹紧行程、扩力比等）。常用的基本夹紧机构有斜楔、螺旋、偏心等形式，它们都是根据斜面夹紧原理来夹紧工件的。

### （一）斜楔夹紧机构

斜楔夹紧机构的工作原理是：利用楔块的斜面将楔块的推力转变为夹紧力，从而夹紧工件。首先将工件装入，敲击斜楔大头，夹紧工件；加工完毕，敲击斜楔小头，使工件松开。图5-30a所示为手动式，图5-30b所示为机动式，图5-30c所示为实物照片。

图5-30b中斜楔2在气动（或液动）作用下向前推进，装在斜楔上方的柱塞3在弹簧的作用下推动压板6向前。当压板与螺钉5靠紧时，斜楔继续前进，此时柱塞压缩弹簧而压板停止不动。斜楔再前进时，压板后端抬起，前端将工件压紧。斜楔只能在楔座1的槽内滑动。松开时，斜楔向后退，弹簧7将压板6抬起，斜楔上的销子将压板拉回。

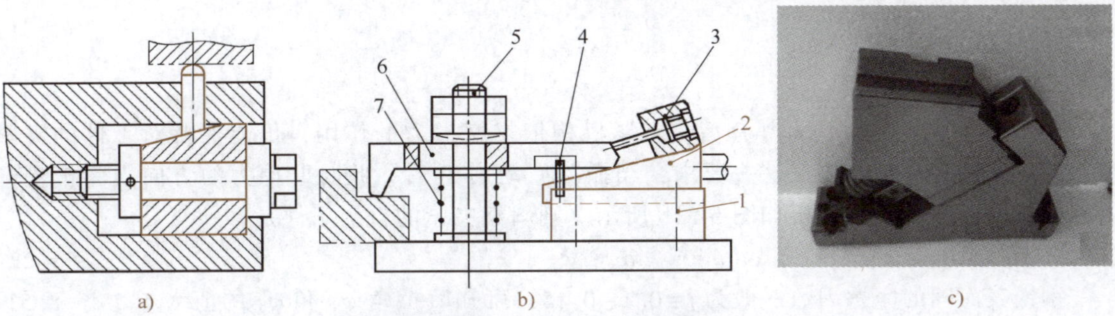


图 5-30　斜楔夹紧机构

1—楔座　2—斜楔　3—柱塞　4—销子　5—螺钉　6—压板　7—弹簧

### 1. 夹紧力的计算

斜楔在夹紧过程中的受力分析如图 5-31a 所示，工件与夹具体给斜楔的作用力分别为 $Q$ 和 $R$；工件和夹具体与斜楔的摩擦力分别为 $F_2$ 和 $F_1$，相应的摩擦角分别为 $\varphi_2$ 和 $\varphi_1$。$R$ 与 $F_1$ 的合力为 $R_1$，$Q$ 与 $F_2$ 的合力为 $Q_1$。当斜楔处于平衡状态时，根据静力平衡，可得斜楔对工件所产生的夹紧力 $Q$ 为

$$Q = \frac{P}{\tan\varphi_2 + \tan(\alpha + \varphi_1)} \tag{5-20}$$

式中　$P$——斜楔所受的原动力（N）；

$\varphi_1$ 和 $\varphi_2$——分别为斜楔与夹具体和工件间的摩擦角（°）；

$\alpha$——斜楔的楔角（°），一般为 6°～10°。

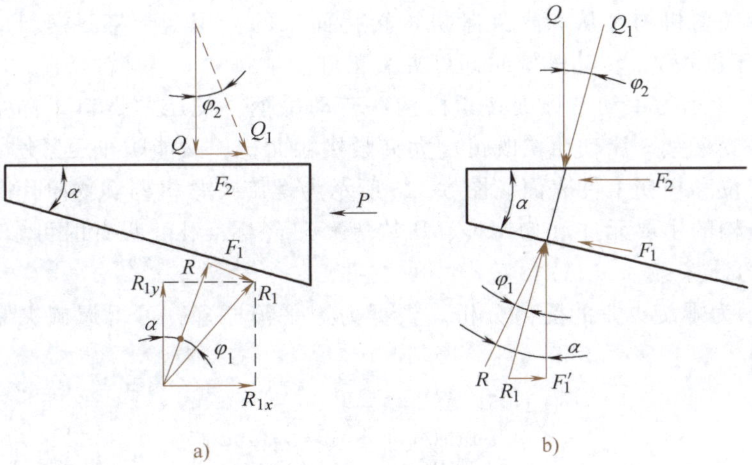


图 5-31　斜楔夹紧受力分析

由于 $\alpha$、$\varphi_1$ 和 $\varphi_2$ 均较小，设 $\varphi_2=\varphi_1=\varphi$，上式可简化为

$$Q=\frac{P}{\tan(\alpha+2\varphi)} \tag{5-21}$$

2. 自锁条件

当工件夹紧并撤除原动力 $P$ 后，夹紧机构依靠摩擦力的作用，仍能保持对工件的夹紧状态的现象称为自锁。根据这一要求，当撤除原动力 $P$ 后，此时摩擦力的方向与斜楔松开的趋势相反，斜楔受力分析如图 5-31b 所示。则斜楔夹紧的自锁条件是

$$\alpha \leqslant \varphi_1+\varphi_2 \tag{5-22}$$

钢铁表面间的摩擦因数一般为 $f=0.1\sim0.15$，可知摩擦角 $\varphi_1$ 和 $\varphi_2$ 的值为 $5.75°\sim8.5°$。因此，斜楔夹紧机构满足自锁的条件是：$\alpha\leqslant11.5°\sim17°$。但为了保证自锁可靠，一般取 $\alpha$ 为 $10°\sim15°$或更小些。

3. 扩力比

扩力比也称为扩力系数，是指在夹紧原动力 $P$ 作用下，夹紧机构所能产生的夹紧力 $Q$ 与 $P$ 的比值。

4. 行程比

一般把斜楔的移动行程 $L$ 与工件需要的夹紧行程 $S$ 的比值，称为行程比。它在一定程度上反映了对某一工件夹紧的夹紧机构的尺寸大小。

当夹紧原动力 $P$ 和斜楔行程 $L$ 一定时，楔角 $\alpha$ 越小，则产生的夹紧力 $Q$ 和夹紧行程比就越大，而夹紧行程 $S$ 却越小。此时楔面的工作长度加大，致使结构不紧凑，夹紧速度变慢。所以在选择楔角 $\alpha$ 时，必须同时兼顾扩力比和夹紧行程，不可顾此失彼。

5. 应用场合

斜楔夹紧机构结构简单，工作可靠，常用在工件尺寸公差较小的机动夹紧机构中。但由于它的机械效率较低，很少单独使用，但与气动、液压装置或螺旋等机构联合使用而成的夹紧机构，却在生产中得到了广泛应用。

### （二）螺旋夹紧机构

螺旋夹紧机构是指螺旋副与其他元件（压板、垫片、螺钉等）相结合，对工件实施夹紧的机构。螺旋夹紧机构是从斜楔夹紧机构转化而来的，相当于将斜楔斜面绕在圆柱体上（展开后就相当于斜楔），转动螺旋时即可夹紧工件。

图 5-32a、b 所示为手动单螺旋夹紧机构，转动手柄，使压紧螺钉 1 向下移动，通过浮动压块 5 将工件 6 夹紧。浮动压块既可增大夹紧接触面积，又能防止压紧螺钉旋转时带动工件偏转而破坏定位和损伤工件表面。图 5-32c 所示为螺旋夹紧机构实物照片图。

螺旋夹紧机构的主要元件（如螺杆、压块等）已经标准化，设计时可参考夹具手册。

1. 夹紧力的计算

图 5-33 所示为螺旋夹紧的受力分析。根据力矩平衡原理，可得螺旋夹紧机构的夹紧力 $Q$ 为

$$Q=\frac{PL}{r_z\tan(\alpha+\varphi_1)+r_1\tan\varphi_2} \tag{5-23}$$

式中　$P$——螺旋所受的原动力（N）；

$L$——手柄长度（mm）；

$r_z$——螺旋中径的一半（mm）；

$r_1$——压紧螺钉端部的当量摩擦半径（mm）；

$\varphi_1$——螺母与螺杆间的摩擦角（°）；

$\varphi_2$——工件与螺杆头部（或压块）间的摩擦角（°）；

$\alpha$——螺旋升角（°），通常取 2°~4°。

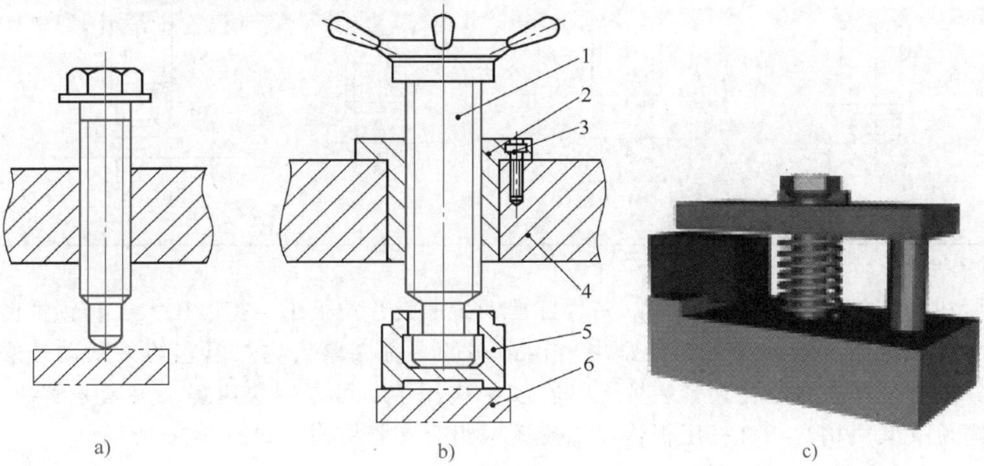


图 5-32　单螺旋夹紧机构

1—压紧螺钉　2—螺纹衬套　3—止动螺钉　4—夹具体　5—浮动压块　6—工件

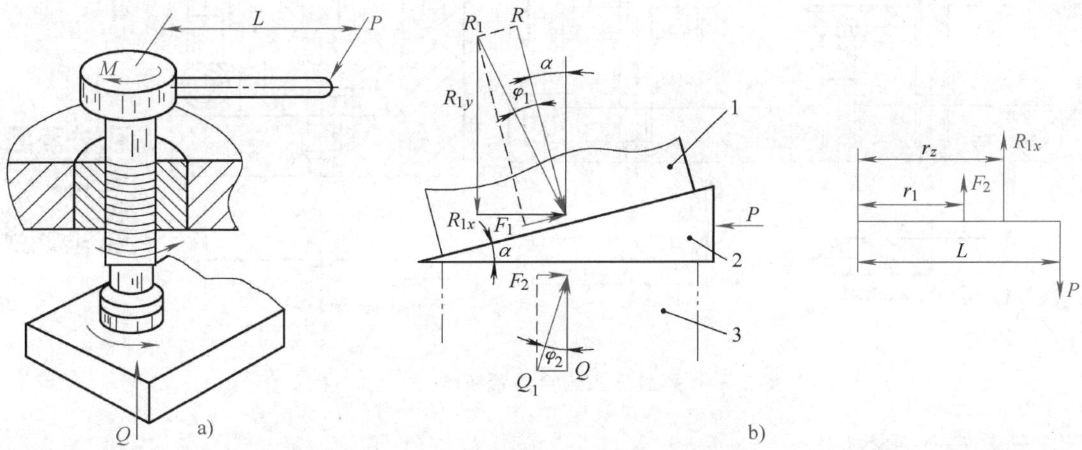


图 5-33　螺旋夹紧的受力分析

a）受力分析　b）夹紧力分析

1—螺母　2—螺杆　3—工件

压紧螺钉端部的当量摩擦半径 $r_1$ 的值与螺杆头部（或压块）的结构有关，压紧螺钉端部的当量摩擦半径计算见表 5-2。

2. 自锁条件

螺旋夹紧机构的自锁条件和斜楔夹紧机构相同，即也可写为式（5-22）。螺旋夹紧机构的螺旋升角 $\alpha$ 很小（一般为 2°~4°），故自锁性能好。

3. 扩力比

因为螺旋升角小于斜楔的楔角，螺旋夹紧机构的扩力作用远大于斜楔夹紧机构。

表 5-2　压紧螺钉端部的当量摩擦半径计算

（单位：mm）

| 接触形式 | 点接触(图 a) | 平面接触(图 b) | 圆环线接触(图 c) | 圆环面接触(图 d) |
|---|---|---|---|---|
| $r_1$ | 0 | $D/3$ | $R\cot\frac{\beta}{2}$ | $\frac{1}{3}\frac{D^3-d^3}{D^2-d^2}$ |
| 简图 | 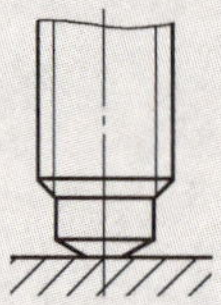 a) | 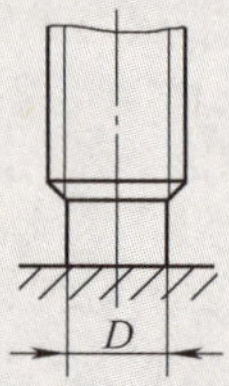  b) | 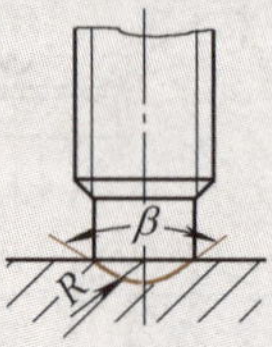  c) | 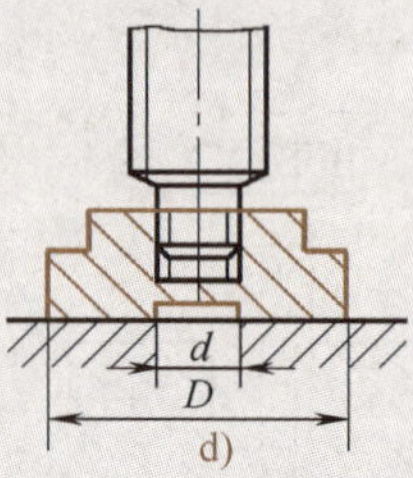  d) |

4. 应用场合

螺旋夹紧机构结构简单，制造容易，夹紧行程大，螺旋升角很小，扩力比大，自锁性能好，在生产中使用极为普遍，是手动夹紧中使用最多的一种夹紧机构。但它的夹紧动作缓慢，效率低，不宜使用在自动化夹紧装置上。在实际应用中，可采用快速螺旋夹紧来解决。一般地，单螺旋夹紧机构常与杠杆压板构成螺旋压板组合夹紧机构，如图 5-34 所示。

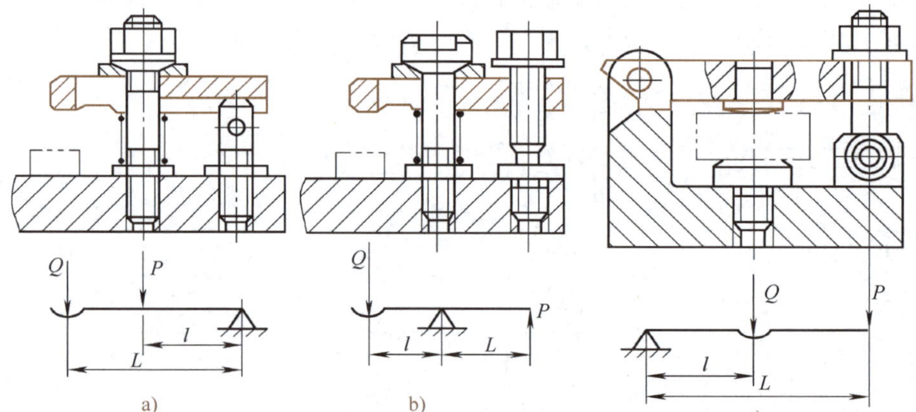


图 5-34　螺旋压板组合夹紧机构

## （三）偏心夹紧机构

用偏心件直接或间接夹紧工件的机构称为偏心夹紧机构。偏心夹紧机构是靠偏心件回转时其半径逐渐增大而产生夹紧力来夹紧工件的。

偏心夹紧常与压板联合使用，如图 5-35a 所示，图 5-35b 所示为实物照片图。常用的偏心轮有圆偏心和曲线偏心。曲线偏心为阿基米德曲线或对数曲线，这两种曲线的优点是升角变化均匀或不变，可使工件夹紧稳定可靠，但制造困难；圆偏心外形为圆，制造方便，应用广泛。下面介绍圆偏心夹紧机构。

偏心夹紧机构的夹紧原理与斜楔夹紧机构相似，只是斜楔夹紧的楔角不变，而偏心夹紧的楔角是变化的。图 5-36a 所示的偏心轮展开后情形如图 5-36b 所示。

1. 夹紧力的计算

图 5-37 所示是偏心轮在 $P$ 点处夹紧时的受力情况。此时，可以将偏心轮看作是一个楔

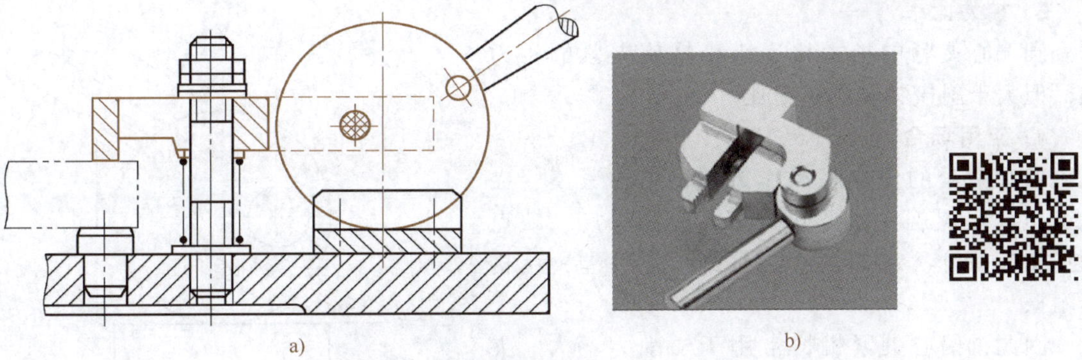


图 5-35　偏心夹紧机构

角为 $\alpha$ 的斜楔，该斜楔处于偏心轮回转轴和工件垫块夹紧面之间，可得圆偏心夹紧的夹紧力 $Q$ 为

$$Q = \frac{PL}{\rho[\tan\varphi_2 + \tan(\alpha + \varphi_1)]} \tag{5-24}$$

式中　$P$——螺旋所受的原动力（N）；

$L$——手柄长度（mm）；

$\rho$——偏心轮回转轴中心到夹紧点 $P$ 的距离（mm）；

$\varphi_1$、$\varphi_2$——分别为偏心轮转轴处与作用点处的摩擦角（°）。

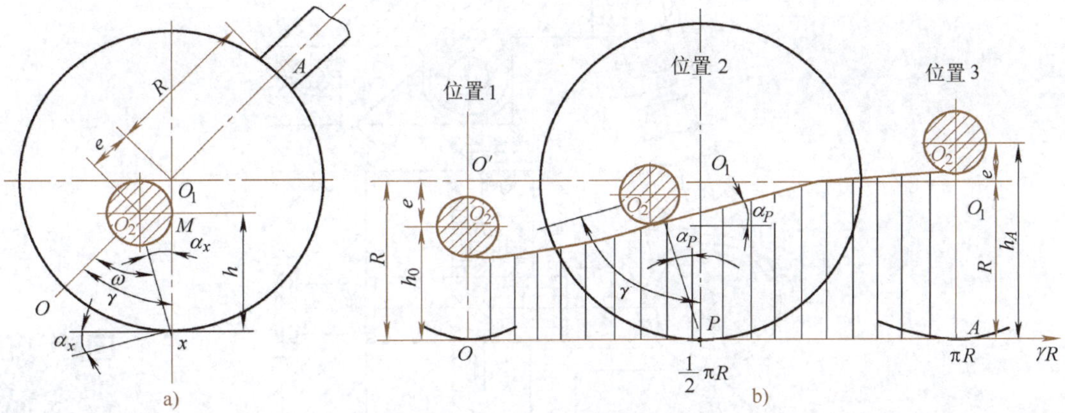


图 5-36　偏心夹紧原理

## 2. 自锁条件

根据斜楔自锁条件，可得偏心夹紧的自锁条件为

$$\frac{e}{R} \leqslant \tan\varphi_2 = \mu_2 \tag{5-25}$$

式中　$e$——偏心轮的偏心距（mm）；

$R$——偏心轮的半径（mm）；

$\mu_2$——偏心轮作用点处摩擦因数。

若 $\mu_2 = 0.1 \sim 0.15$，则偏心夹紧的自锁条件可写为

$$R/e \geqslant 7 \sim 10 \tag{5-26}$$

3. 扩力比

圆偏心夹紧的扩力比远小于螺旋夹紧的扩力比，但大于斜楔夹紧的扩力比。

4. 应用场合

偏心夹紧的优点是操作方便，结构紧凑，夹紧迅速，比螺旋夹紧要快得多，应用很广；缺点是夹紧行程小，夹紧力小，自锁可靠性差，结构不耐振。

因此，偏心夹紧机构常用于切削力不大、夹紧行程较小、没有振动或振动较小的场合。此外，由于偏心轮带手柄，所以在旋转的夹具上不允许用偏心夹紧机构，以防误操作。

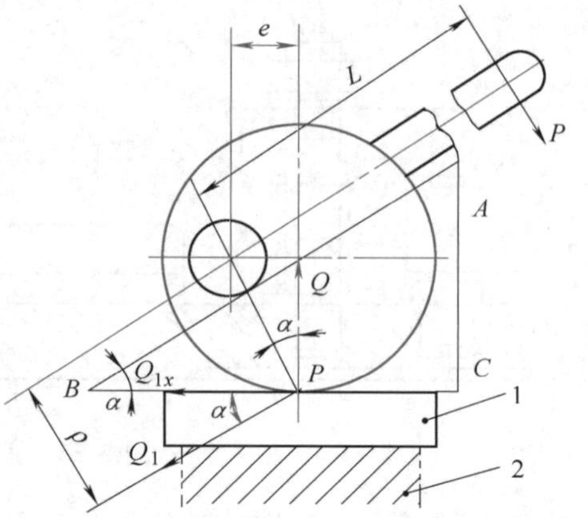


图 5-37　**偏心轮在 $P$ 点处夹紧时的受力情况**

1—垫块　2—工件

## 三、其他典型夹紧机构

1. 铰链夹紧机构

图 5-38 所示为铰链夹紧机构。铰链夹紧机构的优点是动作迅速，扩力比大，易于改变力的作用方向；缺点是自锁性能差，一般常用于气动、液动夹紧中。

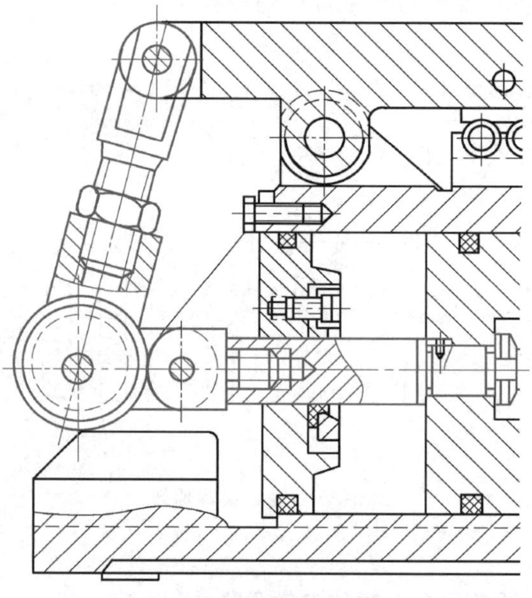

图 5-38　**铰链夹紧机构**

2. 定心夹紧机构

定心夹紧机构是一种同时实现对工件定心定位和夹紧的夹紧机构。工件在夹紧过程中，利用定位夹紧元件的等速移动或均匀弹性变形，来消除定位副制造不准确或定位尺寸偏差对定心或对中的影响，使这些误差或偏差能均匀而对称地分配在工件的定位基准面上。定心夹紧机构按工作原理可分为两大类。

（1）按等速移动原理工作的定心夹紧机构　图 5-39 所示为螺旋定心夹紧机构，螺杆 4

两端的螺纹旋向相反，螺距相同。当其旋转时，通过左右螺旋带动两 V 形钳口 1 和 2 同时移向中心，从而对工件起定位夹紧作用。这类定心夹紧机构的特点是制造方便，夹紧力和夹紧行程较大，但由于制造误差和组成元件间的间隙较大，故定心精度不高，常用于粗加工和半精加工中。

(2) 以均匀弹性变形原理工作的定心夹紧机构　当定心精度要求较高时，一般都利用这类定心夹紧机构，主要有弹簧夹头、弹性薄膜卡盘、液塑定心夹紧机构、碟形弹簧定心夹紧机构等。

图 5-40 所示为液性塑料定心夹紧机构。工件以内孔为定位基面，装在薄壁套筒 2 上，起直接夹紧作用的薄壁套筒 2 则压配在夹具体 1 上，在所构成的环槽中注满了液性塑料 3。当旋转螺钉 5 通过柱塞 4 向腔内加压时，液性塑料便向各个方向传递压力，在压力作用下薄壁套筒产生径向均匀的弹性变形，从而将工件定心夹紧。

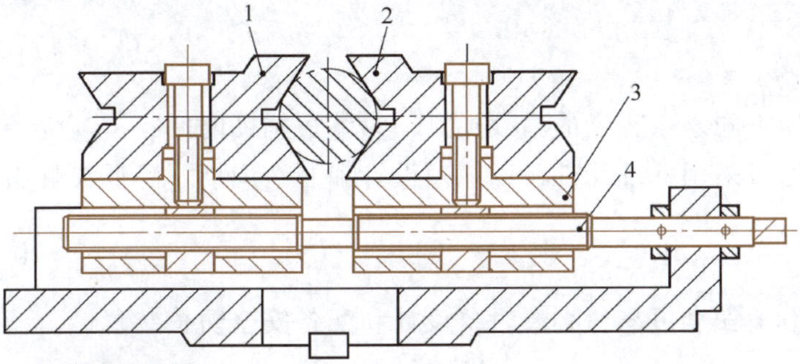


图 5-39　螺旋定心夹紧机构

1、2—V 形钳口　3—滑铁　4—螺杆

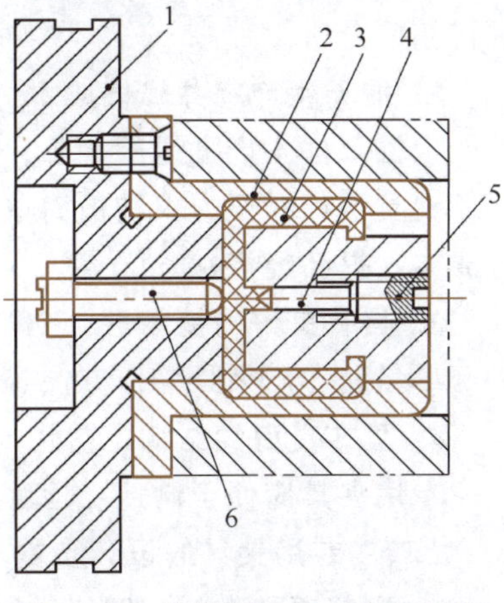


图 5-40　液性塑料定心夹紧机构

1—夹具体　2—薄壁套筒　3—液性塑料　4—柱塞　5—螺钉　6—限位螺钉

### 3. 联动夹紧机构

在夹紧机构设计中，有时需要对一个工件上的几个点或对多个工件同时进行夹紧。此时，为了减少工件装夹时间，简化结构，常常采用各种联动夹紧机构。图 5-41a 所示为多位

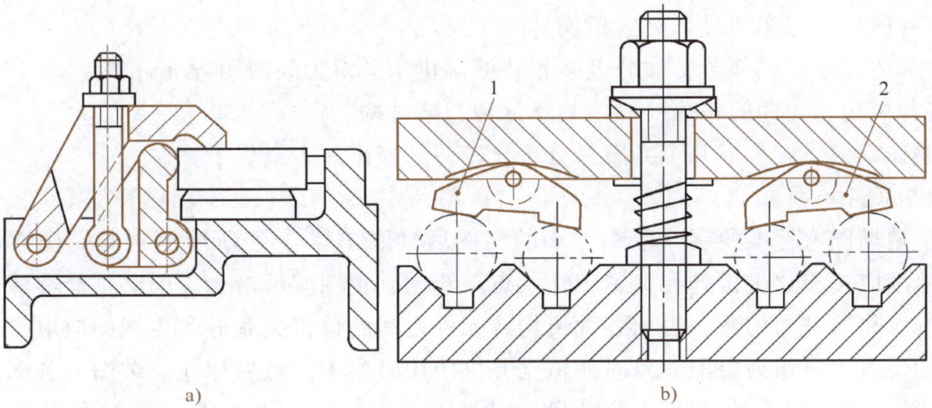


图 5-41　联动夹紧机构

1、2—摆动压板

夹紧，图 5-41b 所示为多件夹紧。为了避免工件因尺寸或形状误差而出现夹紧不牢或破坏夹紧机构的现象，在压块两边各连接摆动压板 1、2，它们可以通过摆动来补偿各自夹压的两个工件的直径尺寸差。

## 第四节 ■ 专用夹具的设计方法

### 一、专用夹具的基本要求和设计步骤

#### （一）专用夹具的基本要求

**1. 稳定地保证工件的加工精度**

专用夹具要有合理的定位、夹紧方案，选择适当的尺寸公差及其技术要求，必要时还要进行精度分析。

**2. 提高生产率并降低成本**

根据工件生产批量的大小，设计不同复杂程度的高效夹具，以缩短辅助时间，提高生产率。夹具设计时要力求结构简单，尽量采用标准元件，以缩短设计和制造周期，降低夹具制造成本，提高经济性。

**3. 具有良好的使用性**

尽量使专用夹具操作方便、省力、安全可靠，必要时要设计和配备安全防护装置。

**4. 具有良好的结构工艺性**

专用夹具应便于制造、检验、装配、调整和维修等。

#### （二）专用夹具的设计步骤

**1. 研究原始资料，明确设计任务**

首先应分析研究工件的结构特点、材料、生产批量和本工序加工的技术要求以及与前后工序的联系，然后收集有关机床方面和刀具方面的资料；必要时收集国内外有关设计和制造同类型夹具的资料，作为设计时的参考。

**2. 考虑和确定夹具的结构方案，绘制结构草图**

1）确定工件的定位方案，包括定位原理、方法、元件或装置。

2）确定工件的夹紧方案和设计夹紧机构。

3）确定夹具的其他组成部分，如分度装置、微调机构、对刀块或引导元件等。

4）考虑各种机构、元件的布局，确定夹具体和总体结构。

对夹具的总体结构，应考虑几个方案，分析比较并选择出一个最佳方案。

**3. 绘制夹具总图**

夹具总图应遵循国家标准绘制，图形大小的比例尽量取 1∶1，使所绘的夹具总图有良好的直观性。总图应按夹紧机构处在夹紧工作状态下绘制，视图应尽量少，但必须能够清楚地表示出夹具的工作原理和构造，表示各种机构或元件之间的位置关系等。主视图应取操作者实际工作时的位置，以作为装配夹具时的依据并供使用时参考。最后标注总装图上各部分的尺寸（如轮廓尺寸，必要的装配、检验尺寸及其公差），制订技术条件及编写零件明细栏。

4. 绘制夹具零件图

夹具中的非标准零件都必须绘制零件图。在确定这些零件的尺寸、公差或技术条件时，应注意使其满足夹具总图的要求。

## 二、夹具总图尺寸标注及技术要求的制订

1. 夹具总图尺寸标注

夹具总图上应标注的尺寸主要有：

（1）夹具的外形轮廓尺寸　即表示夹具长、宽、高最大外形尺寸。对于活动部分，应表示其在空间的最大尺寸，这样可避免机床、夹具、刀具发生干涉。如图 5-42a 所示，工件孔 $\phi$6H7 需要加工；图 5-42b 所示为加工该孔夹具总图，其中尺寸 *A* 为夹具最大轮廓尺寸。

（2）影响定位精度的尺寸　即表示夹具定位元件与工件的配合尺寸和定位元件之间的位置尺寸，一般依据工件在本道工序的加工技术要求，并经定位误差验算后标注，如图 5-42b 所示尺寸 *B* 等。

（3）影响对刀精度的尺寸　即表示对刀元件（或导引元件）与刀具之间的配合尺寸、对刀元件（或导引元件）与定位元件之间的位置尺寸、导引元件之间位置尺寸，其作用是保证对刀精度，如图 5-42b 所示尺寸 *C* 等。

（4）夹具与机床的连接尺寸　对于车床而言，是夹具与车床的主轴端的连接尺寸；对铣床则是夹具定位键、U 形槽与机床工作台 T 形槽的连接尺寸，其作用是保证机床的安装精度。

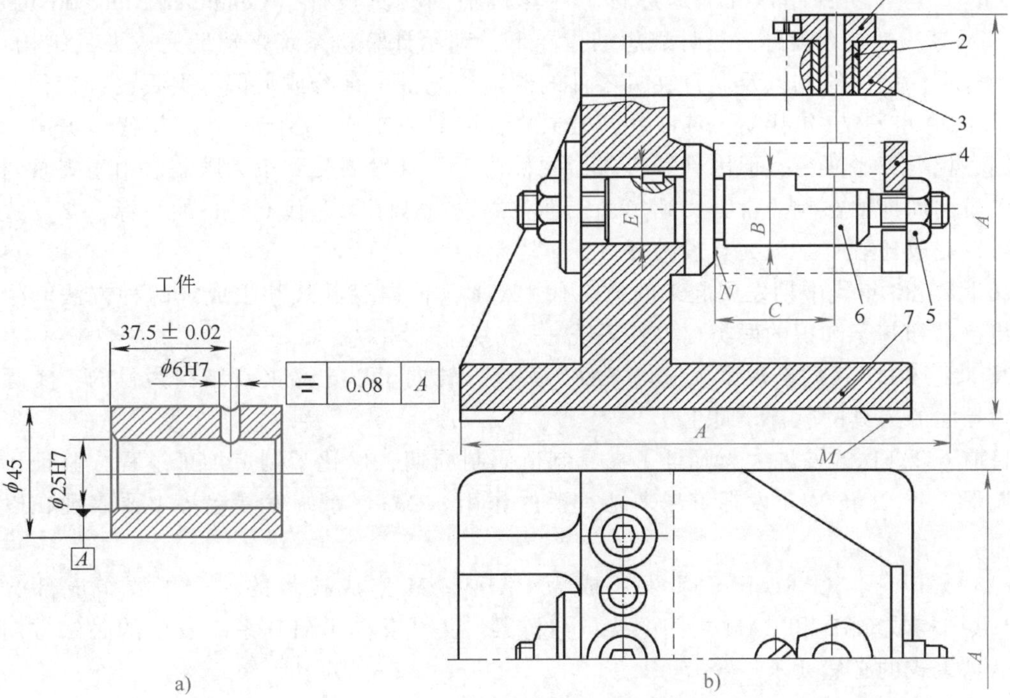


图 5-42　**轴套工件及其钻孔夹具**

1—快换钻套　2—导向套　3—钻模板　4—开口垫圈　5—螺母　6—定位销　7—夹具体

(5) 其他重要配合尺寸 即表示夹具内部各组成连接副的配合、各组成元件之间的位置关系等的尺寸，如图5-42b所示尺寸 $E$ 等。

上述联系尺寸和位置尺寸的公差，通常取工件相应公差的1/5~1/2。

**2. 夹具总图技术要求的制订**

夹具总图上标注的技术要求通常有以下几方面。

1) 定位元件的定位表面之间的相互位置精度。

2) 定位元件的定位表面与夹具安装面之间的相互位置精度。

3) 定位表面与导引元件工作表面之间的相互位置精度。

4) 各导引元件工作表面之间的相互位置精度。

5) 定位表面或导引元件的工作表面对夹具找正基准面的位置精度。

6) 与保证夹具装配精度有关的或与检验方法有关的特殊的技术要求。

上述几何公差，通常取工件相应公差的1/5~1/2。不同的机床夹具，对夹具的具体结构和使用要求是不同的。在实际机床夹具设计中，应进行具体分析，在参考夹具手册以及同类夹具图样资料的基础上，制订出该夹具的具体技术要求。

## 第五节 ■ 计算机辅助夹具设计CAFD和有限元分析ANSYS

### 一、概述

机床夹具的设计涉及大量烦琐的事务性工作，如查阅手册、计算数值、绘制图形等，而这些工作完全可以由计算机辅助进行。计算机辅助夹具设计（Computer Aided Fixture Design，CAFD）就是在设计者设计思想的指导下，利用计算机系统来辅助完成夹具结构设计、总装图与零件图的绘制以及制订夹具零件的制造工艺等一部分或大部分夹具设计工作。

早在20世纪70年代初，苏联就开始CAFD的研究工作；20世纪80年代，美国、欧洲和我国也相继着手研究，但因计算机软、硬件落后，其发展受到很大限制。由于夹具对制造成本和研制周期的影响非常大，缩短加工准备周期就成了第一代CAFD的目标，交互式设计界面可以完成比较复杂的夹具设计任务。

20世纪80年代中期发展起来的第二代CAFD，根据变异式和生成式两种方法产生了基于成组技术和基于知识的两类CAFD系统。

20世纪90年代后出现了第三代CAFD系统，转向了以产品夹具结构为目的，实际生产应用为导向的夹具的软件设计上。

目前，CAFD的发展大大降低了夹具制造研制周期，优化了制造加工过程，验证了制造工艺流程，在CIMS中正发挥着越来越重要的作用。CAFD系统发展趋势主要表现在以下几个方面。

(1) 集成化 CAFD已逐步发展成为CAD/CAM集成技术的一个重要组成部分，和CAPP共同构成CAD和CAM之间的接口与桥梁。集成化是CAFD系统发展的必然方向，是企业信息集成的必然要求。

(2) 标准化 标准化是提高CAFD系统适应性和促进集成的基础，功能模块标准化将有利于实现CAFD系统与CAPP的集成。

（3）并行化　以往的 CAFD 总是在 CAPP 制订完所有工序之后才开始进行，并行化则强调 CAFD 与 CAPP 并行实现。CAFD 并行化的发展将更加提高夹具设计效率，缩短生产准备周期。

（4）智能化　人工智能技术在 CAFD 系统中的最初主要应用是专家系统。各种技术的综合应用，如模糊数学与神经网络的结合，将进一步推进 CAFD 不断向智能化方向发展。

## 二、CAFD 的基本原理

CAFD 实际上是一种专用 CAD 系统。一方面具有 CAD 系统的共同特点，需要系统软件、支撑软件的支持。系统软件主要包括操作系统、高级语言及其编译系统和数据库管理系统等。支撑软件主要指以系统软件为基础，进行 CAD 应用开发所需的软件平台，如 AutoCAD 等图形支撑软件等。另一方面具有面向夹具设计的特点，有独特的应用软件。对 CAFD 而言，应用软件是结合夹具设计的特点与要求而开发的，并分别存储在相应的程序库、数据库和图形库中。

CAFD 系统总体框图如图 5-43 所示，首先根据夹具设计任务要求，输入与被加工零件、工序有关的原始信息，然后计算机通过对程序库和数据库中的有关信息进行检索，调用有关的程序和数据协助技术人员来完成夹具的定位方案、导向方案、夹紧方案的设计，然后进行夹具总体结构设计及非标准夹具零件设计，最后输出设计结果。

随着 CIMS、并行工程和敏捷制造技术的发展，企业对 CAFD 的需求也越来越迫切。采用 CAFD 不仅可以大大提高夹具的设计效率，缩短夹具设计周期，而且可以提高设计质量，进一步促进 CAD/CAM 的集成。

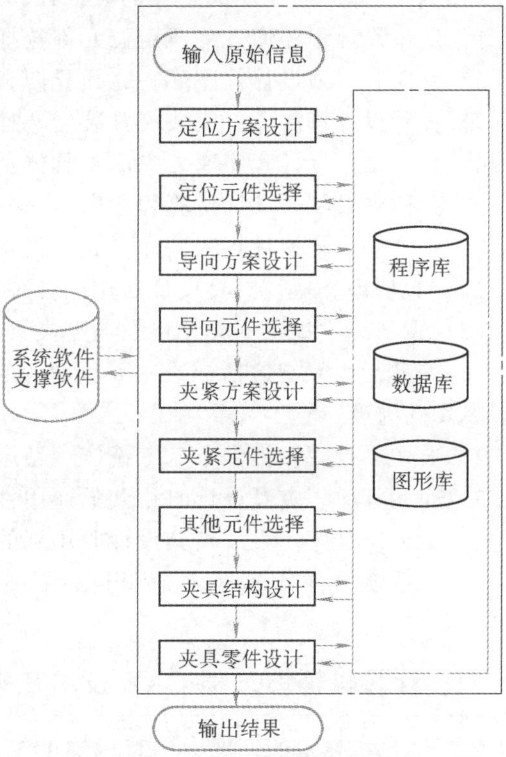


图 5-43　CAFD 系统总体框图

## 三、CAFD 的典型系统

### 1. 交互式 CAFD 系统

交互式 CAFD 系统的设计步骤与传统夹具设计步骤类似，主要通过人机交互的方式完成夹具设计。最初的交互式 CAFD 系统是由设计人员简单应用 CAD 软件的二维图形功能，建立一个标准夹具元件数据库，设计人员根据经验选择元件，并装配成夹具。随后开发的 CAFD 系统建立了定位方法选择、工件信息检索等模块，大大提高了 CAFD 系统的实用性。随着计算机技术的发展，又提供了更好的三维绘图平台。

交互式 CAFD 系统适用于新产品开发和无夹具信息可以利用的情况。

### 2. 检索式 CAFD 系统

检索式 CAFD 系统基于成组技术原理，针对某一类工件的某一工序，事先设计好相应的标准化夹具。系统运行时先根据工序内容，检索出相应的夹具结构形式，然后计算出夹具的具体尺寸和元件规格等数据。

### 3. 知识推理式 CAFD 系统

知识推理式 CAFD 系统将人工智能（知识库、知识规则、逻辑推理）应用于夹具设计，将夹具设计的有关知识用事实和规则表示，存贮于知识库中，通过对知识库中知识的推理，引导操作者完成夹具设计。

在 CAFD 系统中，典型部件包括以下几个部分。

（1）程序库 用于完成夹具的设计计算工作，主要包括：

1）定位设计程序库。完成定位元件选择、尺寸设计计算及定位精度分析。

2）导向、对刀设计程序库。完成导向和对刀元件选择、计算及导向精度分析。

3）夹紧设计程序库。完成夹紧装置选择、夹紧力计算及夹紧元件设计计算。

4）夹具结构设计程序库。完成夹具体及夹具结构设计计算。

5）其他夹具零件设计计算程序库。完成非标准零件设计计算。

6）空间坐标转换计算程序库。完成夹具设计中元件的坐标转换。

（2）数据库 提供夹具设计所用的各种表格数据、公式及线图数据等。

（3）图形库 提供夹具元件及典型夹具样例，主要包括：

1）夹具元件库。包括标准夹具元件及组件图形，如定位元件、导向元件、辅助支承、典型夹紧机构等。

2）典型夹具库。提供车床、铣床、钻床、镗床、磨床及齿轮机床等的典型夹具示例。

3）通用件库。夹具设计时用到的通用件，如螺钉、螺母、垫圈、销、弹簧等。

4）工艺符号库。存放夹具设计时用到的各种标准符号，如定位夹紧符号等。

5）企业常用件库。存放企业自行扩充的常用夹具零、部件，如夹具体、夹具元件组等。

## 四、计算机辅助工程 CAE 技术在夹具设计中的应用

随着计算机技术的发展，计算机辅助工程（Computer Aided Engineering，CAE）的发展越来越迅速，应用也越来越广泛。CAE 的技术种类很多，如有限元法、边界元法、有限差分法等。其中有限元法应用领域最为广泛，如结构力学、结构动力学、热力学、流体力学、电路学、电磁学等领域。在夹具设计中，可以应用有限元进行夹具受力变形的精度分析。

### 1. 有限元法 FEM 的基本思想

有限元法（Finite Element Method，FEM）是一种高效能计算方法。先把一个原来是连续的物体划分（离散）成有限个单元，并且将它们相互连接在有限个节点上，承受等效的节点载荷，并根据平衡条件来进行分析；然后根据变形协调条件把这些单元重新组合起来成为一个组合体再综合求解。由于单元的个数是有限的，节点的数目也是有限的，所以称为有限元法。

有限元法的分析过程主要是两个：一是把连续的物体或整个结构划分（离散）为一个个的单元；二是再把这些单元组合成原来的整体结构。因此，有限元法包括三个主要步骤：

离散化、单元分析和整体分析。

对于结构分析而言，通过有限元的计算，可以提供夹具组成构件在受载荷以后的应力、应变、位移、反力等结果数据。

构件在载荷的作用下，内部都会产生一定的应力和应变。应力和应变的大小，决定了构件的强度和刚度能否满足工程需要。另外，对于重要的构件，还应综合考虑振动、断裂、疲劳等要求。

机械加工过程中，需要有适当的作用力把毛坯固定在夹具上。装夹作用力太小或太大，都会对加工的完成和精度造成影响。对于特别重要的或具有特殊结构的零件加工，要保证恰当的装夹作用力，可以预先通过有限元法进行分析，为加工过程的控制提供依据。

**2. 计算机辅助有限元法分析软件简介**

国际上较大型的面向工程的有限元分析通用软件有很多，其中著名的有 ANSYS、NASTRAN、ASKA、ADINA 和 SAP 等。由于有限元通用程序使用方便、计算精度高，其计算结果已成为各类工业产品设计和性能分析的可靠依据。

以 ANSYS 为代表的工程数值模拟软件即有限元分析软件，不断吸取计算方法和计算机技术的最新进展，将有限元分析、计算机图形学和优化技术相结合，已成为解决现代工程学问题必不可少的有力工具。ANSYS 软件由美国 ANSYS 公司开发，是融结构、流体、电场、磁场、声场分析于一体的大型通用有限元分析软件，能与多数 CAD 软件接口，实现数据的共享和交换，如 AutoCAD、Pro/Engineer、NASTRAN、Alogor、I-DEAS 等，是现代产品设计中的高级 CAE 工具之一。

ANSYS 分析包括以下 3 个阶段。

（1）前处理　用于定义求解所需的数据。在前处理阶段用户可以根据实际情况选择坐标系统和单元类型、定义实常数和材料类型、建立实体模型，并对其进行网格剖分、控制结点和单元以及定义耦合和约束方程等。

（2）求解　前处理阶段完成后，就可以进入求解阶段获得分析结果。在求解阶段中用户可以定义分析类型、分析选项、载荷数据和载荷步选项，然后进行求解。求解过程具有灵敏度分析及优化分析能力。

（3）后处理　完成前处理和求解过程之后，在后处理阶段通过友好的用户界面，可以很容易地将求解过程的计算结果如位移、应力和应变等通过多种方式进行显示，输出形式可以有图形显示和数据列表两种。

## 本章小结

本章介绍了工件在夹具中定位和夹紧的基本原理，重点阐述了工件以平面定位（定位元件：固定支承、可调支承、自位支承、辅助支承）、以外圆柱面定位（定位元件：V 形块、定位套、半圆套、圆锥套）、以圆孔定位（定位元件：定位销、圆锥销、定位心轴）和以组合表面定位的常见定位方式、定位原理及其定位误差的分析与计算；叙述了斜楔、螺旋、偏心 3 种基本夹紧机构的结构组成、性能特点（包括夹紧力大小、夹紧行程太小、扩力比大小、自锁性能优劣）及设计要点；并对计算机辅助夹具设计 CAFD 和有限元分析 ANSYS 进行了应用描述。

## 知识拓展：计算机辅助夹具设计 CAFD 装夹优化问题

随着制造技术、管理技术的发展以及企业竞争的全球化，产品的更新换代越来越快，传统的大批量生产模式逐步被中小批量生产模式所取代。工艺装备的准备至关重要，夹具的设计和制造要占其 70%～80%的时间。

传统的夹具设计是一种基于经验的夹具设计方法，该方法存在设计周期长、花费多、修改不便等不足，因此很多学者开始探索把优化理论应用于夹具设计中，从而出现了装夹优化的概念。计算机技术的飞速发展、有限元方法的日益成熟和优化算法理论的不断完善，使得采用优化方法设计夹具布局和夹紧力问题成为可能，给刚度不足或工件复杂的夹具设计带来了新的设计思路。

### 1. 接触模型的确定

由于工件—夹具系统受力复杂，即使采用有限元法，接触问题的分析仍需要很多的时间和空间，影响优化速度，而且接触问题本身存在着收敛问题，影响着装夹优化的收敛，所以应对接触问题进行简化。目前主要有以下 4 种模型。

（1）刚体接触模型　夹具元件和工件在接触区内是弹性的，其余部分为刚性体。这种模型主要应用于在加工力的作用下工件变形与接触变形相比时，接触变形对工件刚体位移影响较大的情况。

（2）弹性无接触模型　这类模型只包含工件有限元模型，夹具元件与工件的接触由工件上被接触点的自由度限制所代替。该模型用于加工变形大、接触变形小和毛坯精度高的夹具设计。

（3）半弹性接触模型　工件与夹具元件相比，工件是弹性体，夹具元件在与工件接触区内是弹性的，而其余部分是刚性体。很多研究学者在这类模型中使用一端固定、另一端与工件相连的弹簧近似代替夹具元件与工件的接触。弹簧的刚度为夹具元件和工件的接触刚度。

（4）完全弹性接触模型　这种模型与半弹性接触模型相比，区别就在于夹具元件不仅接触区是弹性的，其余部分也都是弹性体，即弹簧的刚度表示了接触刚度和夹具元件的刚度效果之和。该模型主要用于夹具元件的弹性变形对工件的变形影响不可忽略的情况。

### 2. 优化算法的确定

目前，主要优化算法有线性规划法、序列二次规划法和遗传算法等。而求解工件变形的方法有有限元法、神经网络法和两者相结合的方法。研究学者主要采用以下三种方法：第一种是建立数学模型，确定目标函数和约束条件，利用非线性优化方法进行求解；第二种是利用有限元软件进行变形的计算，求解最优布局；第三种是利用遗传算法进行优化，同时采用有限元法或神经网络法得到加工变形值。

采用神经网络法进行变形值的求解，需要大量的试验数据；非线性优化方法利用的数学模型一般都是抽象的、简化的间接模型，并不能准确反映参数变量和目标函数间的真正关系。遗传算法通过在当前种群中经过交叉、变异和选择产生下一代种群，并不需要辅助信息或辅助知识，只需要影响搜索方向的目标函数和相对应的适应度，适合求解夹具布局这类没有显式的函数的、多态的优化问题。目前，采用遗传算法进行装夹优化时，在编码方法方面，一般采用有限元的节点号作为基因组成一条染色体，采用空间的坐标表示接触点更能表示实际应用情况，而且可以提高收敛的速度和收敛性，明显改善优化解。

### 3. 夹具布局和夹紧力优化的一致性

夹具布局和夹紧力的优化存在同步和异步的问题。同步即夹具布局和夹紧力同时优化，异步即首先固定夹紧力的值，优化夹具布局，然后在夹具布局优化的基础上进行夹紧力的优化，如此反复。异步优化忽略了夹具布局同夹紧力之间的耦合，即夹具布局变化了，则保持加工过程中工件稳定所需的夹紧力也随之变化。异步优化得到的最优布局是给定夹紧力作用下的最优布局，最优夹紧力是给定夹具布局中的夹紧力，不能确保优化结果是全局最优的结果。

## 习题与思考题

5-1　什么是机床夹具？试举例说明夹具在机械加工中的作用。

5-2　机床夹具通常由哪几部分组成？各起何作用？

5-3　常见的定位方式、定位元件有哪些？

5-4　辅助支承与自位支承有何不同？

5-5　何谓定位误差？试述产生定位误差的原因。

5-6　工件在夹具中夹紧时对夹紧力有何要求？

5-7　试分析 3 种基本夹紧机构的优缺点及其应用。

5-8　如图 5-44 所示，零件以平面 3 和两个短 V 形块 1、2 进行定位，试分析该定位方案是否合理。各定位元件应分别限制哪些自由度？如何改进？

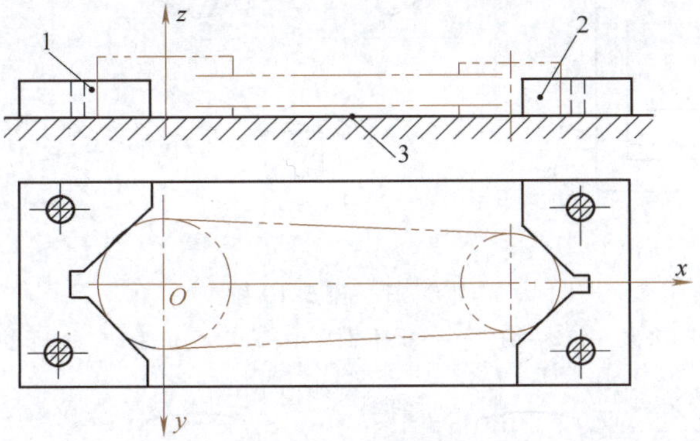


图 5-44　题 5-8 图

1、2—短 V 形块　3—平面

5-9　根据六点定位原理，分析图 5-45 所示各种定位方案中定位元件所限制的自由度情况。

5-10　有一批直径为 $\phi50_{-0.2}^{\ 0}$mm 的轴类工件，铣工件键槽的定位方案如图 5-46 所示。试计算各种定位方案下影响尺寸 $A$、$B$ 的定位误差各为多少？

5-11　一批如图 5-47a 所示工件，采用钻床夹具钻削工件上两小孔，除保证图样尺寸要求外，还须保证两孔的连心线通过 $\phi60_{-0.1}^{\ 0}$mm 的轴线，其偏移量公差为 0.08mm。现可采用如图 5-47b～d 所示三种方案。若定位误差不得大于加工允差的 1/2，试问这三种定位方案是否可行（$\alpha=90°$）？

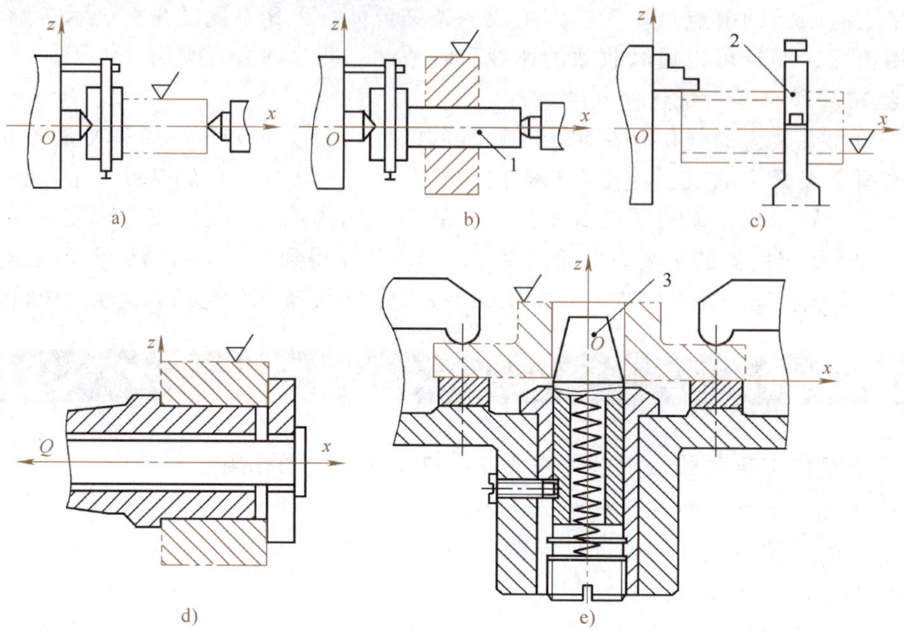


图 5-45　题 5-9 图

1—小锥度心轴　2—中心架　3—活动锥销

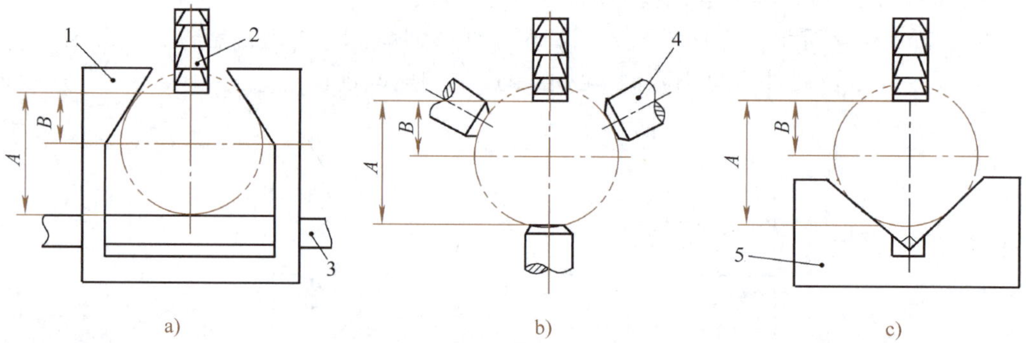


图 5-46　题 5-10 图

1—夹紧件　2—铣刀　3—定位件　4—自定心卡盘　5—V 形块

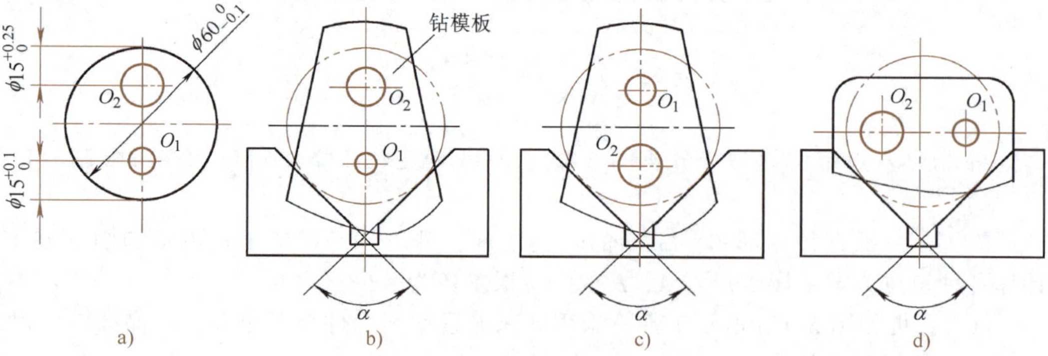


图 5-47　题 5-11 图

5-12　何谓 CAFD？CAFD 的基本原理是什么？有哪些典型系统？

# 第六章 典型夹具的设计

**本章提要：**各类机床的加工工艺不同，机床夹具与机床的连接方式也不同，因此夹具的具体结构和技术要求等各不相同。本章研究常用机床的典型夹具设计问题，结合生产实例重点分析阐述钻床夹具、镗床夹具、铣床夹具和车床夹具的典型结构和设计要点，并简介可调夹具、组合夹具、随行夹具和数控机床夹具的结构特点及其应用，以理解和掌握常用机床的典型夹具设计方法和规范。常用机床的典型夹具设计是本课程的核心内容之一。

**重点提示：**

钻床夹具、镗床夹具、铣床夹具和车床夹具的典型结构和设计要点。

## 第一节 ■ 钻床夹具

钻床夹具习惯上称为钻模，是在钻床上用于钻孔、扩孔、铰孔及攻螺纹的机床夹具。钻模一般都设有安装钻套的钻模板，以确定刀具的位置并引导刀具进行切削，保证孔的加工要求，大幅度提高生产率。

### 一、钻床夹具的典型结构形式

钻模的结构形式很多，可分为固定式、分度式、翻转式、盖板式和滑柱式等主要类型。

#### （一）固定式钻模

固定式钻模在机床上的位置一般固定不动，加工精度较高，主要用于在立式钻床上加工直径较大的单孔及同轴线上的孔，或在摇臂钻床上加工轴线平行的孔系。为了提高加工精度，在立式钻床上安装钻模时，要先将装在主轴上的钻头伸入钻套中，以确定钻模的位置后再将夹具夹紧。

图 6-1a 所示为用来加工工件上的 $\phi$12H8 孔的钻模；图 6-1b 所示为零件加工工序图。

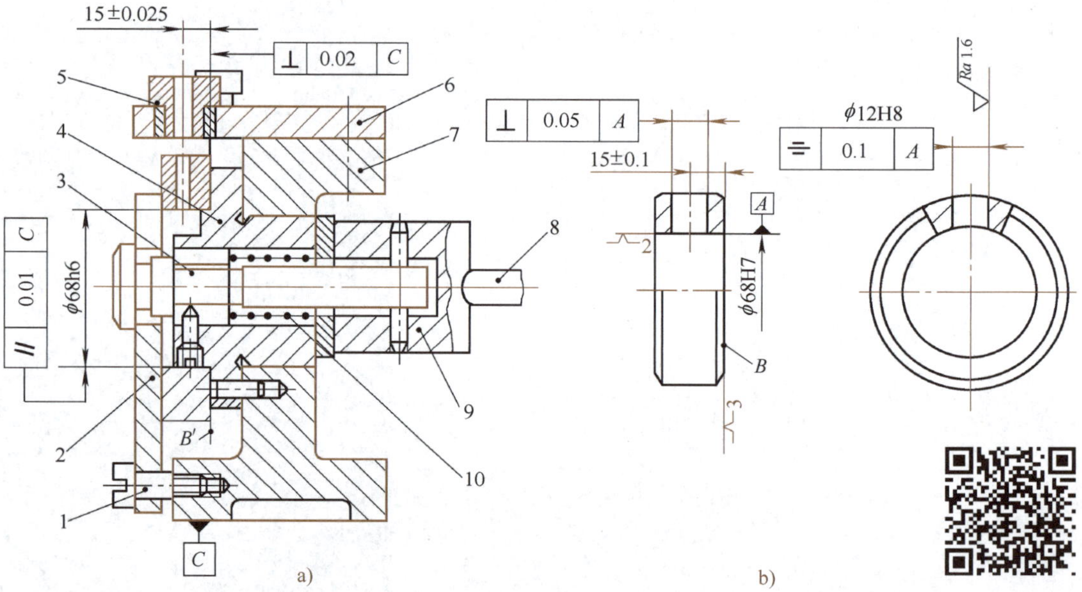


**图 6-1 固定式钻模**

1—螺钉 2—转动开口垫圈 3—拉杆 4—定位法兰 5—快换钻套 6—钻模板 7—夹具体 8—手柄 9—偏心轮 10—弹簧

从图中可知，孔 $\phi$12H8 的设计基准是端面 $B$ 和内孔 $\phi$68H7，据此选定其为定位基准，符合基准重合原则，限制了 5 个自由度，满足加工要求。工件以定位法兰 4 的 $\phi$68h6 短外圆柱面及其肩部端面 $B'$定位，快换钻套 5 用于引导加工刀具。搬动手柄 8 借助偏心轮 9 的作用，通过拉杆 3 与转动开口垫圈 2 夹紧工件。反向搬动手柄，拉杆在弹簧 10 的作用下松开工件，开口垫圈 2 绕螺钉 1 摆开，即可卸下工件。

（二）分度式钻模

带有分度装置的钻模称为分度式钻模。其分度方式有 2 种：回转式分度和直线式分度。回转式钻模应用较多，主要用于加工平面上成圆周分布、轴线互相平行的孔系，或分布在圆柱面上的径向孔系，按其转轴的位置还分可为立轴式、卧轴式和斜轴式 3 种。工件一次安装，经夹具分度机构转位可顺序加工各孔。

图 6-2 所示为卧轴回转分度式钻模，用来加工工件圆柱面上的 3 个径向均布孔。在分度盘 6 的左端面上有成圆周均布的 3 个轴向钻套孔，内设定位锥套 12。钻孔前，对定销 2 在弹簧力的作用下插入分度锥孔，反转手柄 5，螺套 4 通过锁紧螺母使分度盘 6 锁紧在夹具体上。钻孔后，正转手柄 5，将分度盘 6 松开，同时螺套 4 上的端面凸轮将对定销 2 拔出，将分度盘 6 转动 120°，直至对定销重新插入第二个锥孔，然后锁紧加工另一孔。

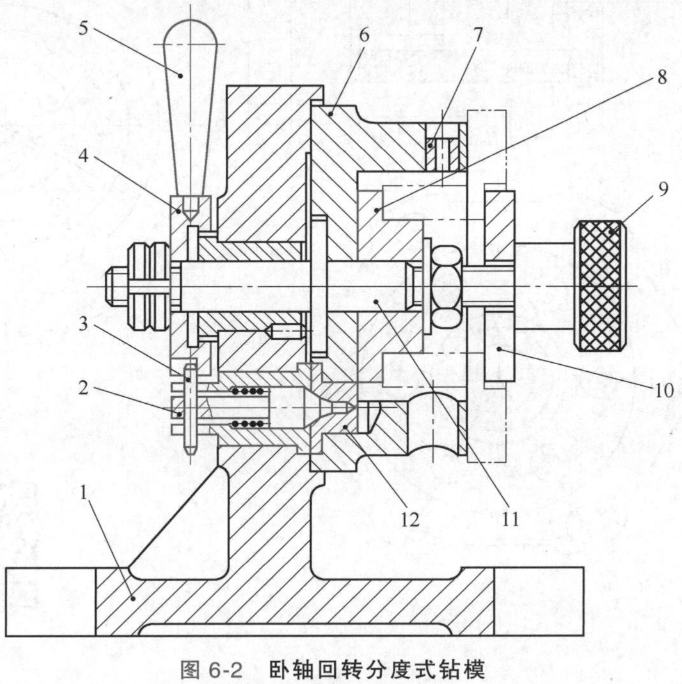


图 6-2　卧轴回转分度式钻模

1—夹具体　2—对定销　3—横销　4—螺套　5—手柄　6—分度盘
7—钻套　8—定位件　9—滚花螺母　10—开口垫圈　11—转轴　12—定位锥套

（三）翻转式钻模

翻转式钻模主要用于加工小型工件同一表面或不同表面上的孔，结构上比回转式钻模简单，适合于中小批量工件的加工。加工时，整个钻模（含工件）一般用手进行翻转；对于稍大工件，必须设计专门的托架，以便翻转夹具。

图 6-3a 所示为加工某套类零件上 12 个螺纹底孔的翻转式钻模；图 6-3b 所示为其工序图。工件以端面 $M$ 和内孔 $\phi$30H8 分别在夹具定位件 2 上的面 $M'$ 和 $\phi$30g6 圆柱销上定位，用削扁开口垫圈 3、螺杆 4 和手轮 5 压紧工件，翻转 6 次加工工件上 6 个径向孔，然后将钻模轴线竖直向上，即可加工端面上的 6 个孔。

（四）盖板式钻模

盖板式钻模没有夹具体，其定位元件和夹紧装置直接安装在钻模板上。钻模板在工件上

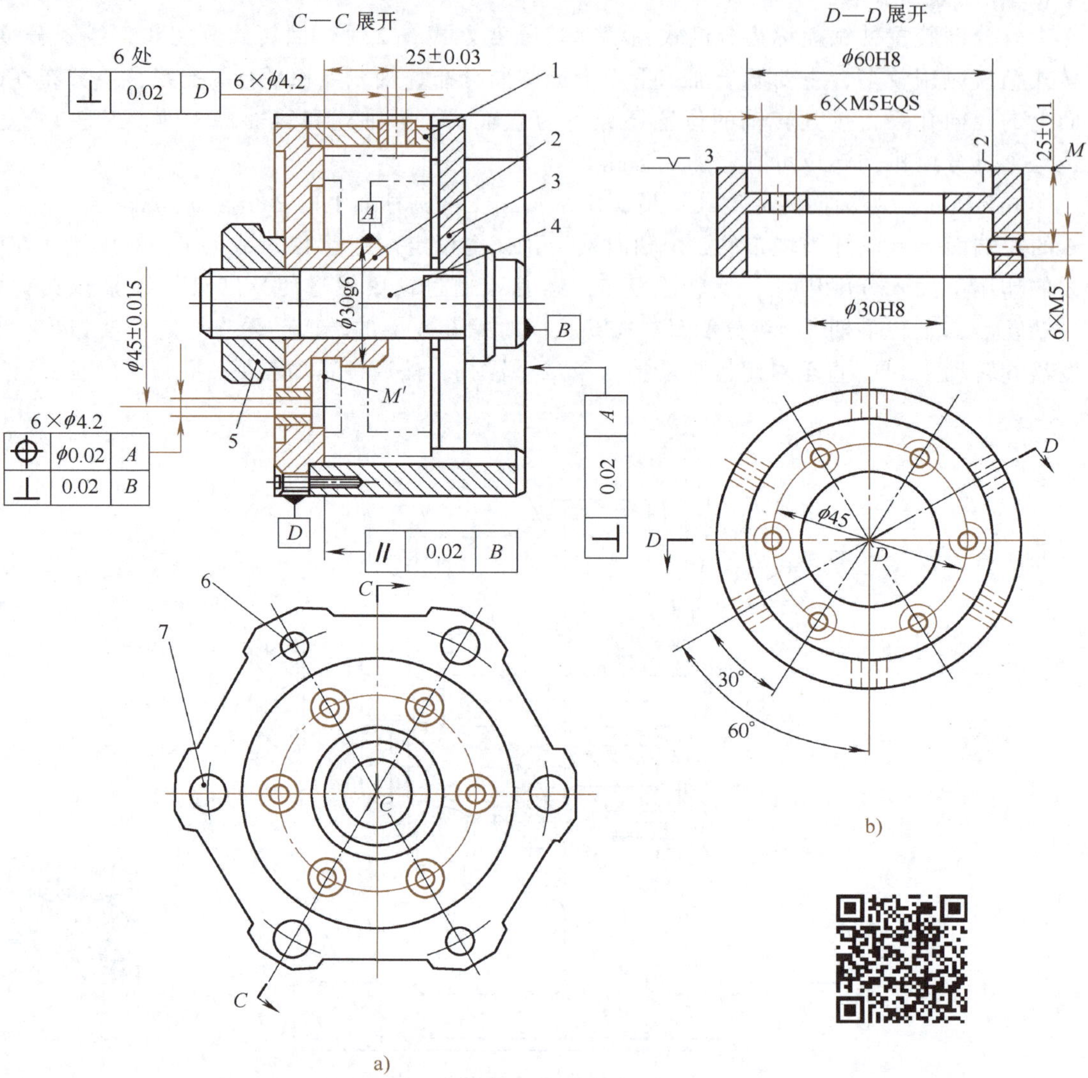


**图 6-3　翻转式钻模**

1—夹具体　2—定位件　3—削扁开口垫圈　4—螺杆　5—手轮　6—销　7—沉头螺钉

定位，夹具结构简单轻便，切屑易于清除，常用于床身、箱体等大型工件上的小孔加工，也可以用于中小批量生产中的中小工件孔加工。加工小孔时，可以不设夹紧装置。

图 6-4a 所示为加工主轴箱 7 个螺纹孔的盖板式钻模，图 6-4b 所示为其工序简图。工件以端面及两大孔作为定位基面，在钻模板的 4 个支承钉 1 组成的平面、圆柱销 2 及菱形销 6 上定位；旋转螺杆 5，推动钢球 4 向下，钢球同时使三个柱塞 3 外移，将钻模板夹紧在工件上。该定心夹紧机构常称为内涨器，现已标准化。

### （五）滑柱式钻模

滑柱式钻模带有升降模板，属通用可调钻夹具，一般由夹具体、滑柱、升降钻模板和锁紧机构组成。常见的钻模板上下移动方式有手动和气动两种。

图 6-5 所示为手动滑柱式钻模通用底座。升降钻模板 1 通过两根导柱 7 与夹具体 5 的导

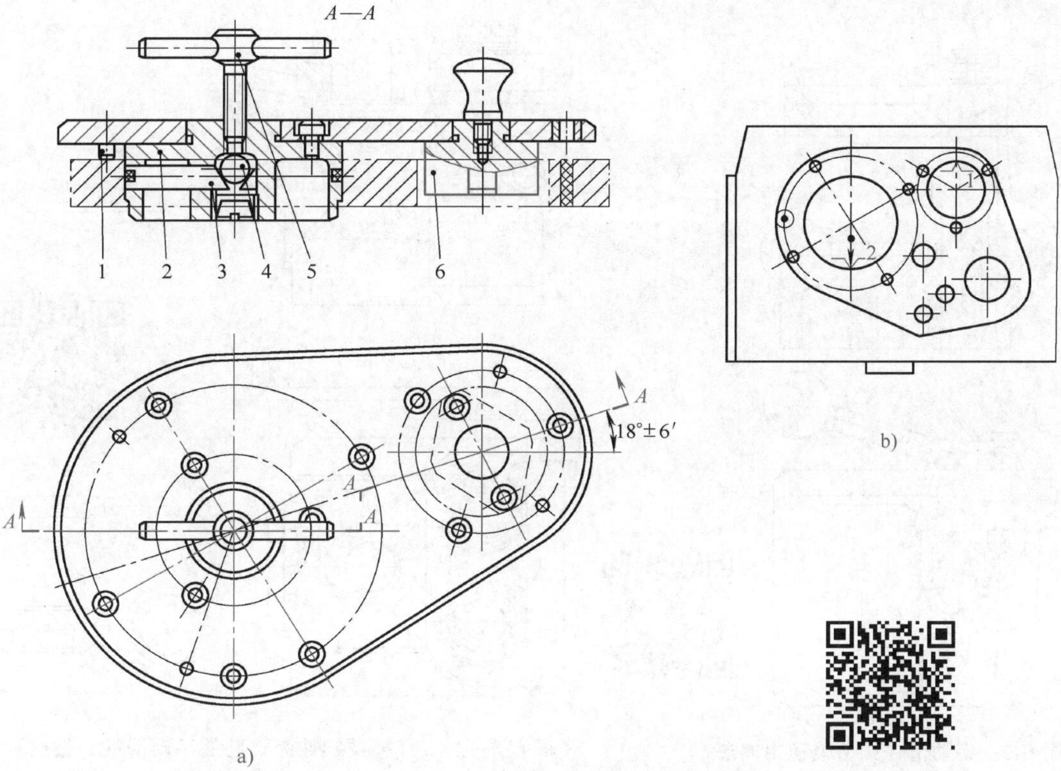


**图 6-4　加工主轴箱 7 个螺纹孔的盖板式钻模**

1—支承钉　2—圆柱销　3—柱塞　4—钢球　5—螺杆　6—菱形销

孔相连。转动操纵手柄 6，经斜齿轮 4 带动斜齿条轴杆 3 移动，使钻模板实现升降。这类钻模结构已系列化、标准化，选用时可查相关的夹具手册。

图 6-6 所示为加工杠杆类零件大端孔的手动滑柱式钻模。用上下两锥形定位套 3 和 5 定位并夹紧大端外圆，保证孔壁厚均匀。小端柄部嵌入挡块 4 的凹槽，以防止钻孔时使工件转动。用操纵手柄 6，使钻模板下降，上、下两锥形定位套 3 和 5 一起实现定心夹紧工件。

手动滑柱式钻模利用钻模板的升降，实现工件的夹紧与松开，所以必须设有相应的自锁机构，保证具有良好的自锁性能。图 6-5 所示齿轮轴 8 的一端制成锥度为 1∶5 的双向锥体，与夹具体 5 及套环 9 的锥孔配合。当钻模板下降而夹紧工件时，夹紧反力使齿轮轴受向上的轴向力，使锥体楔紧在夹具体的锥孔中。由于锥角小，可自锁，加工过程中不会松开。加工后，钻模升到最高处时，因重力使齿轮轴受向下轴向力，而使另一段锥面楔紧在套环的锥孔中，装卸工件时钻模板不会因自重而下降。

滑柱式钻模的特点是：夹具可调，操作方便，夹紧迅速；钻孔的垂直度和孔距精度不太高，适用于中等精度的孔和孔系加工。

## 二、钻床夹具的设计要点

图 6-7 所示为某钻模 3D 立体爆炸图和钻套实物照片。下面介绍钻床夹具的设计要点。

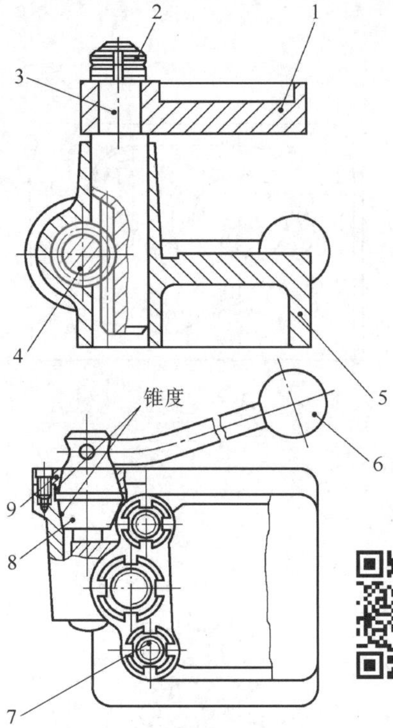


图 6-5　手动滑柱式钻模通用底座

1—升降钻模板　2—锁紧螺母　3—斜齿条轴杆
4—斜齿轮　5—夹具体　6—操纵手柄
7—导柱　8—齿轮轴　9—套环

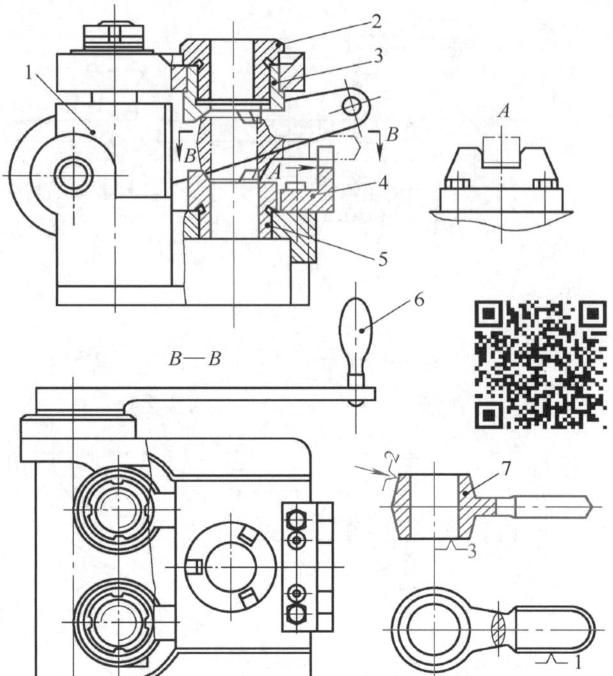


图 6-6　加工杠杆类零件大端孔的手动滑柱式钻模

1—底座　2—钻套　3—上锥形定位套　4—挡块
5—下锥形定位套　6—操纵手柄　7—工件

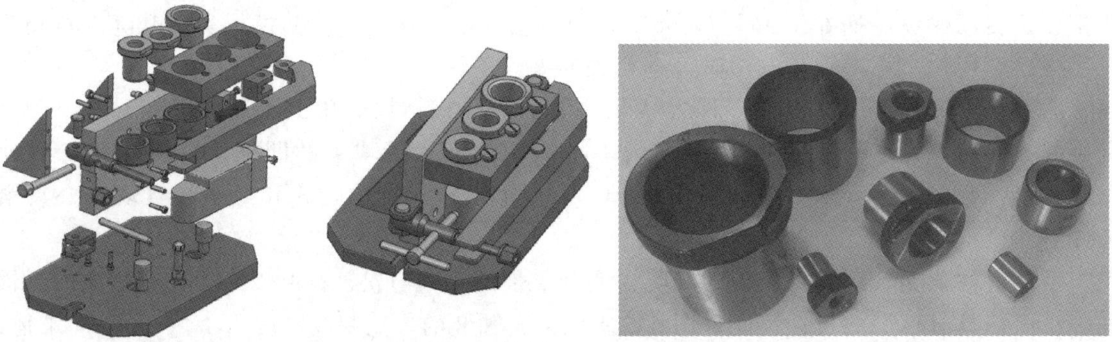

a)　　　　b)

图 6-7　某钻模 3D 立体爆炸图和钻套实物照片

a）某钻模 3D 立体爆炸图　b）钻套实物照片

### （一）钻套形式的选择和设计

钻套用来引导刀具，以保证被加工孔的位置精度和提高工艺系统的刚度。钻套可分为标准钻套和特殊钻套两大类。

#### 1. 标准钻套

标准钻套又分为固定钻套、可换钻套和快换钻套，如图 6-8 所示。

（1）固定钻套　图 6-8a 所示为固定钻套的两种形式。钻套直接压入钻模板或夹具体的孔中，位置精度高，但磨损后不易更换，在中小批生产中使用。

（2）可换钻套　图 6-8b 所示为可换钻套的标准结构。钻套 1 以间隙配合安装在衬套 2 中，衬套压入钻模板 3 中，并用螺钉 4 固定，以防止钻套在衬套中转动。可换钻套磨损后，将螺钉松开便可迅速更换，故多用于大批量生产。

（3）快换钻套　如图 6-8c 所示，快换钻套适用于在同一道工序中，需要依次对同一孔进行钻、扩、铰或攻螺纹时，能快速更换不同孔径的钻套。更换钻套时，不需松开螺钉，只要将快换钻套反时针转过一定角度，使缺口正对螺钉头部即可取出更换。

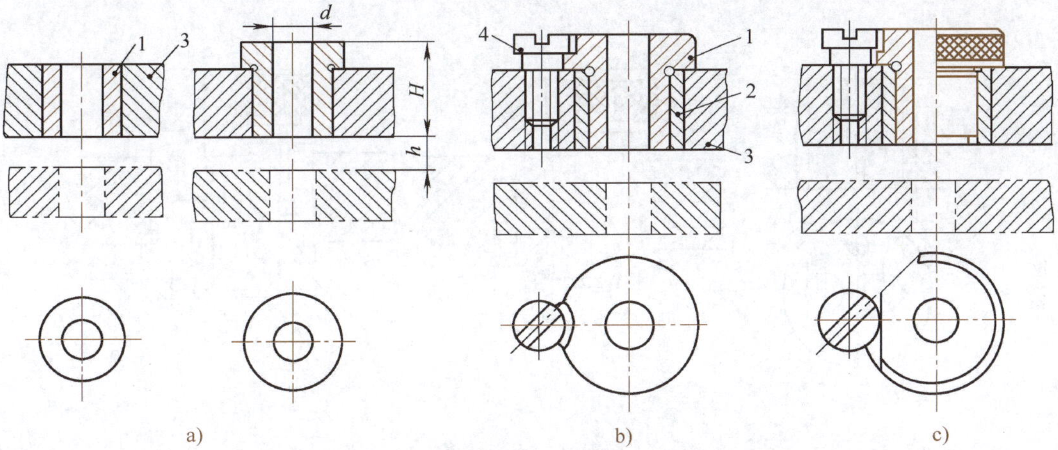


**图 6-8　标准钻套**

1—钻套　2—衬套　3—钻模板　4—螺钉

## 2. 特殊钻套

由于工件的形状特殊，或者被加工孔位置的特殊性，不适合采用标准钻套，就需要自行设计结构特殊的钻套。图 6-9 所示为特殊钻套。

其中，图 6-9a 所示为在斜面或圆弧面上钻孔的钻套。排屑空间的高度 $h<0.5$mm，可避免钻头引偏或折断。图 6-9b 所示为在凹形表面上钻孔的加长钻套。钻套可做成悬伸的，为减少刀具与钻套的摩擦，可将钻套引导高度以上的孔径放大，做成阶梯形。图 6-9c、d 所示为小孔距钻套。将两孔做在同一个钻套上时，要用定位销确定钻套位置。图 6-9e、f 所示为兼有定位与夹紧功能的钻套。钻套与衬套之间一段为圆柱间隙配合，以保证导向孔的正确位置；一段为螺纹连接，以承受夹紧反力，钻套下端为圆内锥（或圆外锥）用来定位夹紧工件。

## 3. 钻套的尺寸与公差

（1）导向孔径 $d$　如图 6-10 所示，钻套的公称尺寸取刀具的上极限尺寸，对于钻头、扩孔钻、铰刀等定尺寸刀具，按基轴制选用间隙配合 F7 或 G6。

（2）钻套高度 $H$　对于一般孔距精度 $H=(1.5\sim2)d$（$d$ 为孔直径）；孔距精度要求高（±0.05mm）时，$H=(2.5\sim3.5)d$。

（3）钻套与工件距离 $h$　增大 $h$ 值，排屑方便，但刀具的刚度和孔加工精度都会降低。钻削易排屑的铸铁时，常取 $h=(0.3\sim0.7)d$；钻削较难排屑的钢件时，常取 $h=(0.7\sim1.5)d$；工件精度要求高时，取 $h=0$，使切屑全部从钻套中排出。

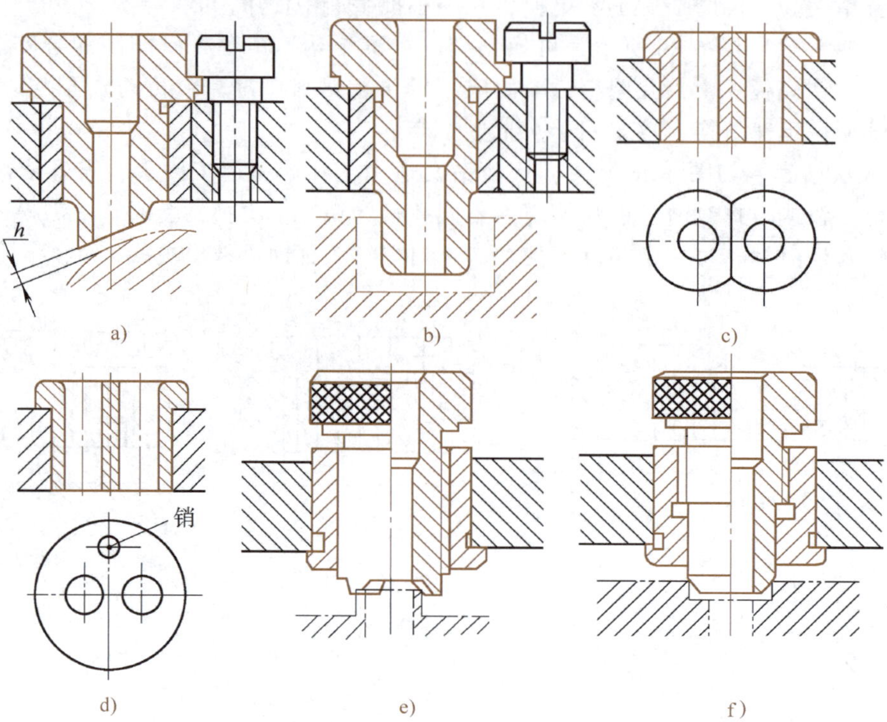


图 6-9 特殊钻套

### （二）钻模板的设计

钻模板用于安装钻套，并确保钻套在钻模上的位置。常见的钻模板有以下几种。

#### 1. 固定式钻模板

固定式钻模板与夹具体铸成一体，或用螺钉和销与夹具体连接在一起，结构简单，制造方便，定位精度高，但有时装配工件不便，如图 6-1 所示。

#### 2. 铰链式钻模板

如图 6-11 所示，铰链销 1 与钻模板 5 的销孔采用 G7/h6 配合。钻模板 5 与铰链座 3 之间采用 H8/g7 配合。钻套导向孔与夹具安装面的垂直度可通过调整两个支承钉的高度加以保证。加工时，钻模板 5 由菱形螺母 6 锁紧。由于铰链销、孔之间存在活动间隙，工件的加工精度不高。

#### 3. 可卸式钻模板

如图 6-12 所示，可卸式钻模板与夹具体做成可拆卸的，工件每装卸一次，钻模板也要装卸一次，故适用于中小批生产，钻孔后继续进行倒角、锪平、攻螺纹等加工或其他类型钻模板不便装卸工件的情况。

### （三）钻床夹具总图上的尺寸、公差和技术条件的标注

钻床夹具总图上的尺寸、公差和技术条件的标注参见夹具手册。

### （四）分度装置的设计

当工件在一次装夹后，需要按一定角度或一定距离加工一组表面时，就要采用分度装置。分度装置常用于钻床夹具、铣床夹具和车床夹具上。

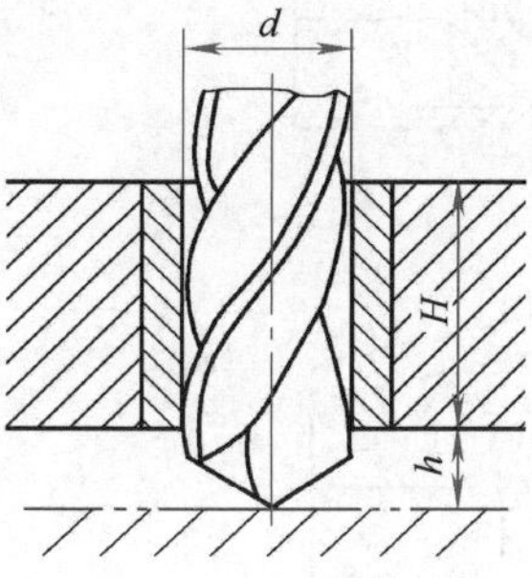


图 6-10　钻套的尺寸

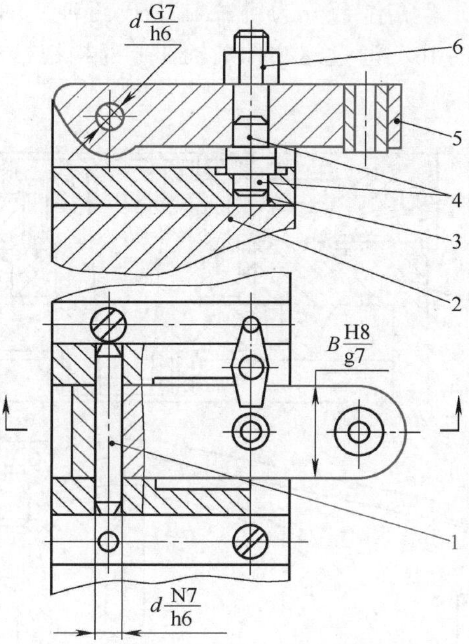


图 6-11　铰链式钻模板

1—铰链销　2—夹具体　3—铰链座
4—支承钉　5—钻模板　6—菱形螺母

1. 分度装置的组成

常见的分度装置有两类。

(1) 回转分度装置　不必松开工件，而通过回转分度装置一定角度，就可完成多工位加工。它主要加工有一定回转角度要求的孔系、槽或多面体，如图 6-2 所示。

(2) 直线移动分度装置　不必松开工件，而能带着工件沿直线移动一定距离，从而完成多工位加工。它主要加工有一定距离要求的平行孔系和槽等，如图 6-13 所示。

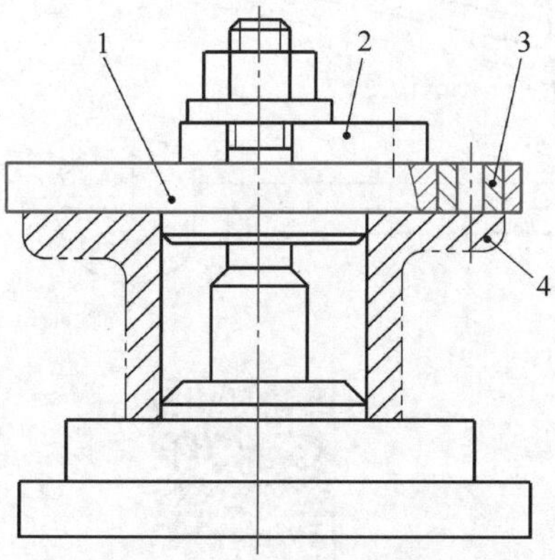


图 6-12　可卸式钻模板

1—钻模板　2—压板　3—钻套　4—工件

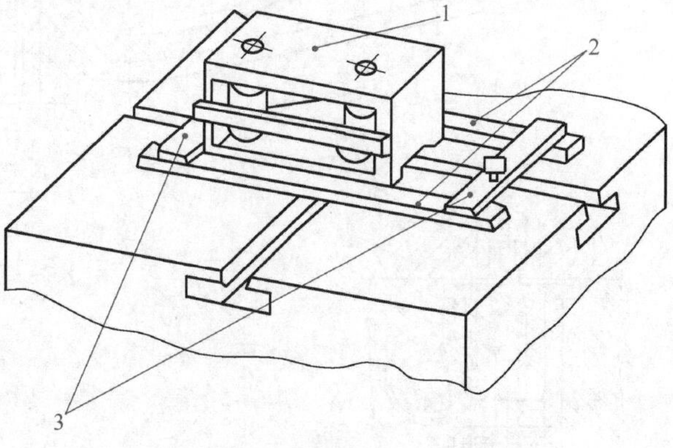


图 6-13　直线移动分度装置

1—移动部分　2—导板　3—定程板

由于设计这两类分度装置时考虑的问题基本相同，而且回转分度装置应用最多，下面仅讨论回转分度装置的有关问题。

通用回转分度工作台分为卧式和立式两种。图 6-14 所示为立轴式通用转台，分度时，逆时针转动手柄 10，通过螺纹传动轴 9 上的挡销带动齿轮套 14 转动，使对定销 12 从分度孔

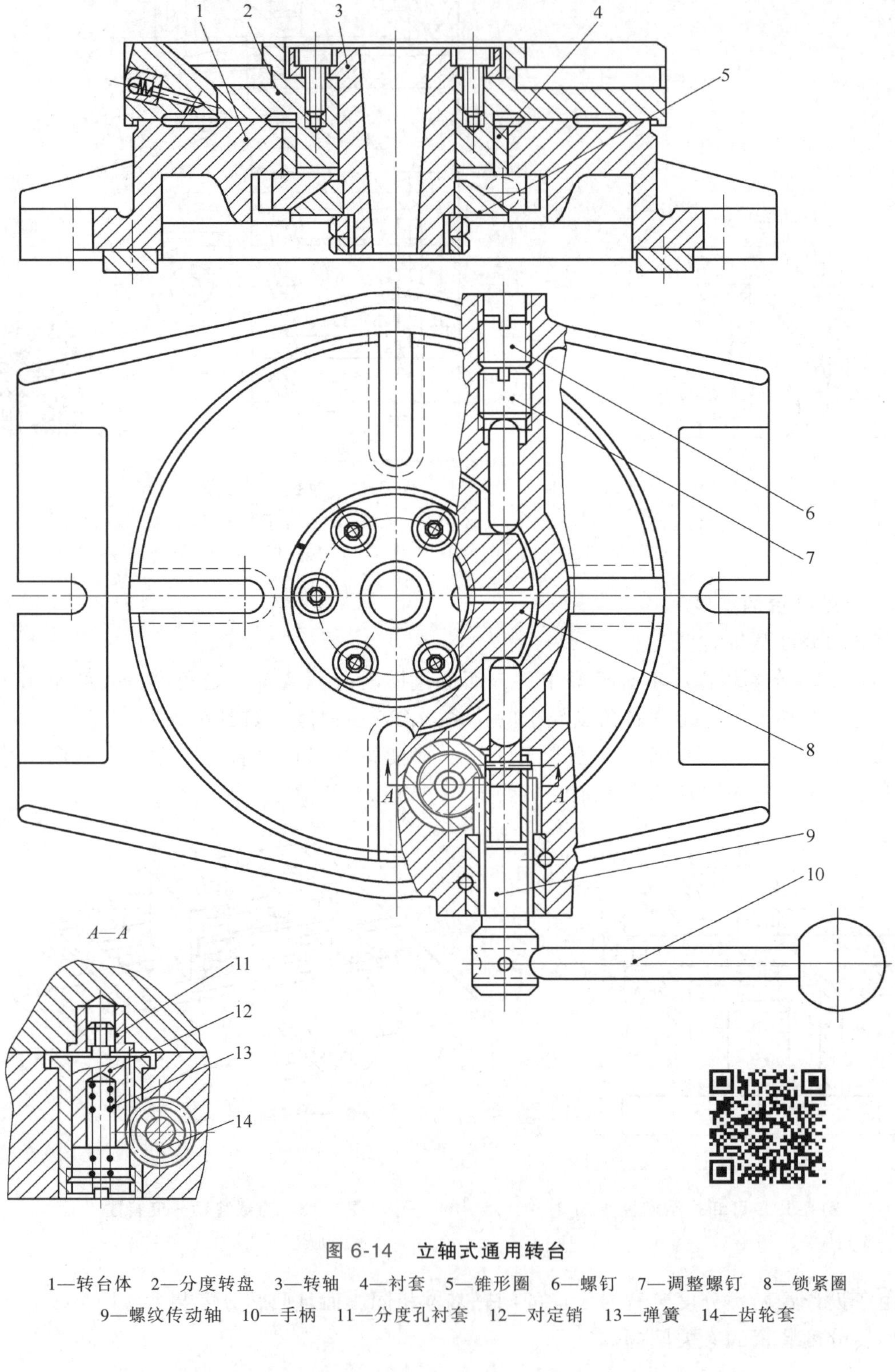


图 6-14　**立轴式通用转台**

1—转台体　2—分度转盘　3—转轴　4—衬套　5—锥形圈　6—螺钉　7—调整螺钉　8—锁紧圈　9—螺纹传动轴　10—手柄　11—分度孔衬套　12—对定销　13—弹簧　14—齿轮套

衬套 11 中拔出，分度转盘 2（连同转轴）便可转过一个工位，在弹簧 13 的作用下，对定销 12 插入转盘的另一分度孔衬套中（此时手柄自动顺时针转动），完成一次分度。继续顺时针转动手柄，螺纹传动轴 9 即把弹性开口锁紧圈 8 顶紧，并通过内锥面迫使锥形圈 5 向下压，使转盘锁紧在转台体 1 上。齿轮套 14 的端部开有缺口（*B—B* 剖面），借助它即可实现先松开分度转盘再拔销，或者先插销再锁紧分度转盘。

由此可见，分度装置一般由固定部分、转动（或移动）部分、分度对定机构和锁紧机构等几部分组成。

2. 分度对定机构的选择与设计

分度对定机构是保证夹具分度精度的关键元件。根据分度转盘与对定销的相互位置关系，一般分为轴向分度和径向分度两种。

轴向分度如图 6-15 所示，分度转盘沿轴向开孔（圆孔或圆锥孔），对定销的工作平行于分度转盘的回转轴线方向。

径向分度如图 6-16 所示，分度转盘沿径向开槽（直槽、斜槽或型面），对定销沿着分度转盘的径向进行工作。当分度转盘的直径一定时，径向分度的转角误差较轴向分度的小，因此在分度精度要求高时，常采用径向分度。分度对定机构的结构形式很多，常用的如图 6-17 所示。

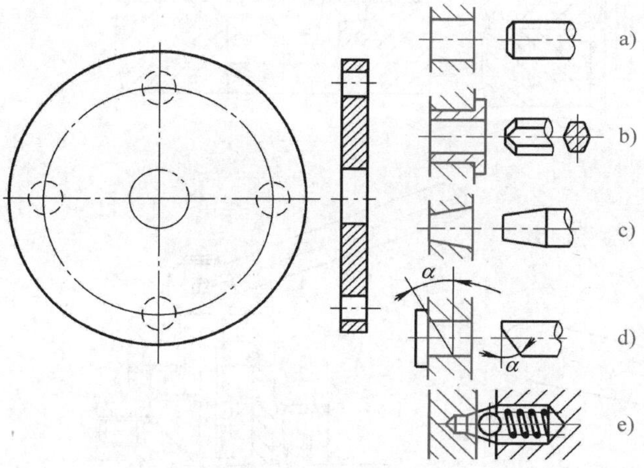


图 6-15　轴向分度

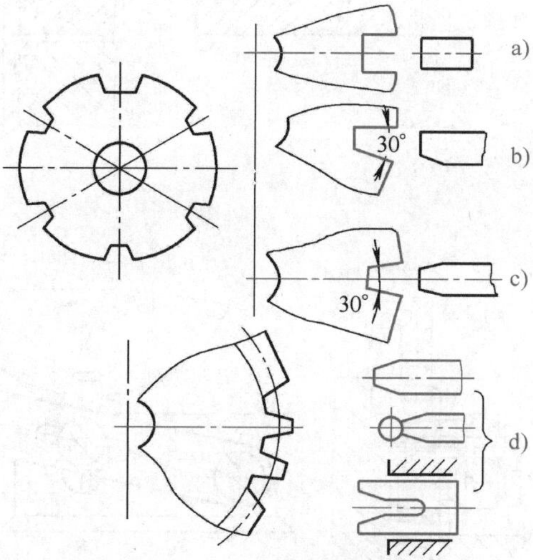


图 6-16　径向分度

（1）钢球对定机构　如图 6-17a 所示，钢球对定机构结构简单，不需拔销，但分度精度不高，对定也不可靠，常用于精度要求不高的场合，或作为预定位。

（2）菱形销（或圆柱销）对定机构　图 6-17b 所示为手拉式菱形销对定机构。这类机构操纵方便，但由于无法补偿配合间隙，因此分度精度不高；同等条件下菱形销比圆柱销对定机构的分度精度高；对定销插入分度时，能将灰尘和污物推出，不需要严格的防尘措施。这两种结构在中等精度的分度装置中应用较广泛。

（3）圆锥销对定机构　图 6-17c 所示为齿轮齿条操纵的圆锥销对定机构。这类机构对定时可消除配合间隙，提高分度精度；但灰尘或污物进入分度套后，会影响分度精度，因此应有防尘措施。

（4）斜面槽对定机构　图 6-17d 所示为杠杆操纵单斜面槽对定机构。它用直边对定，斜边消除间隙，直边插入时可推除污物，斜面处污物不影响对定精度。这种对定方式的防尘要求不高，分度精度较高，应用较多。

图 6-17e 所示为枪栓式圆柱销对定机构。此外，还有分度对定联合操纵机构（图 6-2），只要手柄往复转动一次，便能完成拔销和分度对定几个动作，操作方便、迅速。

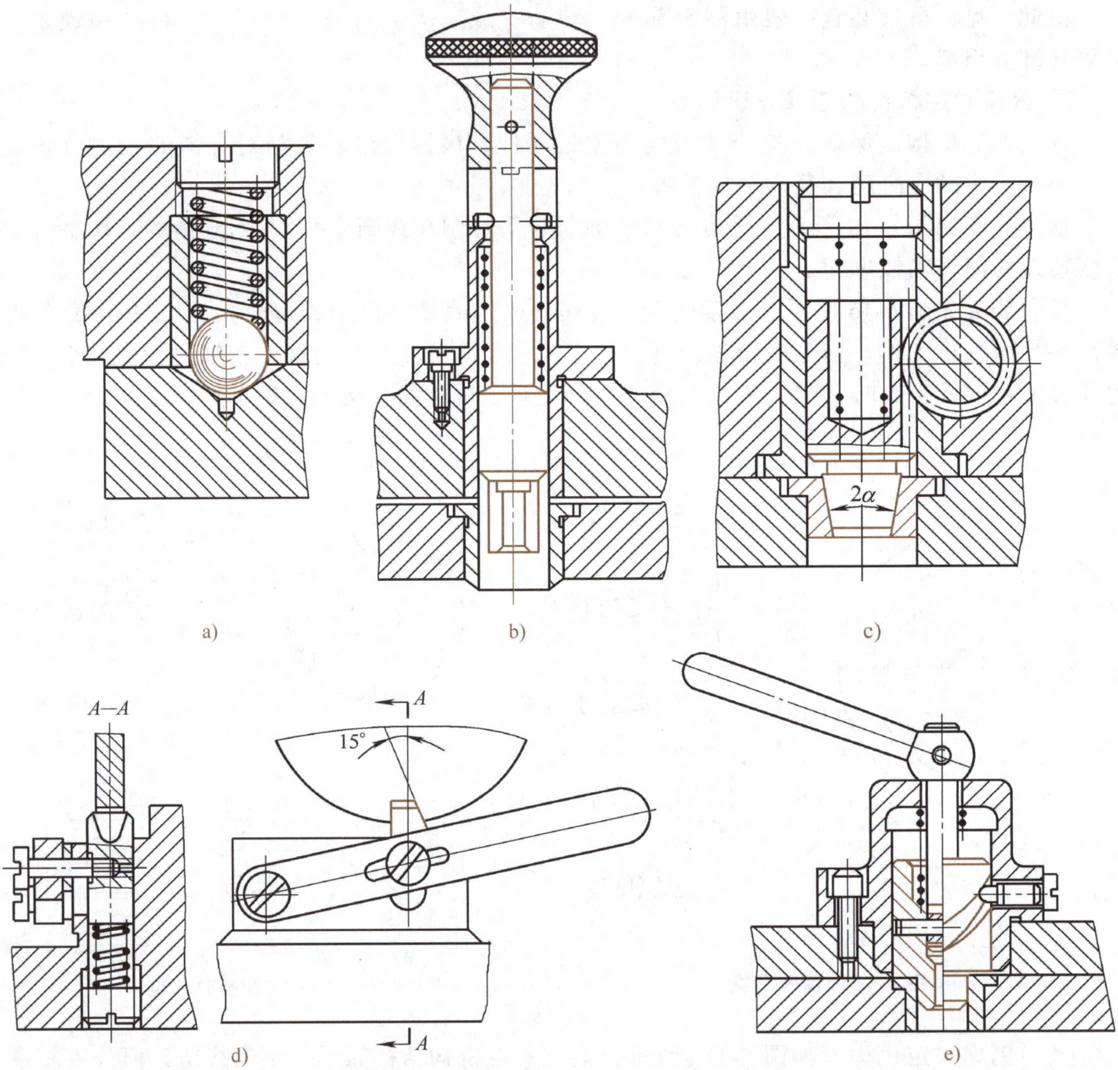


图 6-17　常见的几种分度对定机构

## 3. 锁紧机构

除通常的螺杆、螺母外，常见的锁紧机构还有图 6-18 所示的几种结构形式。其中，图 6-18a 所示为偏心轮锁紧机构；图 6-18b 所示为楔式锁紧机构；图 6-18c 所示为切向锁紧机构；图 6-18d 所示为压板锁紧机构。

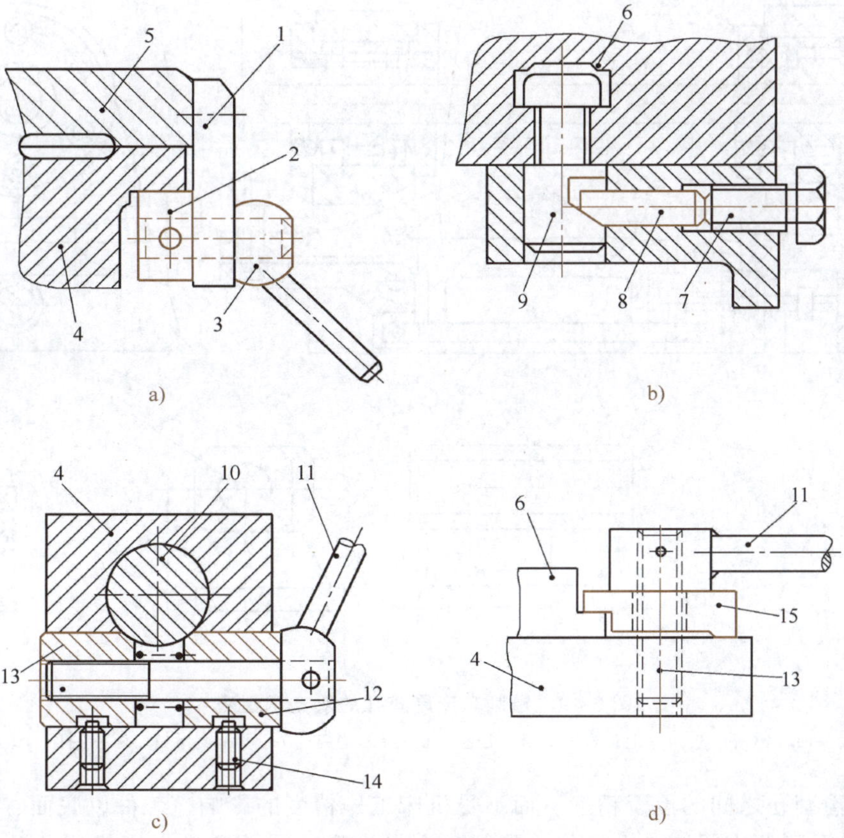


**图 6-18　锁紧机构**

1—支板　2—偏心轮　3、11—手柄　4—底座　5、6—回转台　7—螺钉
8—滑柱　9—梯形压紧钉　10—转轴　12—锁紧套　13—锁紧螺杆　14—防转螺钉　15—压板

# 第二节 ■ 镗床夹具

镗床夹具简称为镗模，主要由镗套、镗模支架、镗模底座以及必需的定位、夹紧机构组成，多用于在镗床、组合机床（也可在车床和摇臂钻床）上加工箱体、支座等零件上的精密孔或孔系。

按其所使用的机床形式不同，镗床夹具可分为卧式和立式两类；按其导向支架的布置形式，可分为双支承镗模、单支承镗模和无支承镗模 3 类。采用镗模可以不受机床精度影响而加工出较高精度的工件。

## 一、镗床夹具的典型结构形式

### （一）双支承镗模

图 6-19 所示为镗削车床尾座孔的双支承镗模。

镗模的两个支承分别设置在刀具的前方和后方，两个镗模支架 1 上用回转镗套 2 来支承和引导镗杆 9，镗杆 9 和镗床主轴通过浮动接头 10 连接，所以镗孔的位置精度主要取决于

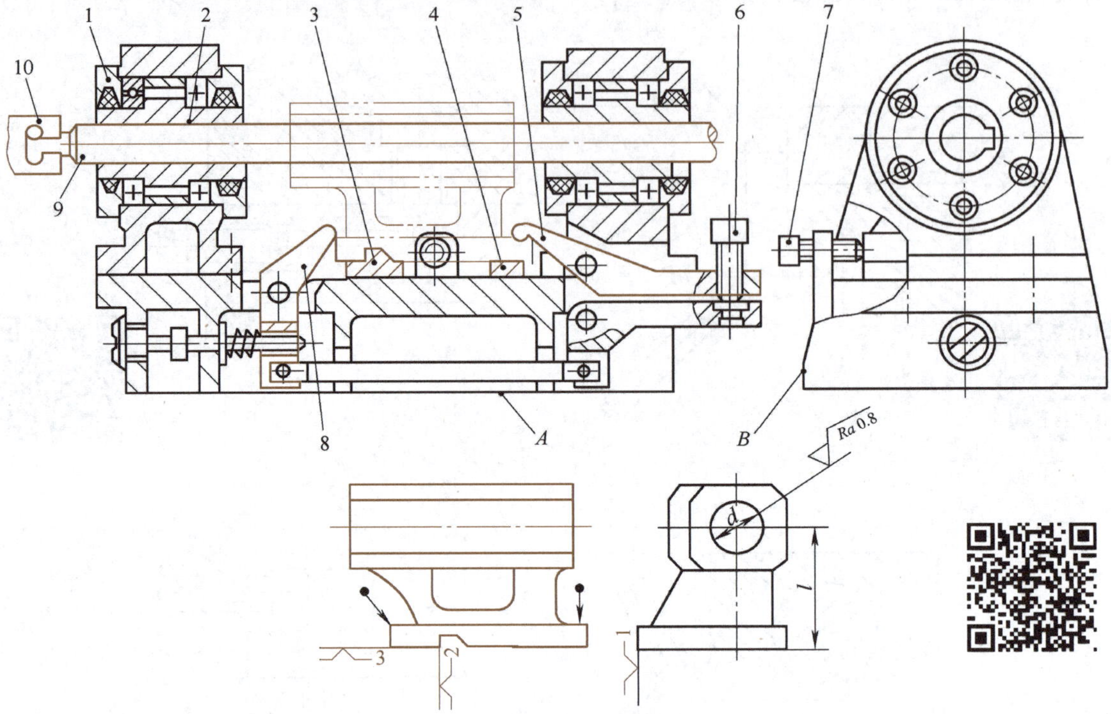


图 6-19　镗削车床尾座孔的双支承镗模

1—支架　2—回转镗套　3、4—定位板　5、8—压板　6—夹紧螺钉　7—可调支承钉　9—镗杆　10—浮动接头

镗模支架上镗套孔之间的位置精度，而不受机床工作精度的影响。工件以底面、槽和侧面在定位板 3、4 及可调支承钉 7 上定位，限制 6 个自由度，采用联动夹紧机构，拧紧夹紧螺钉 6，压板 5、8 同时夹紧工件。镗模以底面 *A* 安装在机床工作台上，其位置用 *B* 面找正。

### （二）单支承镗模

如图 6-20 和图 6-21 所示，镗杆在镗模中只有一个镗套引导，镗杆与机床主轴刚性连接，即镗杆插入机床主轴的莫式锥孔中，并保证镗套中心与主轴轴线重合，机床主轴的回转精度会影响工件镗孔精度。

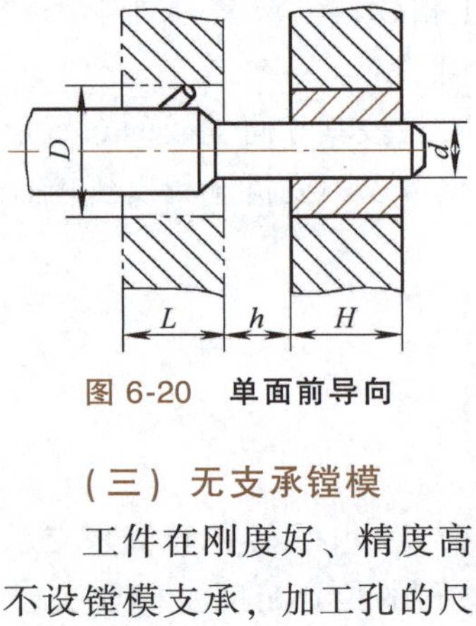


图 6-20　单面前导向

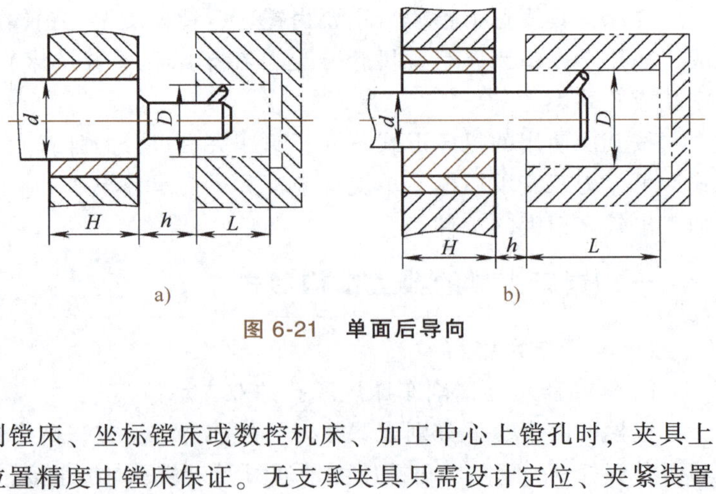


图 6-21　单面后导向

### （三）无支承镗模

工件在刚度好、精度高的金刚镗床、坐标镗床或数控机床、加工中心上镗孔时，夹具上不设镗模支承，加工孔的尺寸和位置精度由镗床保证。无支承夹具只需设计定位、夹紧装置

和夹具体即可。

## 二、镗床夹具的设计要点

### （一）引导支架的布置形式及其选择

主要依据镗孔的长径比 $L/D$ 来选取，一般有以下 4 种形式。

1. 单面前导向

单个导向支架布置在刀具的前方，如图 6-20 所示。这种形式适用于加工工件孔径 $D>60\text{mm}$，加工长度 $L<D$ 的通孔。在多工步加工时，可不更换镗套，又便于在加工过程中进行观察和测量，特别适用锪平面或攻螺纹的工序。一般情况下 $h=(0.5\sim1)D$，但 $h$ 不应小于 20mm，镗套长度一般取 $H=(1.5\sim3)d$。

2. 单面后导向

单个导向支架布置在刀具的后方，如图 6-21 所示。这种形式适用于加工不通孔或 $D<60\text{mm}$ 的通孔，装卸工件和更换刀具较方便。

当 $L<D$ 时，采用图 6-21a 所示结构。刀具导向部分的直径 $d$ 可大于所加工孔径 $D$，刀具刚度好，加工精度高，装卸工件和换刀方便，在多工步加工时，可不更换镗套。

当 $L>D$ 时，采用图 6-21b 所示结构。刀具导向部分的直径 $d$ 应小于所加工孔径 $D$，镗杆能进入孔内，可减小镗杆的悬伸量，有利于缩短镗杆的长度。

镗套长度一般取 $H=(1.5\sim3)d$。

$h$ 值的大小取决于换刀、装卸和测量工件及排屑是否方便。一般地，在卧式镗床上镗孔取 $h=20\sim80\text{mm}$；在立式镗床上镗孔时，参照钻模设计中 $h$ 的取值。

3. 单面双导向

在刀具后方装有两个导向镗套，镗杆与机床主轴浮动连接，如图 6-22 所示。为保证镗杆刚度，镗杆的悬伸量 $l_1<5d$，两个支架的导向长度 $L>(1.25\sim1.5)l_1$。单面双导向镗模便于装卸工件和刀具，便于在加工中进行观察和测量。

4. 双面单导向

导向支架分别装在工件的两侧，镗杆与机床主轴浮动连接，如图 6-23 所示。这种形式适用于加工孔径较大，工件孔的长径比大于 1.5 的通孔，或同轴线的几个短孔、有较高同轴度和中心距要求的孔系。

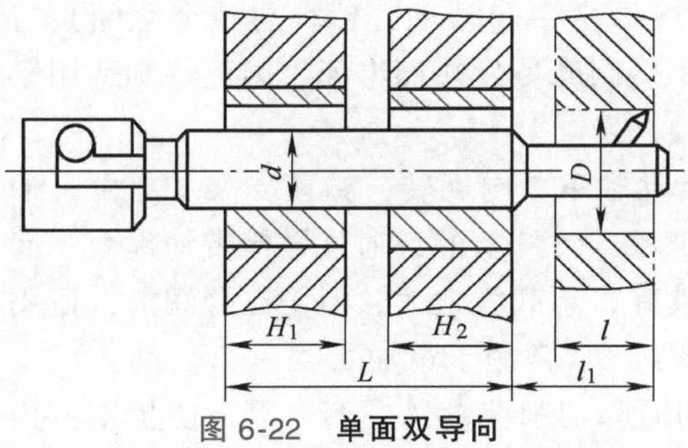

图 6-22　**单面双导向**

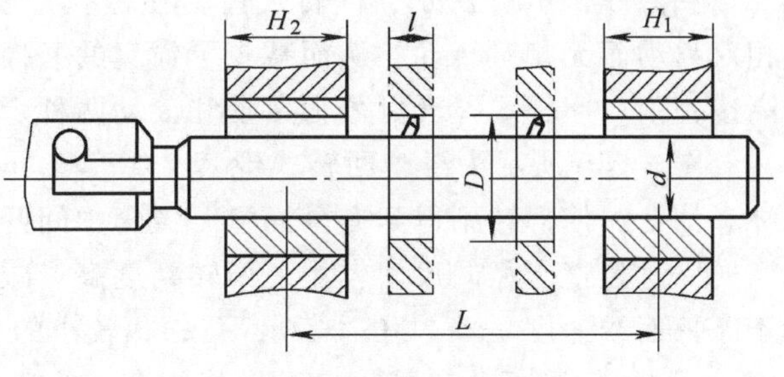

图 6-23　**双面单导向**

双面单导向结构镗杆长，刚性较差，刀具装卸不便。当镗套间距 $L>10d$ 时，应增加中间导向支承。在采用单刃镗刀镗削同一轴线上的几个等径孔时，应设计让刀机构。镗套长度一般取：固定式镗套 $H_1=H_2=(1.5\sim2)d$；滑动式 $H_1=H_2=(1.5\sim3)d$；滚动式镗套 $H_1=H_2=0.75d$。

### （二）镗套的选择与设计

镗套的结构和精度直接影响加工精度。镗套的结构有固定式和回转式两种。

#### 1. 固定式镗套

固定式镗套是指在镗孔过程中不随镗杆转动的镗套，其结构与快换钻套基本相同。如图 6-24a 所示的固定式镗套开有油槽，设有压配式油杯，外形小、结构简单、中心位置准确，适用于低速镗孔（摩擦面线速度小于 0.3m/s）。

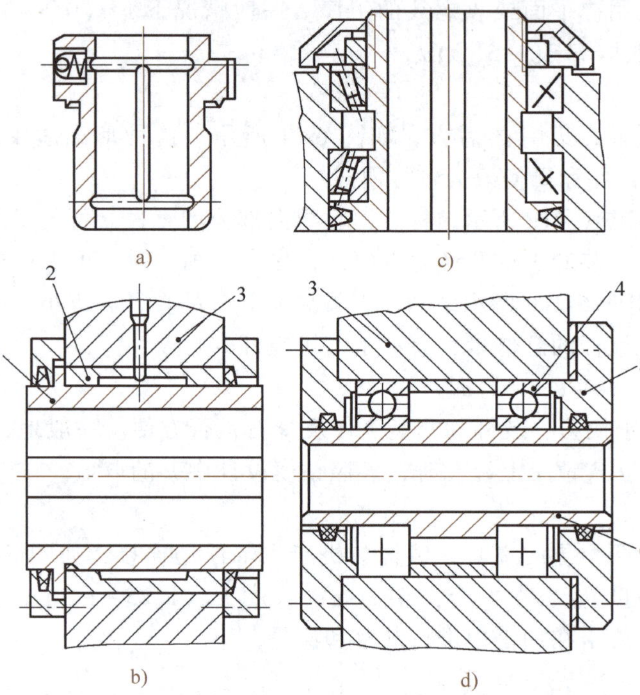


**图 6-24　镗套的结构**

1、6—镗套　2—滑动轴承　3—镗模支架　4—滚动轴承　5—轴承端盖

#### 2. 回转式镗套

如图 6-24b～d 所示，回转式镗套在镗孔过程中随镗杆一起转动，镗杆与镗套之间只有相对移动而无相对转动，从而减少了镗套的磨损，不会因摩擦发热而卡死，因此特别适用于高速镗削。回转式镗套可分为滑动和滚动两种。

图 6-24b 所示为滑动回转式镗套。镗套 1 可在滑动轴承 2 内回转，镗模支架 3 上设有油杯和油孔，使回转副得到充分润滑。镗套中间开有键槽，镗杆上的键通过键槽带动镗套一起回转。这种镗套径向尺寸较小、回转精度高、减振性好、承载能力大，但需充分润滑，适用于摩擦面线速度 $v<0.3\sim0.4$m/s，孔心距较小的孔系加工，常用于精加工。

图 6-24c 所示为立式滚动回转式镗套。为避免切屑和切削液落入镗套，需设防护罩；为承受进给力，一般采用圆锥滚子轴承。

图 6-24d 所示为卧式滚动回转式镗套。镗套 6 支承在两个滚动轴承 4 上，回转精度受轴承精度的影响，对润滑要求较低，但径向尺寸较大，适用于粗加工和半精加工。

滚动回转式镗套一般用于镗削孔距较大的孔系，一般摩擦面线速度 $v>0.4\text{m/s}$。

当被加工孔径大于镗套孔径时，需在回转镗套上开引刀槽，使装好刀的镗杆能够进出而不发生碰撞。为此当镗刀从固定的方位进入或退出镗套时，镗杆必须停止转动。同时必须在镗杆与回转镗套间设置定向键，以保证工作过程中镗刀与引刀槽的正确位置关系，确保镗杆顺利进入引刀槽（该定向键也有保证加工精度稳定的作用）。带有引刀槽的外滚式镗套，其定向键的形式有两种。图 6-25 所示为回转式镗套的引刀槽及尖头定向键。

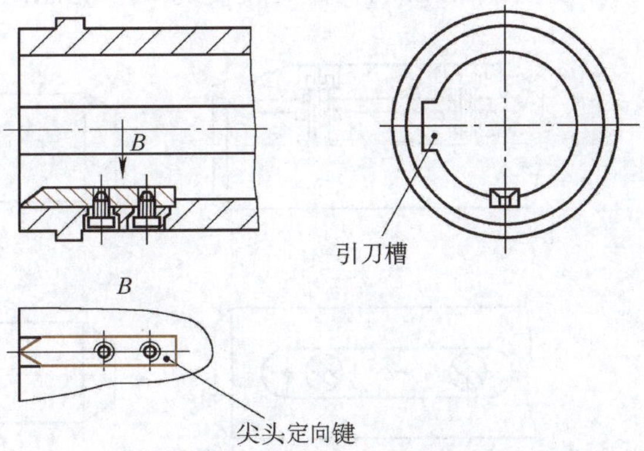

图 6-25　回转式镗套的引刀槽及尖头定向键

### （三）镗杆的结构设计

图 6-26 所示为用于固定式镗套的镗杆导向部分的结构。当镗杆导向部分直径 $d<50\text{mm}$ 时，一般采用整体式结构。

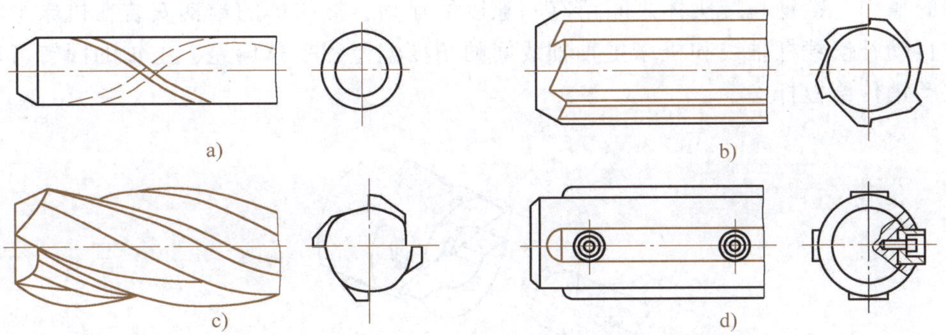

图 6-26　用于固定式镗套的镗杆导向部分的结构

图 6-26a 所示为开有油槽的圆柱形镗杆。这种镗杆结构简单，刚度和强度较好，但与镗套接触面积大、润滑不好、易磨损，加工时切屑易进入引导部分，出现“卡死”现象。

图 6-26b、c 所示为开直槽和螺旋槽的镗杆。这种镗杆与镗套接触面积小，沟槽又可容屑，减少“卡死”现象，但其刚度较低。

图 6-26d 所示为镶条式镗杆。这种镗杆与镗套接触面积小，容屑量大，不易“卡死”。镶条磨损后，可在其下加垫，再修磨外圆。该引导结构常用于镗杆导向部分直径 $d>50\text{mm}$ 时。

图 6-27 所示为用于回转式镗套的镗杆改进结构。图 6-27a 所示的镗杆前端设有平键，键下装有压缩弹簧，键前部设有斜面，适用于开有键槽的镗套。加工中无论镗杆以何位置进入镗套，平键均能自动进入键槽，带动镗套旋转。图 6-27b 所示的镗杆上开有键槽，其头部做成小于 45°的螺旋引导结构，可与图 6-25 所示装有尖头定向键的镗套配合使用。

镗杆与加工孔之间应有足够的容屑空间，镗杆的直径一般取 $d=(0.6\sim0.8)D$。

镗杆的精度一般应比被加工孔高两级。其直径公差在粗镗时选 g6，精镗时选 g5；表面粗糙度 $Ra=0.4\sim0.2\mu\text{m}$；圆柱度选直径公差的 1/2，直线度要求为 500mm : 0.01mm。镗杆的材料常选45钢或40Cr钢，淬火硬度为40~45HRC；也可以用20钢或20Cr钢渗碳淬火，渗碳厚度0.8~1.2mm，淬火硬度为61~63HRC。

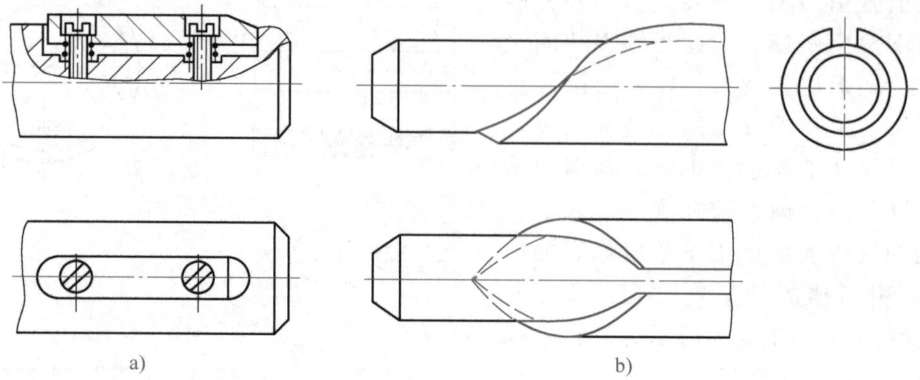


图6-27 用于回转式镗套的镗杆改进结构

(四) 浮动接头

双支承镗杆均采用浮动接头与机床主轴连接。如图6-28所示，镗杆1上拨动销3插入接头体2的槽中，镗杆与接头体之间留有间隙以便浮动，接头体的锥柄安装在机床主轴的锥孔中，能自动补偿镗杆轴线和机床主轴轴线间的角度偏差和平移偏差，主轴的回转可通过接头体、拨动销传给镗杆。

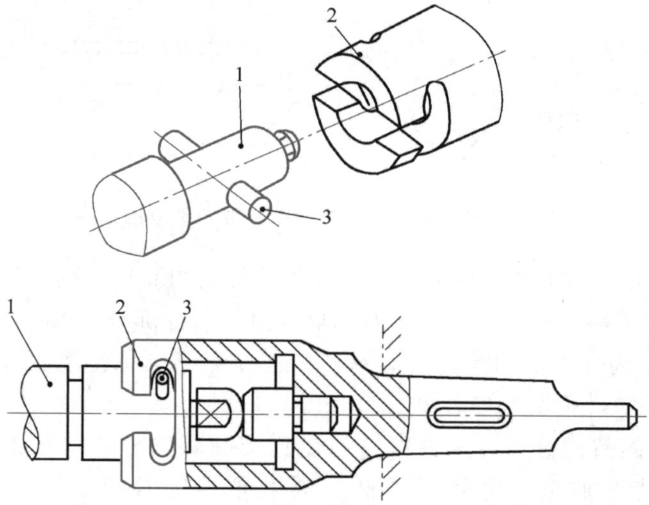


图6-28 浮动接头

1—镗杆 2—接头体 3—拨动销

(五) 镗模支架的设计

镗模支架是用来安装镗套和承受切削力的，应有足够的强度和刚度，设计时应注意：

1）为便于制造，支架与底座应分开，一般采用铸铁材料，不宜采用焊接结构。

2）支架应有较大的安装基面并设置必要的加强肋，支架装配基面的宽度沿孔轴向于其高度的1/2。

3）支架的厚度应根据高度 $H$ 的大小确定，一般取 15~25mm。

4）支架与底座需用圆柱销定位，并用螺钉紧固。

5）不能在镗模支架上安装夹紧机构，以免夹紧反力使镗模变形，影响镗孔精度。图 6-29a 所示为错误的，应采用图 6-29b 所示的结构，以便夹紧反力由镗模底座承受。

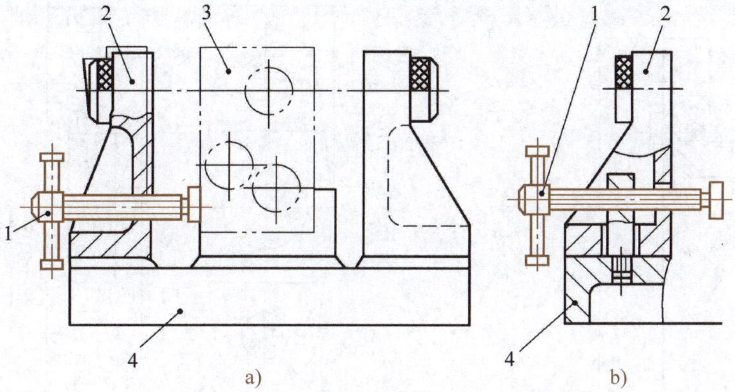


图 6-29　不允许镗模支架承受夹紧反力

1—夹紧螺钉　2—镗模支架　3—工件　4—镗模底座

#### （六）镗床夹具总图上的尺寸、公差和技术条件的标注

镗床夹具总图上的尺寸、公差和技术条件的标注参见夹具手册。

## 第三节 ■ 铣床夹具

铣床夹具主要用于加工平面、凹槽及各种成形表面，一般由定位元件、夹紧机构、对刀装置（对刀块与塞尺）、定位键和夹具体组成。

按加工中工件的进给方式，铣床夹具主要类型可分为直线进给式铣床夹具、圆周连续进给式铣床夹具和机械仿形进给式的靠模铣床夹具 3 种。

### 一、铣床夹具的典型结构形式

#### （一）直线进给式铣床夹具

图 6-30 所示为铣连杆上直角凹槽的直线进给式夹具，夹具直接安装在按直线进给方式运动的铣床工作台上，工件以一面两孔在支承板 8、圆柱销 9 和菱形销 7 上定位。拧紧厚螺母 6，通过活节螺栓 5 带动浮动杠杆 3，使两副压板 10 同时夹紧两个工件。夹具上一次可同时安装 6 根连杆，生产率高。

#### （二）圆周连续进给式铣床夹具

圆周连续进给式铣床夹具多数安装在有回转工作台或回转鼓轮的铣床上，加工过程中随回转盘旋转做连续的圆周进给运动，并可在不停车的情况下装卸工件，效率高，适用于大批量生产。

图 6-31 所示为铣某拨叉的圆周连续进给式铣床夹具。工件以内孔、端面及侧面在定位销 2 和挡销 4 上定位，并由液压缸 6 驱动拉杆 1，通过开口垫圈 3 将工件夹紧。工作台由电

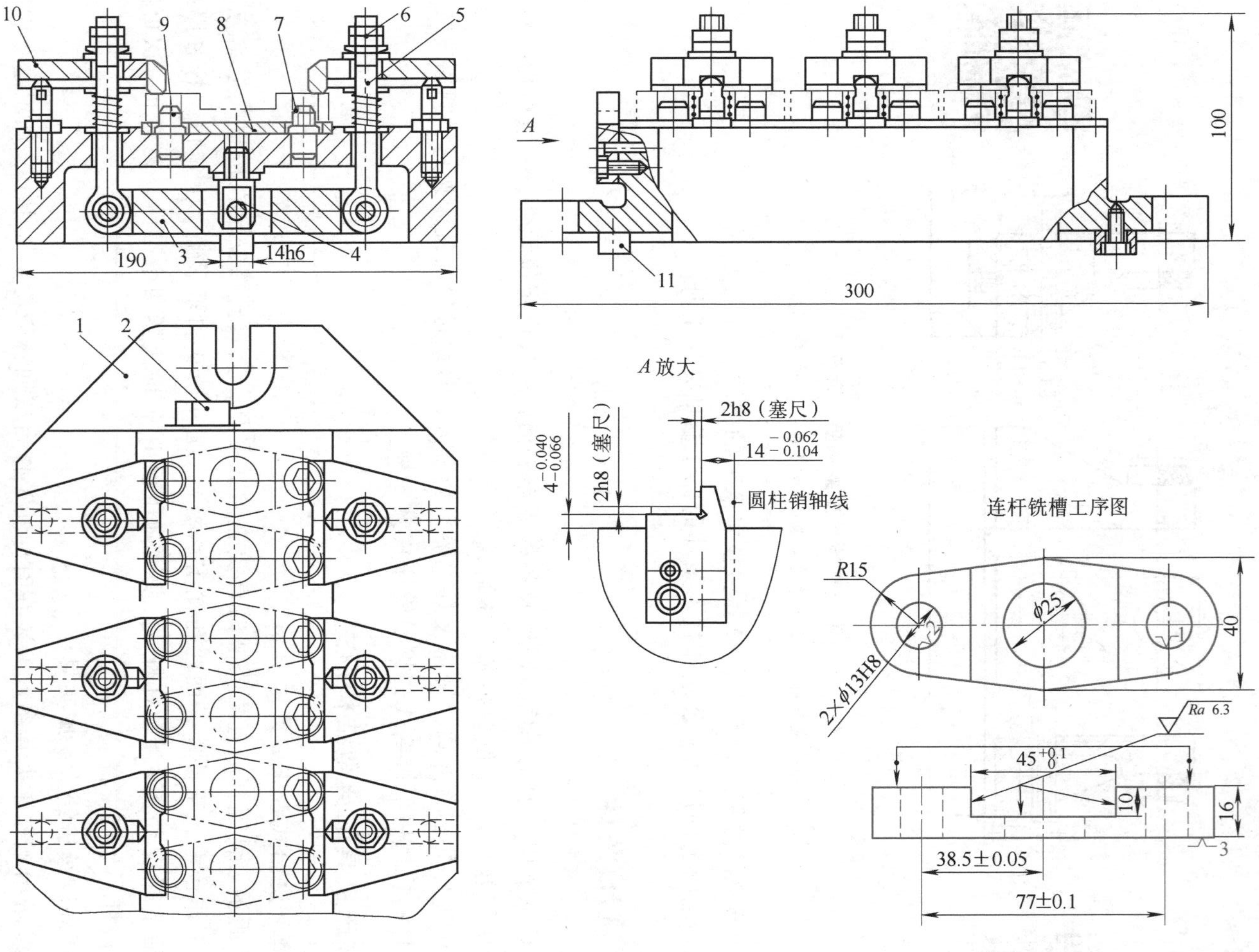


图 6-30　**铣连杆上直角凹槽的直线进给式夹具**

1—夹具体　2—对刀块　3—浮动杠杆　4—铰链螺钉　5—活节螺栓
6—厚螺母　7—菱形销　8—支承板　9—圆柱销　10—压板　11—定位键

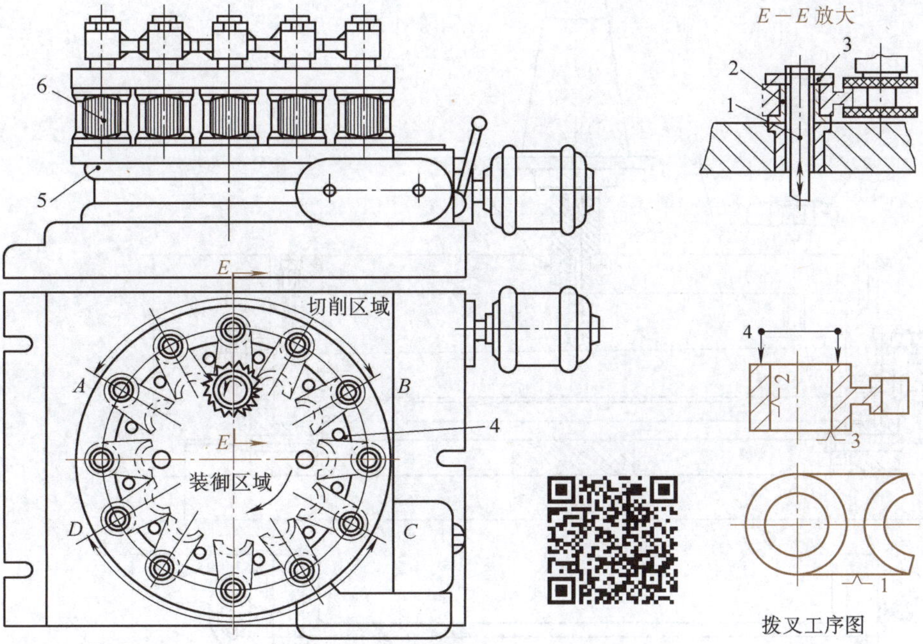


**图 6-31　铣某拨叉的圆周连续进给式铣床夹具**

1—拉杆　2—定位销　3—开口垫圈　4—挡销　5—转台　6—液压缸

动机通过蜗杆蜗轮机构带动回转，从而将工件依次送入切削区 *AB*。当工件离开切削区被加工好后，在非切削区 *CD* 内可将工件卸下，并装上待加工工件，使辅助时间与铣削时间相重合，提高机床利用率。

#### （三）机械仿形进给式的靠模铣床夹具

带有靠模的铣床夹具称为靠模铣床夹具，用于加工各种非圆曲面。靠模的作用是使工件获得辅助运动。靠模铣床夹具可分为直线进给式和圆周进给式两种。

图 6-32 所示为溜板油槽靠模铣床夹具。工件以底面和侧面在滑座 6 和两挡销 4 上定位，操纵手把 1 和手把 3 可将工具夹紧。滑座 6 安置在装有 8 个轴承的底座 7 上，移动灵活，底座 7 固定在铣床工作台上。滑座 6 上方装有两靠模板 2，靠模滚轮 5 装在刀杆上，和靠模板槽的两侧保持接触。当工作台做纵向移动时，靠模滚轮 5 迫使滑座 6 按靠模曲线横向运动，即加工出曲线。

## 二、铣床夹具的设计要点

### 1. 要特别注意工件定位的稳定性和夹紧的可靠性

铣削加工是多刀多刃断续切削，切削用量和切削力较大，且切削力的方向变化不断，加工时极易产生振动，因此，要特别注意工件定位和夹紧的稳定性和可靠性。

1）定位装置的设计和布置，应尽量使定位支承面积大些。

2）夹紧力应作用在工件刚度较大的部位上，当从侧面压紧工件时，压板在侧面的着力点应低于工件侧面的支承点，夹紧力应靠近加工面。

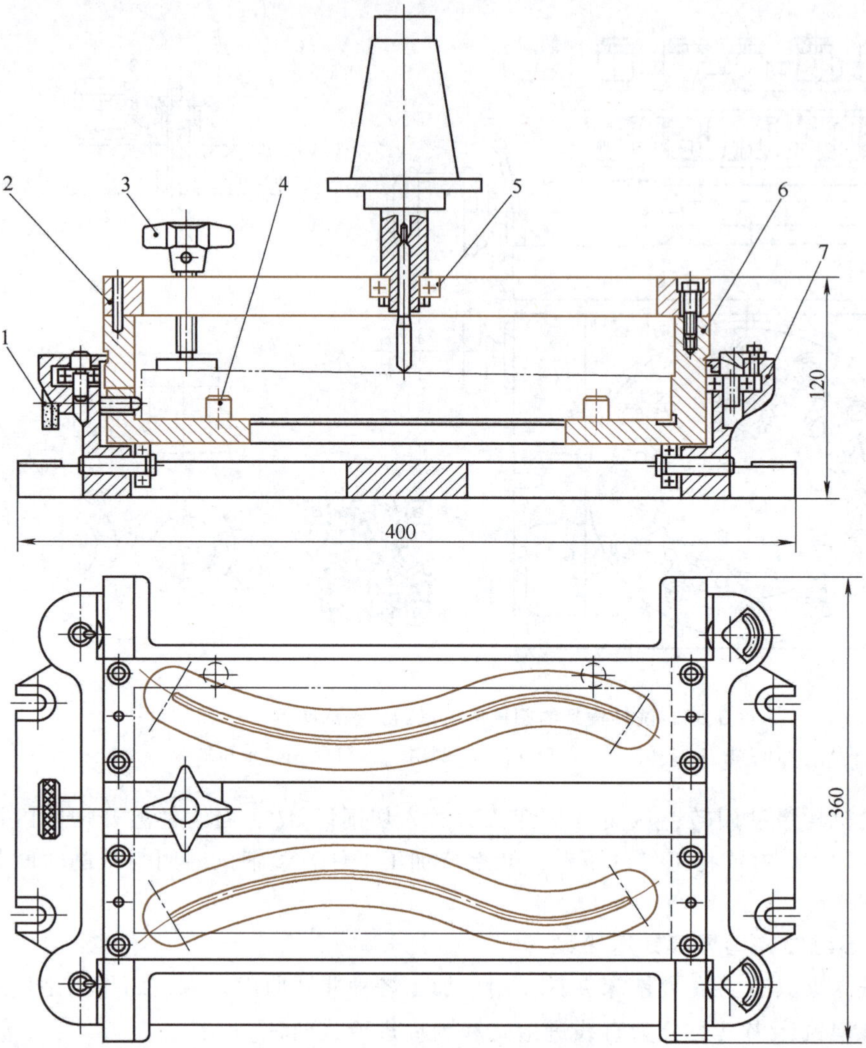


**图 6-32 溜板油槽靠模铣床夹具**

1、3—手把 2—靠模板 4—挡销 5—靠模滚轮 6—滑座 7—底座

3）夹紧装置要有足够的夹紧力，自锁性好，一般不宜采用偏心夹紧，特别是粗铣时。

### 2. 注意提高生产率

铣削加工有空行程，加工辅助时间长，因此应尽可能安排多件、多工位加工，夹紧时则尽量采用快速夹紧、联动夹紧和液压气动等高效夹紧装置。

### 3. 夹具底面要设置两个定位键

通过定位键与铣床工作台 T 形槽的配合，使夹具上定位元件的工作表面相对于铣床工作台的进给方向具有正确的位置关系。两个定位键相距越远，定向精度越高。除定位外，定位键还能承受部分切削扭矩，减轻夹具固定螺栓的负荷，增加夹具的稳定性。

定位键有矩形和圆柱形两种，如图 6-33 所示。矩形定位键更常用，它有 A 型和 B 型两种结构形式。图 6-33a 所示为 A 型定位键，其宽度尺寸按 *B*（h6 或 h8）制作，适用于夹具的定向精度要求不高的场合。图 6-33b、c 所示为 B 型定位键，其侧面开有沟槽，沟槽的上部与夹具体的键槽配合，宽度尺寸 $B$ 按 H7/h6 或 JS6/h6 与键槽相配合；沟槽的下部宽度为 $B_1$（h6 或 h8），与铣床工作台的 T 形槽配合，一般应留有磨量 0.5mm，以便与工作台 T 形槽修配。当工作台 T 形槽表面平整时可采用圆柱形定位键（图 6-33d），但因易磨损，故应用不多。

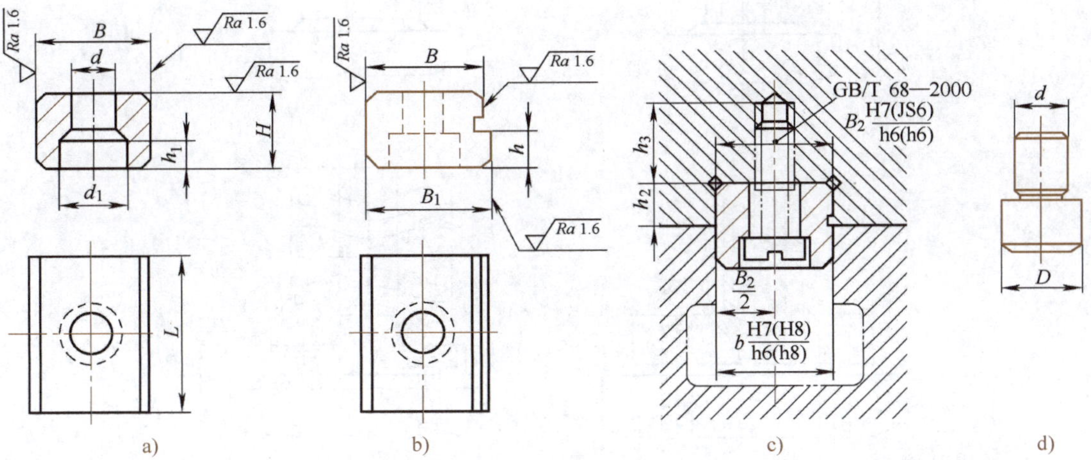


**图 6-33　定位键**

精度高的或重型铣夹具可不设置定位键，而在夹具体的侧面加工一窄长平面作为夹具安装时的找正基面，通过找正获得较高的定向精度，如图 6-34 所示的 $A$ 面。

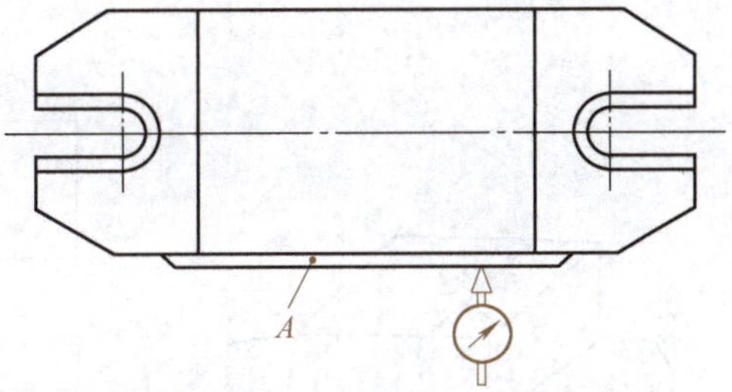


**图 6-34　铣床夹具的找正基面**

### 4. 要设置对刀装置

为迅速准确地调整和确定铣床夹具相对于铣床的位置及工件相对于铣刀具的位置，铣床夹具除设置定位键外，还必须设置对刀装置。对刀装置由对刀块和塞尺组成，其形式根据加工表面的情况而定。

常见的对刀块如图 6-35 所示。其中，图 6-35a 所示为圆形对刀块，用于铣单一平面时对刀；图 6-35b 所示为直角对刀块，用于铣槽或台阶面时对刀；图 6-35c、d 所示为用于铣成形面的特殊对刀块。

对刀时，铣刀不能与对刀块的工作表面直接接触，而应通过塞尺来校准它们间的相对位置，以免损坏切削刃或造成对刀块过早磨损。塞尺有平塞尺和圆柱塞尺两种，其厚度或直径一般为 1~5mm，公差为 h8。对刀装置应设置在便于对刀的位置，并应在工件的切入一端。设计时，夹具总图上应标明塞尺的厚度及对刀块工作表面与定位元件之间的尺寸和公差，如图 6-30 所示的尺寸 $4_{-0.066}^{-0.040}$mm 和 $14_{-0.104}^{-0.062}$mm。

### 5. 要合理设计夹具体

1）铣床夹具的夹具体要有足够的刚度和强度，壁厚恰当，设置适当的肋板。

2）尽可能降低夹具的重心，夹具体高度与宽度之比一般为 $H/B \leqslant 1 \sim 1.25$，如图 6-36a 所示，使工件的加工面尽量靠近工作台面，以提高夹具的稳定性。

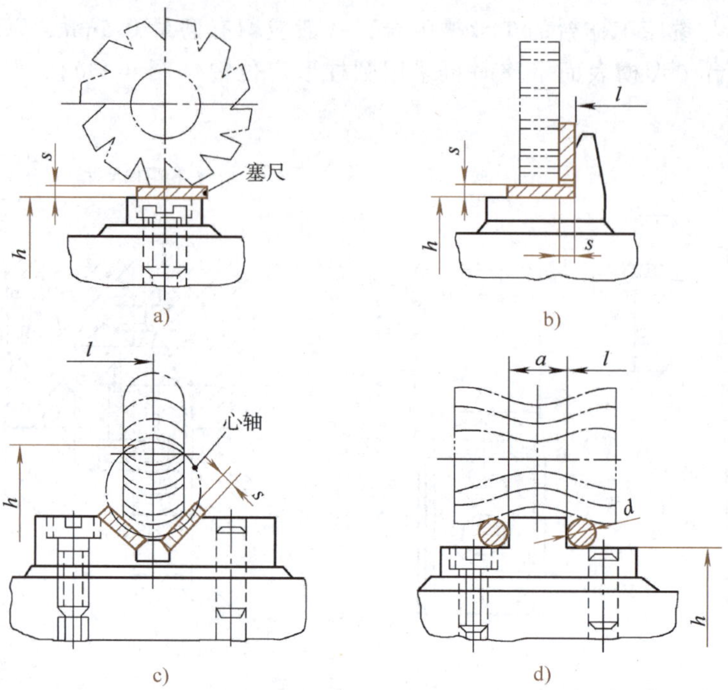


图 6-35　常见的对刀块

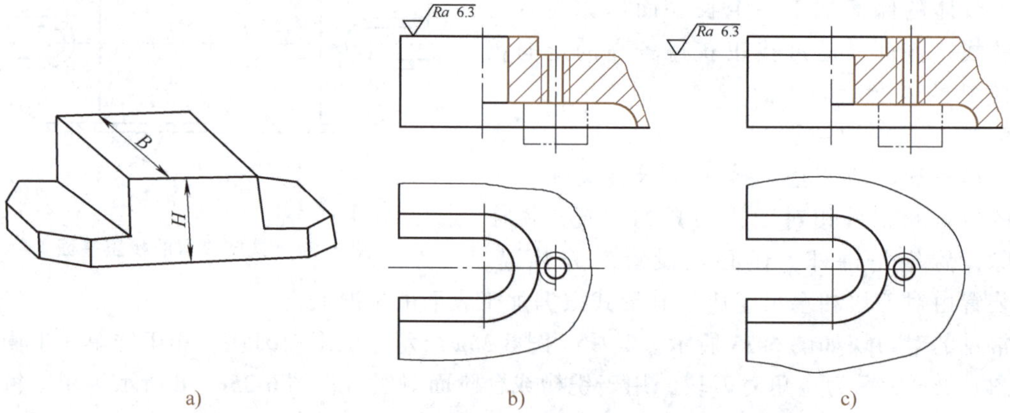


图 6-36　铣床夹具体和耳座

3）要有足够的排屑空间，切屑和切削液能顺利排出，必要时可设计排屑槽、排屑面。

4）夹具体上应设置耳座，以方便夹具在工作台上的固定，对于小型夹具体，可两端各设置一个耳座，夹具体较宽时，可两端各设置两个耳座，两耳座的距离应与铣床工作台的两个 T 形槽的距离一致。常见的耳座结构如图 6-36b、c 所示。

5）重型铣床夹具的夹具体两端还应设置吊装孔或吊环。

### 6. 科学标注夹具总图上的尺寸、公差和技术条件

铣床夹具总图上的尺寸、公差和技术条件的标注参见夹具手册。

# 第四节 ■ 车床夹具

在车床上用来加工工件的内外圆柱面、圆锥面、回转成形面、螺旋面及端面等的夹具称为车床夹具。车床夹具大多安装在车床主轴上，少数安装在车床床鞍或床身上。后一类夹具应用很少，本节不进行介绍。

安装在车床主轴上的夹具除自定心卡盘、单动卡盘、花盘、前后顶尖以及拨盘与鸡心夹头的组合通用车床夹具外（这些夹具已标准化，并可作为机床附件独立配置），通常还需设计专用车床夹具。常见专用的车床夹具类型有心轴类、角铁类、卡盘类和花盘类。

## 一、车床夹具的典型结构形式

### （一）心轴类车床夹具

心轴类车床夹具适用于以工件内孔定位，加工套类、盘类等回转体零件，主要用于保证工件被加工表面（一般是外圆）与定位基准（一般是内孔）间的同轴度。

按照与机床主轴连接方式的不同，心轴类车床夹具可分为顶尖式心轴和锥柄式心轴两种。前者用于加工长筒形工件；后者仅能加工短的套筒或盘状工件，由于结构简单而经常采用。心轴的定位表面根据工件定位基准的精度和工序加工要求，可以设计成圆柱面、圆锥面、可胀圆柱面以及花键等特形面。常用的有圆柱心轴（详见第五章）和弹性心轴。弹性心轴有波纹套弹性心轴、碟形弹簧片心轴、液性介质弹性心轴和弹簧心轴（参阅夹具手册）。

图 6-37 所示为手动弹簧心轴，工件以精加工过的内孔在弹性套筒 5 和心轴端面上定位。旋紧螺母 4，通过锥体 1 和锥套 3 使弹性套筒 5 产生向外均匀的弹性变形，将工件胀紧，实现对工件的定心夹紧。由于弹性变形量较小，要求工件定位孔的精度高于 IT8，所以定心精度一般可达 0.02～0.05mm。

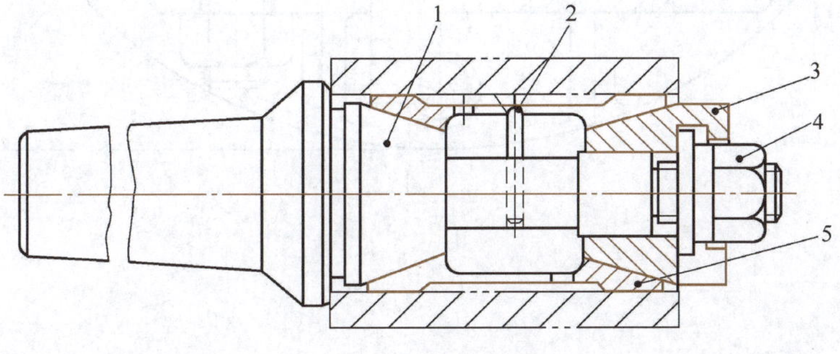


图 6-37　手动弹簧心轴

1—锥体　2—防转销　3—锥套　4—螺母　5—弹性套筒

### （二）角铁类车床夹具

夹具体呈角铁状的车床夹具称为角铁类车床夹具，其结构不对称，用于加工壳体、支座、杠杆、接头等零件上的回转面和端面。图 6-38 所示为精镗图 6-39 所示开合螺母 $\phi$40mm 孔的专用车床夹具。按基准重合原则，工件以燕尾面 *B*、*C* 在固定支承板 8 及活动支承板 10

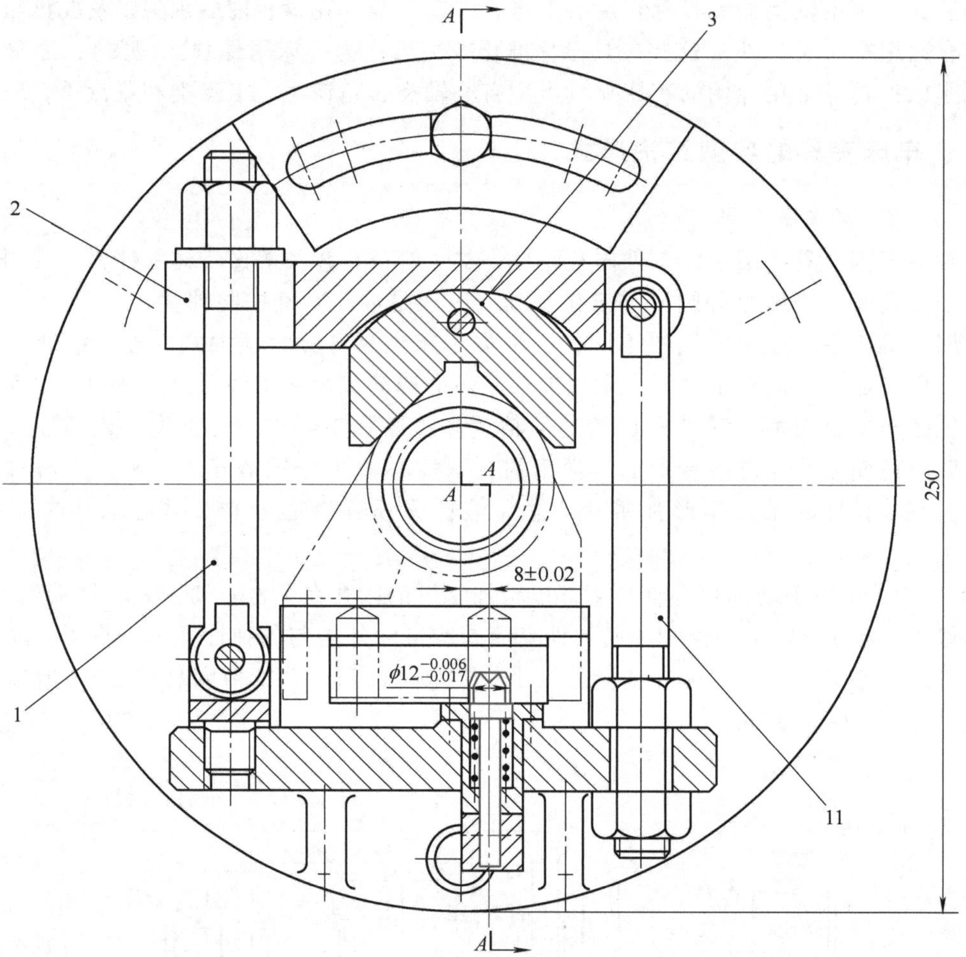


图 6-38　**角铁**

1、11—螺栓　2—压板　3—摆动 V 形块

8—固定支承板　9—活动

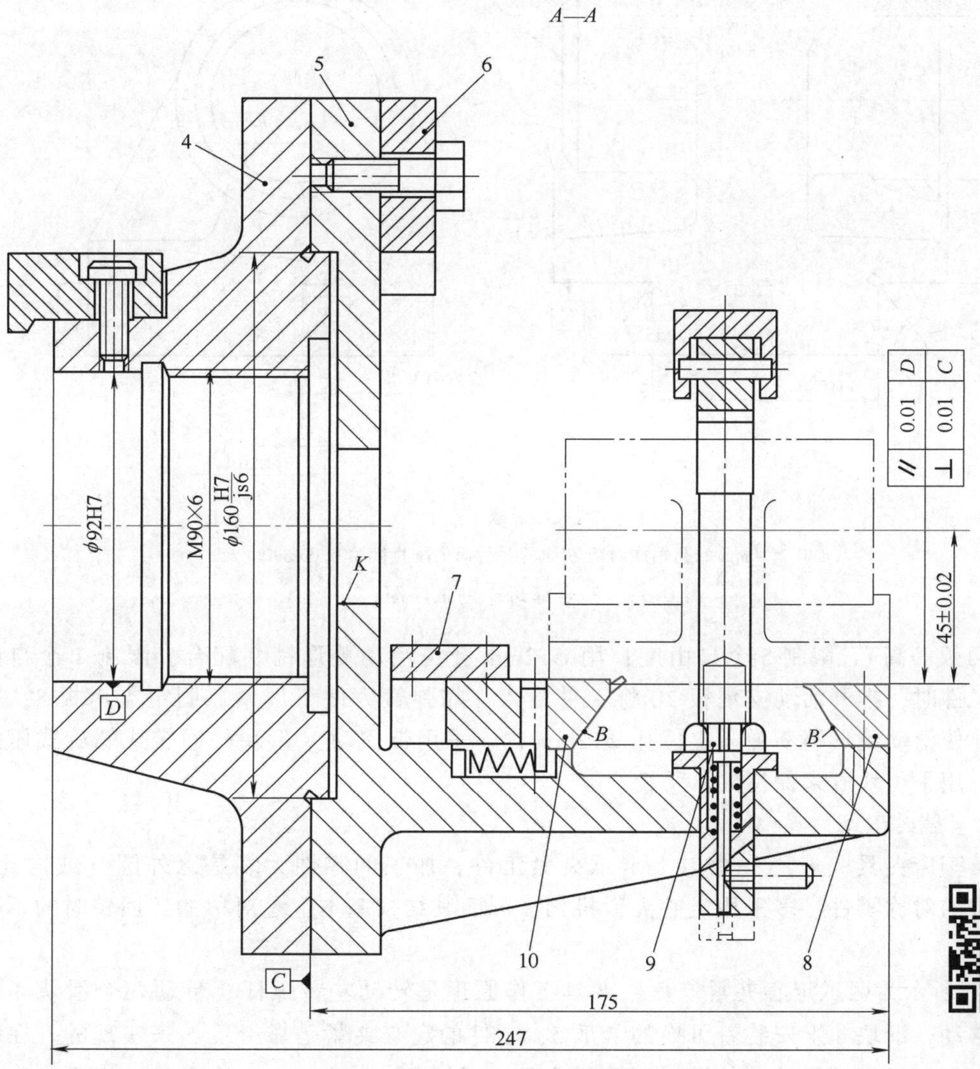


**类车床夹具**

4—过渡盘　5—夹具体　6—平衡块　7—盖板

菱形销　10—活动支承板

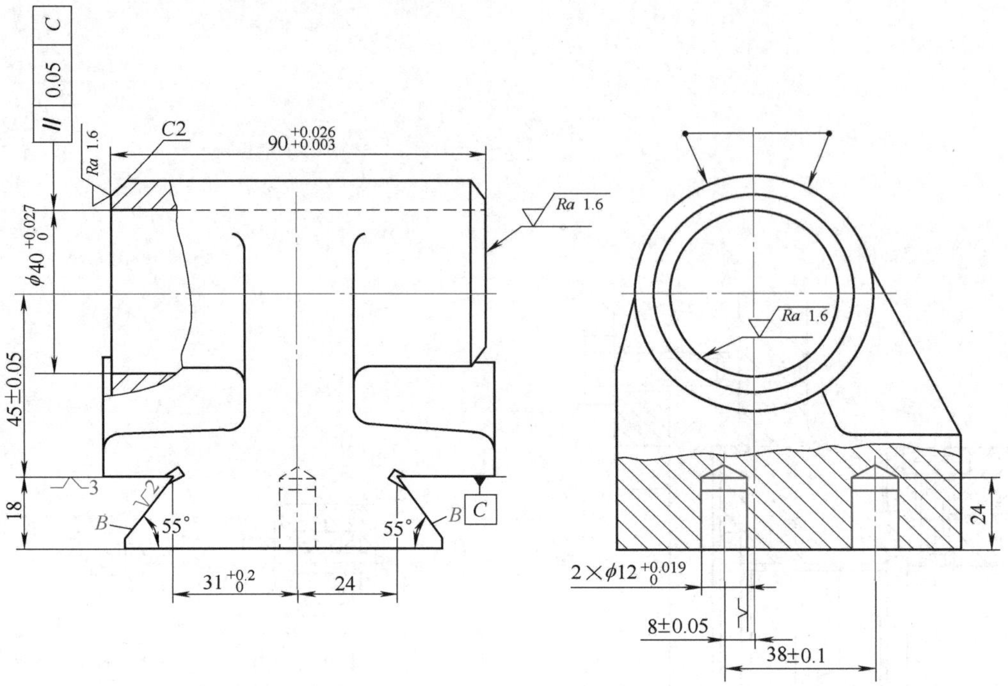


技术要求

$\phi 40^{+0.027}_{0}$mm 的孔轴线对两 B 面的对称面的垂直度为 0.05mm。

图 6-39　**开合螺母车削工序图**

上定位（两板等高），限制 5 个自由度；用 $\phi$12mm 孔与活动菱形销 9 配合，限制 1 个自由度；装卸工件时，推开活动支承板 10 将工件插入，靠弹簧力使工件紧靠固定支承板 8，并略推移工件使活动菱形销 9 弹入定位孔 $\phi$12mm 内。采用带摆动 V 形块的回转式螺旋式压板机构夹紧，用平衡块 6 来保持夹具平衡。

### （三）卡盘类车床夹具

卡盘类车床夹具一般用一个以上卡爪夹紧工件，加工的零件大多是以外圆（或内孔）及端面定位的对称零件，多采用定心夹紧机构，因而其结构基本上是对称的，回转时的不平衡影响较小。

图 6-40 所示为两爪定心夹紧卡盘。夹具工作原理是转动左右螺杆 3 带动两个滑块 4 做等速相向移动，滑块 4 上安装着可换的卡爪 5，工件的定心夹紧是靠卡爪 5 来实现的。在实际生产中，只需根据不同的工件设计制造相应的卡爪（图 6-40b～e），使用时进行更换。卡爪上的定位表面一般都要在使用前进行修磨，对于圆柱定位基准采用装配后在使用车床上最后加工定位面的方法，以保证工件的定心精度。

### （四）花盘类车床夹具

花盘类车床夹具的基本特征是夹具体为一大圆盘形零件，装夹工件一般形状较复杂。工件的定位基准多数是圆柱面和与圆柱面垂直的端面，因而夹具对工件多数是端面定位，轴向夹紧。

图 6-41 所示为在车床上镗两个平行孔的位移夹具。工件由固定和活动 V 形块 4、5 定心夹紧在燕尾滑块 10 上。左右两个挡销 3、6 分别确定燕尾滑块 10 的两端位置，燕尾滑块先

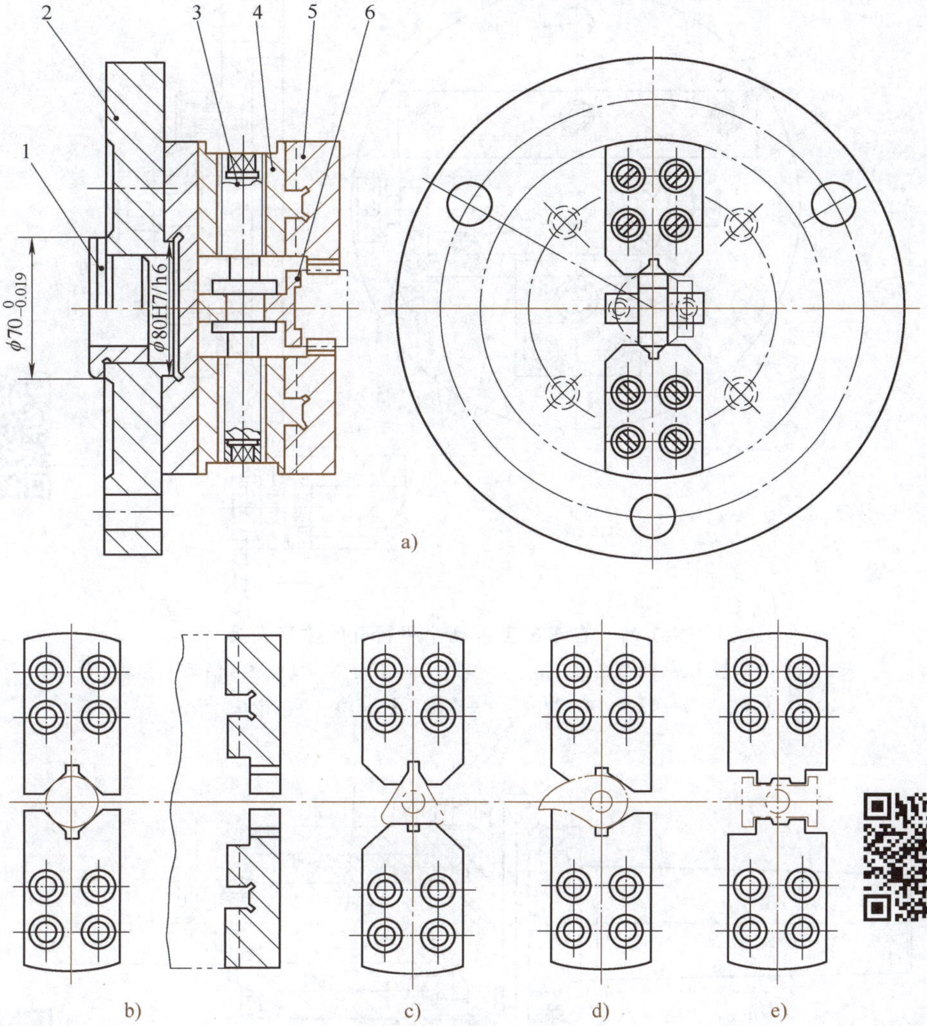


**图 6-40　两爪定心夹紧卡盘**

1—定位器　2—圆盘　3—左右螺杆　4—滑块　5—卡爪　6—轴向定位器

和挡销 6 接触，确定了大孔的加工位置（图 6-41）。待加工完后，松开楔形压板 9，向左移动燕尾滑块 10，直到调节螺钉 2 和挡销 3 接触为止，再用楔形压板 9 压紧燕尾滑块 10，加工小孔。两孔间的距离可利用调节螺钉 2 调节。转动把手 7，活动 V 形块 5 即可进退。夹具还应经过平衡。

### （五）高效车床夹具

随着数控车床和高速车、磨削加工技术的广泛应用，传统的车、磨夹具已不能满足高速生产的要求，因此一些高效车床夹具应运而生，现介绍其中应用较广泛的两类。

#### 1. 端面驱动夹具

如图 6-42 所示的塑性尖齿拨爪顶尖即属于这类夹具，用于以中心孔定位的轴类工件的车、磨加工。中心顶尖 2 和圆周均布的几个尖齿拨爪 1，通过液性塑料 3 可以相互微量浮动，从而保证各尖齿拨爪均匀地顶入工件端面，使工件获得驱动力矩以抵抗切削力。

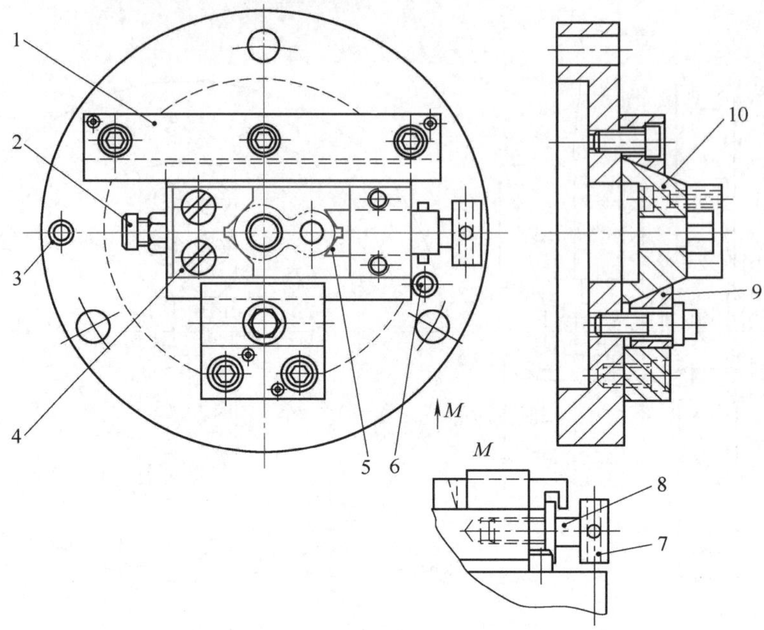


图 6-41　在车床上镗两个平行孔的位移夹具

1—导向板　2—调节螺钉　3、6—挡销　4—固定 V 形块　5—活动 V 形块
7—把手　8—螺杆　9—楔形压板　10—燕尾滑块

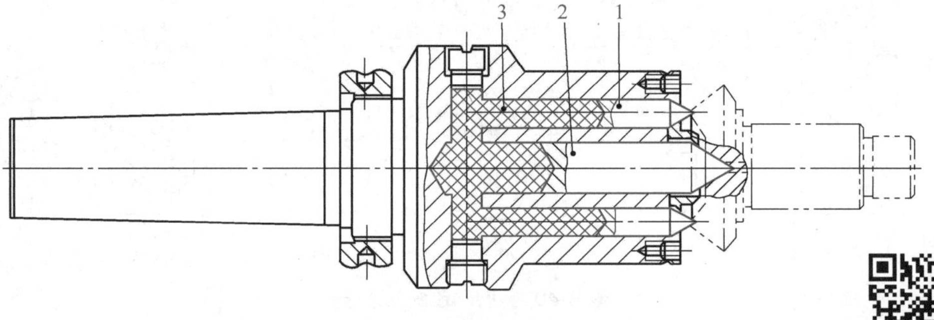


图 6-42　塑性尖齿拔爪顶尖

1—尖齿拔爪　2—中心顶尖　3—液性塑料

这类夹具主要用于数控车床上加工轴、套类零件。采用端面驱动不仅可以缩短装夹辅助时间，而且能在一次装夹中完成工件所有外表面的加工，综合加工效率高，能提高各个表面之间的相互位置精度。

2. 不停车夹具

能在机床主轴旋转时装卸工件的车床夹具称为不停车夹具。图 6-43 所示为不停车夹头。右边带有外螺纹的夹具体 4 固定在机床主轴箱上不动，锥套 2 安装在车床主轴 1 的锥孔内（通过弹性夹头 8 带动工件旋转）。装夹工件时，顺时针转动手柄 11，小齿轮 10 带动齿轮螺母 5 转动，使齿轮螺母 5 左移，通过推力球轴承向左推动内锥套 7，内锥套的锥面迫使弹性夹头 8 向内收缩，将工件夹紧。反之，弹性夹头 8 胀开，松开工件。

## 二、车床夹具的设计要点

车床夹具的主要特点是夹具安装在车床主轴上，工作时由车床主轴带动高速回转。因此在设计车床夹具时，除了保证工件达到工序的精度要求外，还应考虑以下几点。

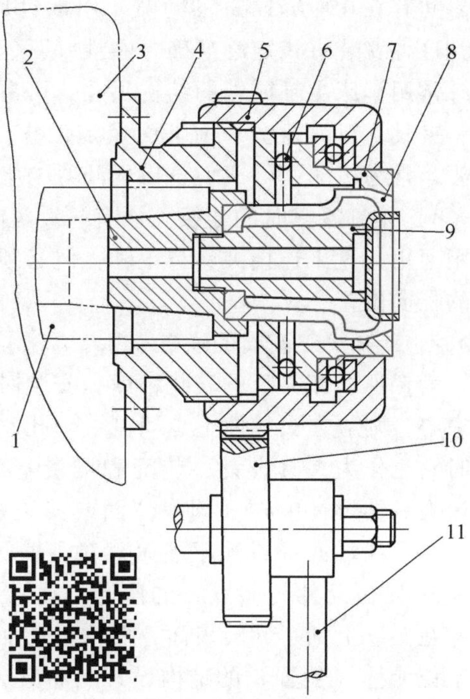


图 6-43　不停车夹头

1—车床主轴　2—锥套　3—主轴箱　4—夹具体　5—齿轮螺母　6—钢球　7—内锥套　8—弹性夹头　9—定位柱塞　10—小齿轮　11—手柄

### 1. 车床夹具与机床主轴的连接

车床夹具与机床主轴的连接精度对工件加工表面的相互位置精度有决定性的影响。夹具的回转轴线与机床的回转轴线必须有较高的同轴度。一般车床夹具在机床主轴上的安装有以下几种方式。

1）夹具通过锥柄安装在车床主轴锥孔中，并用螺栓拉紧，如图 6-44a 所示。这种连接方式定心精度较高，适用于径向尺寸 $D$ 小于 140mm 或 $D<(2\sim3)d$ 的小型夹具。

2）夹具通过过渡盘与机床主轴连接，如图 6-44b、c 所示。这种连接方式适用于径向尺寸较大的夹具。过渡盘的使用，使同一夹具可以用于不同型号和规格的车床上，增加夹具的通用性。

过渡盘与机床主轴配合处的形状结构设计取决于机床主轴的前端结构。

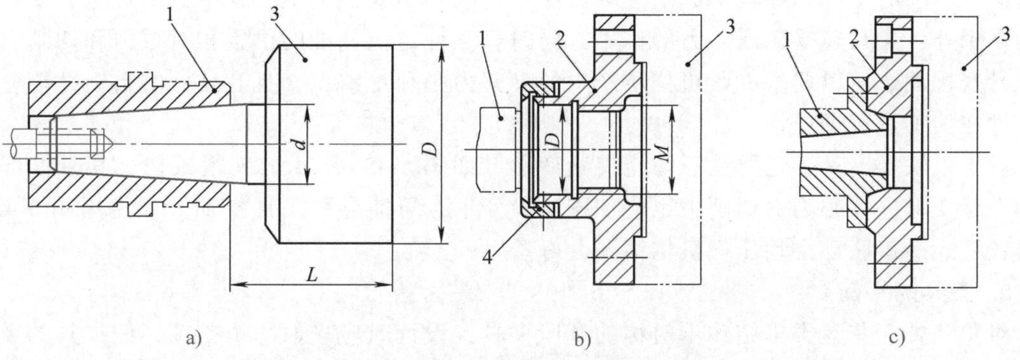


图 6-44　车床夹具与机床主轴的连接

1—车床主轴　2—过渡盘　3—专用夹具　4—压块

图 6-44b 所示为 C620 型车床主轴与过渡盘的连接结构。过渡盘 2 以内孔与车床主轴 1 前端的轴径按 H7/h6 或 H7/js6 配合定心，用螺纹紧固，使过渡盘端面与主轴前端的台阶面接触。为防止停车和倒车时因惯性作用而松脱，用两块压块 4 将过渡盘压在主轴凸缘端面上。这种安装方式的安装精度受配合精度的影响。

图 6-44c 所示为 CA6140 型车床主轴与过渡盘的连接结构。过渡盘 2 以锥孔和端面在车床主轴 1 前端的短圆锥面和端面上定位。安装时，先将过渡盘推入主轴，使其端面与主轴端面之间有 0.05~0.1mm 的间隙，用螺钉均匀拧紧后，产生弹性变形，使端面与锥面全部接触，这种安装方式定心准确，刚性好，但加工精度要求高。

常用车床主轴前端的结构尺寸，可参阅夹具手册。

夹具与过渡盘多采用平面及定位止口定位，按 H7/h6 或 H7/js6 配合，并用螺钉锁紧。过渡盘常为机床配件，但止口的凸缘与大端面由用户按需自己加工。

3）无过渡盘时的连接。没有过渡盘时，可将过渡盘与夹具体合成一个零件设计；也可采用通用花盘来连接夹具与主轴，但必须在夹具外圆上制一段找正圆，用来保证夹具相对主轴的径向位置。

### 2. 夹具找正基面的设置

为保证车床夹具的安装精度，安装时应对夹具的限位基面仔细找正。若限位基面偏离回转中心，则应在夹具体上专门制一个孔（或外圆）作为找正基面，使该面与机床主轴同轴，同时它也作为夹具设计、装配和测量基准，如图 6-38 所示的找正孔 *K*。为保证加工精度，车床夹具的设计中心（即限位面或找正基面）与主轴回转中心的同轴度应控制在 0.01mm 之内，限位端面（或找正端面）对主轴回转中心的跳动量也不应大于 0.01mm。

### 3. 定位元件（装置）的设计

在车床上加工回转表面，要求工件加工面的轴线必须和车床主轴的旋转轴线重合。夹具上定位元件（装置）的结构设计与布置，必须保证工件的定位基面、加工面和机床主轴三者的轴线重合。特别对于如支座、壳体等工件，由于其被加工回转表面与工序基准之间有尺寸或相互位置精度要求，因此应以机床夹具的回转轴线为基准来确定夹具定位元件工作表面的位置，如图 6-38 所示的尺寸（45±0.02）mm 和（8±0.02）mm。

### 4. 夹紧机构的设计要点

由于车削时工件和夹具一起随主轴做回转运动，因此在加工过程中，工件除了受切削转矩的作用外，夹具还受到离心力的作用，同时，工件定位基准的位置相对重力和切削力的方向也是变化的。所以要求夹紧机构所产生的夹紧力必须足够大，且有良好的自锁性能，以防止工件在加工过程中松动。

对于角铁类夹具，还要注意防止夹紧变形。如图 6-45a 所示的夹紧机构，其悬伸部分受力易引起变形，离心力、切削力也会加剧这种变形，可能导致工件松动。如能用图 6-45b 所示的铰链式螺旋联动摆动压板机构情况会好些。

### 5. 夹具的平衡

对角铁类、花盘类等结构不对称的车床夹具，设计时应采取平衡措施，使夹具的重心落在主轴回转轴线上，以减少主轴轴承的磨损，避免因离心力产生振动而影响加工质量和刀具寿命。平衡的方法有两种：设置配重块或加工减重孔。配重块上应开有弧形槽或径向槽，以便调整配重块的位置，如图 6-38 所示平衡块 6 即为配重块。

### 6. 对车床夹具的总体结构要求

（1）结构紧凑、悬伸短　车床夹具的悬伸长度过大，会加剧主轴轴承的磨损，同时引起振动，影响加工质量。因此夹具的悬伸长度 *L* 与轮廓直径 *D* 之比应加以控制：直径小于 150mm 的夹具，$L/D \leqslant 2.5$；直径在 150~300mm 的夹具，$L/D \leqslant 0.9$；直径大于 300mm 的夹

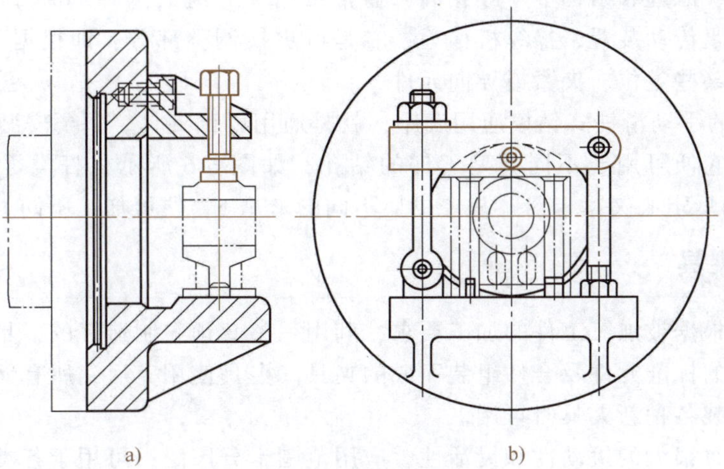


图 6-45 夹紧机构的比较

具，$L/D \leqslant 0.6$。

（2）确保安全性　车床夹具的夹具体应设计成圆形结构。夹具上（包括工件在内）的各元件不应突出夹具体的轮廓之外，当夹具上有不规则的突出部分，或有切削液飞溅及切屑缠绕时，应设计防护罩。

（3）夹具其他结构工艺性　夹具的结构应便于工件在夹具上的安装和测量，切屑能顺利排出或清理。

**7. 车床夹具总图上的尺寸、公差和技术条件的标注**

车床夹具总图上的尺寸、公差和技术条件的标注参见夹具手册。

特别需要说明的是：本章车床夹具的设计要点，同样适合于内、外圆磨床所用的磨床夹具。

## 第五节 ■ 其他机床夹具简介

### 一、可调夹具

可调夹具是指夹具上的个别定位元件、夹紧元件或导向元件是可以更换或调整的一类夹具。凡属于同一类型的零件，就可以在可调夹具上加工，因此可使多种零件的单件小批生产转变为一组零件在同一夹具上的“成批生产”。可调夹具具有较强的适应性和良好的继承性，使用可调夹具可以大量减少专用夹具的数量，缩短生产准备周期，是适应多品种、中小批量生产的一种先进夹具。

根据通用化程度及应用范围的不同，可调夹具可分为通用可调夹具和成组夹具两类。它们的区别仅在于：通用可调夹具的加工对象不很确定，其更换部分的结构设计，往往具有较大的适应性，通用范围大；而成组夹具则是针对成组工艺中某一零件组的某一工序而专门设计的，加工对象十分明确，可调范围也只限于本组内的零件，因此也称专用可调夹具。

通用可调夹具和成组夹具都是根据加工对象和工艺的相似性以及尺寸的相近，对零件分类归组而设计的，原理和结构上一般相同，通常由两部分组成：一是保持不变的基本部分，包括夹具体、夹紧传动装置、操纵机构等；二是可更换调整部分，即根据不同的加工对象，可更换或调整的某些定位、夹紧或导向元件。

图 6-5 所示的手动滑柱式钻模通用底座，就是通用可调夹具。只要安装不同的定位、夹紧和导向元件，它便可用于不同类型工件的钻孔，如图 6-6 所示杠杆类零件的加工。又如图 6-40 所示的两爪定心夹紧卡盘，只要更换不同的卡爪 5，便可加工不同类型的工件。

## 二、组合夹具

组合夹具是根据被加工工件的加工要求，利用一整套预先制造好的，具有各种不同形状与不同规格尺寸的标准元件及合件组装而成的夹具。夹具使用完后，所有元件可以拆开，清洗入库，留待组装各种新夹具时再用。

组合夹具具有很大的机动性和灵活性，应用范围十分广泛，可用于各类机床和各种生产类型，可以随时组装，以应生产之急，特别适用于品种多、产品变化快、新产品试制和单件小批生产。数控机床和柔性制造单元扩大了组合夹具的使用范围，有力地推动了组合夹具技术的迅速发展，目前不少工厂甚至城市都建立了组合夹具（出租）站。

组合夹具元件及合件按用途分，可由 8 大类零件组成，即基础件、支承件、定位件、导向件、夹紧件、紧固件、辅助件及组合件（详见夹具手册）。图 6-46 所示为盘类零件钻径向分度孔的组合夹具立体图及其分解图，用于图 6-47 所示零件的加工。

组合夹具具有以下特点。

1）组合夹具可仅用几个小时的时间代替需要用几个月的时间设计制造专用夹具周期，大大缩短了生产准备周期，提高了生产率，而且可以重复多次使用，节省人力、物力，降低了生产成本，同时还可减少夹具库房面积，利于管理。

2）组合夹具既具有很大的通用性，又具有专用夹具的优点。

3）组合夹具由元件组装而成，又可多次使用。因此元件的制造精度和耐磨性对组合夹具的精度有很大的影响。

组合夹具各类元件一般多用优质钢渗碳淬火，重要元件常用合金钢，如 12CrNi3A、18CrMnTi 和 18CrMnMo 等材料，其制造精度一般为 IT6～IT7。

组合夹具可控制加工工件的位置精度一般可达 IT8～IT9，若精选元件并精心调整，也可达 IT6～IT7。

组合夹具的各类元件还要求具有一定的耐蚀性能。

4）组合夹具的缺点主要是夹具的体积较大，刚度较差（尤其是元件接合面的接触刚度对加工精度的影响较大），一次投资多，成本高，这影响了它的推广应用。

## 三、随行夹具

随行夹具是在自动线上使用的一种移动式夹具，由运输装置带动，并运送到各台机床上，它不但担负着一般夹具安装工件的任务，还担负着沿生产线输送工件的任务，即先将工件定位夹紧在随行夹具上，再将随行夹具安装在各机床夹具上。

随行夹具通常用于安装有良好输送基面的工件或者安装一些非铁材料工件，以保护其基面避免被划伤。

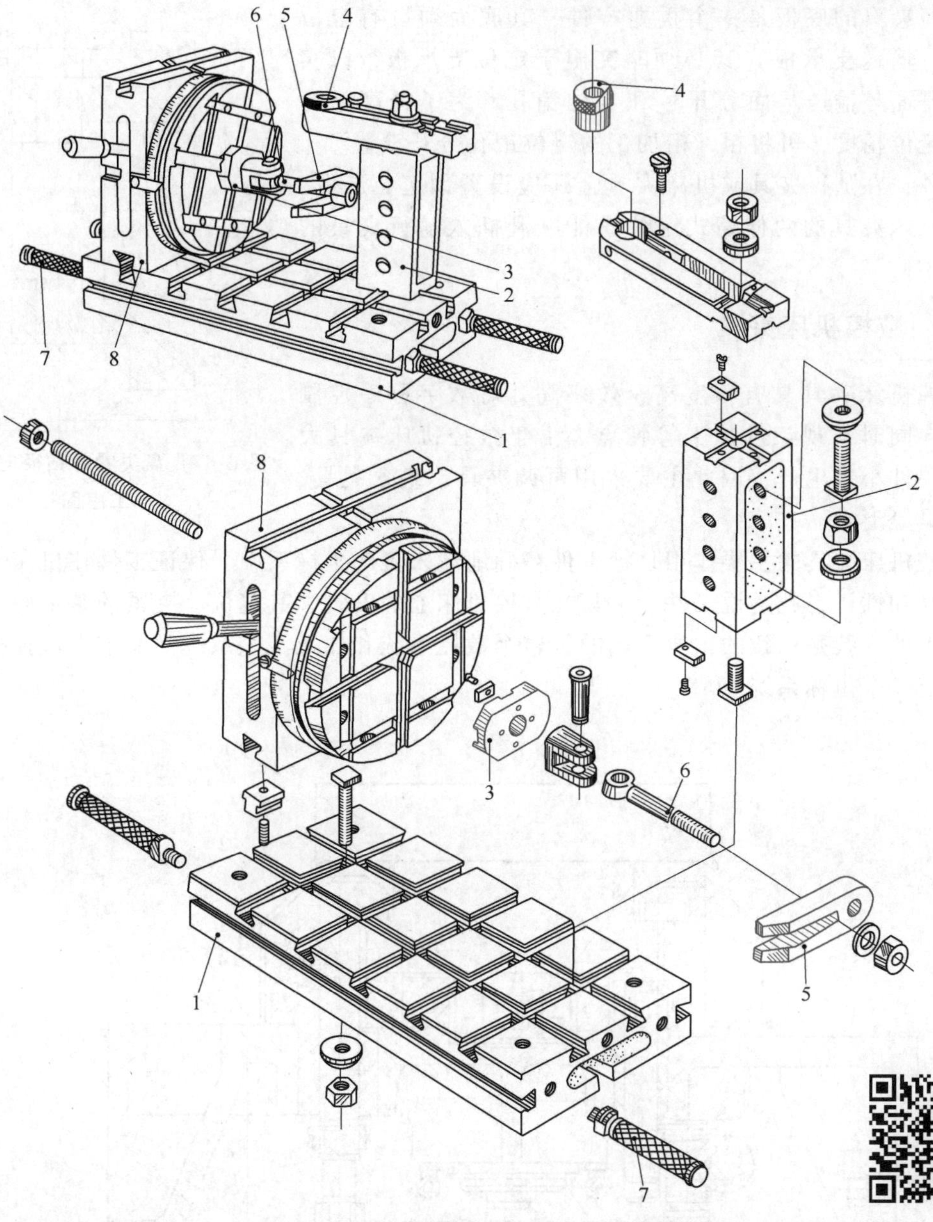


图 6-46　盘类零件钻径向分度孔的组合夹具立体图及其分解图

1—基础件　2—支承件　3—定位件　4—导向件　5—夹紧件　6—紧固件　7—辅助件　8—组合件

图 6-48 所示为随行夹具在自动线机床夹具上的安装情况。随行夹具 1 以一面两孔在机床夹具 5 上的 4 个限位支承 4 及两伸缩式定位销 8 上定位。伸缩式定位销 8 由液压和杠杆控制伸缩，通过支承在支承滚 10 上的带棘爪的步伐式输送带 2 实现随行夹具在输送支承 3 上移动，随行夹具在机床上的夹紧是利用液压缸 7、浮动杠杆 6 带动 4 个可转动的钩形压板 9 实现的。

随行夹具的设计与专用夹具一样，工件在随行夹具上的定位由工件的工艺参数决定；工件在随行夹具上的夹紧一般采用螺旋夹紧等自锁夹紧机构。

随行夹具的底板是一个重要零件，其底面须设有定位支承板、输送支承板（其必须略突出于定位支承板，以实现定位基面与输送基面分开）和定位销孔。为了提高随行夹具的定位精度，可将粗、精加工的定位销孔分开设置。

此外，在随行夹具或机床夹具上还应设置预定位装置，以保证机床夹具的两伸缩式定位销能顺利插入随行夹具的定位孔中。

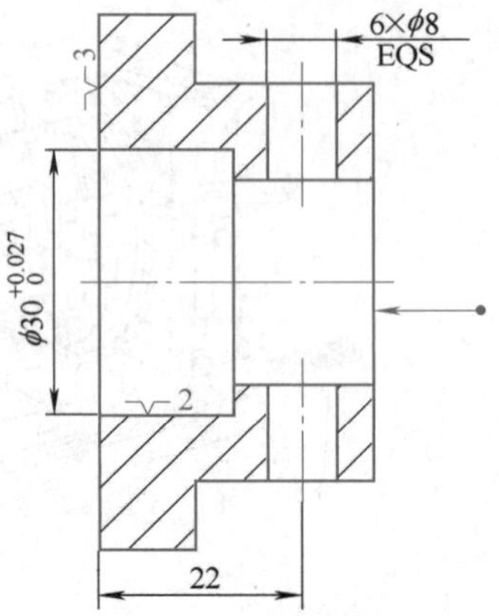


图 6-47　**盘类零件钻径向分度孔工序图**

## 四、数控机床夹具

数控机床夹具具有精度高、效率高、可数字程序控制和多方向同时实现工件加工等特点。由于数控机床夹具大多用于单件小批生产，因此主要采用可调夹具、组合夹具、拼装夹具等形式。

数控机床夹具的主要作用是把工件精确地载入机床坐标系中，保证工件在机床坐标系中位置的已知性，也就是说工件、夹具在数控机床上的安装，其定位、夹紧的基本原则与在普通机床上的安装是一致的，所不同的是整个数控系统和加工工艺系统都要求在数控机床工作台上确定一个坐标系统。

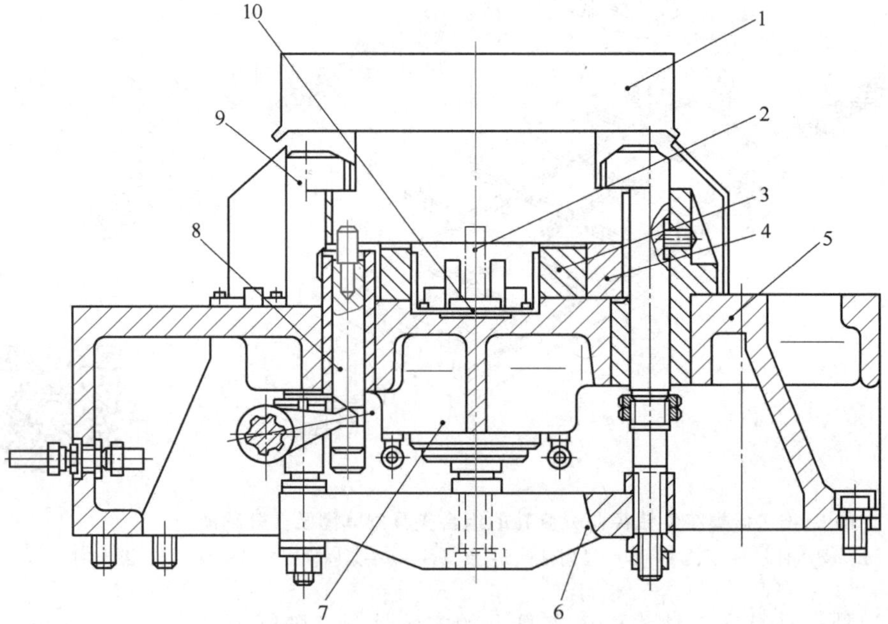


图 6-48　**随行夹具在自动线机床夹具上的安装情况**

1—随行夹具　2—带棘爪的步伐式输送带　3—输送支承　4—限位支承
5—机床夹具　6—浮动杠杆　7—液压缸　8—伸缩式定位销　9—钩形压板　10—支承滚

如图 6-49 所示，选夹具基础平台上的定位孔 2 作为夹具坐标原点（即夹具零点），它与数控机床工作台上的定位孔 1 的距离分别为 $X_0$、$Y_0$。工件上三个加工孔的坐标尺寸可选用机床工作台上的定位孔 1 作为机床零点（即机床坐标系的原点）进行计算编程；也可根据实际方便的情况选夹具上某一定位孔作为零点进行计算编程。为编程计算方便，夹具图上必须分别标注：

1）从夹具零点到夹具定位元件上的零点之间的坐标值（$a$，$b$）。

2）从夹具定位元件上的零点到工件上加工点的坐标值，孔 $A$（$c$，$e$，$f$）。

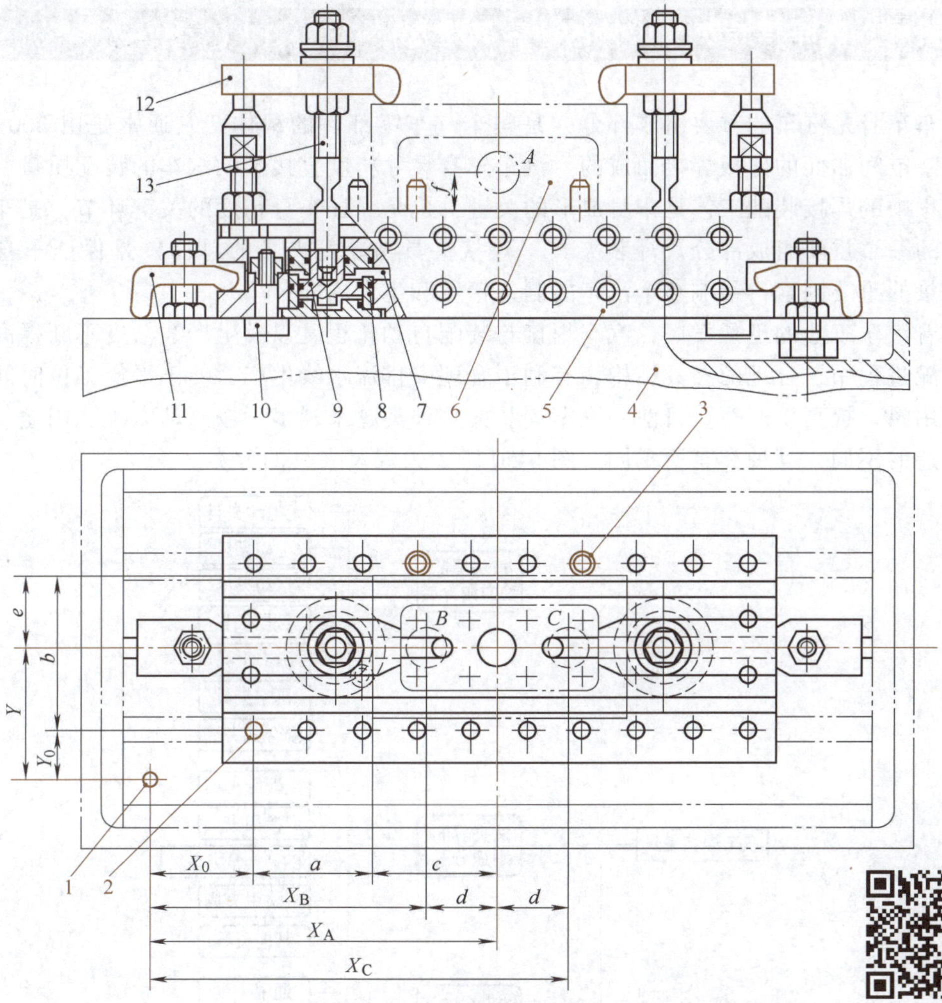


图 6-49　数控机床夹具

1—机床零点　2—夹具零点　3—定位销　4—数控机床工作台　5—夹具体　6—工件　7—油孔　8—液压缸　9—活塞　10—定位键　11、12—压板　13—拉杆

## 本章小结

本章介绍了常用机床的典型夹具，包括钻床夹具（钻模）、镗床夹具（镗模）、铣床夹具、车床夹具、可调夹具、组合夹具、随行夹具、数控机床夹具，阐述了各典型夹具的主要结构组成、分类、特别与应用、主要零部件的设计要点，并对各典型夹具进行了实例分析。

钻模一般分为固定式、分度式、翻转式、盖板式和滑柱式，主要用于钻孔、扩孔、铰孔及螺纹的加工；镗模一般分为双支承、单支承和无支承，多用于箱体、支座等零件上的精密孔或孔系的加工；铣床夹具一般分为直线进给式、圆周连续进给式和机械仿形进给式，主要用于平面、凹槽及各种成形表面的加工；车床夹具一般分为心轴类、角铁类、卡盘类、花盘类和高效车床夹具，主要用于零件的圆柱面、孔和圆的端面等“回转面”的加工。

## 知识拓展：汽车焊装夹具设计的研究与进展

汽车车身是汽车的重要组成部分，是整个汽车零部件的载体，它通常是由 300~500 个具有复杂空间曲面的薄板焊接而成的。汽车车身尺寸精度直接影响汽车的装配质量，而车身制造过程中的焊接装配工艺是车身成形的关键，也是保证车身精度的关键环节，是车身系统工程中的一个重要组成部分。焊装夹具（焊接夹具与装配夹具的总称）是保证车身焊接与装配质量的重要因素，影响整个汽车的制造精度和生产周期。

随着汽车工业的迅猛发展，汽车焊接与装配自动化程度以及生产线精度不断提高。在焊接与装配过程中，合理的夹具结构，有利于合理安排流水线生产，便于平衡工位时间，降低非生产用时，提高生产率。目前，汽车焊装夹具种类越来越多，按照动力源、用途、工作范围、构造的不同，其种类有所不同。图 6-50 所示为焊装夹具的分类。

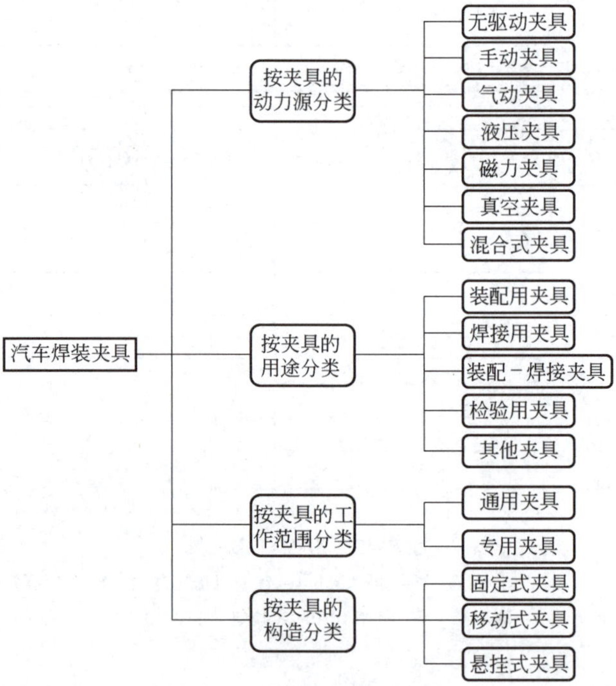


图 6-50　**焊装夹具的分类**

汽车焊装夹具按夹具的动力源分类可分为无驱动夹具、手动夹具和气动夹具等。其中：无驱动夹具主要是指只有定位块、定位销等定位组件的夹具，它在夹紧定位过程中不需要动力；手动夹具的动力源来自人力推动，它利用了四连杆机构自锁的原理；气动夹具的动力源来自工业压缩空气，这种驱动方式的夹具自动化程度较高，可节约流水线产品生产时间，因而在汽车焊装工艺生产中得到了广泛应用。

汽车焊装夹具由 5 部分组成，分别是支撑机构、夹紧机构、定位机构、辅助机构和控制系统。其中：组成支撑机构的部件是汽车焊装夹具的最基本部件，其表面粗糙度需要严格控制；焊装夹具的夹紧机构以气动夹紧机构为主，手动夹紧机构应用较少；定位机构中采用 N-2-1 方式定位，组成定位机构的零件通常有定位块、移动销、固定销以及旋转销等；辅助机构是为了方便焊接而采用的一些机构，主要包括升降机构、翻转机构、倾斜机构、反作用焊接机构等；控制系统主要用于整个夹具工位中气路的连接控制，该系统能够提高夹具夹紧定位过程中的智能化和自动化水平。

焊装夹具的结构可分为整体式和分体式两种类型。其中：整体式焊装夹具通常是指定位块与连接板或者压块与压臂设计成一体；分体式焊装夹具通常是指定位块与连接板或者压块与压臂设计成两部分，它们之间采用两销一钉、两销两钉等定位方式进行连接。两种夹具类型各有优缺点，在制造技术水平相对较低的环境下，焊装夹具尽量采用分体式，以便于拆装、调整；而在制造技术水平相对较高的环境下，可以进行整体式设计。但是，整体式结构的灵活性很差，而分体式结构便于拆装、调整，灵活性好，可重复利用的性能好。

## 习题与思考题

6-1　钻床夹具分为哪些类型？各类钻模有何特点？

6-2　用钻模装夹，在一批铸铁工件上加工 $\phi$12H8 孔。先用 $\phi$11.8H8 麻花钻钻孔，再用高速钢机用铰刀铰孔达到要求。试确定各快换钻套导引孔直径的公称尺寸和极限偏差。

6-3　钻模板的形式有几种？哪种的工作精度最高？

6-4　试分析分度装置的功用、类型及其应用范围。

6-5　说明立轴式通用转台的组成及各组成部位的功用。

6-6　影响分度精度的因素有哪些？如何提高分度精度？

6-7　用双镗套引导镗杆的镗模工作时，镗杆与机床主轴应如何连接？机床主轴的工作精度是否影响加工精度？

6-8　镗床夹具可分为几类？各有何特点？其应用场合是什么？

6-9　镗套有几种？怎么使用？

6-10　决定铣床夹具 U 形耳座尺寸的原始依据是什么？

6-11　铣床夹具与铣床工作台的连接方式有哪几种？

6-12　在铣床夹具中，使用对刀块和塞尺起什么作用？这种情况下，对刀尺寸如何计算？

6-13　车床夹具分为几类？各有何特点？

6-14　车床夹具和车床主轴的连接方式有哪几种？各有何优点？

6-15　车床夹具设计时，应从哪几方面考虑夹具使用的安全问题？

6-16　可调夹具有何特点？

6-17　组合夹具有何特点？由哪些元件组成？

6-18　随行夹具有何特点？由哪些部分组成？

6-19　数控机床夹具有何特点？

# 第七章 机器装配工艺基础

**本章提要**：任何机器都是由若干零件装配而成，机器的质量最终是通过装配来保证的。本章研究机器装配工艺问题，介绍装配类型、特征和装配工艺性，结合生产实例阐述装配尺寸链、保证装配精度的方法、制订装配工艺规程的规范，并简介装配自动化和计算机辅助装配工艺设计等内容。

**重点提示**：

装配尺寸链的内涵，保证装配精度的方法，装配工艺规程的编制。

# 第一节 ■ 概述

## 一、装配生产类型及其特点

机器装配的生产类型，按产品生产批量的大小可分为单件小批生产、成批生产和大批大量生产 3 种类型。生产类型不同，装配工作的组织形式、装配工艺方法、工艺装备等方面均有较大区别。各种生产类型装配工作的特点见表 7-1。

表 7-1 各种生产类型装配工作的特点

| 生产类型 | | 大批大量生产 | 成批生产 | 单件小批生产 |
|---|---|---|---|---|
| 基本特征 | | 产品固定，生产活动长期重复，生产周期较短 | 产品在系列化范围内变动，分批交替投产或多品种同时投产，生产活动在一定时期内重复 | 产品经常变换，不定期重复，生产周期较长 |
| 装配工作特点 | 组织形式 | 多采用流水装配线：有连续移动、间歇移动及可变节奏移动等。还可采用自动装配机或自动装配线 | 笨重的批量不大的产品，多采用固定流水装配，批量较大时，采用流水装配，多品种平行投产时用多品种可变节奏流水装配 | 多采用固定装配或固定式流水装配进行总装，同时，对批量较大的部件也可采用流水装配 |
| | 装配工艺方法 | 按互换法装配，允许有少量的简单调整，精密偶件成对供应或分组装配，无任何修配工作 | 主要采用互换法，但灵活运用其他保证装配精度的装配方法，如调整法、修配法及合并法 | 以修配法和调整法为主，互换件比例较少 |
| | 工艺过程 | 工艺过程划分很细，力求达到高度的均衡性 | 工艺过程划分须适合于批量的大小，尽量使生产均衡 | 一般不制订详细工艺文件，工序可适当调动，工艺也可灵活掌握 |
| | 工艺装备 | 专业化程度高，宜采用专用高效工艺装备，易于实现机械化、自动化 | 通用设备较多，但也采用一定数量的专用工、夹、量具以保证装配质量和提高工效 | 一般为通用设备及通用工、夹、量具 |
| | 手工操作要求 | 手工操作比重小，熟练程度容易提高，便于培养新工人 | 手工操作比重不小，技术水平要求较高 | 手工操作比重大，要求工人有高的技术水平和多方面的工艺知识 |
| | 应用实例 | 汽车、拖拉机、内燃机、滚动轴承、手表、缝纫机、电气开关 | 机床、机动车辆、中小型锅炉、矿山采掘机械 | 重型机床、重型机器、汽轮机、大型内燃机、大型锅炉 |

可以看出，对于不同的生产类型，它的装配工作的特点都有其内在的联系，而装配工艺方法也各有侧重。要提高单件小批生产的装配工作的效率，必须注意装配工作的各个特点，保留和发扬合理的部分，改进和废除不合理的做法，以大批大量生产类型所采用方法的装配实质，通过具体措施予以改进和提高。

## 二、装配精度及其与零件精度的关系

### 1. 装配精度的概念

装配精度是指机器装配以后，各工作面间的相对位置和相对运动等参数与规定指标的符合程度。

装配精度不仅影响机器或部件的工作性能，而且影响它们的使用寿命。对于机床，装配精度将直接影响在机床上加工零件的加工精度。装配精度是制订装配工艺规程的主要依据，也是确定零件加工精度的重要依据。因此，正确处理好机器或部件的装配精度问题，是产品设计的一个重要环节。

机器的装配精度是按照机器的使用性能要求而提出的，可以根据国际标准、国家标准、部颁标准、行业标准或其他有关资料予以确定，一般包括：

（1）尺寸精度 尺寸精度是指相关零部件的距离精度和配合精度。例如：一装配体中有关零件间的间隙；齿轮啮合中非工作齿面间的侧隙；相配合零件间的过盈量等。

（2）相互位置精度 相互位置精度是指相关零部件间的平行度、垂直度及各种跳动等。例如：卧式铣床刀杆轴心线和工作台面的平行度；车床主轴前后轴承的同轴度等。

（3）相对运动精度 相对运动精度是指有相对运动的零部件间在运动方向和运动位置上的精度。例如：车床溜板移动相对主轴轴线的平行度；滚齿机滚刀垂直进给运动和工作台旋转轴轴线的平行度等。

（4）接触精度 接触精度是指相互接触、相互配合的表面接触面积大小及接触点的分布情况。例如：齿轮侧面接触精度要控制沿齿高和齿长两个方向上的接触面积大小及接触斑点数。接触精度影响接触刚度和配合质量的稳定性，它取决于接触表面本身的加工精度和有关表面的相互位置精度。

不难看出，各装配精度之间存在密切关系，相互位置精度是相对运动精度的基础，尺寸精度和接触精度对相互位置精度和相对运动精度的实现又有较大影响。

2. 装配精度与零件精度的关系

各种机器或部件都是由许多零件有条件地装配在一起的。各个相关零件的误差累积起来，就会反映到装配精度上。因此，机器的装配精度受零件特别是关键零件的加工精度的影响很大。一般来说，零件的精度越高，装配精度则越容易得到保证。

但是，零件的加工精度受工艺条件、经济性的限制，特别是当装配精度要求较高时，不能简单按装配精度要求来加工。在适当控制零件加工精度的前提下，常常通过装配过程中的选配、调整或修配等手段，来达到较高的装配精度要求。当然，装配过程中能否进行有关零件的选配、调整或修配工作，还要看装配体结构设计得是否合理。

为了合理地确定零件的加工精度，必须对零件精度和装配精度的关系进行综合分析，而进行综合分析的有效手段就是建立和分析产品的装配尺寸链。

## 三、装配工艺性

同零件结构的机械加工工艺性一样，机器结构的装配工艺性对整个生产过程有较大的影响。机器结构的装配工艺性在一定程度上决定了装配过程周期的长短、耗费劳动量的大小、成本的高低以及机器使用质量的优劣等，因此应对机器结构的装配工艺性提出以下基本要求。

1. 机器结构能分成独立的装配单元

为了最大限度地缩短机器的装配周期，有必要把机器分成若干独立的装配单元，以便使许多装配工作同时平行进行。这是评定机器结构装配工艺的重要标志之一。

独立的装配单元就是要求机器结构能划分成独立的组件、部件等。首先按组件或部件分别进行装配，然后进行检验或试车，最后再进行总装配。这样不仅可以缩短装配周期、减少总装配工作量，还可以保证总机的装配质量，便于维修、包装和运输，并利于产品的改进和更新换代。

### 2. 减少装配时的修配和机械加工

多数机器在装配过程中，难免需要对某些零部件进行修配，这不仅增加了难以事先确定的装配工作量，还要依赖工人较高的操作技艺。因此，装配过程中要尽量减少修配工作量。

1）要尽量减少不必要的配合面。因为配合面过大、过多，零件机械加工就会变得困难，装配时修刮量也必然增加。

2）要尽量减少机械加工。在装配过程中，机械加工工作越多，装配工作越不连续，装配周期越长；同时加工设备既占面积，又易引起装配工作混乱，其加工切屑还有可能造成机器不必要磨损，甚至产生严重事故而损坏整个机器。图 7-1 所示为两种不同的轴上油孔结构。其中，图 7-1a 所示结构需要在轴套装配后，在箱体上配钻油孔，增加了装配的机械加工工作量；图 7-1b 所示结构改为在轴套上预先加工好油孔，便可消除装配时的机械加工工作量。

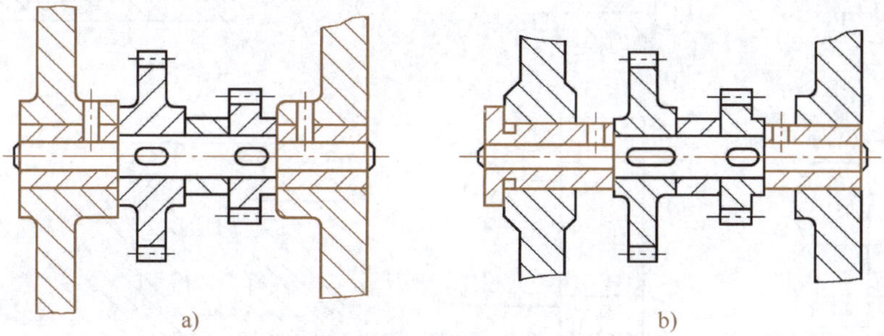


图 7-1　两种不同的轴上油孔结构

a）不合理　b）合理

### 3. 机器结构应便于装配和拆卸

（1）机器的结构设计应使装配工作简单、方便　其中重要的一点是组件的几个表面不应该同时装入基准零件的配合孔中，而应该按先后次序进入装配。

如图 7-2a 所示，轴上的两个轴承同时装入箱体零件的配合孔中，既不便于观察，导向性又差，给装配工作带来困难。若改为图 7-2b 所示的结构形式，轴上的右轴承先行装入孔中 3~5mm 时，左轴承再开始装入，即可使装配工作简单方便。

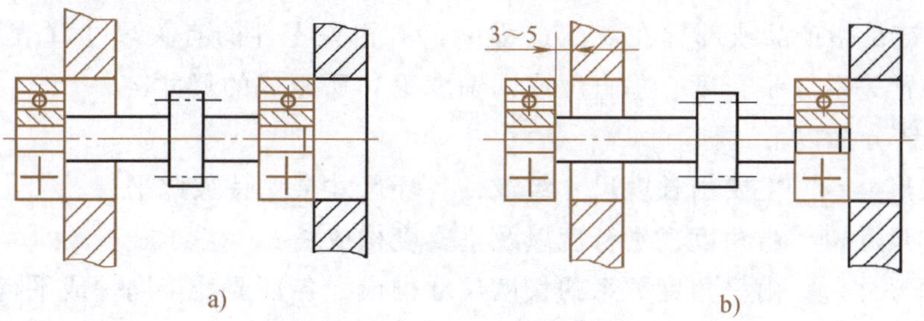


图 7-2　轴依次装配的结构

此外，扳手工作空间过小、螺栓拧入深度不够等都会导致装配困难。

（2）机器的结构设计应便于拆卸检修　由于磨损及其他原因，所有易损零件都要考虑拆卸方便的问题。

如图 7-3a 所示的轴承在更换时很难拆卸下来，若改为图 7-3b 所示结构就容易拆卸了。

在图 7-4a 中，定位销孔为不通孔，取出定位销很困难，若改为图 7-4b 所示的通孔结构或图 7-4c 所示的带有螺纹孔的定位销，就可方便地取出定位销了。

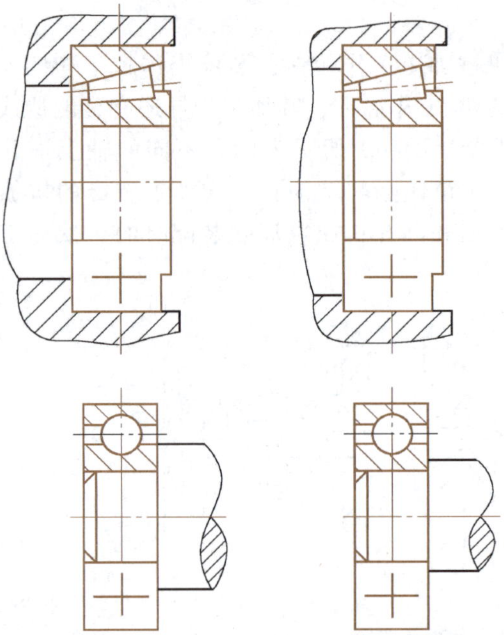

a) b)

图 7-3 轴承结构应考虑拆卸问题

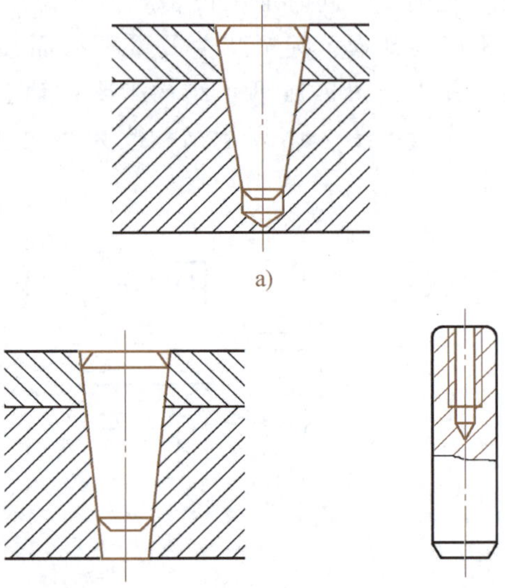

a) b) c)

图 7-4 销孔的不同结构

装配工艺性问题看似简单，但对装配工作有重要影响，必须给予足够重视。

## 第二节 ■ 装配尺寸链

### 一、基本概念

装配尺寸链是指产品或部件在装配过程中，由相关零件的有关尺寸（表面或轴线间距离）或相互位置关系（平行度、垂直度或同轴度等）所组成的尺寸链。

装配尺寸链分为以下 3 种。

（1）直线尺寸链 主要由长度尺寸组成，各环尺寸会保持彼此平行。

（2）角度尺寸链 由角度、平行度以及垂直度构成。

（3）平面尺寸链 由呈角度关系的长度尺寸构成，各环要处于同一或平行的平面内。

同工艺尺寸链一样，装配尺寸链也是由封闭环和组成环组成的，组成环也分为增环和减环。由于装配精度是零部件装配后才最后形成的尺寸或位置关系，因此装配尺寸链的封闭环就是装配所要保证的装配精度或技术要求，即封闭环不是某一零部件的尺寸，而是不同零部件之间的相对位置精度和尺寸精度。而对装配精度有直接影响的零部件的尺寸和位置关系，都是装配尺寸链的组成环。装配尺寸链也具有封闭性和关联性的特征。装配尺寸链是制订装配工艺、保证装配精度的重要工具。

图 7-5 所示为轴孔配合的装配关系，装配后要求轴孔有一定的间隙。轴孔间的间隙 $A_0$ 就是该尺寸链的封闭环，它是由孔尺寸 $A_1$ 与轴尺寸 $A_2$ 装配后形成的尺寸。在这里，孔尺寸 $A_1$ 增大，间隙 $A_0$（封闭环）也随之增大，故 $A_1$ 为增环。同理，轴尺寸 $A_2$ 为减环。

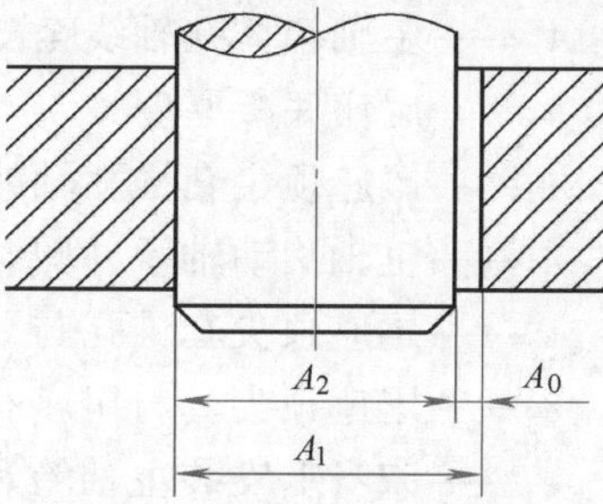

图 7-5　轴孔配合的装配关系

## 二、尺寸链的建立

装配尺寸链的建立是在装配图的基础上，根据装配精度的要求，找出与该精度有关的零件及其相应的有关尺寸，并画出尺寸链图。这是解决装配精度问题的第一步。只有所建立的装配尺寸链是正确的，求解它才有意义。

装配尺寸链中，封闭环属于装配精度，很容易查找。组成环是与装配精度有关的零部件上的相关尺寸，因为涉及的数量一般较多，而与该尺寸链无关的零部件尺寸也较多，因此组成环的查找是建立装配尺寸链的关键所在。

### （一）查找装配尺寸链的步骤

#### 1. 明确装配关系

看懂产品或部件的装配图，看清各个零件的装配关系，弄懂各个零件产品或部件中是如何确定其空间位置的，从而找出各个零件的装配基准。

#### 2. 确定封闭环

明确装配精度的要求，即准确找到封闭环。

#### 3. 查找组成环

以封闭环两端的那两个零件为起点，沿装配精度要求的方向，以相邻零件装配基准面间的联系为线索，分别找出影响该装配精度要求的相关零件，直至找到同一基准零件，甚至是同一基准表面为止。

找到相关零件后，其上两装配基准面间的尺寸就是与该装配精度有关的尺寸，即组成环。

也可以从封闭环的一端开始，一直找到封闭环的另一端为止；或从共同的基准面开始，分头找到封闭环的两端。

无论哪一种方法，关键要使整个尺寸链完全封闭。

#### 4. 画尺寸链图

当相关尺寸齐全后，即可像工艺尺寸链一样，画尺寸链图，并确定组成环性质。

### （二）查找装配尺寸链时应注意的问题

#### 1. 简化性原则

机械产品的结构通常都比较复杂，对装配精度有影响的因素很多，查找尺寸链时，在保证装配精度的前提下，可以不考虑那些影响较小的因素，使装配尺寸链适当简化。

例如：图 7-6 所示为车床主轴与尾座中心线等高装配简图。车床主轴与尾座中心线等高装配尺寸链应表示为图 7-7a 所示，其中：

$A_1$——主轴箱体孔轴线至安装主轴箱的平导轨面的距离；
$A_2$——尾座底板厚度；
$A_3$——尾座顶尖套锥孔轴线至尾座底板的距离；
$e_1$——主轴滚动轴承外圆与内孔的同轴度误差；
$e_2$——尾座顶尖套锥孔与外圆的同轴度误差；
$e_3$——尾座顶尖套与尾座孔配合间隙引起的向下偏移量；
$e_4$——床身上安装主轴箱和尾座的平导轨间的高度差。

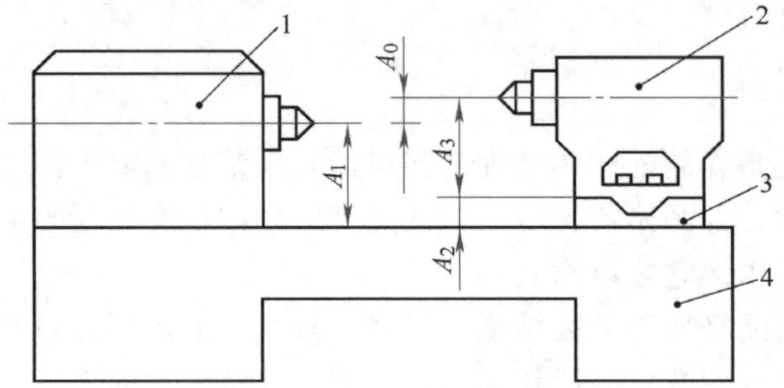


图 7-6　车床主轴与尾座中心线等高装配简图

1—主轴箱　2—尾座体　3—尾座底板　4—床身

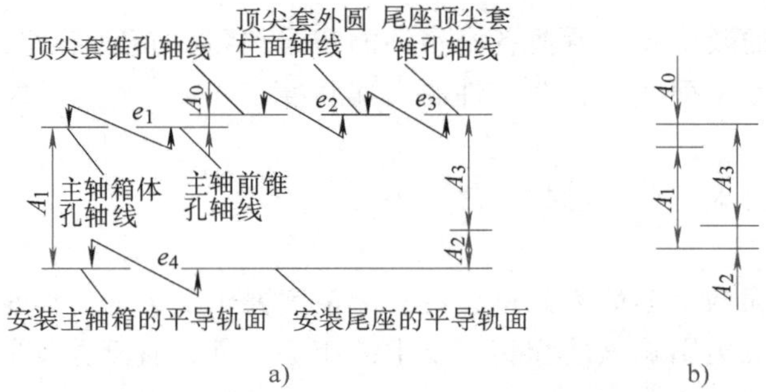


图 7-7　车床主轴与尾座中心线等高装配尺寸链

但由于 $e_1$、$e_2$、$e_3$、$e_4$ 的数值相对 $A_1$、$A_2$、$A_3$ 的误差而言是较小的，对装配精度的影响也较小，故装配尺寸链可以简化成图 7-7b 所示的结果。

需要指明的是，在精密装配中，此类问题不可随意简化，应慎重考虑所有对装配精度有影响的因素。

2. 最短路线原则

由尺寸链的基本理论可知，在装配精度既定的条件下，组成环数越少，则各组成环所分配到的公差值就越大，零件加工越容易、越经济。这样，在产品结构设计时，在满足产品工作性能的条件下，应尽量简化产品结构，使影响产品装配精度的零件数尽量减少。

在查找装配尺寸链时，每个相关的零部件只应有一个尺寸作为组成环列入装配尺寸链，即将连接两个装配基准面间的位置尺寸直接标注在零件图上。这样组成环的数目就等于有关零部件的数目，即“一件一环”。最短路线原则也可以称为“环数最少”原则或“一件一环”原则。

但也应注意，“一件”一定要“一环”，绝不可随意减少任意“一环”。

### 3. 方向性原则

在同一装配结构中，在不同位置方向都有装配精度的要求时，应按不同方向分别建立装配尺寸链，不同方向上的无关尺寸不可随意混淆。例如：为保证蜗杆副传动结构正常啮合，要同时保证蜗杆副两轴线间的距离精度、垂直度、蜗杆轴线与蜗轮中间平面的重合度，这是三个不同位置方向的装配精度，因而需要在三个不同方向上分别建立尺寸链。

## 三、尺寸链的计算方法

装配尺寸链的计算方法与装配方法密切相关。同一项装配精度采用不同装配方法时，其装配尺寸链的解算方法也不相同。

装配尺寸链的计算类型可分为正计算和反计算。

(1) 正计算　当已知与装配精度有关的各零部件的公称尺寸及其偏差，求解封闭环的公称尺寸及偏差的计算过程，称为正计算。正计算用于对已设计的图样进行校核验算。

(2) 反计算　当已知封闭环的公称尺寸及偏差，求解与该项装配精度有关的各零部件公称尺寸及偏差的计算过程称为反计算。反计算主要用于产品设计过程，以确定各零部件的尺寸和加工精度。

装配尺寸链的计算方法有极值法和概率法两种。

(1) 极值法　极值法是根据装配精度的要求，在极大极小的极端情况下，推导出封闭环与组成环之间的相互关系的方法。极值法的优点是简单可靠，但在已知封闭环的情况下，计算得到的组成环公差过于严格。特别是当封闭环精度要求高且组成环数目较多时，组成环公差可能无法采用机械加工来保证。

(2) 概率法　同极值法相反，概率法面向一批零件中加工尺寸处于公差带范围的中间部分的零件。实际上，对于一批零件而言，这些零件占大多数，处于极限尺寸的只是极少数。而且一批零件装配时，尤其是多环尺寸链装配时，同一部件的各组成环恰好都处于极限尺寸的情况就更少见。因此，在成批或大量生产中，当装配精度要求高且组成环数目又较多时，可采用概率法计算尺寸链，以扩大零件的制造公差，降低制造成本。

# 第三节 ■ 保证装配精度的方法

在设计装配体结构时，就应当考虑采用什么装配方法。因为，装配方法直接影响装配尺寸链的解法、装配工作组织、零件加工精度和产品的成本。

采用合理的装配方法，实现用较低的零件加工精度达到较高的产品装配精度，这是装配工艺的核心问题。

根据生产纲领、生产技术条件及机器性能、结构和技术要求的不同，常用的装配方法有互换法、选配法、修配法和调节法。这四种方法既是机器或部件的装配方法，也是装配尺寸链的具体解算方法。

## 一、互换法

根据互换程度的不同，互换法分为完全互换法和不完全互换法。

互换法的实质是通过控制零件的加工误差来保证装配精度。在装配过程中，每个待装配的零件不需任何挑选、调整或修配，装配后即可达到装配精度的要求，这种装配方法称为完全互换法。若大多数零件装配后即可达到装配精度的要求，而少数不合格，这种装配方法称为不完全互换法（也称为大多数互换法）。

下面以图 7-8 为例，简述完全互换法装配的尺寸链计算。

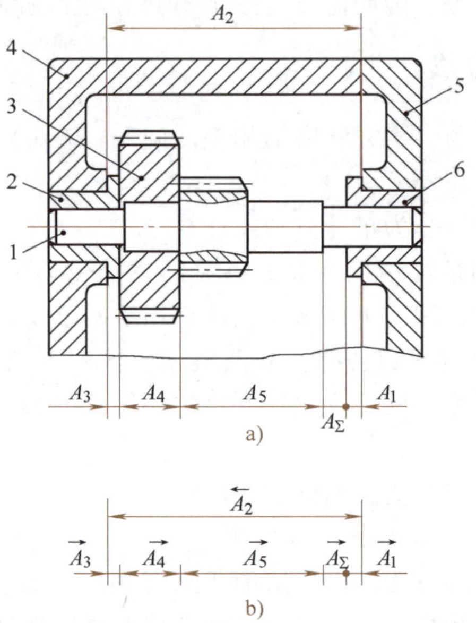


**图 7-8　凸轮箱装配示意图**

1—齿轮轴　2、6—滑动轴承　3—齿轮　4—传动箱体　5—箱盖

**【例 7-1】**　在图 7-8 所示的箱体中，已知：$A_\Sigma = 1 \sim 1.75\text{mm}$，$A_1 = A_3 = 5\text{mm}$，$A_2 = 191\text{mm}$，$A_4 = 30\text{mm}$，$A_5 = 150\text{mm}$。试确定各尺寸的极限偏差。

**【解】**

由尺寸链基本计算公式可知封闭环 $A_\Sigma$ 的公称尺寸为

$$A_\Sigma = A_2 - (A_1 + A_3 + A_4 + A_5) = 1\text{mm}$$

则 $A_\Sigma$ 可表示为 $1^{+0.75}_{0}\text{mm}$。

组成环的公差可根据封闭环的公差确定，即将封闭环的公差分配到各组成环上。分配时，首先算出组成环的平均公差，即

$$T_A = \frac{T_{A_\Sigma}}{n-1} = \frac{0.75}{5}\text{mm} = 0.15\text{mm}$$

然后再根据各组成环的尺寸大小、结构的工艺特点及加工的难易程度，按照“等公差”或“等公差级”的方法进行各环公差值的调整。

$A_4$ 取平均公差值即可，而 $A_1$ 和 $A_3$ 尺寸小且容易加工，取 $T_{A_1} = T_{A_3} = 0.1\text{mm}$；把其减小的公差分配给 $A_2$ 和 $A_5$。$A_2$ 尺寸较难加工，可取公差 $T_{A_2} = 0.22\text{mm}$。

在组成环的公差确定后，需在组成环中选一个作为尺寸链计算的“协调环”。协调环

应满足下列条件：①结构简单；②非标准件；③不能是几个尺寸链的公共组成环。本例中选 $A_5$ 为协调环。

除协调环外，其余各组成环的上、下极限偏差按“入体原则”标注，即

$$A_1 = 5_{-0.1}^{0}\text{mm} \qquad A_2 = 191_{0}^{+0.22}\text{mm}$$

$$A_3 = 5_{-0.1}^{0}\text{mm} \qquad A_4 = 30_{-0.15}^{0}\text{mm}$$

协调环的极限偏差要根据尺寸链的计算公式来确定，即

$$ES_{A_5} = 0 - 0 - 0 - 0 - 0 = 0$$

$$EI_{A_5} = (0.22 + 0.1 + 0.15 + 0.1 - 0.75)\text{mm} = -0.18\text{mm}$$

故 $A_5 = 150_{-0.18}^{0}$mm。

可见，采用完全互换法装配时，装配尺寸链采用极值解法，即满足封闭环的公差等于或大于各组成环公差之和。

完全互换法的特点是：装配质量稳定可靠，装配过程简单，生产率高，易于实现装配机械化、自动化，便于组织协作生产，便于维修中更换零件。但由于各环公差以及上、下极限偏差是按极限尺寸考虑的，当装配精度要求较高，特别是装配体中组成环数较多时，零件尺寸公差可能会过小，造成加工困难。因此，完全互换法常用于较高精度的少环尺寸链或较低精度的多环尺寸链的大批大量生产中。

根据数理统计原理可知：在一个稳定的工艺系统中进行大批大量生产时，零件加工误差出现极值的可能性很小，而各零件的加工误差同时为极大极小的极端情况的可能性更小，可忽略不计。因此，将组成环的公差适当放大，使零件加工容易，虽有少数不合格，但这是小概率事件，很少发生，从总的经济效果上看仍然合理可行，这就是不完全互换法。

采用不完全互换法装配时，可适当采取必要的工艺措施，以便降低或排除产生废品的可能性。这种装配方法适用于装配精度要求较高且组成环较多的大批大量生产中。

## 二、选配法

选配法是将尺寸链中组成环的公差放大到经济可行程度，然后选择合适的零件进行装配，以保证规定的装配精度要求。选配法主要有 3 种形式。

### 1. 直接选配法

从待装配的零件群中，凭装配经验和必要的判断性测量，选择一对符合规定要求的零件进行装配，这就是直接选配法。

这种装配方法的优点是能达到很高的装配精度，但与工人的技术水平和测量方法有关，且劳动量大，不宜用于生产节拍要求较严的大批大量流水作业中。另外，直接选配法还有可能造成无法满足要求的“剩余零件”的出现。

### 2. 分组选配法

分组选配法是先将装配的零件进行逐一测量，再按公差间隔预先分成若干组，按对应组分别进行装配的装配方法。显然，分组越多，所获得的装配质量越高。但过多的分组会因零件测量、分类和存储工作量的增大而使生产组织工作变得复杂化。一般地，零件的分组数以 3~5 组为宜。

这种装配方法的主要优点是在零件的加工精度不高的情况下，也能获得很高的装配精度。同时，同组内零件可以互换，具有互换法的优点，因此又称为分组互换法，适用于装配精度要求很高且组成环较少的大批大量生产中。

分组时，各组的配合公差应相等，配合件公差增大的方向也应相同，但零件表面粗糙度及几何公差等不能放大。同时，要尽量使同组内相配零件数相等，若不相等，则需要另外专门加工一些零件与其相配。

### 3. 复合选配法

复合选配法是上述两种方法的复合，即先测量分组再直接选配。其优点是：配合件公差可以不等，装配精度高、速度快，能满足一定生产节拍的要求。在发动机气缸与活塞的装配中，多采用这种方法。

下面举例说明选配法的应用。

【例 7-2】　图 7-9 所示为某活塞销和活塞的装配关系图。要求活塞销和活塞销孔在冷态装配时，要有 0.0025~0.0075mm 的过盈量。

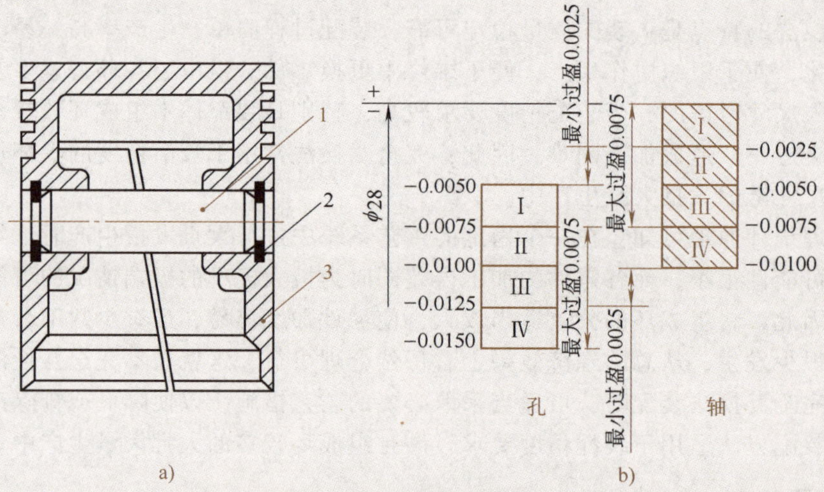


图 7-9　某活塞销和活塞的装配关系图

1—活塞销　2—挡圈　3—活塞

【解】

若采用完全互换法装配，并设活塞销和活塞销孔的公差进行“等公差”分配，则它们的公差都仅为 0.0025mm［因为封闭环公差为（0.0075−0.0025）mm＝0.0050mm］，活塞销和活塞销孔的尺寸为

$$d=\phi28_{-0.0025}^{\ \ 0}\text{mm}$$

$$D=\phi28_{-0.0075}^{-0.0050}\text{mm}$$

显然，加工这样的活塞销和活塞销孔既困难又不经济。在实际生产中可以采用分组选配法，将活塞销和活塞销孔的公差在相同方向上放大四倍，即

$$d=\phi28_{-0.010}^{\ \ 0}\text{mm}$$

$$D=\phi28_{-0.015}^{-0.005}\text{mm}$$

按此公差加工后，再分为四组进行相应装配，既可保证配合精度和性质，又减少了加工难度。分组时，可涂上不同颜色或分装在不同容器内，便于进行分组装配，活塞销和活塞销孔分组互换装配情况见表 7-2。

表 7-2　活塞销和活塞销孔分组互换装配情况

（单位：mm）

| 组别 | 标志颜色 | 活塞销直径 $d=\phi28_{-0.010}^{\ 0}$ | 活塞销孔直径 $D=\phi28_{-0.015}^{-0.005}$ | 盈合情况 | |
|---|---|---|---|---|---|
| | | | | 最大过盈 | 最小过盈 |
| Ⅰ | 白 | $\phi28_{-0.0025}^{\ 0}$ | $\phi28_{-0.0075}^{-0.0050}$ | 0.0075 | 0.0025 |
| Ⅱ | 绿 | $\phi28_{-0.0050}^{-0.0025}$ | $\phi28_{-0.0100}^{-0.0075}$ | | |
| Ⅲ | 黄 | $\phi28_{-0.0075}^{-0.0050}$ | $\phi28_{-0.0125}^{-0.0100}$ | | |
| Ⅳ | 红 | $\phi28_{-0.0100}^{-0.0075}$ | $\phi28_{-0.0150}^{-0.0125}$ | | |

## 三、修配法

在装配精度要求高且组成环又较多的单件小批生产或成批生产中，常用修配法装配。修配法是用钳工或机械加工的方法修整产品中某个零件（该零件称为修配件，该组成环称为修配环）的尺寸，以获得规定装配精度的一种方法，而其他有关零件仍可以按照经济加工精度进行加工。

作为解尺寸链的一种方法而言，修配法就是修配尺寸链中修配环的尺寸，补偿其他组成环的累积误差，以保证装配精度的要求。因此，修配环也可称为补偿环。通常所选择的补偿环应是形状简单、便于装拆、易于修配，并且对其他装配尺寸链没有影响的零件。

修配法的优点是能利用较低的制造精度，来获得很高的装配精度。但修配劳动量大，对工人的技术水平要求高，不便组织流水作业。常用的修配法有单件修配法、合并加工修配法和自身加工修配法 3 种。

### 1. 单件修配法

单件修配法是选定某一固定零件为修配件，在装配时进行修配以保证装配精度的方法。例如：在图 7-6 中车床尾座底板的修配是为了保证前后顶尖的等高度，应用广泛的平键的修配是为了保证其与键槽的配合间隙。这种修配方法在生产中应用最广。

### 2. 合并加工修配法

将两个或多个零件预先装配在一起进行加工修配，这就是合并加工修配法。这些零件组成的尺寸作为一个组成环，这样就减少了组成环的数目，相应地也减少了修配工作量。但零件合并后再进行加工和装配，给组织生产带来了一定不便，因此合并加工修配法多用于单件小批生产中。例如：在图 7-6 中进行尾座装配时，也可采用合并加工修配法，即先将加工好的尾座体 2 和尾座底板 3 两个零件装配为一体，再以尾座底板的底平面为定位基准，镗削加工尾座顶尖套锥孔，这样组成环 $A_2$ 和 $A_3$ 就合并为一个组成环 $A_{2-3}$，此环公差可放大，并且可以给尾座底板的底平面留较小的刮研量，使整个装配工作变得更加简单。

### 3. 自身加工修配法

对于某些装配精度要求很高的产品或部件，若单纯依靠限制各个零件的加工误差来保证，势必要求各个零件具有很高的加工精度，甚至无法加工，而且不易选择一个适当的修配件。此时，可采用自己加工自己的方法来保证装配精度，这就是自身加工修配法。例如：牛头刨床总装后，可用自刨的方法加工工作台面，使滑枕与工作台面平行；平面磨床装配时，自己磨自己的工作台面，以保证工作台面与砂轮轴平行。

## 四、调整法

对于精度要求高且组成环数又较多的产品和部件，在不能用互换法进行装配时，除了用分组互换和修配法外，还可用调整法来保证装配精度。在装配时，用改变产品中可调整零件的相对位置或选用合适的可调整零件，以达到装配精度的方法称为调整法。

调整法与修配法的实质相同，即各零件公差仍然按经济加工精度的原则来确定，选择一个零件为调整环（也可称为补偿环，此环的零件称为调整件），来补偿其他组成环的累积误差。但两者在改变补偿环尺寸的方法上有所不同：修配法采用机械加工的方法去除补偿环零件上的金属层；调整法采用改变补偿环零件的相对位置或更换新的补偿环零件，以保证装配精度的要求。常用的调整法有可动调整法、固定调整法和误差抵消调整法 3 种。

### 1. 可动调整法

可动调整法是通过改变调整件的相对位置来保证装配精度的方法。图 7-10 所示为丝杠螺母副调整间隙的机构。当发现丝杠螺母副间隙不合适时，可转动中间螺钉，通过斜楔块的上下移动来改变间隙的大小。

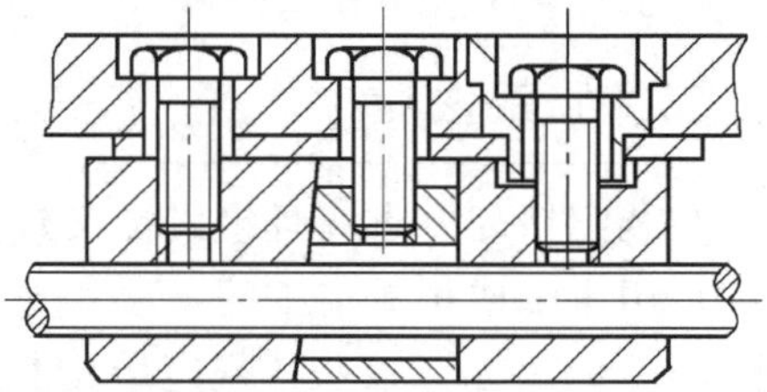

图 7-10　**丝杠螺母副调整间隙的机构**

采用可动调整法可获得很高的装配精度，并且可以在机器使用过程中随时补偿由于磨损、热变形等原因引起的误差，它比修配法操作简便，易于实现，在成批生产中应用广泛。

### 2. 固定调整法

固定调整法是在装配体中选择一个零件作为调整件，根据各组成环所形成的累积误差大小来更换不同的调整件，以保证装配精度的要求。固定调整法多应用于装配精度要求高的大批大量生产中。

调整件是按一定尺寸间隙级别预先制成的若干组专门零件，根据装配时的需要，选用其中的某一级别的零件来作为误差补偿，常用的调整件有垫圈、垫片、轴套等。

采用固定调整法时必须处理好 3 个问题。

1）选择调整范围。

2）确定调整件的分组数。

3）确定每组调整件的尺寸。

### 3. 误差抵消调整法

在产品或部件装配时，通过调整有关零件的相互位置，使其加工误差（大小和方向）相互抵消一部分，以提高装配精度的方法称为误差抵消调整法。这种装配方法在机床装配时应用广泛，如在机床主轴部件装配中，通过调整前后轴承的径向圆跳动方向来控制主轴的径向圆跳动；在滚齿机工作台分度蜗轮装配中，可以采用调整两者的偏心量和偏心方向，提高其装配精度。

# 第四节 ■ 装配工艺规程的编制

装配工艺规程是指导装配生产的主要技术文件，制订装配工艺规程是生产技术准备工作的主要内容之一。

装配工艺规程对保证装配质量、提高装配生产率、缩短装配周期、减轻工人劳动强度、减小装配占地面积、降低生产成本等都有重要的影响。

## 一、装配工艺规程的编制内容

1）分析产品样图，划分装配单元，确定装配方法。

2）拟订装配顺序，划分装配工序。

3）计算装配时间定额。

4）确定各工序装配技术要求、质量检查方法和检查工具。

5）确定装配零部件的输送方法及所需要的设备和工具。

6）选择和设计装配过程中所需的工具、夹具和专用设备。

## 二、装配工艺规程的编制原则

1）保证产品装配质量，力求提高质量，以延长产品的使用寿命。

2）合理安排装配顺序和工序，尽量减少钳工手工劳动量，缩短装配周期，提高装配效率。

3）尽量减少装配占地面积，提高单位面积的生产率。

4）尽量减少装配工作所占的成本。

## 三、装配工艺规程的编制方法和步骤

### （一）研究产品装配图和验收技术条件

1）审查图样的完整性、正确性，分析产品的结构工艺性，明确各零部件之间的装配关系。

2）审查产品装配的技术要求和检查验收方法，找出装配中的关键技术，并制订相应的技术措施，分析与计算产品装配尺寸链。

### （二）确定装配方法和组织形式

#### 1. 装配方法

装配方法随生产纲领和现有生产条件的不同而不同，要综合考虑加工和装配间的关系，使整个产品获得最佳技术经济效果。表 7-3 列举了各种装配方法的适用范围和应用举例。

究竟采取何种装配方法来保证产品的装配精度要求，通常在设计阶段即应确定。因为只有在装配方法确定之后，才能通过尺寸链的计算，合理确定各个零部件在加工和装配中的技术要求。

#### 2. 装配的组织形式

装配的组织形式主要取决于产品的结构特点（包括尺寸、重量和复杂程度等）、生产纲领和现有生产条件，可分为固定式和移动式两种。

表7-3 各种装配方法的适用范围和应用举例

| 装配方法 | 适用范围 | 应用举例 |
| --- | --- | --- |
| 完全互换法 | 适用于零件数较少、批量很大、零件可用经济精度加工时 | 汽车、拖拉机、中小型柴油机、缝纫机及小型电机的部分部件 |
| 不完全互换法 | 适用于零件数稍多、批量大、零件加工精度需适当放宽时 | 机床、仪器仪表中的某些部件 |
| 分组法 | 适用于成批或大量生产中,装配精度很高,零件数很少,又不便采用调整装置时 | 中小型柴油机的活塞与缸套、活塞与活塞销、滚动轴承的内外圈与滚子 |
| 修配法 | 单件小批生产中,装配精度要求高且零件数较多的场合 | 车床尾座垫板、滚齿机分度蜗轮与工作台装配后的精加工齿形、平面磨床砂轮(架)对工作台台面自磨 |
| 调整法 | 除必须采用分组法选配的精密配件外,调整法可用于各种装配场合 | 机床导轨的楔形镶条、内燃机气门间隙的调整螺钉,滚动轴承调整间隙的间隔套、垫圈,锥齿轮调整间隙的垫片 |

（1）固定式装配　固定式装配是全部装配工作在同一固定的地点完成，其特点是装配周期长，装配面积利用率低，并且需要技术水平较高的操作工人，多用于单件小批生产或重量大、体积大的批量生产之中。固定式装配也可组织工人专业分工，按装配顺序轮流到各产品点进行装配工作，这种形式称为固定流水装配，多用于成批生产中结构较复杂、工序数量较多的产品，如机床、汽轮机的装配。

（2）移动式装配　移动式装配是将零部件用输送带或输送小车，按装配顺序从一个装配地点有节奏地移动到下一装配地点，各装配地点分别完成其中的一部分装配工作，全部装配地点工作的总和就是产品的全部装配工作。这种装配组织形式常用于产品的大批量生产中，以组成流水作业线或自动作业线。根据零部件移动的方式不同，移动式装配又分为连续移动、间歇移动和变节奏移动3种方式。

### （三）划分装配单元和确定装配顺序

#### 1. 装配单元的划分

装配单元的划分在第一章中已经表述。这是编制装配工艺规程中最重要的一个步骤，尤其是大批大量生产中结构复杂的产品装配。

#### 2. 装配顺序的确定

无论哪一级装配单元，都要选定某些零件或比它低一级的装配单元作为装配基准件。

各级装配单元装配时，先要安排装配基准件进入装配。装配基准件通常应是产品的机体或主干零部件，应具有较大的体积、重量和足够的支承面，以满足装入零部件时的作业要求和稳定要求。然后再根据具体情况安排其他单元进入装配。例如：车床装配时，床身是一个基准件先进入总装，其他的装配单元再依次进入装配。

装配顺序是由产品结构和组织形式决定的。一般装配顺序的安排是：预处理工序在前，先基准后其他，先重大后轻小，先下后上，先内后外，先难后易，先精密后一般。

此外，还应考虑以下情况。

1）处于同一基准件方位的装配，应尽可能集中安排。

2）使用相同设备及工艺装备或有共同特殊装配环境要求的装配，应集中安排。

3）电线、油气管路的安装应与相应的工序同时进行。

4）易燃、易爆、易碎或有毒物质的零部件安装，应尽可能安排在最后，以减少安全防护工作量，保证装配工作的顺利完成。

为了清楚表达装配顺序，对于结构比较简单、组成零部件较少的产品，需绘制产品装配系统图；对于结构复杂而组成的零部件多的产品，则还要绘制装配单元系统图，如图 7-11 所示。

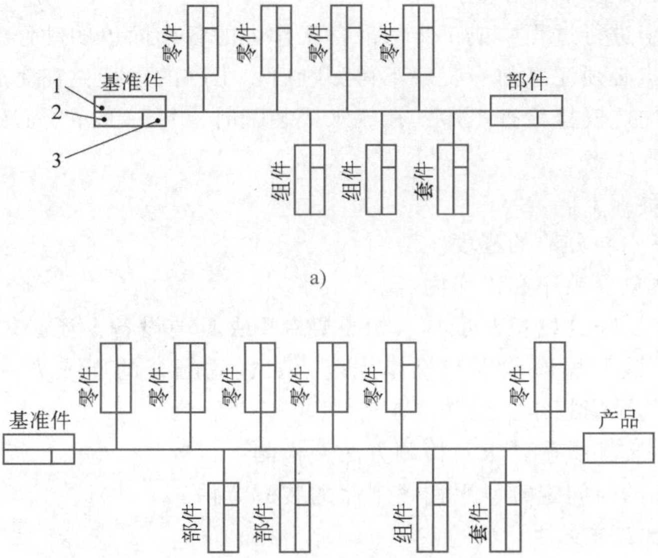


b)

**图 7-11　装配单元系统图**

a）部件装配系统图　b）产品装配系统图

1—名称　2—编号　3—数量

绘制产品装配系统图时，先画一条横线，横线左端画出代表基准件的长方格，横线右端画出代表部件或产品的长方格。然后按装配顺序由左向右，将代表直接装到基准件上的零件、套件、组件和部件的长方格从横线中引出，代表零件的长方格画在横线上面，代表套件、组件和部件的长方格画在横线下面。在每一长方格内，上方注明装配单元、零件、套件、组件和部件名称，左下方填写装配单元、零件、组件和部件的编号，右下方填写装配单元、零件、组件和部件的数量。

如果装配过程中，需要进行一些必要的配作加工，如焊接、配刮、配钻、冷压、热压、攻螺纹和检验等，则可在装配单元系统图中加以注明。此时装配单元系统图就成为装配工艺系统图，如图 7-12 所示。

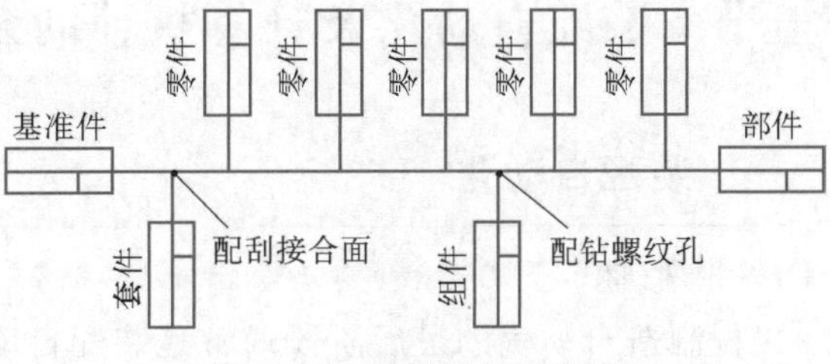


**图 7-12　装配工艺系统图**

装配工艺系统图是编制装配工艺规程的主要文件之一，也是划分装配工序的依据。

**（四）划分装配工序**

装配顺序确定后，即可将装配工艺过程划分为若干工序，并确定各个工序的工作内容。

装配工艺过程是由站、工序、工步和操作组成的。

站是装配工艺过程的一部分，是指在一个装配地点，由一个或一组工人所完成的那部分装配工作，每一个站包括一个或数个工序。

工序是站的一部分，它包括在制品任何一部分上所完成组装的一切连续动作。

工步是工序的一部分，在每个工步中，所用的工具及组合件不变。但每个工步还可按技术条件分得更细，这主要取决于生产规模。

操作是指在工步进行过程中或工步的准备工作中的各个简单的动作。

在安排工序时，必须注意前一工序不得影响后一工序的进行；在完成某些重要工序或易出废品的工序后，均应安排检查工序；在流水式装配时，每一工序所需的时间应等于装配节拍或为其整数倍。

划分工序的内容如下。

1）确定工序集中与分散的程度。

2）确定工序数量、顺序和工作内容。

3）确定各工序所需的设备及工具。如需要专用夹具与设备，还必须提交设计任务书。

4）制订各工序装配操作范围和操作规范，如过盈配合的压入方法、变温装配的温度值、紧固螺栓连接的预紧扭矩、配作要求等。

5）制订各工序装配质量要求及检测方法、检测项目等。

6）确定各工序的时间定额，平衡各工序的装配节拍。

#### （五）制订装配工艺文件

在单件小批生产时，通常不编制装配工艺卡片，工人按照装配图和装配工艺系统图进行装配即可。

在成批生产时，应根据装配工艺系统图分别制订总装和部装的装配工艺过程卡片。卡片的每一工序内容应简要地说明工序的工作内容、所需设备和工夹具的名称及编号、工人技术等级、时间定额等。

大批大量生产时，还要为每一道工序制订装配工序卡片，详细说明该装配工序的工艺内容，以直接指导工人进行操作。

此外，还应根据产品的装配要求，制订检验卡、试验卡等工艺文件。有些产品还要有测试报告、修正（校正）曲线等。

## 第五节 ■ 装配自动化及计算机辅助装配工艺设计 CAAP

### 一、装配自动化

#### （一）概述

机械制造自动化的最后阶段通常是装配自动化，装配自动化是制造工业中需要解决的关键技术。

装配自动化的目的主要在于：提高生产率，降低成本，保证机械产品的装配质量和稳定性，并力求避免装配过程中受到人为因素的影响而造成的质量缺陷，减轻或取代特殊条件下的人工装配劳动，降低劳动强度，保证操作安全。

目前，世界上工业发达国家的机械制造自动化过程中，一些产品、部件的装配过程逐渐摆脱了人工操作，转向装配自动化系统研究，并实现了柔性装配系统 FAS（Flexible Assembly System）。有关柔性制造技术与柔性制造系统的内容详见第八章。

装配自动化技术发展大致经历了 3 个发展阶段：

1）传统的机械开环控制的装配自动化技术。

2）半柔性控制的装配自动化技术。

3）柔性控制的装配自动化技术。

装配自动化的各项基础技术在向纵深迅速发展的同时，也向横向扩展，并与其他技术相互渗透，最典型的是控制技术、网络通信技术和人工智能技术的结合。

### （二）装配自动化的工艺要求

#### 1. 装配自动化的基本要求

要实现装配自动化，必须具备一定的前提条件，主要有以下几方面。

1）生产纲领稳定，年产量大、批量大，零部件标准化、通用化程度高。

2）产品具有较好的装配工艺性。

3）实现装配自动化后，经济上合理，生产成本降低。

#### 2. 自动装配条件下的结构工艺性

自动装配工艺性好的产品结构能使自动装配过程简化，易于实现自动定向和自我检测，简化自动装配设备，保证装配质量，降低生产成本。在自动装配条件下，零件的结构工艺性应符合以下原则。

1）便于自动给料。

2）利于零件自动传送。

3）利于自动装配作业。

#### 3. 自动装配工艺设计的一般要求

自动装配的工艺要求要比人工装配的复杂得多。为保证自动装配工艺先进可靠、经济合理，在设计中应满足以下几个要求。

1）平衡各个装配工位的工作时间，保证装配工作循环的节拍同步。

2）除正常传送外，应避免或减少装配基础件的位置变动。

3）合理选择装配基准面，保证装配定位精度。

4）对装配件进行合理分类，提高装配自动化程度。

5）正确处理关键件和复杂件的自动定向问题。

6）易缠绕粘连的零件要进行定量隔离。

7）按照配合要求，对精密配合副要进行分组选配。

8）根据工艺成熟程度和实际经济效益，合理确定装配的自动化程度。

9）注意不断提高装配自动化水平。

### （三）装配自动化的工艺实现

#### 1. 自动装配机

根据装配产品的复杂程度和生产率的要求，自动装配机可分为单工位装配机、多工位装配机和非同步装配机 3 大类。

单工位装配机是指所有装配操作都可以在一个位置上完成，适用于两到三个零部件的装配，也容易适应零件产量的变化。

对有三个以上零部件的产品通常采用多工位装配机进行装配，设备上的许多装配操作必须由各个工位分别承担，这就需要设置工件传送系统，按照传送系统形式要求可选用回转型、直进型或环行型布置形式。

非同步装配机也称为非同步装配线，是由连续运转的传送链来传送浮动连接的随行夹具，以实现装配工位之间的柔性连接。常用的有直进型上下轨道的非同步装配机、直进型水平轨道的非同步装配机和环行轨道的双链非同步传送装配机。

#### 2. 自动装配线

如果产品或部件复杂，无法在一台装配机上完成装配工作，或由于装配节拍和装配件分类等生产原因，需要在几台装配机上完成装配，就需要将装配机组合形成自动装配线。

自动装配线的基本特征是：在装配工位上，将各种装配件装配到装配基础件上去，完成一个部件或产品的装配。

按照装配线的形式和装配基础件的移动情况，自动装配线可分为装配基础件移动式自动装配线和装配基础件固定式自动装配线两种。其中，移动式应用较为广泛，如轨道装配线、带式装配线、板式装配线、车式装配线和气垫装配线等。

装配基础件在工位间的传送方式有连续传送和间歇传送两类。连续传送中，工位上的装配工作头也随之同步移动；间歇传送中，装配基础件由传送装置按生产节拍进行传送，等对象停留在工位上时进行装配，作业一完成即传送至下一工位。目前，除小型简单工件装配中有所采用连续传送外，一般都使用间歇传送方式。

#### 3. 自动装配系统

自动装配系统由装配过程的物流自动化、装配作业自动化和信息流自动化等子系统组成，按主机的适用性可分为 2 大类。

（1）特定专用的自动装配系统　它指的是根据特定产品制造的专用自动装配系统或专用自动装配线。通常专用自动装配系统由一个或多个工位组成，各工位设计以装配机整体性能为依据，结合产品的结构复杂程度确定其内容和数量。一般地，专用自动装配系统设施呈刚性，不适于产品的更换。

（2）一定柔性的自动装配系统　它指的是具有一定柔性范围的程序控制的自动装配系统。柔性装配系统则具有足够大的柔性，面向中小批量生产，能够适应产品的频繁更换。柔性装配系统一般由装配机器人系统、灵活的物料搬运系统、零件自动供料系统、工具（手指）自动更换装置及工具库、视觉系统、基础件系统、控制系统和计算机管理系统等组成，通常有两种形式。

1）模块积木式柔性装配系统。

2）以装配机器人为主体的可编程柔性装配系统。

随着科学技术的不断发展和自动化程度的不断提高，柔性装配系统的应用将越来越普及，装配过程转向柔性计算机控制已成必然趋势。

## 二、计算机辅助装配工艺设计

### （一）概述

在一个产品的寿命循环中，装配是一个很重要的环节。装配的工作效率和工作质量对产品的制造周期和产品的最终质量都有着极大的影响。

一方面，随着新技术、新工艺、新材料的发展，高速加工和强力切削技术广泛应用于加工过程之中，装配时间成了影响制造周期的主要因素。另一方面，随着数控机床的广泛应用，零件的加工精度已不再依赖于工人的技术水平，但装配工作却仍以人为主，装配质量又成了提高产品质量的瓶颈环节。提高装配的工作效率和工作质量，降低装配成本，提高装配自动化，利用计算机进行辅助装配工艺设计 CAAP（Computer Aided Assembly Planning）具有十分重要的意义。

从本质上而言，CAAP 就是利用计算机模拟人编制装配工艺的方式，自动生成装配工艺文件。一方面，CAAP 可以充分缩短编制装配工艺的时间，减少人的烦琐劳动，提高装配工艺的规范化程度，降低对工艺人员的依赖。另一方面，随着 CIMS 领域研究的不断深入，CAAP 不仅能够提供指导装配操作的技术文件，也可为管理信息系统提供对装配生产线进行科学管理的信息数据，同时还可扩大 CAD/CAPP/CAM（包括装配在内）的集成范围。另外，CAAP 还能及时向产品设计的 CAD 系统反馈可装配性的信息，满足并行工程 CE（Concurrent Engineering）的需要，有关并行工程的内容详见第八章。

### （二）CAAP 的系统组成

计算机辅助装配工艺设计一般包括以下内容：

1）研究装配信息的描述方法。

2）编制典型零件副的装配工作规范，建立装配工艺的知识规则。

3）研究装配工序图的自动生成方法。

4）研究装配顺序的决策原理与实现方法等。

CAAP 系统的主要组成部分如下。

（1）装配信息描述的知识库　即将装配对象及技术要求描述为适于计算机存储的数据库。

（2）动态数据库　用于存储由信息输入模块产生是装配信息，以及推理机在推理决策过程中产生的中间数据和最终结果。

（3）推理机　针对动态数据库内存储的装配信息，利用知识库内的知识与规则，在工序简图库和工艺数据库的支持下，进行推理和决策，生成有关装配工艺和工序图的数据。

（4）装配工艺知识库　存储生成装配工艺所需的知识与规则。

（5）装配工艺简图库　存储典型装配工艺的工序简图，供推理机生成工序图。

（6）装配工艺数据库　存储与装配工艺有关的数据，如各种装配方法所能达到的装配精度及相关检测规范等。

### （三）CAAP 的基本原理与方法

#### 1. 装配信息描述

装配信息的描述涉及信息的获取、信息的取舍、信息描述方法、信息描述的语言实现等。从长远看，应该提供与 CAD 的接口。直接从 CAD 得到装配工艺设计的原始数据。目前比较可行的方法是，根据装配图以人机交互方式输入产品的装配信息。

一般而言，装配信息的描述应分层次进行，逐渐细化。在描述清楚零件基本几何数据的前提下，重点描述各零件、固定组件及部件之间的相互装配关系，包括连接关系、连接位置、连接方法、连接方向和连接的技术要求等。

#### 2. 装配顺序决策

装配顺序的决策通常分为两类：基于配合关系的推理和基于知识的推理。

(1) 基于配合关系的推理　基于配合关系的推理应用较多，一般采用逆向推理法（拆卸法），即从图的所有零件集中选择几何上可拆的零件，拆卸完一个零件后对剩余的零件继续进行拆卸，利用回溯算法生成所有拆卸顺序与拆卸方案。

(2) 基于知识的推理　基于知识的推理可以充分利用装配任务的特点，搜集人工编制装配工艺的知识规则，有选择地选取装配基准件，形成装配顺序。

不论哪一种决策方法，装配顺序的设计都应该分阶段有层次地进行，即从建立框架入手，由粗到细，不断充实与调整，最终生成合理的装配顺序。

#### 3. 装配工序图的自动生成

相对于零件加工工序图而言，装配工序图自动生成的研究更困难，目前一直未能取得突破性进展。一般地，装配工序图自动生成的方法有以下 3 种。

(1) 采用一定方式获取　即按照一定规则截取装配图的局部，进行必要修改而生成。

(2) 建立所有零件的图形库　这样，根据相应规律即可将有关零件按一定算法“组合”到一起。

(3) 基于典型的装配副关系生成典型装配工序图并建立图库　按照一定规则，对装配工序图库中的相应图形进行适当修改，必要时允许少量的人工干预，生成所需的装配工序图。

## 本章小结

本章介绍了机器装配的装配精度、装配工艺性、装配尺寸链等若干装配工艺规程的主要工艺问题。

装配精度是指机器装配以后，各工作面间的相对位置和相对运动等参数与规定指标的符合程度。结合生产实例，阐述了装配尺寸链的概念、建立和计算方法，保证装配精度的方法，以及装配工艺规程的编制。装配尺寸链是指在产品或部件的装配过程中，由相关零件的有关尺寸（表面或轴线间距离）或相互位置关系（平行度、垂直度或同轴度等）所组成的尺寸链。保证装配精度的方法主要包括互换法、选配法、修配法和调整法。在此基础上，介绍了装配自动化和计算机辅助装配工艺设计 CAAP 等内容。

## 知识拓展：回转工作台关键部件装配工艺研究

图 7-13 所示为几种常见的回转工作台。回转工作台是机床的关键功能部件，常作为机床的第四轴，可以完成工件的分度、连续切削进给，能够在一次装夹下完成叶片等复杂零件的加工，从而提高机床的加工精度与加工效率。回转工作台部件的装配工艺优劣直接决定着回转工作台系统的刚度，影响回转工作台的几何精度和动态性能等重要参数。

回转工作台的传动机构、心轴与轴承、夹紧机构都需要较高的装配精度。在装配与调试回转工作台时，经常会出现机械传动系统间隙过大、液压缸密封损坏、工作台不夹紧、定位精度差等故障。

a)　　b)　　c)

图 7-13　几种常见的回转工作台

下面以蜗轮蜗杆驱动的回转工作台为例，简述其装配工艺。

蜗轮蜗杆副是回转工作台常见的驱动方式，具有结构紧凑、承载能力强、能自锁的特性。蜗轮一般采用锡青铜等有色金属材质，蜗杆采用淬硬钢材。

回转工作台上的蜗轮蜗杆机构是主要分度机构，蜗轮蜗杆的调整方式有多种，调整轴承套就是其中的一种重要方式。蜗轮蜗杆安装调整结构图如图 7-14 所示，一般先把蜗轮装入回转工作台箱体内，蜗杆通过两端轴承支承安装到回转工作台支承体上，轴承套装在偏心轴承套中，通过调整偏心轴承套可以实现蜗轮蜗杆径向位置调整，以满足蜗轮蜗杆的相对位置要求和接触要求。蜗轮蜗杆中心距视回转工作台精度要求而定，一般要求为 IT5～IT7，侧隙一般为 0.03～0.06mm。检查侧隙时一般将蜗杆固定，将百分表触头沿蜗轮齿圈切向接触蜗轮齿面，摆动蜗轮或工作台，百分表最大读数即为侧隙值。蜗轮蜗杆的传动要平稳顺畅，不应出现咬死现象，检验方式主要为着色法检验，蜗轮蜗杆接触面积百分比不应小于 70%，蜗杆的轴承安装孔需要满足同轴度和端面圆跳动的要求。

为了保证蜗杆轴线对回转工作台移动导轨平面的平行度，需采用专用工具对导轨结合面刮研，应确保每 $25mm^2$ 达到 8～10 个刮研点，并通过检棒检测蜗杆轴线与回转工作台导轨安

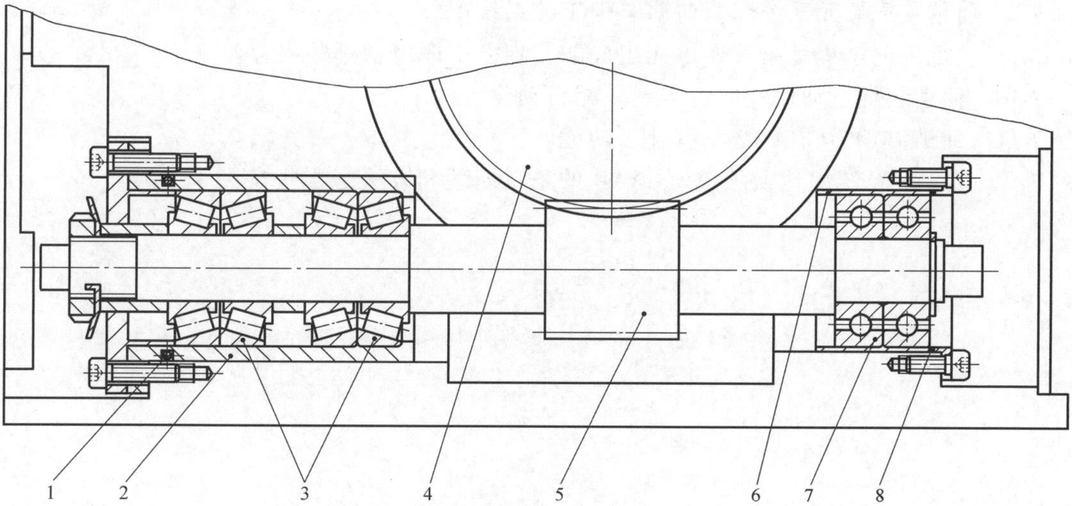


图 7-14　蜗轮蜗杆安装调整结构图

1、8—密封圈　2、6—偏心轴承套　3—固定端轴承　4—蜗轮　5—蜗杆　7—支承端轴承

装面的距离，以便指导调整安装。当达到蜗轮蜗杆的安装精度要求后，需要配钻蜗杆轴承支座与回转工作台底座的定位销，确保安装精度。

## 习题与思考题

7-1　机器装配的生产类型有哪些？其分别具有哪些工作特点？

7-2　装配精度包括哪些内容？装配精度与零件的加工精度有何区别和联系？

7-3　何谓装配尺寸链？装配尺寸链封闭环是如何确定的？建立装配尺寸链应注意哪些原则？

7-4　保证装配精度的方法有哪几种？各适用于什么场合？

7-5　图 7-15 所示为某机床主轴部件，装配后要求轴向间隙 $A_\Sigma=0^{+0.42}_{+0.05}$mm。已知 $A_1=32.5$mm，$A_2=35$mm，$A_3=2.5$mm。问：采用何种装配方法比较合理？试计算各组成零件的上、下极限偏差。

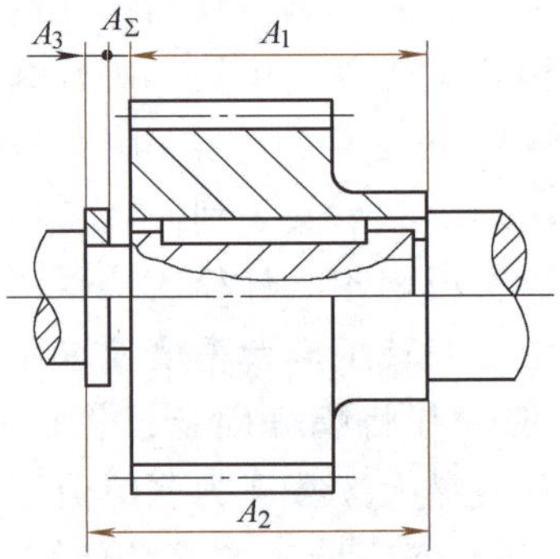


图 7-15　题 7-5 图

7-6　制订装配工艺规程的原则和内容包括哪些？

7-7　机器装配的组织形式有哪些？

7-8　何谓装配单元系统图？何谓装配工艺系统图？

7-9　装配工艺过程是由哪些单元组成的？划分工序包括哪些内容？

7-10　何谓装配自动化？如何实现装配自动化？

7-11　何谓 CAAP？CAAP 具有什么功能？

7-12　CAAP 系统由什么组成？CAAP 的基本原理和方法有哪些？

# 第八章

# 先进制造技术AMT

**本章提要：** 随着计算机、微电子、信息和自动化技术的迅速发展，传统的机械制造技术正逐渐向先进制造技术方向发生根本性的变革。本章研究先进制造技术问题，介绍先进制造技术的特征和类型，从现代设计技术、现代制造工艺技术、制造自动化技术以及以现代管理理论和方法为基础的先进制造生产管理模式四个方面，建立与现代制造工程发展相适应的知识体系，阐述先进制造技术的基本内容和最新技术，提高对现代科学技术发展的适应性。

**重点提示：**

先进制造技术和现代制造工艺技术、自动化加工技术、先进制造生产模式等的内涵、分类、特点及应用。

# 第一节■概述

先进制造技术AMT（Advanced Manufacturing Technology）是在传统制造技术的基础上，不断吸收机械、电子、信息、材料、能源及现代管理等技术成果，并将其综合应用于产品设计、制造、检测、管理、售后服务等机械制造全过程，实现优质、高效、低耗、清洁、灵活生产，提高对动态多变的产品市场的适应能力和竞争能力的各种现代制造技术的总称，并被称为是面向21世纪的技术。

先进制造技术的主要特征是强调实用性，以提高企业的综合经济效益为目的，所以被认为是提高制造业竞争能力的主要手段，对促进国民经济的发展有着不可估量的影响。可以说：“现代制造技术=传统制造技术的发展+信息技术+现代管理技术”。

## 一、先进制造技术的形成和特征

随着计算机、微电子、信息和自动化技术的迅速发展，20世纪末制造业开始了一场新的技术变革。20世纪80年代以来，各国制造业面临复杂多变的外部环境：科学技术突飞猛进，社会需求多样化，产品更新速度快，市场竞争日趋激烈，对市场的响应速度要求越来越高。因此，政府和企业界都在寻求对策，以获取全球范围内的竞争优势。传统的制造技术已变得越来越不适应当今快速变化的环境，先进的制造技术尤其是计算机技术和信息技术在制造业中的广泛应用，使人们正在或已经摆脱传统观念的束缚，跨入制造业的新纪元。

先进制造技术这一概念就是在这种大环境下，美国为增强制造业的竞争力，夺回制造工业的优势，促进国家经济的发展，而提出的一个专有名词。从技术的角度来看，以计算机为中心的新一代信息技术的发展，使制造业技术达到了从未有过的新高度，先进制造技术的提出也是这种进程的反映。“先进制造技术”一经提出，立即获得欧洲各国、日本及亚洲新兴工业化国家的响应。

相对于传统制造技术，先进制造技术具有以下特征。

(1) 先进制造技术的实用性　先进制造技术最重要的特点在于，它首先是一项面向工业应用，具有很强实用性的新技术。从先进制造技术的发展过程到其应用范围，特别是达到的目标与效果，无不反映这是一项对国民经济的发展可以起重大作用的实用技术。先进制造技术往往是针对某一具体的制造业（如汽车制造、电子工业）的需求而发展起来的先进、适用的制造技术，有明确的需求导向的特征；先进制造技术不是以追求技术的高新为目的，而是注重产生最好的实践效果，以提高效益为中心，以提高企业的竞争力、促进国家经济增长和提升国家综合实力为目标。

(2) 先进制造技术应用的广泛性　在应用范围上，传统制造技术通常只是指各种将原材料变成成品的加工工艺，而先进制造技术虽然仍大量应用于加工和装配过程，但由于其组成中包括了设计技术、自动化技术和系统管理技术，因而将其综合应用于制造的全过程，覆盖了产品设计、生产准备、加工与装配、销售使用、维修服务甚至回收再生的整个过程。

(3) 先进制造技术的动态特征　由于先进制造技术本身是在针对一定的应用目标，不断地吸收各种高新技术逐渐形成、不断发展的新技术，因而其内涵不是绝对的和一成不变的。反映在不同的时期，先进制造技术有其自身的特点；反映在不同的国家和地区，先进制造技术有其本身重点发展的目标和内容。

(4) 先进制造技术的集成性　传统制造技术的学科、专业单一独立，相互界线分明；先进制造技术由于专业和学科间的不断渗透、交叉、融合，界线逐渐被淡化甚至消失，技术趋于系统化、集成化，已发展成为集机械、电子、信息、材料和管理技术为一体的新型交叉学科，因此可以称其为“制造工程”。

(5) 先进制造技术的系统性　传统制造技术一般只能驾驭生产过程中的物质流和能量流。随着微电子、信息技术的引入，先进制造技术还能驾驭信息生成、采集、传递、反馈、调整的信息流动过程。先进制造技术是可以驾驭生产过程的物质流、能量流和信息流的系统工程。一项先进制造技术的产生往往要系统地考虑到制造的全过程，如并行工程就是集成地、并行地设计产品及其零部件和相关各种过程的一种系统方法。

(6) 先进制造技术的环保性　先进制造技术特别强调环境保护，既要求其产品是所谓的“绿色商品”(对资源的消耗最少、对环境的污染最小甚至为零、对人体的危害最小甚至为零、报废后便于回收利用、发生事故的可能性为零、所占空间最小)，又要求产品的生产过程是环保型的（对资源的消耗最少、对环境的污染最小甚至为零、对人体的危害最小甚至为零)。

先进制造技术强调的是实现优质、高效、低耗、清洁、灵活的生产。其核心是优质、高效、低耗等基础制造技术。其最终目标是要提高对动态多变的产品市场的适应能力和竞争能力，确保生产力和经济效益持续稳步地提高，能对市场变化做出更灵捷的反应，提高企业的竞争能力。

先进制造技术比传统的制造技术更加重视技术与管理的结合，更加重视制造过程组织和管理体制的简化以及合理化，从而产生了一系列先进的制造模式。随着世界自由贸易体制的进一步完善，以及全球交通运输体系和通信网络的建立，制造业将形成全球化与一体化的格局，新的先进制造技术也必将是全球化的模式。

## 二、先进制造技术的分类

先进制造技术可分为现代设计技术、现代制造工艺技术、制造自动化技术以及以现代管理理论和方法为基础的先进制造生产管理模式 4 大类。

### 1. 现代设计技术

现代设计技术包括现代设计理论与设计方法学、计算机辅助设计 CAD、计算机辅助工程分析 CAE、计算机辅助工艺过程设计 CAPP、设计过程管理与设计数据库、性能优良设计、反求工程技术、快速响应设计、智能设计、模块化设计、并行工程 CE 设计、仿真与虚拟设计、绿色设计等。

### 2. 现代制造工艺技术

现代制造工艺技术包括精密铸造、精密锻压、精密焊接、优质低耗热处理、精密切割、超精密加工、超高速加工、微米/纳米加工技术、复杂型面数控加工、特种加工工艺、快速成形制造、少无污染制造、虚拟制造与成形加工技术等。

### 3. 制造自动化技术

制造自动化技术包括数控技术、工业机器人、柔性制造系统、计算机集成制造技术、自动检测及信号识别技术、过程设备工况监测与控制等。

#### 4. 先进制造生产管理模式

先进制造生产管理模式包括敏捷制造、精益生产、并行工程、智能制造、绿色制造、虚拟制造等。

## 第二节 ■ 现代制造工艺技术

### 一、特种加工技术

由于材料科学、高新技术的发展，激烈的市场竞争，以及发展尖端国防及科学研究的迫切需求，不仅新产品更新换代日益加快，而且产品要求具有很高的强度重量比和性能价格比，并正朝着高速度、高精度、高可靠性、高耐蚀性、耐高温高压、大功率、尺寸大小两极分化的方向发展。

为此，各种新材料、新结构、形状复杂的精密机械零件大量涌现，用通常的金属切削加工方法来加工这些零件已十分困难，甚至无法加工，这对机械制造业提出了一系列迫切需要解决的新问题。于是一种本质上区别于传统加工的特种加工于 20 世纪 40 年代应运而生。

特种加工是将电、磁、声、光、化学等能量或其组合施加在工件的被加工部位上，从而实现材料被去除、变形、改变性能或被镀覆等的非传统加工方法。其主要特点如下。

(1) 不是主要依靠机械能　有些加工方法，如激光加工、电火花加工、等离子弧加工、电化学加工等，是利用热能、化学能、电化学能等。这些加工方法与工件的硬度、强度等力学性能无关，故可加工各种硬、软、脆、热敏、耐蚀、高熔点、高强度、特殊性能的金属和非金属材料。

(2) 属非接触加工　不一定需要工具，有的虽使用工具，但与工件不接触，因此，工件不承受大的作用力，工具硬度可低于工件硬度，故使刚性极低的元件及弹性元件得以加工。

(3) 属微细加工　工件表面质量高。有些特种加工，如超声、电化学、水喷射、磨料流等，加工余量都是微细进行，故不仅可加工尺寸微小的孔或狭缝，还能获得高精度、极小表面粗糙度值的加工表面。

(4) 不存在加工中的机械应变或大面积的热应变　其热应力、残余应力、冷作硬化等均比较小，尺寸稳定性好，可获得较小的表面粗糙度值。

(5) 属一种新型复合加工　是两种或两种以上不同类型的能量相互组合形成新的复合加工，其综合加工效果明显，且便于推广使用。

(6) 设计工艺优化　特种加工对简化加工工艺、变革新产品的设计及零件结构工艺性等均会产生积极的影响。

一般地，特种加工可以按能量来源及形式和作用原理分类，见表 8-1。

表 8-1　常用特种加工方法的分类

| 特种加工方法 | | 能量来源及形式 | 作用原理 | 英文缩写 |
|---|---|---|---|---|
| 电火花加工 | 电火花成形加工 | 电能、热能 | 熔化、汽化 | EDM |
| | 电火花线切割加工 | | | WEDM |

（续）

| 特种加工方法 | | 能量来源及形式 | 作用原理 | 英文缩写 |
|---|---|---|---|---|
| 电化学加工 | 电解加工 | 电化学能 | 金属离子阳极溶化 | ECM(ELM) |
| | 电解磨削 | 电化学、机械能 | 阳极溶解、磨削 | ECM(ECG) |
| | 电解研磨 | | 阳极溶解、研磨 | ECH |
| | 电铸 | 电化学能 | 金属离子阴极沉积 | EFM |
| | 涂镀 | | | EPM |
| 激光加工 | 激光切割、钻孔 | 光能、热能 | 熔化、汽化 | LBM |
| | 激光打标记 | | | LBM |
| | 激光处理、表面改性 | | 熔化、相变 | LBT |
| 电子束加工 | 切割、钻孔、焊接 | 电能、热能 | 熔化、汽化 | EBM |
| 离子束加工 | 蚀刻、镀覆、注入 | 电能、动能 | 原子撞击 | IBM |
| 等离子弧加工 | 切割(喷镀) | 电能、热能 | 熔化、汽化(涂覆) | PAM |
| 超声加工 | 切割、钻孔、雕刻 | 声能、机械能 | 磨料高频撞击 | USM |
| 化学加工 | 化学铣削 | 化学能 | 腐蚀 | CHM |
| | 化学抛光 | | | CHP |
| | 光刻 | 光、化学能 | 化学能 | PCM |
| 快速成形 | 液相固化法 | 光、化学能 | 增材法加工 | SL |
| | 粉末烧结法 | | | SLS |
| | 纸片叠层法 | 光、机械能<br>电、热、机械能 | | LOM |
| | 熔丝堆积法 | | | FDM |

下面以图的形式简单介绍部分主要特种加工技术。

图 8-1a、b 所示为电火花加工机床实物照片，图 8-1c、d 所示为电火花加工机床工作原理图。

图 8-2a、b 所示为电火花线切割加工机床实物照片，图 8-2c、d 所示为电火花线切割加工机床工作原理图。

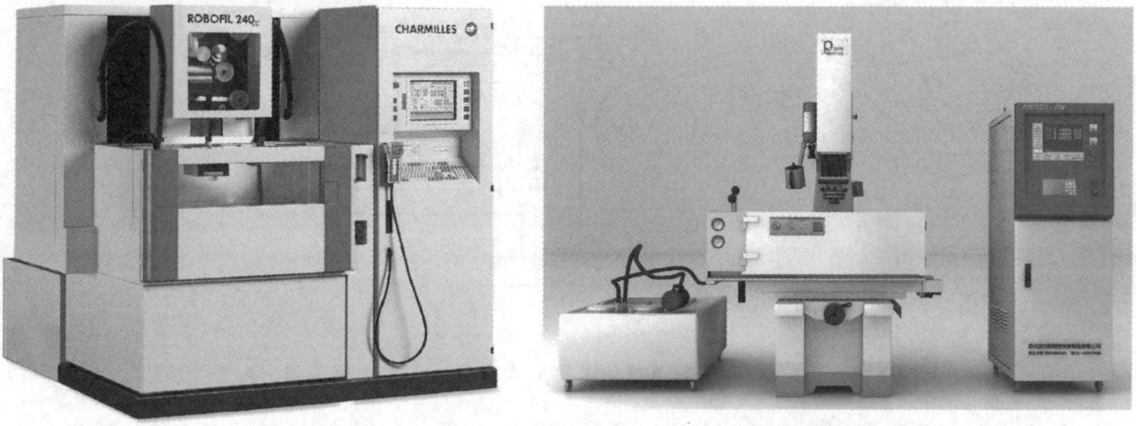


a)　　　　b)

图 8-1　电火花加工机床实物照片和工作原理图

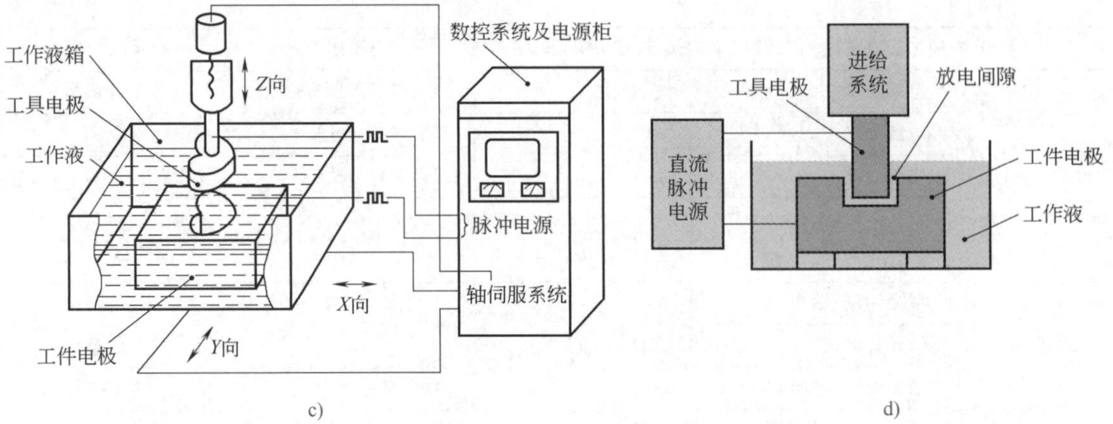


图 8-1　电火花加工机床实物照片和工作原理图（续）

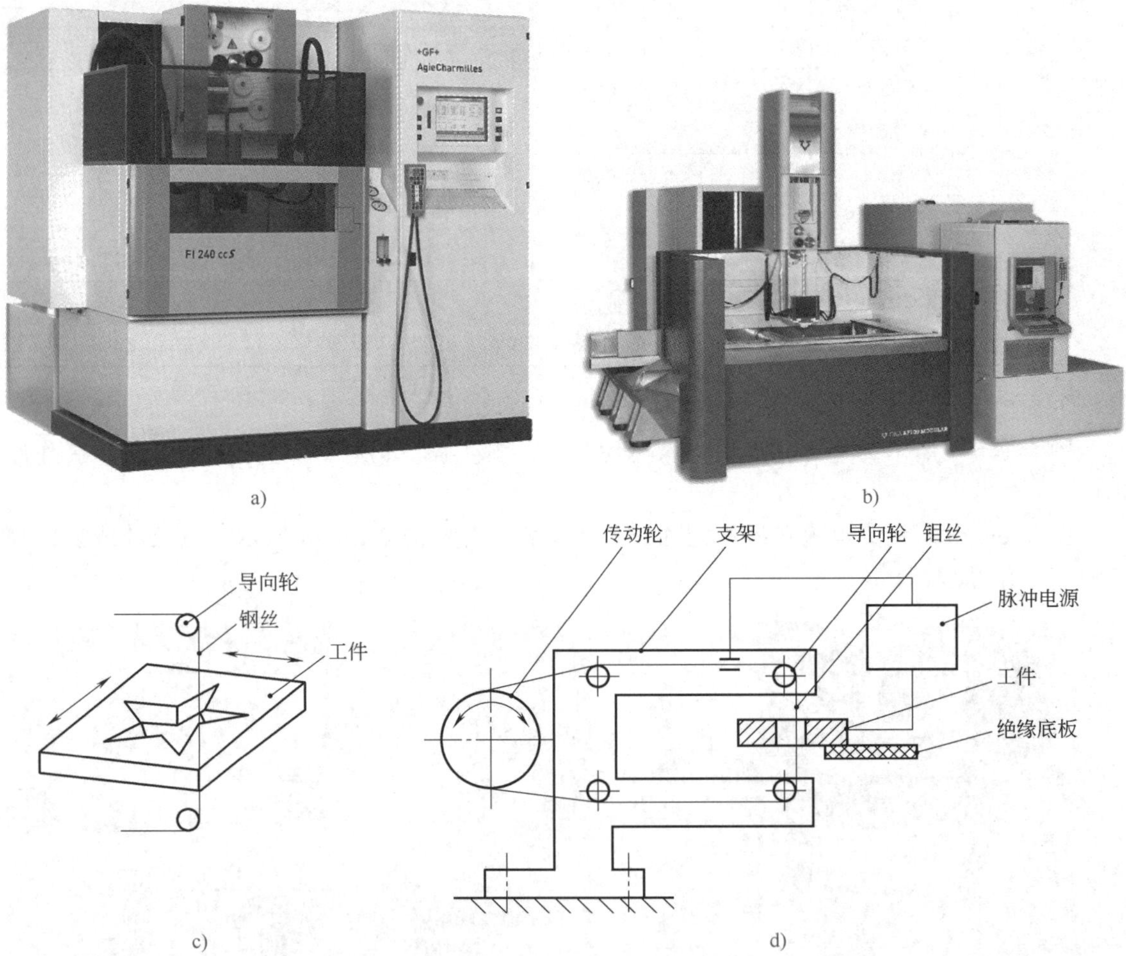


图 8-2　电火花线切割加工机床实物照片和工作原理图

图 8-3a、b 所示为电解加工机床实物照片，图 8-3c 所示为电解加工机床工作原理图。图 8-4a 所示为电解磨削加工机床实物照片，图 8-4b 所示为电解磨削加工机床工作原

理图。

图 8-5a 所示为激光加工照片，图 8-5b 所示为激光加工机床实物照片，图 8-5c 所示为激光加工机床工作原理图。

图 8-6 所示为电子束加工机床工作原理图。

图 8-7 所示为超声加工机床工作原理图。

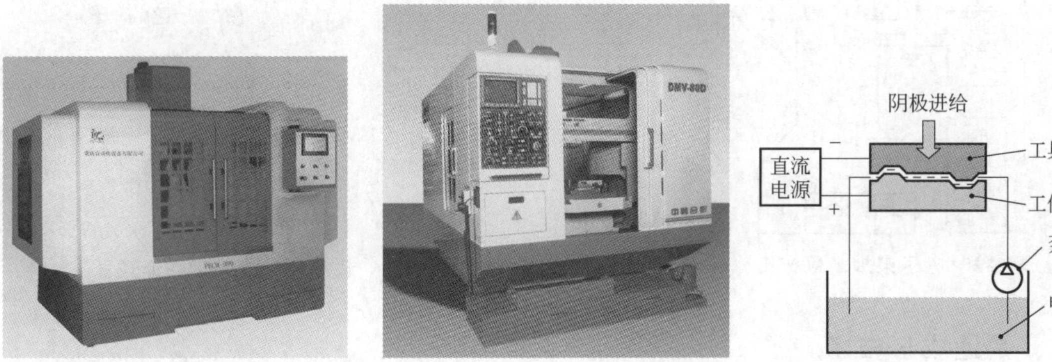


a)　　b)　　c)

图 8-3　电解加工机床实物照片和工作原理图

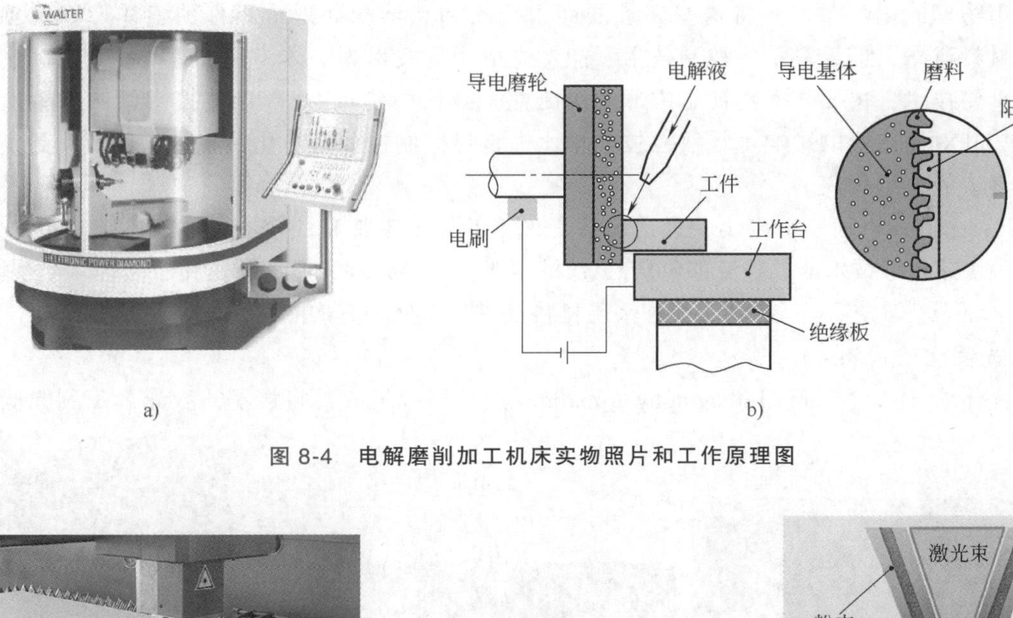


a)　　b)

图 8-4　电解磨削加工机床实物照片和工作原理图

a)　　b)　　c)

图 8-5　激光加工机床实物照片和工作原理图

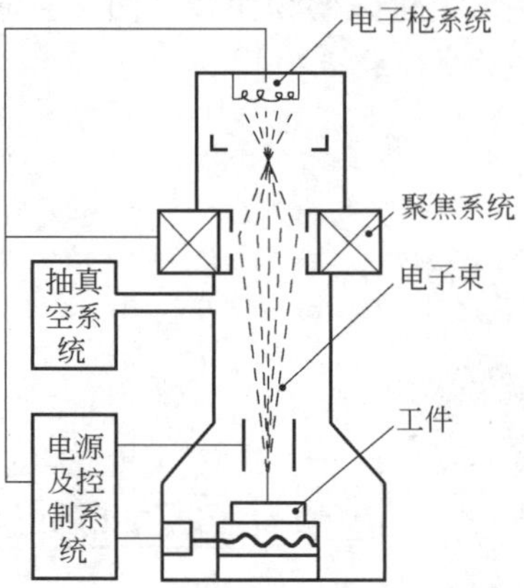


图 8-6 电子束加工机床工作原理图

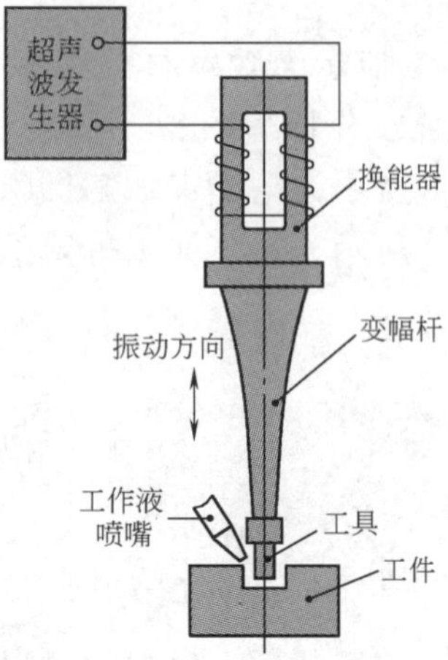


图 8-7 超声加工机床工作原理图

## 二、快速成形技术

快速成形技术 RPM（Rapid Prototyping Manufacturing）是一种基于离散和堆积原理的崭新制造技术，它将零件的 CAD 模型按一定方式离散成可加工的离散面、离散线和离散点，而后采用物理或化学手段，将这些离散的面、线段和点堆积而形成零件的整体形状。RPM 技术集材料科学、信息科学、控制技术、能量光电子等技术为一体，是快速产品开发和制造的一种重要技术，主要技术特征是成形的快捷性，被认为是近 20 年制造技术领域的一次重大突破，其对制造业的影响可与数控技术相比，是目前制造业信息化最直接的体现，是实现信息化制造的典型代表。

图 8-8 和图 8-9 所示分别为快速成形技术加工的典型零件和快速成形加工机床。

各种快速成形技术的过程流都包括 CAD 模型建立、前处理、原型制作和后处理 4 个步骤，RPM 技术的具体工艺不下 30 种，根据采用材料及对材料处理方式的区别，主要方法有：

### 1. 光固化法（SLA）

光固化法 SLA（Stereo Lithography Apparatus）是用特定波长与强度的激光聚焦到光固化

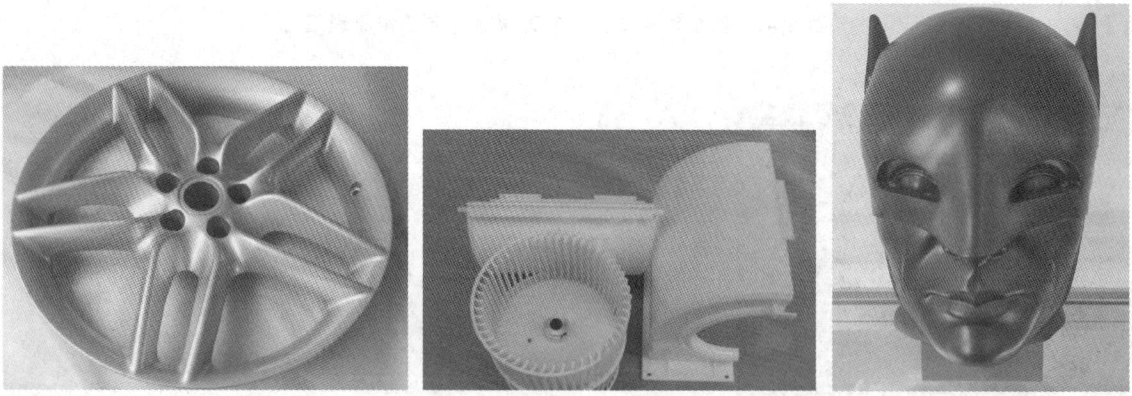

a)　b)　c)

图 8-8 快速成形加工的典型零件

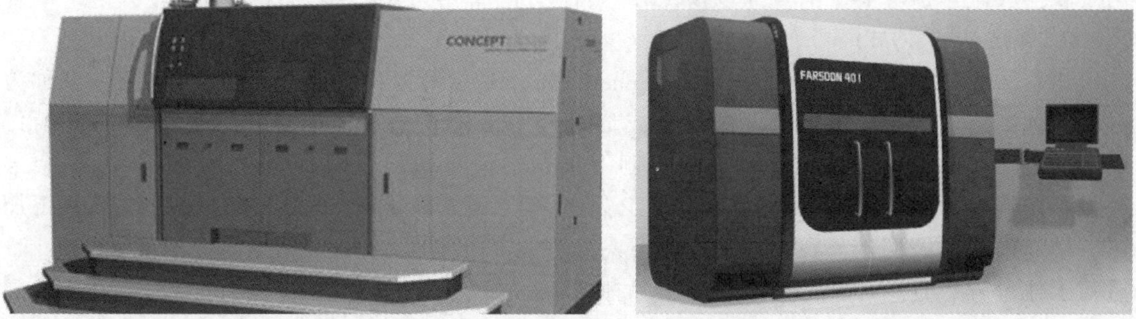


a)　　　　　　　　b)

图 8-9　快速成形加工机床

材料表面，使之按由点到线、由线到面的顺序凝固，完成一个层面的绘图作业，然后升降台在垂直方向移动一个层面的高度，再固化另一个层面。这样层层叠加构成一个三维实体。一般地，光固化法使用液态光敏树脂作为成形材料。

光固化法成形原理如图 8-10 所示，计算机控制紫外光束按零件的各分层截面信息在树脂表面进行逐点扫描，使被扫描区域的树脂薄层产生光聚合反应而硬化，形成零件的一个薄层。头一层固化完后，工作台下移一个层厚的距离，再在原先固化好的树脂表面敷上一层新的液态树脂，再进行扫描加工，新生成的固化层牢固地黏结在前一层上。重复上述步骤，直到整个原型零件制造完毕。

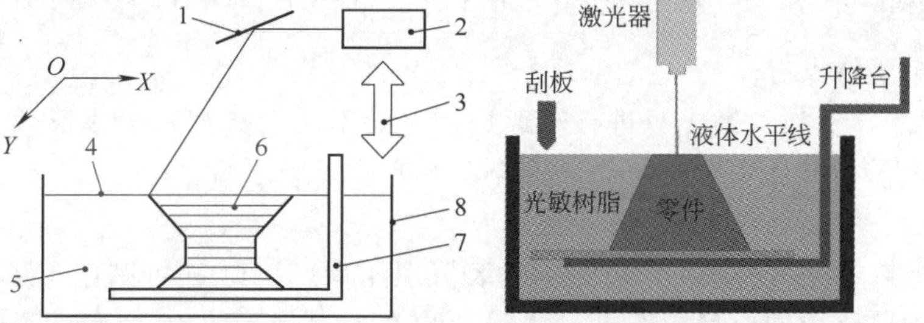


a)　　　　　　　　b)

图 8-10　光固化法成形原理

1—扫描镜　2—激光器　3—$Z$ 轴升降台　4—树脂表面　5—光敏树脂　6—零件　7—托　8—树脂槽

光固化法的主要特点有：

1）制造精度高（±0. 1mm）、表面质量好、原材料利用率接近 100%。

2）能制造形状特别复杂（如腔体等）及特别精细（如首饰、工艺品等）的零件（尤其适合壳体形零件制造）。

3）必须制作支撑，材料固化中伴随一定的收缩导致零件变形，光固化树脂有一定毒性。

在当前应用较多的几种快速成形工艺方法中，光固化法由于具有成形过程自动化程度高、制作原型表面质量好、尺寸精度高以及能够实现比较精细的尺寸成形等特点，已经成为目前世界上研究最深入、技术最成熟、应用最广泛的快速成形制造方法。在概念设计的交流、单件小批量精密铸造、产品模型、快速工模具及直接面向产品的模具等诸多方面广泛应用于航空、汽车、电器、消费品以及医疗等行业。

**2. 叠层法**（LOM）

叠层法 LOM（Laminated Object Manufacturing）是指薄形材料选择性切割（法），又称为分层实体制造、纸层叠法等，一般是在成形过程中首先在基板上铺上一层箔材（如箔纸），再用一定功率的 $CO_2$ 激光器在计算机控制下按分层信息切出轮廓，同时将非零件的多余部分按一定网格形状切成碎片去除掉。加工完上一层后，重新铺上一层箔材，用热辊碾压加热，使新铺上的一层箔材在黏结剂作用下黏结在已成形体上，再用激光器切割该层的形状。重复上述过程，直到加工完毕。最后去除掉切碎的多余部分即可得到完整的原形零件，叠层法成形原理如图 8-11 所示。

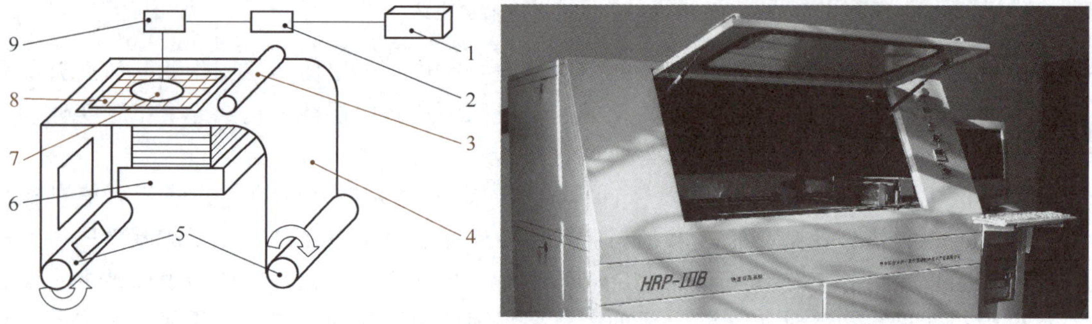


a)　　　　b)

**图 8-11　叠层法成形原理**

1—激光器　2—光电系统　3—加热辊　4—纸料　5—滚筒　6—工作平台　7—零件　8—边角料　9—$X/Y$ 扫描系统

叠层法的主要特点有：

1）不需要制作支撑；激光只进行轮廓扫描，而不需填充扫描，成形效率高；运行成本低；成形过程中无相变且残余应力小，适合于加工较大尺寸的零件。

2）材料利用率较低，表面质量较差。

叠层法目前以 Helisys 公司开发的 LOM 装置应用最广。LOM 可制作一些光固化法难以制作的大型零件和厚壁样件，且制作成本低廉（约为光固化法的 1/2）、速度快（约为木模制作时间的 1/5 以下），并可简便地分析设计构思和功能。

**3. 激光选区烧结法**（SLS）

激光选区烧结法 SLS（Selective Laser Sintering）采用红外激光器作为能源，使用的造型材料多为粉末材料。加工时，首先将粉末预热到稍低于其熔点的温度，然后在刮平辊子的作用下将粉末铺平；激光束在计算机的控制下根据分层截面信息进行有选择性地烧结，一层完成后再进行下一层烧结，全部烧结完后去掉多余的粉末，就可以得到一烧结好的零件。目前成熟的工艺材料为粉末材料（如蜡粉、塑料粉、金属粉和陶瓷粉等）。

激光选区烧结法成形原理如图 8-12 所示。

激光选区烧结法的主要特点有：

1）不需要制作支撑，成形零件的力学性能好，强度高。

2）粉末较松散，烧结后精度不高，$Z$ 轴精度难以控制。

激光选区烧结法的最大优点在于选材较为广泛，如尼龙、蜡、ABS、树脂裹覆砂（覆膜

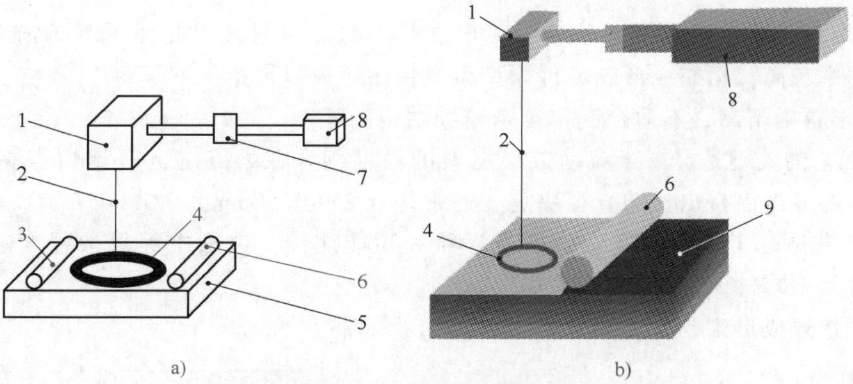


图 8-12　激光选区烧结法成形原理

1—扫描镜　2—激光束　3—铺粉装置　4—零件　5—$Z$ 轴升降台　6—刮平辊子　7—透镜　8—激光器　9—粉末

砂)、聚碳酸酯、金属和陶瓷粉末等都可以作为烧结对象。粉床上未被烧结部分成为烧结部分的支撑结构，因而无须考虑支撑系统（硬件和软件）。SLS 工艺与铸造工艺的关系极为密切，如烧结的陶瓷型可作为铸造的型壳、型芯，蜡型可作为蜡模，热塑性材料烧结的模型可作为消失模。

该类成形方法有着制造工艺简单、柔性度高、材料选择范围广、材料价格便宜、成本低、材料利用率高、成形速度快等特点，针对以上特点激光选区烧结法主要应用于铸造业，并且可以用来直接制作快速模具。

4. 熔融沉积法（FDM）

熔融沉积法 FDM（Fused Deposition Modeling）是通过将丝状材料如热塑性塑料、蜡或金属的熔丝从加热的喷头挤出，按照零件每一层的预定轨迹，以固定的速率进行熔体沉积。每完成一层，工作台下降一个层厚进行叠加沉积新的一层，如此反复最终实现零件的沉积成形。FDM 常用的成形材料包括石蜡、尼龙、热塑性材料和 ABS 等。图 8-13 所示为熔融沉积法。

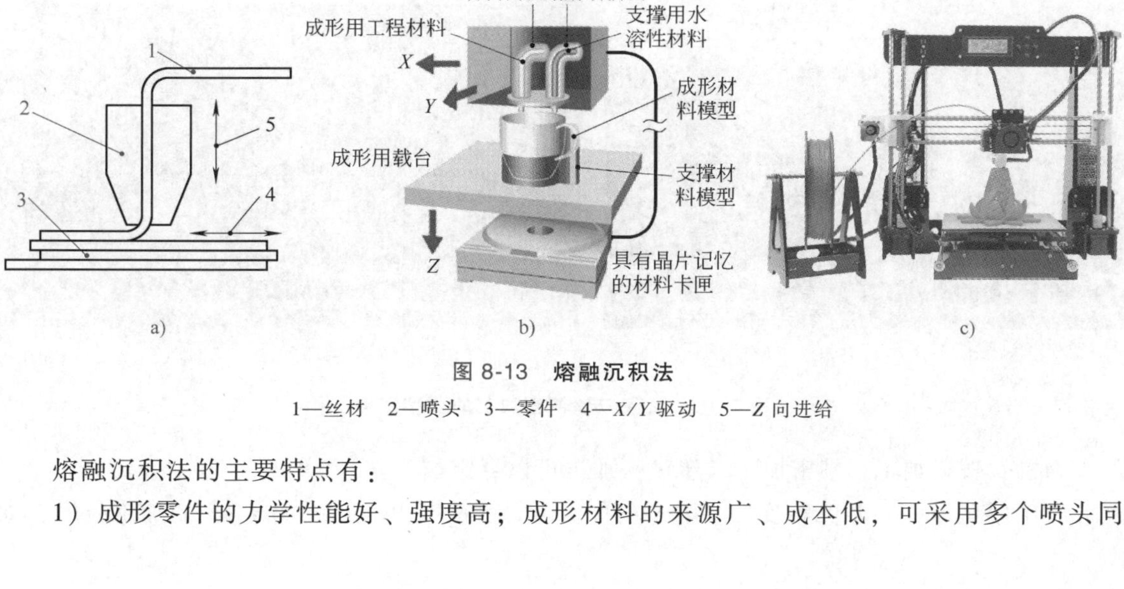


图 8-13　熔融沉积法

1—丝材　2—喷头　3—零件　4—$X/Y$ 驱动　5—$Z$ 向进给

熔融沉积法的主要特点有：

1）成形零件的力学性能好、强度高；成形材料的来源广、成本低，可采用多个喷头同时工作。

2）不用激光器，而是由熔丝喷头喷出加热熔融的材料，因此使用维护简单，成本低。原材料利用率较高，用蜡成形的零件原型可直接用于失蜡铸造。

3）成形精度不高，不适合制作复杂精细结构的零件。

FDM 工艺的关键是保持半流动成形材料的温度刚好在熔点之上（比熔点高 1℃左右）。其每一层片的厚度由挤出丝的直径决定，通常是 0.25～0.50mm。

FDM 工艺适合于产品的概念建模及形状和功能测试，包括中等复杂程度的中小原型，不适合制造大型零件。

综上，快速成形工艺方法的分类如图 8-14 所示。

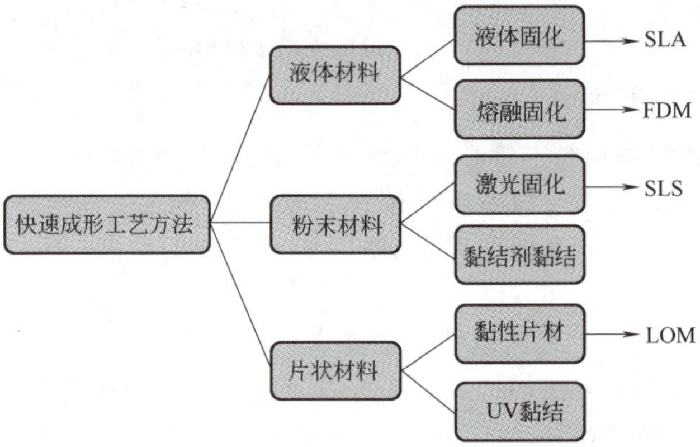


图 8-14　快速成形工艺方法的分类

## 三、精密与超精密加工技术

### 1. 基本概念

精密与超精密加工是相对于普通精度等级加工而言，其界限随时间的推移会发生不断变化。图 8-15、图 8-16 所示为精密与超精密加工的典型零件和精密与超精密加工机床。

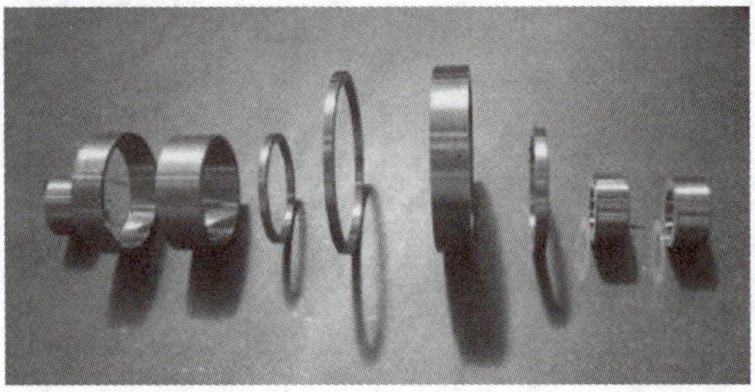

a)

b)

图 8-15　精密与超精密加工的典型零件

目前，普通加工、精密加工、超精密加工可以界定如下：

（1）普通加工　加工精度在 10μm 左右、表面粗糙度 $Ra$ = 0.3～0.8μm 的加工技术，如

a)

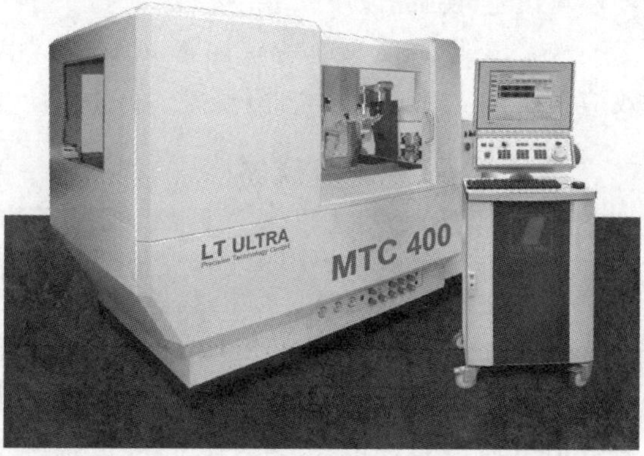


b)

图 8-16 精密与超精密加工机床

车、铣、刨、磨、镗、铰等。它适用于汽车、拖拉机和机床等产品的制造。

（2）精密加工 加工精度在 10～0.1μm，表面粗糙度 $Ra=0.03\sim0.3\mu m$ 的加工技术，如金刚车、金刚镗、研磨、珩磨、超精加工、砂带磨削、镜面磨削和冷压加工等。它适用于精密机床、精密测量仪器等产品中的关键零件的加工，如精密丝杠、精密齿轮、精密蜗轮、精密导轨、精密轴承等。

（3）超精密加工 加工精度不低于 0.1～0.01μm，表面粗糙度 $Ra<0.005\sim0.03\mu m$ 的加工技术，如金刚石刀具超精密切削、超精密磨料加工、超精密特种加工和复合加工等。它适用于精密元件、计量标准元件、大规模和超大规模集成电路的制造。目前，超精密加工的精度正处在亚纳米级工艺，正在向纳米级工艺发展。

（4）纳米加工 加工精度达到 0.001μm，表面粗糙度 $Ra<0.005\mu m$ 的加工技术，加工方法大多已不是传统的机械加工方法，而是如原子分子单位加工等方法。实际上，纳米加工是超精密加工的一种特殊形式。

预计到 21 世纪初期，普通加工、精密加工、超精密加工将可分别达到 1μm、0.01μm 和 0.001μm（1nm）的精度水平。

**2. 超精密加工技术所涉及的技术领域**

（1）加工技术即加工方法与加工机理 主要有超精密切削、超精密磨料加工、超精密特种加工及复合加工。超精密加工的关键是在最后一道工序能够从被加工表面微量去除表面层。

（2）材料技术即加工工具和被加工材料 如超精密加工刀具磨具材料、刀具磨具制备及刃磨技术。

（3）加工设备及其基础元部件 主要加工设备有超精密切削机床、各种研磨机、抛光机以及各种特种精密加工、复合加工设备，对于这些加工设备有高精度、高刚度、高稳定性、高度自动化的要求。

（4）测量及误差补偿技术 超精密加工必须有相应精度级别的测量技术和装置。误差预防和补偿技术是提高加工精度的重要策略。从目前发展趋势看，要达到最高精度还需要使用在线检测和误差补偿。例如：高精度静压空气轴承的径向圆跳动在 50nm 左右，但用误差补偿可以达 10nm 以下。

(5) 工作环境 超精密加工必须在超稳定的加工环境条件下进行，必须具备各种物理效应恒定的工作环境，如恒温室、净化间、防振和隔振地基等。

## 四、超高速加工技术

超高速加工技术是指采用超硬材料刀具磨具和能可靠地实现高速运动的高精度、高自动化、高柔性的制造设备，以极大地提高切削速度来达到材料切除率、加工精度和加工质量的现代制造加工技术。如图 8-17 所示，切削温度随切削速度的增大而提高，但当切削速度增大到某一数值之后，切削温度反而降低；对每种工件材料，存在一个速度范围，在这个速度范围内（如图 8-17 所示 B 区），由于切削温度太高，任何刀具都无法承受，切削加工不可能进行，这个范围被称之为“死谷”。在通常情况下，高速切削时主轴转速要比普通切削时高 5~10 倍。

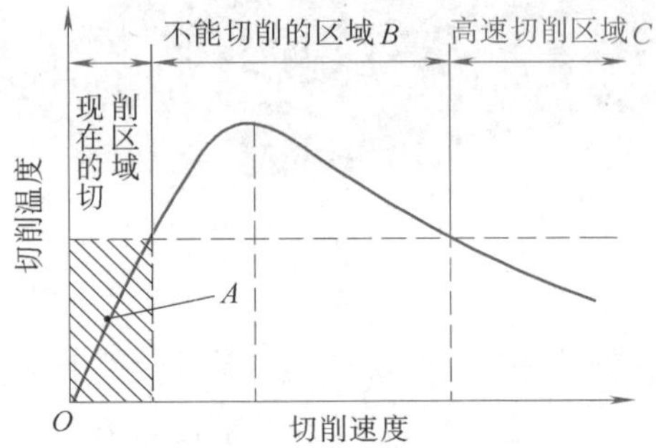


图 8-17 超高速切削区概念

对于不同加工方法和不同加工材料，超高速切削的切削速度各不相同。通常认为超高速切削各种材料的切削速度范围为：铸铁达 900~5000m/min；钢为 600~3000m/min；铝合金为 2000~7500m/min。对加工工种而言，超高速切削的车削速度为 700~7000m/min；铣削速度为 300~6000m/min；钻削速度为 200~1100m/min；磨削速度为 150m/s 以上。

超高速切削用刀具材料要求强度高、耐热性能好。常用的刀具材料有带涂层的硬质合金、氮化硅（$Si_4N_4$）陶瓷材料、超细晶粒硬质合金、立方氮化硼（CBN）或聚晶金刚石（PCD）。试验表明，在同等情况下，其寿命往往比常规速度下的刀具寿命还要长。

超高速机床是实现超高速切削的前提条件和关键因素，其主要要求如下。

(1) 要适应于超高速运转的超高速主轴单元 电主轴必须结构紧凑、重量轻、惯性小、响应特性好，并可避免振动与噪声，这是高速主轴单元的理想结构。主轴支承、轴承选择及轴承设计制造是超高速主轴单元技术中的关键。

(2) 要适应于超高速加工的超高速加工进给单元 超高速加工技术要求进给系统能达到很高的速度、大的加减速度以及高的定位精度。滑台驱动系统大多采用无间隙、惯性小、刚度较大而无磨损的直线电动机驱动系统，进给速度可达 60m/min。

(3) 要有高压大流量喷射冷却系统 以避免产生机床、刀具和工件的热变形。

(4) 要有良好的机床支承件 机床支承件的静刚度、动刚度、热刚度特性都要很好，如用聚合物混凝土即所谓的“人造花岗岩”制成的超高速机床的床身或立柱。

(5) 要适应于超高速加工的刀具系统 超高速切削目前主要用于大批量生产领域，如汽车工业；加工工件本身刚度不足的领域，如航空航天工业产品或其他某些产品；加工复杂曲面，如模具、工具制造；超精密微细切削加工等领域。

## 五、微纳技术

计算机技术、电子技术、航空技术发展对许多装置提出了微型化的要求，使零部件的尺寸日趋微型化，这些需求导致了20世纪70年代起出现了微细加工和纳米制造技术，目前习惯上统称为微纳技术。

图8-18和图8-19所示为微纳技术加工的典型零件和微纳技术加工机床。

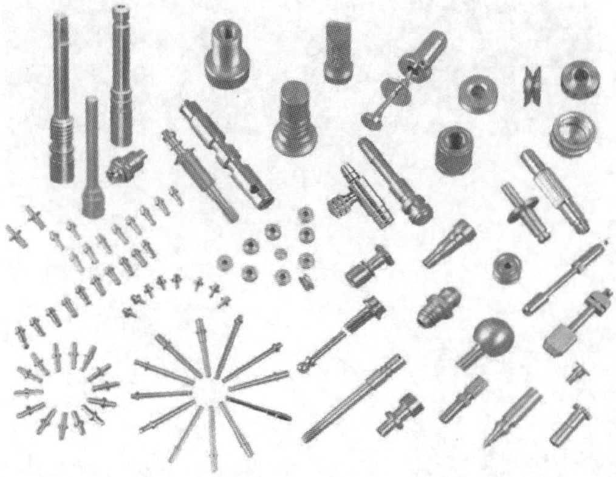

a)

b)

c)

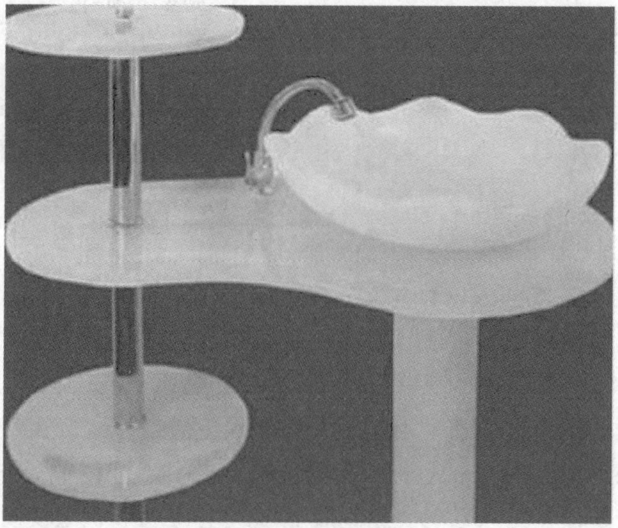

d)

图8-18　微纳技术加工的典型零件

1. 微细加工技术

微细加工最早的出现和发展与大规模集成电路密切相关，微细加工对微电子工业而言就是一种加工尺度从微米到纳米量级的制造微小尺寸元器件或薄膜图形的先进制造技术。现在微细加工并不仅限于微电子制造技术，更重要的是指微机械构件的加工或微机械与微电子、微光学等的集成结构的制作技术。目前微细加工技术主要有从半导体加工工艺中发展起来的硅工艺技术。20世纪80年代中期以后利用X射线光刻、电铸及注塑的LIGA（德文

a)

b)

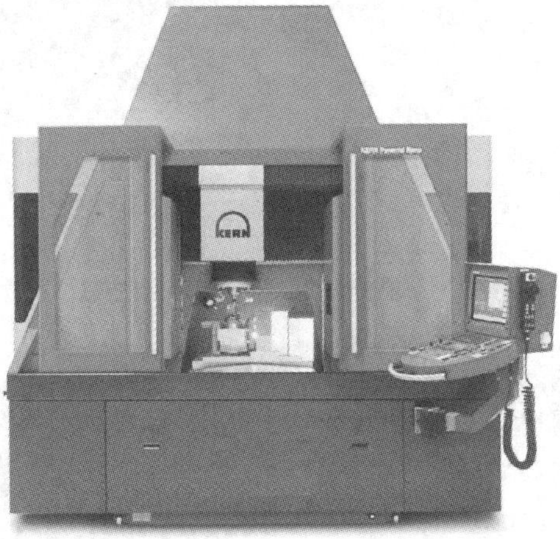

c)

图 8-19　微纳技术加工机床

Lithographie Galvanoformung und Abformung 的简写）技术诞生，形成了微细加工的另一个体系。

LIGA 技术是由德国卡尔斯鲁厄原子能研究中心提出的。该技术是一种由半导体光刻工艺派生出来的采用光刻方法一次生成三维空间微机械构件的方法，其技术的机理是由深层 X 射线光刻、电铸成形及塑注成形三个工艺组成。它的主要工艺过程由 X 光光刻掩膜板的制作、X 光深光刻、光刻胶显影、电铸成形、塑模制作、塑膜脱模成形等组成。

LIGA 技术具有平面内几何图形的任意性、高深宽比、高精度、小表面粗糙度值和原材料的多元性等突出优点，适用于多种金属、非金属材料制成大缩比的微型构件。LIGA 技术在微机械加工领域中完全打破了硅平面工艺的框架，已成为最有前途的三维构件的工艺手段。

目前微细加工技术主要有半导体加工技术、LIGA 技术、集成电路（IC）技术、特种精密加工技术、微细切削磨削加工技术、快速成形制造技术和键合技术等。

2. 纳米制造技术

纳米制造技术是科学技术发展的一个新兴领域，它不仅仅将加工和测量精度从微米级提高到纳米级，而且将人类对自然的认识和改造从宏观领域引入物理的微观领域，深入到一个新的层次，即从微米层深入到分子、原子级的纳米层。纳米级加工的物理实质和传统的切削、磨削加工有很大的不同，一些传统的切削、磨削方法和规律已经不能用在纳米级加工领域。欲得到 1nm 的加工精度，加工的最小单位必然在亚微米级。由于原子间的距离为 0.1~0.3nm，纳米级加工实际上已经到了加工精度的极限。纳米级加工中，试件表面的一个个原子或分子将成为直接加工对象。因此，纳米级加工的物理实质就是要切断原子间的结合，实现原子或分子的去除。

## 第三节 ■ 自动化加工技术 CAM&FMT

### 一、计算机辅助制造

计算机辅助制造（Computer Aided Manufacting，CAM）通常可定义为利用计算机完成从毛坯到产品制造过程中的直接和间接制造工作，包括计算机辅助工艺过程设计、计算机辅助工装设计与制造、计算机辅助 NC 程序编制、生产作业计划和工时定额及材料定额的编制，还可包括质量控制以及加工、装配、检验、输送和保存等物流过程的运行控制等内容。狭义 CAM 是指工艺准备或其中的某个活动应用计算机辅助工作，如在 CAD/CAM 系统中常指数控程序的自动编制。

目前认为 CAM 技术主要集中在数字化控制、生产计划、机器人和工厂管理 4 个方面。典型的 CAM 技术包括计算机数控制造和编程、计算机控制的机器人制造和装配、柔性制造系统。

CAM 的应用可分为 CAM 直接应用和 CAM 间接应用。

（1）CAM 直接应用　计算机直接与制造过程连接并对它进行监视和控制，这类应用分为两种系统：计算机过程监视系统和计算机过程控制系统。

在计算机监视系统中，计算机通过一个与制造系统的直接接口来监视系统的制造过程及其辅助装备工作情况，并采集过程中的数据。但计算机并不直接对制造系统中的各个工序实行控制，这些控制工作，将由系统的操作者根据计算机给出的信息去手工完成，如加工尺寸的计算机数字显示系统就属于此类。

计算机过程控制系统不仅对制造系统进行监视，而且对制造系统的制造过程及其辅助设备实行控制，如数控机床上的计算机数字控制就属于此类。

（2）CAM 间接应用　计算机并不直接与制造过程连接，只是用计算机对制造过程进行支持。此时，计算机是“离线”的，它只是用来提供生产计划、作业调度计划、发出指令及有关信息，以便使生产资源的管理更有效。例如：计算机辅助 NC 编程、计算机辅助编制物料需求计划、计算机辅助工装设计与制造等都是一些典型例子。

### 二、数控技术

数控技术就是以数字量编程实现控制机械或其他设备自动工作的技术。它是一种可编程的自动控制方式，所控制的量一般是位置、角度、速度等机械量，也有温度、压力、流量、颜色等物理量，其控制过程以数字形式描述，工作过程在程序控制下自动进行。数控机床、数控火焰切割机、数控激光切割机、数控绘图机、数控冲剪机、三坐标测量机等都是属于这个范围的自动化设备。

操作者根据数控工作要求编制数控程序，并将数控程序记录在控制介质上，经输入接口输入数控设备，控制系统按程序控制设备完成工作任务。

数控设备的核心是数控系统，数控机床是典型的数控设备，它的产生和发展是数控技术产生和发展的重要标志。现代数控机床都是计算机数字控制（CNC）机床，其组成如图8-20所示。

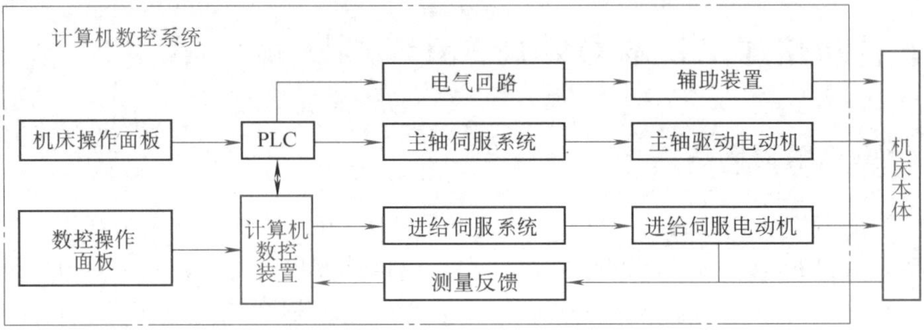


图8-20　现代数控机床的组成

CNC机床由数控操作面板和机床操作面板、CNC系统、进给伺服系统、主轴伺服系统、可编程序逻辑控制器PLC、机床本体组成。数控操作面板和机床操作面板是人机交互的媒介；CNC系统是CNC机床的核心，由微处理器、存储器、各种I/O接口及外围逻辑电路等构成，其功能是接受输入装置输入的加工信息，完成数控运算、逻辑判断、输入输出控制等功能；CNC系统中的PLC有内置型和独立型两种，PLC主要用于实现机床辅助功能、主轴选速功能及换刀功能，即完成数控机床的各种逻辑运算和顺序控制；进给伺服系统包括伺服电动机、速度控制单元、检测反馈单元及位置控制等部分，它接受CNC系统发来的各种动作命令，驱动电动机运转；主轴伺服系统要求保证主电动机有较大范围的恒功能无级调速，在特定的加工条件下要求能对主轴和进给驱动同时控制。

1952年美国PARSONS公司与麻省理工学院（MIT）合作试制了世界上第一台三坐标数控立式铣床。数控技术的现状是：采用32位微型计算机，应用精简指令集计算机（RISC），能进行高速处理；数控系统具有高速化和高精度；采用模块化结构；有丰富的软件功能；采用了全数字化交流变频伺服系统；具有智能化功能等。

数控技术是机械、电子、自动控制理论、计算机和检测技术密切结合的机电一体化高新技术。它能把机械装备的功能、可靠性、效率和产品质量提高到一个新水平，使机械电子行业发生深刻的变化。可以说，数控技术是实现制造过程自动化的基础，是自动化柔性系统的核心，数控技术是现代集成制造系统的重要组成部分。

## 三、工业机器人技术

“机器人”一词出自捷克文，意为劳役或苦工。20世纪50年代末，美国在机械手和操作机的基础上，采用伺服机构和自动控制等技术，研制出有通用性的、独立的工业用自动操作装置，并将其称为工业机器人。

工业机器人是一种由计算机进行控制，具有无人参与的具有柔性的自动化控制系统，能自动定位控制，可重复编程、多功能、多自由度的操作机，能搬运材料、零件或操持工具，用以完成各种作业。由于工业机器人具有一定的通用性和适应性，能适应多品种中小批量的生产，20 世纪 70 年代起常与数字控制机床结合在一起，成为柔性制造单元或柔性制造系统的组成部分。

1. 工业机器人的组成

如图 8-21 所示，工业机器人一般由执行机构、控制系统、驱动系统以及检测机构等几个部分组成。

(1) 执行机构　即可在空间抓放物体或执行其他操作的机械装置，通常包括手部、腕部、手臂和机座。常在手部安装的专用工具有焊枪、喷枪、电钻、螺钉螺母拧紧器等。

(2) 控制系统　即机器人的大脑，支配着机器人按规定的程序运动，并记忆人们给予的指令信息，同时按其控制系统的信息对执行机构发出执行指令。

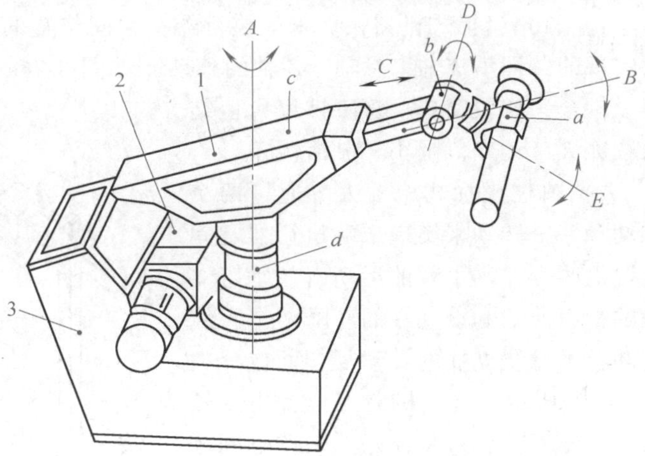

图 8-21　**工业机器人的组成和运动自由度**

1—执行机构　2—驱动系统　3—控制系统　*a*—手部
*b*—腕部　*c*—臂部　*d*—机身　*A*—往复旋转
*B*—垂直偏仰　*C*—径向伸缩　*D*—腕部弯曲　*E*—手部偏摆

(3) 驱动系统　即按照控制系统发出的控制指令将信号放大，驱动执行机构运动的传动装置。常用的有电气、液压、气动和机械四种驱动方式。

(4) 检测机构　通过各种检测器、传感器，检测执行机构的运动情况，反馈给控制系统，与设定值进行比较后，对执行机构进行调整，以保证其动作符合设计要求，主要是对位置、速度和力等各种外部和内部信息进行检测。

图 8-22 所示为焊接机器人，图 8-23 所示为工业机器人流水生产线。

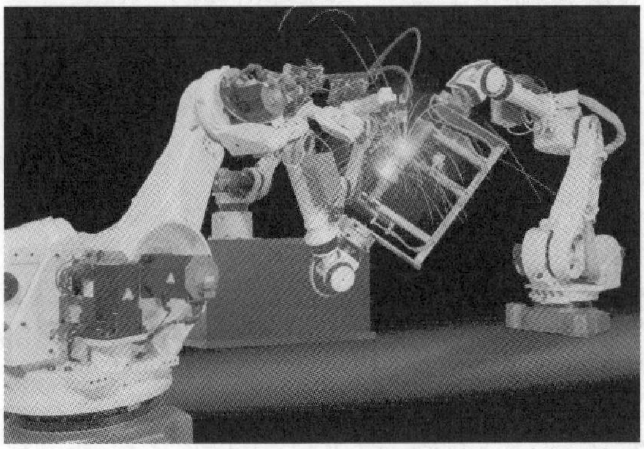
图 8-22　**焊接机器人**

图 8-23　**工业机器人流水生产线**

2. 工业机器人的分类

工业机器人的分类方法很多，主要有：

(1) 按自动化功能分类　可分为专用机器人、通用机器人、示教再现机器人、智能机器人。

(2) 按驱动方式分类　可分为气压传动机器人、电气传动机器人、液压传动机器人以及复合传动机器人。

(3) 按坐标形式分类　可分为以下4种形式：

1) 直角坐标式机器人。末端执行器在空间位置的改变是通过三个互相垂直的轴线移动来实现的，即沿 $X$ 轴、$Y$ 轴、$Z$ 轴的移动，如图8-24a所示。这种机器人位置精度最高，控制无耦合，比较简单，避障性好，但结构较庞大，动作范围小，灵活性差。

2) 圆柱坐标式机器人。通过两个移动和一个转动来实现末端执行器空间位置的改变，其手臂的运动由在垂直立柱的平面伸缩和沿立柱的升降两个直线运动及手臂绕立柱的转动复合而成，如图8-24b所示。这种机器人位置精度较高，控制简单，避障性好，工作范围较大，运动速度较高，但随着水平臂沿水平方向伸长，其线位移分辨精度越来越低，结构也较庞大。

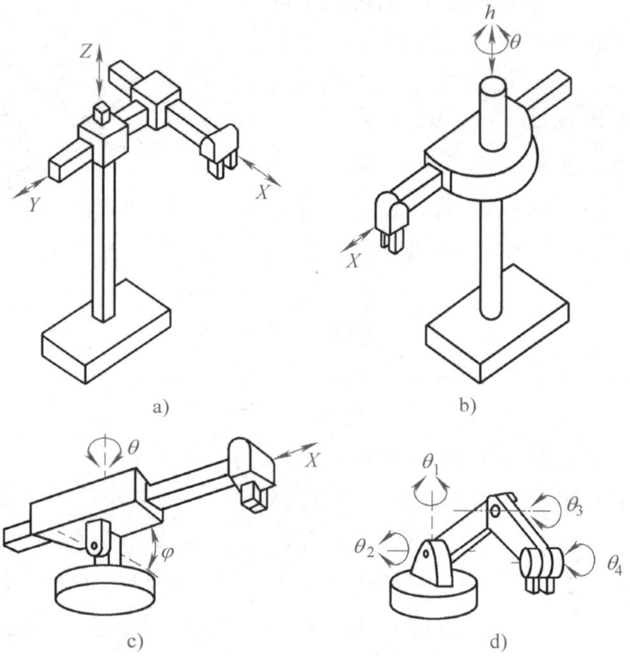


图8-24　4种不同坐标形式的机器人

a) 直角坐标式　b) 圆柱坐标式　c) 极坐标式　d) 关节式

3) 极坐标式机器人。手臂的运动由一个直线运动和两个转动组成，即沿手臂方向（$X$ 轴）的伸缩，绕 $Y$ 轴的俯仰和绕 $Z$ 轴的回转，如图8-24c所示。这种机器人占地面积小，结构紧凑，位置精度尚可，但避障性差，有平衡问题，其操作比圆柱坐标式更为灵活，并能扩大机器人的工作空间，但旋转关节反映在末端执行器上的线位移分辨率是一个变量。

4) 关节式机器人。机器人由多个关节连接的机座、大臂、小臂和手腕等构成，大小臂既可在垂直于机座的平面内运动，也可实现绕垂直轴的转动，如图8-24d所示。其操作灵活性最好，运动速度较高，操作范围大，避障性好，但精度受手臂位姿的影响，实现高精度运动较困难，有平衡问题，控制耦合比较复杂，目前应用越来越多。

## 四、柔性制造技术

### 1. 概述

柔性制造技术FMT（Flexible Manufacturing Technology）是一种主要用于多品种中小批量或变批量生产的制造自动化技术，是对各种不同形状加工对象进行有效且适应性转化为成品的各种技术的总称。随着人们对商品的需求不断增长，自20世纪60年代以来为适应多品种、小批量生产的需要而兴起的柔性制造技术得到了迅速发展。

柔性制造系统 FMS（Flexible Manufacturing System）是柔性制造技术最具代表性的具体应用。在我国的有关标准中，FMS 被定义为："柔性制造系统是由数控加工设备、物料运储装置和计算机控制系统等组成的自动化制造系统。它包括多个柔性制造单元，能根据制造任务或生产环境的变化迅速进行调整，以适应于多品种、中小批量生产。"

FMS 是集数控技术、计算机技术、机器人技术及现代生产管理技术为一体的现代制造技术。FMS 的工艺基础是成组技术 GT，它按照成组的加工对象确定工艺过程，选择相适应的数控加工设备和工件、工具等物料的储运系统，并由计算机进行控制，故能自动调整并实现一定范围内多种工件的成批高效生产（即具有"柔性"）。FMS 兼有加工制造和部分生产管理两种功能，因此能综合地提高生产效益。

2. 柔性制造系统的分类

按 FMS 的规模大小可将其分为柔性制造单元、柔性制造系统、柔性制造线和柔性制造工厂 4 类。

（1）柔性制造单元（FMC）　由 1~2 台加工中心、工业机器人、数控（NC）机床及物料运输存储设备构成，具有适应加工多品种产品的灵活性，可视为规模最小的 FMS。其特点是实现单机柔性化及自动化，目前已进入普及应用阶段。

（2）柔性制造系统（FMS）　通常包括 4 台或更多台全自动数控机床（加工中心与车削中心等），由集中的控制系统及物料搬运系统连接起来，可在不停机的情况下实现多品种、中小批量的加工及管理。

（3）柔性制造线（FML）　它是处于单一或少品种大批量非柔性自动线与中小批量多品种 FMS 之间的生产线。加工设备常采用加工中心、CNC 机床、多轴头机床或 NC 专用机床，对物料搬运系统柔性的要求低于 FMS，但生产率更高。生产线全部机床按工件的工艺过程布局。其特点是实现生产线柔性化及自动化，目前已进入实用阶段。

（4）柔性制造工厂（FMF）　也有人将其称为工厂自动化（FA）。FMF 是将多条 FMS 连接起来，配以自动化立体仓库，用计算机系统进行有机地联系，实现全厂范围的生产管理、产品加工及物料储运过程的全盘自动化。FMF 是自动化的最高水平，反映出世界上最先进的自动化应用技术。其特点是实现生产系统柔性化及自动化，进而实现工厂柔性化及自动化。

3. 柔性制造系统的基本组成

虽然 FMS 的规模差别较大，功能不一，但都包含加工系统、物流系统和控制与管理系统 3 个基本部分。在此基础上，可以根据具体需要选择不同的辅助工具，如监控工作站、测量工作站等。图 8-25 所示为典型的柔性制造系统 FMS。其中，图 8-25a 所示为 FMS 工作原理图，图 8-25b 所示为 FMS 模型，图 8-25c 所示为 FMS 工作车间现场照片。

（1）加工系统　系统中的主要设备是实际执行中把工件从原材料转变为产品的机床，主要由数控机床、加工中心等加工设备（有的还带有工件清洗、在线检测等辅助与检测设备）构成。

（2）物流系统　物流是 FMS 中物料流动的总称。在 FMS 中流动的物料主要有工件、刀具、夹具、切屑及切削液。因为工件和刀具的流动问题最为突出，通常认为 FMS 的物流系统由工件流系统和刀具流系统两大部分组成。物流系统主要由输送装置、交换装置、缓冲装置和存储装置等组成。

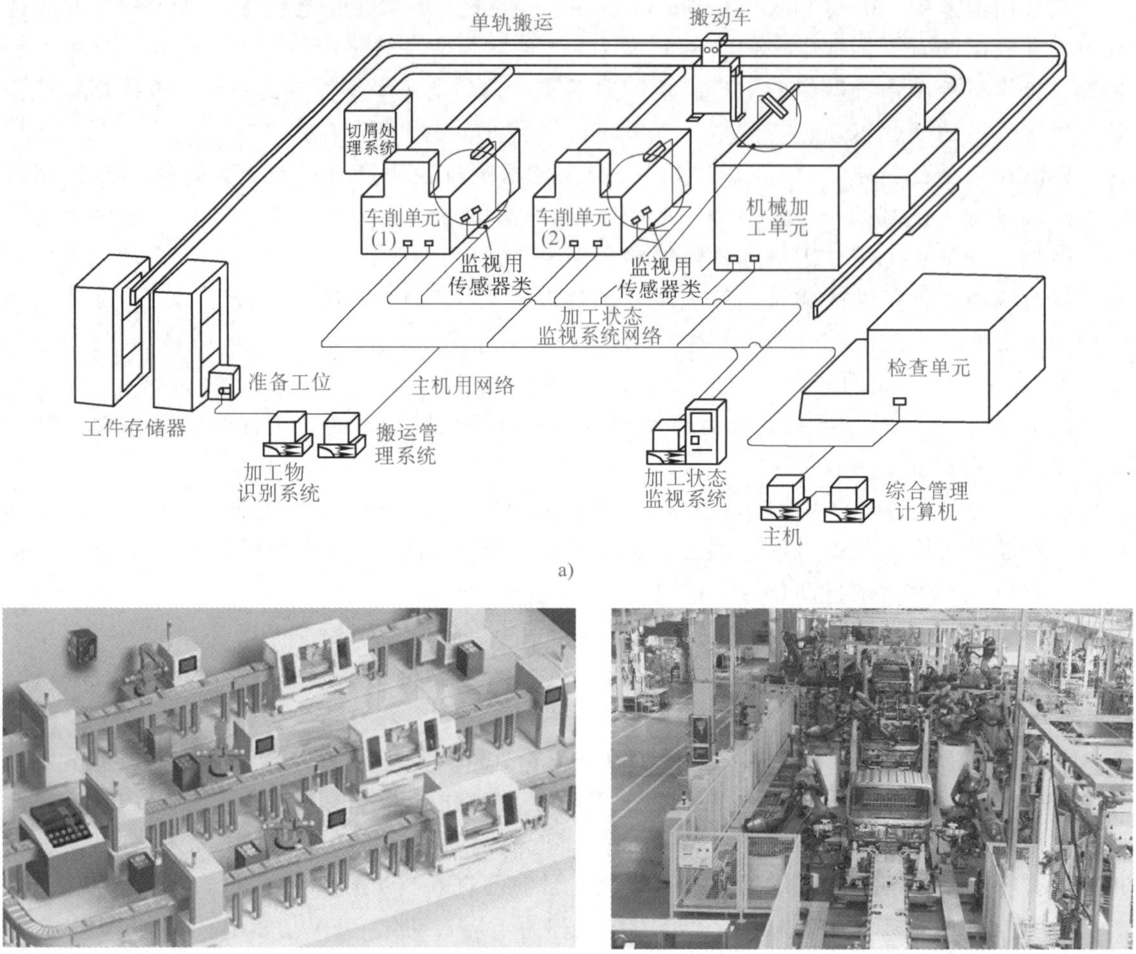


a)

b) c)

图 8-25 典型的柔性制造系统 FMS

(3) 控制与管理系统 能够实现对 FMS 的运行控制、刀具管理、质量控制以及 FMS 的数据管理和网络通信。计算机控制系统接收来自工厂主计算机的指令并对整个 FMS 实施监控，协调各控制装置之间的动作。

4. FMS 的基本工作原理

各个制造单元沿着一个中央物料输送系统（如牵引线系统、线导式小车、带式传送带系统、滚柱式传送带系统等）来分布，而传送带上可以传送许多不同的工件和零件。当一个特定工件在传送带上靠近所需的制造单元时，相应的机器人将其拾取并将它安装在制造单元的某台 CNC 数控机床上进行加工，在某制造单元上经过加工后，机器人会把半成品或成品零件返回到传送带上，送到下一个顺序制造单元处，这样的工作顺序将沿着传送带重复进行，直至到达规定路线的终点，在该处将加工完的零件卸下，并按规定的路线送到自动检验站，最后离开 FMS 系统。各个制造单元之间的协调和零件在传送带上的流程控制均在一台中央计算机的统一管理下完成。

FMS 的优势是：机床利用率高，柔性大，辅助时间短，有利于提高市场响应能力，可缩短生产周期，减少库存量，有利于提高产品质量，降低劳动强度，改善生产环境，有利于降低生产成本，适应市场需求。

## 第四节 ■ 先进制造生产模式

### 一、敏捷制造

#### 1. 提出背景

在市场高速变化的 21 世纪，企业需要有不断通过技术创新和产品更新来开拓市场、引导市场的能力。敏捷制造 AM（Agile Manufacturing）就是为了适应这种竞争环境的要求而提出的一种新概念。为了重振美国制造业的雄风，1991 年，美国里海大学在美国国会和国防部的支持下，在研究了美国制造业的情况后，提交了《21 世纪制造企业战略》的报告，对敏捷制造的概念、方法及相关技术做了全面的描述。报告中有两个重要结论：

1）影响企业生存、发展的共性问题是：目前竞争环境的变化太快而我们企业自我调整、适应的速度跟不上。

2）依靠对现有大规模生产模式和系统的逐步改进和完善是不能实现重振美国制造业雄风的目标的。

报告建议通过综合运用近年来在计算机技术基础上迅猛发展的产品制造、信息集成和通信技术来构造一个全新的竞争系统。在这个系统中，最基本的目标是把产品生产所需的所有资源——人、资金和设备通过计算机和通信技术联系在一起实现优化利用。报告提出了一个崭新的工业生产模式——以动态联盟为基础的敏捷竞争模式。

#### 2. 敏捷制造的概念和特征

目前较权威的定义是：敏捷制造是一种结构，在这个结构中每一个公司都能开发自己的产品和实施自己的经营战略，构成这个结构的基石是三种基本资源：有创新精神的管理结构和组织；有技术、有知识的高素质人员；先进制造技术（柔性制造技术和智能制造技术）。敏捷源于这三种制造资源的有效集成。

敏捷制造的基本原理为：采用标准化和专业化的计算机网络和信息集成基础结构，以分布式结构连接各类企业，构成虚拟制造环境；以竞争合作为原则，在虚拟制造环境内动态选择成员，组成面向任务的虚拟公司进行快速生产；系统运行目标是最大限度满足用户需求。

根据上述的基本原理，可将敏捷制造的特点归纳如下：

1）组织具有在快速变化、持续不断地分化的全球市场中提供个别化服务的能力。

2）制造过程变成了一种服务。

3）制造是为了开发各种信息、知识和关系的高速变化的市场价值。

4）制造需要全面、快速、积极地反映基于解决顾客需求的生产和销售，并且以信息和服务为特征。

#### 3. 敏捷制造的组成

敏捷制造主要由两个部分组成：敏捷制造的基础结构和敏捷制造虚拟企业。基础结构为虚拟企业提供环境和条件，虚拟企业来实现对市场不可预期变化的响应。

(1) 敏捷制造的基础结构　虚拟企业生成和运行所需要的必要条件决定了敏捷制造基础结构的构成。一个虚拟公司存在的必要环境包括 4 个方面：物理基础、法律基础、社会基础和信息基础，它们构成了敏捷制造的 4 个基础结构。

1）物理基础结构。它是指虚拟企业运行所必需的厂房、设施、资源等必要的物理条件。它们的行为服从物理定律。它是指一个国家乃至全球范围内的物理设施。

2）法律基础结构。它也称为规则基础结构，是指虚拟企业运行所必须遵循的规则，主要是指国家关于虚拟企业的法律、合同和政策。

3）社会基础结构。虚拟企业要能生存和发展，还需要社会环境，即由社会提供为虚拟企业服务的公共设施等。

4）信息基础结构。这是指敏捷制造的信息支持环境，包括能提供各种服务的网点、中介机构等一切为虚拟企业服务的信息手段。

(2) 敏捷制造虚拟企业　敏捷制造的关键是在计算机网络和信息集成的基础结构之上构成虚拟制造环境，根据用户需求和社会经济效益组成虚拟制造企业。它是依靠电子信息手段联系的一个动态组成的合作竞争组织结构，将分布在不同地区的不同企业的人力资源和物质资源组织起来，为了共同的利益，每个企业只做自己特长的工作，把各自的专长、知识和信息集成起来，以最短的响应时间和最少的投资为目标，来实现快速响应某一市场需求。只要市场机会存在，虚拟企业就会继续存在，市场机会消失，虚拟企业就将解体。

与现有的企业组织方式相比较，敏捷制造虚拟企业具有下面几个明显的优点。

1）中小企业可以通过分享其他合作者的资源完成过去只有大企业才能完成的工作，而大企业也能通过转包生产的方式在不需要大量投资的情况下迅速扩大它的生产能力和市场占有率。

2）由于合作者有着不同的专长，虚拟企业可以在经济和技术实力上很方便地超过它的所有竞争对手而赢得竞争。这也从另一个角度降低了失败的风险。

3）跨地区、跨国界的国际合作使每一个合作者都有机会进入更广泛的市场。它们各自的资源也可以得到更充分的利用，取得局部最优基础上的全局最优。

## 二、精益生产

### 1. 提出背景

20 世纪 50 年代初，先进制造技术开始迅速发展，但它们只是着眼于提高制造的效率，减少生产准备时间，却忽略了可能增加的库存带来的成本的增加。当时日本丰田公司大野耐一先生注意到制造过程中的浪费是造成生产率低下和增加成本的根结，他从美国的超级市场运作受到启迪，形成了看板系统的构想，提出了准时生产制 JIT（Just-In-Time）。准时生产制加上公司研制出的自动故障报警系统，再加上全面质量管理就形成了著名的丰田生产系统。图 8-26 所示为 JIT 终

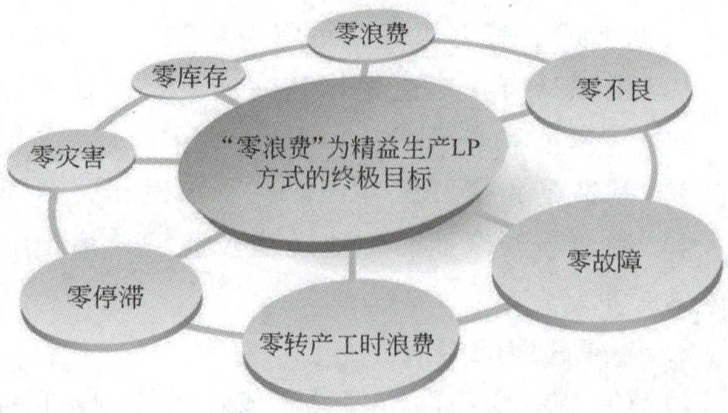


图 8-26　JIT 终极目标图

极目标图。

为了剖析日本经济腾飞的奥秘，美国麻省理工学院（MIT）按照国际机动车辆计划的安排，对日本丰田生产系统做了深刻的分析和研究，首先在《改变世界的机器：精益生产的传奇》一书中提出了精益生产 LP（Lean Production）的概念。精益生产方式实质上就是丰田生产方式，只是后者侧重于丰田汽车公司本身的生产方式，而前者则是美国人通过归纳各个日本公司中推广应用丰田汽车公司的经验，并与全世界各国汽车制造方式做了详细的比较研究，提出的一种区别于福特式大量生产方式的新的生产模式。

2. 精益生产的内涵及体系

精益生产方式是指用多种现代管理手段和方法，以社会需求为依据，以充分发挥人的作用为根本，有效配置和合理使用企业资源，最大限度地为企业谋求经济效益的一种新型生产方式。

大量生产的奉行者给自己制订的目标是：可接受数量的次废品，可接受的最高库存量及相当狭窄范围的产品品种。精益生产的奉行者则将他们的目标确定为尽善尽美，不断减少的成本、零次废品率、零库存以及无终止的产品品种类型。精益生产的原则是：团队作业，交流，有效利用资源并消除一切浪费，不断改进及改善。精益生产与大量生产相比只需要：1/2 劳动力、1/2 占地面积、1/2 投资、1/2 工程时间、1/2 新产品开发时间。用一句话概括：精益生产方式即消除无效劳动和浪费的思想和技术。

精益生产的核心内容是准时生产制（JIT），准时生产制的核心是及时，在一个物流系统中，原材料准确及时地提供给加工单元（或加工线），零部件准确无误地提供给装配线。该种方式通过看板管理，成功地制止了过量生产，从而彻底消除产品制造过程中的浪费，实现生产过程的合理性、高效性和灵活性。

如果把精益生产体系看作一幢大厦，它的基础就是在计算机网络支持下的、以小组方式工作的并行工作方式。在此基础上的 3 根支柱就是：

1）全面质量管理 TQC。它是保证产品质量，达到零缺陷目标的主要措施。

2）准时生产 JIT 和零库存。它是缩短生产周期和降低生产成本的主要方法。

3）成组技术 GT。这是实现多品种、按顾客订单组织生产、扩大批量、降低成本的技术基础。这幢大厦的屋顶就是精益生产体系，如图 8-27 所示。

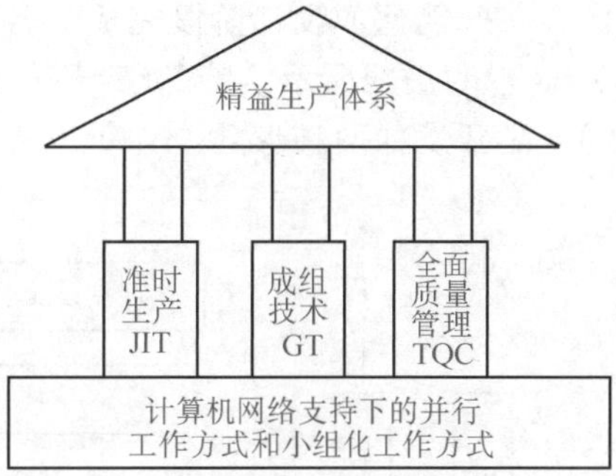


图 8-27　精益生产的体系构成

3. 精益生产方式的特征

（1）以用户为“上帝”　尽可能满足用户的需求，分析用户的消费需求来开发新产品。产品的适销性、适宜的价格、优良的质量、快的交货速度、优质的服务是面向用户的基本内容。

（2）强调人的作用，充分发挥人的创新精神　精益生产方式把工作和责任最大限度地转移到直接为产品增值的工人身上，而且任务分配到小组，实行小组工作法。减少不直接增值的工人，并加大了工人对生产的自主权，发挥了团队精神，更有利于精益生产的推行。

（3）以“精简”为手段　在组织机构方面实行精简化。降低加工设备的投入总量，简化生产制造过程，采用准时和看板方式管理物料，减少库存管理人员、设备和场所。

(4) 项目组和并行设计 项目组(Team Work)由不同部门的专业人员组成，以并行设计方式开展工作，全面负责一个产品型号的开发和生产，包括产品设计、工艺设计、编制预算、材料购置、生产准备及投产等工作，并根据实际情况调整原有的设计和计划。

(5) 采用拉动式生产方式 精益生产方式把组织生产的方式，由传统的推动式变成拉动式。以市场需求拉动企业生产，在物料的生产和供应中严格实行准时生产制，做到按需要的时间和需要的数量，向需要的部门或岗位提供所需要的物料。

(6) “零缺陷”工作目标 精益生产所追求的目标不是“尽可能好一些”，而是“零缺陷”。即最低的成本、最好的质量、无废品、零库存与产品的多样性。

## 三、并行工程

### 1. 提出背景和基本概念

20世纪80年代中期以来，企业迅速开发出新产品，使其尽早进入市场成为赢得竞争胜利的关键，因此在这里最核心的是时间。要解决这一问题，必须改变长期以来传统的产品开发模式。传统的产品开发模式是沿用“串行”“顺序”和“试凑”的方法。为了以最快的速度设计生产出高质量的产品，20世纪80年代末在美国和西方的一些工业国家出现了一种叫并行工程CE(Concurrent Engineering)的生产方式。

关于并行工程的定义目前国际上有多种提法，较为普遍采用的定义是：“并行工程是一种对产品及其相关过程(包括制造过程和支持过程)进行并行的、一体化设计的工作模式。这种工作模式可使产品开发人员一开始就能考虑到从产品概念设计到消亡的整个产品生命周期中的所有因素，包括质量、成本、进度和用户要求。”

可以看出，并行工程是组织企业进行产品开发、生产的一种哲理，是一种系统集成化的现代生产方式，并行工程的实施在很大程度上提高了企业的竞争力。

并行工程采用并行的方式，在产品设计阶段就集中产品研制周期中的各有关工程技术人员，同步地设计或考虑整个产品生命周期中的所有因素，对产品设计、工艺设计、装配设计、检验方式、售后服务方案等进行统筹考虑、协同进行，如图8-28所示。经系统的仿真和评估，对设计对象进行反复修改和完善，力争后续的制造过程一次成功(Do Right First)。这样，一般能保证设计阶段完成后各阶段活动能顺利进行，但也要不断地进行信息反馈，如图8-28中的虚线所示。特殊情况下，也需要对设计方案甚至产品模型进行修改。图8-29所示为产品开发的两种形式：并行工程与串行工程。

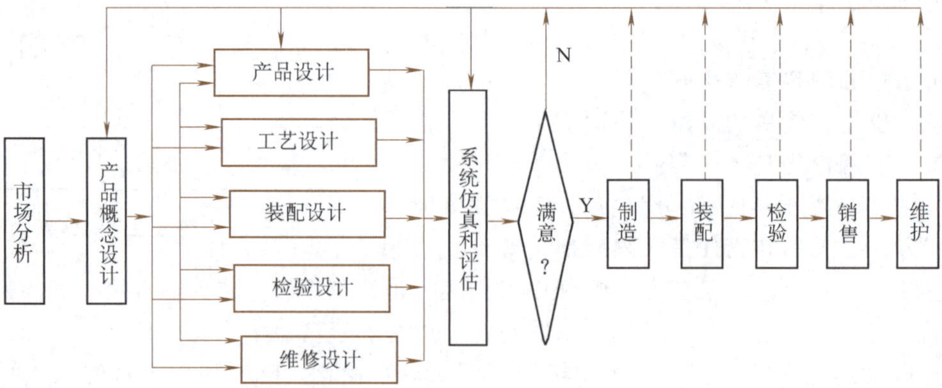


图8-28 并行工程的运行模式

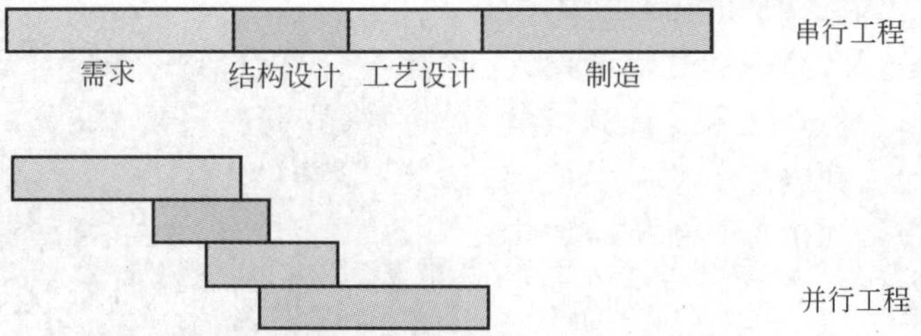


图 8-29　产品开发的两种形式

并行工程可以缩短产品开发周期，降低成本，增强企业的市场竞争能力。它适用于产品开发周期长、复杂程度高、开发成本高的行业，在航空、航天、机械、计算机、电子、汽车、化工等工业中的应用越来越广泛。

**2. 并行工程的特点**

并行工程是一种系统工程的方法和哲理，从并行工程的定义可以看出，并行工程具有如下特点。

（1）并行特性　并行工程的最大特点是把产品全过程尽可能同时（或并行）考虑处理，在产品的设计阶段就并行地考虑了产品整个产品生命周期中的所有因素，研制周期将明显地缩短。这样设计出来的产品不仅具有良好的性能，而且易于制造、检验和维护。

（2）整体特性　并行工程哲理认为，制造系统（包括制造过程）是一个有机的整体，在空间中似乎相互独立的各个制造过程和知识处理单元之间，实质上都存在着不可分割的内在联系，特别是丰富的双向信息联系。

并行工程强调全局性地考虑问题，即产品研制者从一开始就考虑到产品整个生命周期中的所有因素。局部或某个过程、某个分系统的最优并不能满足并行制造的要求，并行工程追求的是整体最优。有时为了保证整体最优，甚至可能不得不牺牲局部的利益。

（3）协同特性　并行工程特别强调设计群体的协同工作（Team work）。现代产品的功能和特性越来越复杂，产品开发过程涉及的学科门类和专业人员也越来越多，如何取得产品开发过程的整体最优，其关键是如何很好地发挥掌握先进技术的人的群体作用，组织一个包括与产品开发全过程有关的各部门的工作技术人员的多功能小组，小组成员在设计阶段协同工作，设计产品的同时设计与之有关的全部过程。为此，并行工程方法非常注重协同的组织形式、协同的设计思想以及所产生的协同效益。

（4）集成特性　并行工程是一种系统集成方法，具有人员集成、信息集成、功能集成和技术集成的特性。人员集成指管理者、设计者、制造者、支持者以至用户集成为一个协调的整体。信息集成指产品全生命周期中各类信息的获取、表示、表现和操作工具的集成和统一管理。功能集成指产品全生命周期中企业内各部门功能集成以及产品开发企业与外部协作企业间功能的集成。技术集成指产品开发全过程中涉及的多学科知识以及各种技术、方法的集成，形成集成的知识库、方法库。

## 四、虚拟制造技术

虚拟制造技术 VMT（Virtual Manufacturing Technology）是 20 世纪 80 年代后期提出并得到迅速发展的一个新思想，是企业以信息集成为基础的一种新的制造哲理。虚拟制造又称为拟实制造，它是以计算机支持的仿真技术为前提，其基本思想是在产品制造过程的设计阶段就利用信息技术、仿真技术、计算机技术对产品的设计、加工和装配、检验、使用整个生命周期进行模拟和仿真。将全阶段可能出现的问题解决在这一阶段，通过设计的最优化达到产品的一次性制造成功。它可以发现制造中可能出现的问题，在产品实际生产前就采取预防措施，来达到降低成本，缩短产品开发周期，增强产品竞争力的目的。

图 8-30　虚拟制造的仿真教学系统

图 8-30~图 8-34 所示为几个虚拟制造技术图片。其中，图 8-30 所示为虚拟制造的仿真教学系统，图 8-31 所示为虚拟制造 VR 眼镜，图 8-32 所示为虚拟制造汽车仿真设计，图 8-33 所示为虚拟制造过程优化现场，图 8-34 所示为虚拟制造工厂的设计现场。

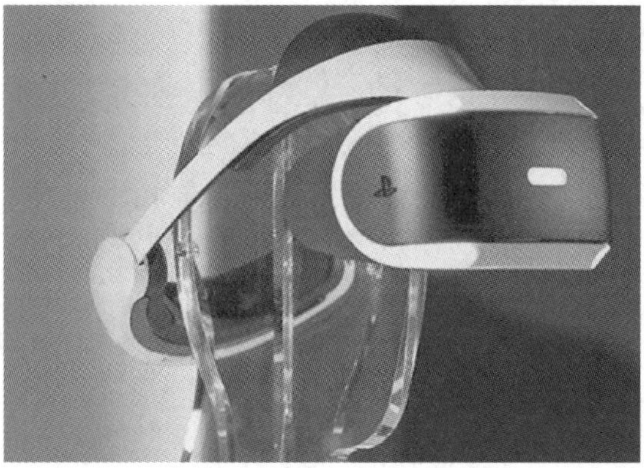

图 8-31　虚拟制造 VR 眼镜

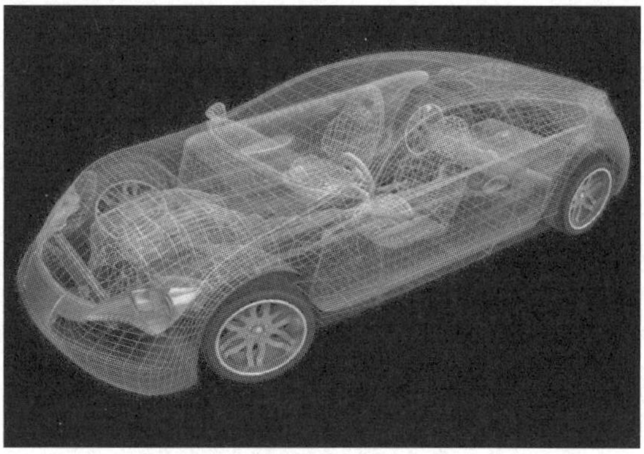

图 8-32　虚拟制造汽车仿真设计

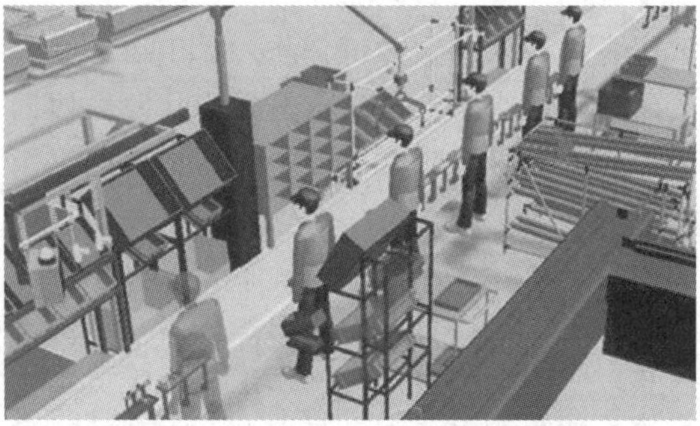

图 8-33　虚拟制造过程优化现场

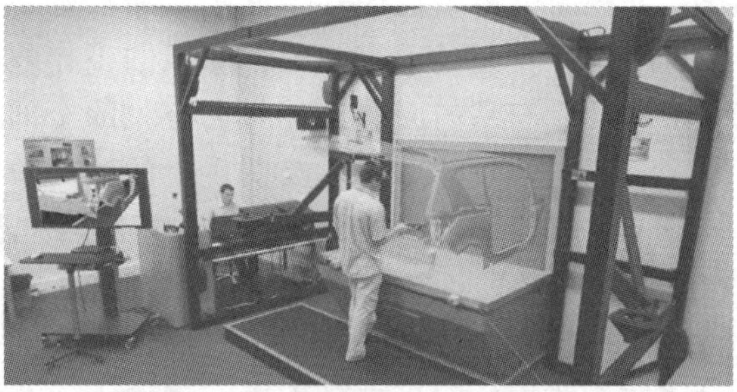

图 8-34　虚拟制造工厂的设计现场

虚拟制造技术按其功能可分为：

（1）产品的虚拟设计技术　面向产品的原理、结构和性能的设计、分析、模拟和评测，以优化产品本身的性能、成本为目标。

（2）产品的虚拟制造技术　面向产品制造过程模拟、检验和优化，检验产品的可制造性、加工方法和工艺的合理性，以优化产品的制造工艺过程，保证产品的制造质量、制造周期和最低的制造成本为目标。

(3) 虚拟制造系统　着重于生产过程的规划、组织管理、资源调度、物流、信息流等的建模、仿真与优化。如虚拟企业、虚拟研发中心等。

虚拟制造技术是 CAD/CAE/CAM/CAPP 和仿真技术的更高阶段。虚拟制造技术的广泛应用将从根本上改变现行的制造模式，对相关行业也将产生巨大影响，可以说虚拟制造技术决定着企业的未来，也决定着制造业在竞争中能否立于不败之地。

## 本章小结

本章介绍了先进制造技术问题。首先阐述了先进制造技术的特征和类型。其次介绍了特种加工技术、快速成形技术、精密与超精密加工技术、超高速加工技术、微纳技术等现代制造工艺技术；计算机辅助制造技术、数控技术、工业机器人技术、柔性制造技术等自动化加工技术。最后介绍了敏捷制造、精益生产、并行工程、虚拟制造技术等先进制造生产模式。

## 知识扩展 1：电火花加工技术

生产中应用最广的电火花加工方法有两类：一类是用具有一定形状的工具电极（常用材料为石墨、铜及其合金）进行加工的电火花穿孔或电火花成形加工；另一类是用细丝电极加工二维轮廓形状的电火花线切割加工。

电火花加工机床工作原理图如图 8-1c、d 所示。电火花穿孔或电火花成形加工时，需要根据被加工孔和型腔的形状制造形状复杂的工具电极，这是一件技术难度较大的工作。在数控四坐标电火花加工机床上，通过工具半径补偿，用工具电极加工二维型孔的技术目前已在生产中广泛应用，可以大量节省电极制造费用。利用简单工具电极加工三维曲面型腔的数控电火花加工技术正在开发研究中。

电火花加工可加工导电材料的工件，不受工件材料强度、硬度、脆性和韧性的影响，为耐热钢、淬火钢、硬质合金等难加工材料提供了有效的加工手段。电火花加工的应用范围非常广泛。

## 知识扩展 2：触屏玻璃的精密加工技术

触摸屏广泛应用于智能手机、平板电脑、笔记本电脑、电子书、游戏机等领域。近年来，随着智能手机、平板电脑、车载移动终端以及商业化信息查询系统等智能终端产品的普及推广，全球触摸屏产品和技术发展突飞猛进，产业规模不断提升。市场调研机构 TrendForce 发布的报告显示：2014 年全球智能手机出货量为 11.67 亿部，相比 2013 年增加了 25.9%；2015 年全球智能手机出货量为 12.93 亿部，同比增长 10.3%。2016 年—2020 年手机出货量也稳定在一定的水平。

在触摸屏的生产制造中，为了提高生产率，通常是在一张大的玻璃上制作多个触摸屏。经过丝印后的大玻璃要通过切割分成多个触摸屏。切割是触屏玻璃加工的起始工序，其切割的质量直接影响后续加工的难易程度。目前常见的切割工艺有刀轮切割、水射流切割以及激光切割。

触屏玻璃的主要制造工艺包括切割、研磨，再经机械抛光研磨或化学强化。针对触屏玻璃切割后产生的玻璃边缘崩边，目前消除边缘缺陷通常使用两种方法：一种是机械加工法，使用金刚石砂轮进行精密磨削，消除崩边裂纹，降低亚表面损伤，提高表面质量；另一种是化学强化法，对强化玻璃基板使用氢氟酸处理边缘，氢氟酸可以溶解掉玻璃表面的微观不平整，消除缺陷，还可以与玻璃产生六氟化硅填补玻璃的微观裂纹。因此，业界也越来越重视玻璃在精密磨削后的表面质量问题，这对金刚石精密磨削砂轮也提出了很大的挑战。

## 知识拓展3：集成电路技术

计算机的发明带来了电子工业的蓬勃发展。集成电路IC（Integrated Cireuit）是电子工业的基础和核心，它诞生于20世纪60年代初。IC的集成度遵从摩尔定律，即电路板上可容纳的电晶体数目，约每隔18个月增加一倍。2001年英特尔公司推出的奔腾4计算机的芯片，最小线宽为0.13μm，在面积为116$mm^2$的芯片内，晶体管数超过4200万个。几十年来，从每个硅片上只有几十个元件的小规模IC已发展为今天有几亿个元件的大规模IC。

从集成电路技术又发展出微机电系统MEMS（Micro Electr-Mechanical System）技术。MEMS将会同集成电路一样，通过新的而且便宜的产品来改变人们的生活，其潜在应用包括各种传感器、微量泵、微机器人等。从20世纪90年代中期开始，微机电系统（主要还是IC）相关产业便超越了钢铁业和汽车业，以万亿美元的产值成为第一大高技术支柱产业，前景十分壮观。

集成电路的制造过程非常复杂，包括晶圆制造、沉积、光刻、封装等几十道工序；其中封装（Packaging）是体现IC制造高技术的核心环节，也是一个突出的难题。封装技术往往是器件级和系统级产品的主要瓶颈，电子信息产业的竞争在某种意义上主要就是电子封装业的竞争。

## 知识拓展4：绿色制造技术

绿色制造GM（Green Manufacturing）中的“制造”是一个大概念，它涉及产品的整个生命周期，当然也包含设计过程。人们已习惯于将设计和制造看作既有联系又有区别的两个领域，所以也不妨称这项技术为“绿色设计与绿色制造”，而且一个产品能否成为“绿色”的，首先还要从设计做起。

绿色制造具有以下多方面的内容。

（1）绿色设计　产品本身必须是节能、减排的。为了适应回收和再制造的要求，必须在设计阶段就要考虑到产品容易拆卸、易回收、易修理。

（2）绿色材料　要用绿色材料取代污染环境、危害健康的材料。

（3）绿色工艺　采用低能耗制造工艺和无污染环境的生产技术。零件的精确成形比传统工艺可提高材料利用率、减少工时，是典型的绿色工艺。20世纪90年代中期发展起来的不用任何切削液的干式切削也是控制环境污染的一项绿色制造工艺。

（4）绿色处理　对机械制造业来说，变废为宝的再制造技术是绿色制造中效果最大、最有发展前途的新技术。

围绕着制造过程中的环境问题，也曾提出过与绿色制造相近的概念，如可持续制造、清洁生产、生态意识制造等，目前这些概念走向已趋同。

## 习题与思考题

8-1　简述先进制造技术的概念与特征以及如何分类。

8-2　简述特种加工的含义及特点。

8-3　简述快速成形技术的含义及其常用的方法。

8-4　如何划分精密与超精密加工界限？超精密加工技术所涉及的技术领域有哪些？

8-5　超高速切削对机床有哪些主要要求？

8-6　何谓微细加工技术？何谓纳米制造技术？

8-7　何谓计算机辅助制造？

8-8　现代数控技术有何特点？

8-9　简述工业机器人的结构组成及分类。

8-10　简述 FMS 的组成与分类。

8-11　简述敏捷制造的概念、特征和组成。

8-12　简述精益生产的内涵与特征。

8-13　简述并行工程的概念和特点。

8-14　简述虚拟制造的概念和功能。

# 附　录

**内容提要**：机械加工工艺数据是机械制造工艺学的重要应用基础，介绍主要机械加工方法工艺路线，加工余量和所达到的经济加工精度与表面粗糙度，汇总机床夹具常用元件设计规范、材料与热处理、极限与配合，并在此基础上，以汽车制造为例，说明机械行业的基本技术规范，以武汉开目 CAD/CAPP 软件为例，说明机械 CAD/CAPP 的典型应用。

**重点提示**：

主要机械加工方法工艺路线与工艺数据、常用夹具元件工艺数据、ISO/TS 16949 技术规范、开目 CAD/CAPP 软件使用。

# 附录 A ■ 机械加工工艺基本数据

表 A-1 外圆加工中各种加工方法的加工精度及表面粗糙度

| 加工方法 | 加工情况 | 加工精度(IT) | 表面粗糙度 $Ra/\mu m$ |
|---|---|---|---|
| 车 | 粗车 | 12~13 | 10~80 |
| | 半精车 | 10~11 | 2.5~10 |
| | 精车 | 7~8 | 1.25~5 |
| | 金刚石车(镜面车) | 5~6 | 0.02~1.25 |
| 铣 | 粗铣 | 12~13 | 10~80 |
| | 半精铣 | 11~12 | 2.5~10 |
| | 精铣 | 8~9 | 1.25~25 |
| 车槽 | 一次行程 | 11~12 | 10~20 |
| | 二次行程 | 10~11 | 2.5~10 |
| 外磨 | 粗磨 | 8~9 | 1.25~10 |
| | 半精磨 | 7~8 | 0.63~2.5 |
| | 精磨 | 6~7 | 0.16~1.25 |
| | 精密磨(精修整砂轮) | 5~6 | 0.08~0.32 |
| | 镜面磨 | 5 | 0.008~0.08 |
| 抛光 | | | 0.008~1.25 |
| 研磨 | 粗研 | 5~6 | 0.16~0.63 |
| | 精研 | 5 | 0.04~0.32 |
| | 精密研 | 5 | 0.008~0.08 |
| 超精加工 | 精 | 5 | 0.08~0.32 |
| | 精密 | 5 | 0.01~0.16 |
| 砂带磨 | 精磨 | 5~6 | 0.02~0.16 |
| | 精密磨 | 5 | 0.01~0.04 |
| 滚压 | | 6~7 | 0.16~1.25 |

注：加工非铁材料时，表面粗糙度 $Ra$ 取小值。

表 A-2 孔加工中各种加工方法的加工精度及表面粗糙度

| 加工方法 | 加工情况 | 加工精度(IT) | 表面粗糙度 $Ra/\mu m$ |
|---|---|---|---|
| 钻 | $\phi$15mm 以下 | 11~13 | 5~80 |
| | $\phi$15mm 以上 | 10~12 | 20~80 |
| 扩 | 粗扩 | 12~13 | 5~20 |
| | 一次扩孔(铸孔或冲孔) | 11~13 | 10~40 |
| | 精扩 | 9~11 | 1.25~10 |
| 铰 | 半精铰 | 8~9 | 1.25~10 |
| | 精铰 | 6~7 | 0.32~5 |
| | 手铰 | 5 | 0.08~1.25 |
| 拉 | 粗拉 | 9~10 | 1.25~5 |
| | 一次拉孔(铸孔或冲孔) | 10~11 | 0.32~2.5 |
| | 精拉 | 7~9 | 0.16~0.63 |

（续）

| 加工方法 | 加工情况 | 加工精度(IT) | 表面粗糙度 $Ra/\mu m$ |
|---|---|---|---|
| 推 | 半精推<br>精推 | 6~8<br>6 | 0.32~1.25<br>0.08~0.32 |
| 珩 | 粗珩<br>精珩 | 5~6<br>5 | 0.16~1.25<br>0.04~0.32 |
| 镗 | 粗镗<br>半精镗<br>精镗(浮动镗)<br>金刚镗 | 12~13<br>10~11<br>7~9<br>5~7 | 5~20<br>2.5~10<br>0.63~5<br>0.16~1.25 |
| 内　磨 | 粗磨<br>半精磨<br>精磨<br>精密磨 | 9~11<br>9~10<br>7~8<br>6~7 | 1.25~10<br>0.32~1.25<br>0.08~0.63<br>0.04~0.16 |
| 研　磨 | 粗研<br>精研<br>精密研 | 5~6<br>5<br>5 | 0.16~0.63<br>0.04~0.32<br>0.008~0.08 |
| 挤 | 滚珠、滚柱扩孔器,挤压头 | 6~8 | 0.01~1.25 |

注：加工非铁材料时，表面粗糙度 $Ra$ 取小值。

## 表 A-3　平面加工中各种加工方法的加工精度及表面粗糙度

| 加工方法 | 加工情况 | | 加工精度(IT) | 表面粗糙度 $Ra/\mu m$ |
|---|---|---|---|---|
| 周铣 | 粗铣<br>半精铣<br>精铣 | | 11~13<br>8~11<br>6~8 | 5~20<br>2.5~10<br>0.63~5 |
| 端铣 | 粗铣<br>半精铣<br>精铣 | | 11~13<br>8~11<br>6~8 | 5~20<br>2.5~10<br>0.63~5 |
| 车 | 半精车<br>精车<br>细车(金刚石车) | | 8~11<br>6~8<br>6 | 2.5~10<br>1.25~5<br>0.02~1.25 |
| 刨 | 粗刨<br>半精刨<br>精刨<br>宽刀精刨 | | 11~13<br>8~11<br>6~8<br>6 | 5~20<br>2.5~10<br>0.63~5<br>0.16~1.25 |
| 插 | | | | 2.5~20 |
| 拉 | 粗拉(铸孔或冲孔表面)<br>精拉 | | 10~11<br>6~9 | 5~20<br>0.32~2.5 |
| 平面 | 粗磨<br>半精磨<br>精磨<br>精密磨 | | 8~10<br>8~9<br>6~8<br>6 | 1.25~10<br>0.63~2.5<br>0.16~1.25<br>0.04~0.32 |
| 刮 | $(25\times25)mm^2$ 内点数 | 8~10<br>10~13<br>13~16<br>16~20<br>20~25 | | 0.63~1.25<br>0.32~0.63<br>0.16~0.32<br>0.08~0.16<br>0.04~0.08 |

（续）

| 加工方法 | 加工情况 | 加工精度(IT) | 表面粗糙度 $Ra/\mu m$ |
| --- | --- | --- | --- |
| 研磨 | 粗研<br>精研<br>精密研 | 6<br>5<br>5 | 0.16～0.63<br>0.04～0.32<br>0.008～0.08 |
| 砂带磨 | 精磨<br>精密磨 | 5～6<br>5 | 0.04～0.32<br>0.01～0.04 |
| 滚　压 | | 7～10 | 0.16～2.5 |

注：加工非铁材料时，表面粗糙度 $Ra$ 取小值。

## 表 A-4　外圆表面的加工路线

| 序号 | 加　工　路　线 | 加工精度(IT) | 表面粗糙度 $Ra/\mu m$ | 适应范围 |
| --- | --- | --- | --- | --- |
| 1 | 粗车 | 11～13 | 12.5～50 | 适用于淬火钢以外的各种金属 |
| 2 | 粗车→半精车 | 8～9 | 3.2～6.3 | |
| 3 | 粗车→半精车→精车 | 6～7 | 1.6～3.2 | |
| 4 | 粗车→半精车→精车→滚压(或抛光) | 6～7 | 0.025～0.2 | |
| 5 | 粗车→半精车→磨削 | 6～7 | 0.4～0.8 | 主要用于淬火钢，也用于未淬火钢，但不宜用于非铁材料 |
| 6 | 粗车→半精车→粗磨→精磨 | 5～7 | 0.1～0.4 | |
| 7 | 粗车→半精车→粗磨→精磨→超精加工(或轮式超精磨) | 5 | 0.012～0.1 | |
| 8 | 粗车→半精车→精车→金刚车 | 5～6 | 0.025～0.4 | 主要用于要求较高的非铁材料 |
| 9 | 粗车→半精车→粗磨→精磨→超精磨(或镜面磨) | 5 级以上 | 0.010～0.025 | 主要用于极高精度的外圆加工 |
| 10 | 粗车→半精车→精车→精磨→研磨 | 5 级以上 | 0.01～0.10 | |

## 表 A-5　孔的加工路线

| 序号 | 加　工　路　线 | 加工精度(IT) | 表面粗糙度 $Ra/\mu m$ | 适应范围 |
| --- | --- | --- | --- | --- |
| 1 | 钻 | 11～13 | 6.5～50 | 加工未淬火钢及铸铁的实心毛坯，也可用于加工非铁材料孔径小于 20mm |
| 2 | 钻→铰 | 8～9 | 1.6～3.2 | |
| 3 | 钻→粗铰→精铰 | 7～8 | 0.8～1.6 | |
| 4 | 钻→扩 | 11 | 6.3～12.5 | 加工未淬火钢及铸铁的实心毛坯，也可用于加工非铁材料孔径大于 15mm |
| 5 | 钻→扩→粗铰→精铰 | 7 | 0.8～1.6 | |
| 6 | 钻→扩→铰 | 8～9 | 1.6～3.2 | |
| 7 | 钻→扩→机铰→手铰 | 6～7 | 0.1～0.4 | |
| 8 | 钻→(扩)→拉 | 7～9 | 0.1～1.6 | 大批大量生产 |
| 9 | 粗镗(粗扩) | 11～13 | 12.5～50 | 除淬火钢外的各种钢材，毛坯有铸出孔或锻出孔 |
| 10 | 粗镗(粗扩)→半精镗(精扩) | 8～9 | 1.6～3.2 | |

（续）

| 序号 | 加工路线 | 加工精度(IT) | 表面粗糙度 $Ra/\mu m$ | 适应范围 |
|---|---|---|---|---|
| 11 | 粗镗(粗扩)→半精镗(精扩)→精镗(铰) | 7~8 | 0.8~1.6 | 除淬火钢外的各种钢材，毛坯有铸出孔或锻出孔 |
| 12 | 粗镗(粗扩)→半精镗(精扩)→精镗→浮动镗刀块精镗 | 6~7 | 0.4~0.8 | |
| 13 | 粗镗(扩)→半精镗→磨削 | 7~8 | 0.2~0.8 | 主要用于加工淬火钢，也可用于加工未淬火钢，但不宜用于加工非铁材料 |
| 14 | 粗镗(扩)→半精镗→粗磨→精磨 | 6~7 | 0.1~0.2 | |
| 15 | 粗镗→半精镗→精镗→金刚镗 | 6~7 | 0.05~0.4 | 主要用于精度要求较高的非铁材料加工 |
| 16 | 钻→(扩)→粗铰→精铰→珩磨<br>钻→(扩)→拉→珩磨<br>粗镗→半精镗→精镗→珩磨 | 6~7 | 0.025~0.2 | 精度要求很高的孔 |

## 表 A-6　平面的加工路线

| 序号 | 加工路线 | 加工精度(IT) | 表面粗糙度 $Ra/\mu m$ | 适应范围 |
|---|---|---|---|---|
| 1 | 粗车→半精车 | 8~9 | 3.2~6.3 | 端面 |
| 2 | 粗车→半精车→精车 | 6~7 | 0.8~1.6 | |
| 3 | 粗车→半精车→磨削 | 7~9 | 0.2~0.8 | |
| 4 | 粗刨(粗铣)→精刨(精铣) | 7~9 | 1.6~6.3 | 一般未淬硬的平面 |
| 5 | 粗刨(粗铣)→精刨(精铣)→刮研 | 5~6 | 0.1~0.8 | 精度要求较高的未淬硬的平面 |
| 6 | 粗刨(粗铣)→精刨(精铣)→宽刃精刨 | 6 | 0.2~0.8 | 批量较大、精度要求较高的未淬硬的平面 |
| 7 | 粗铣→拉 | 6~9 | 0.2~0.8 | 大量生产、较小平面 |
| 8 | 粗刨(粗铣)→精刨(精铣)→磨削 | 6 | 0.2~0.8 | 精度要求较高平面 |
| 9 | 粗刨(粗铣)→精刨(精铣)→粗磨→精磨 | 5~6 | 0.025~0.4 | |
| 10 | 粗铣→精铣→磨削→研磨 | 5 级以上 | 0.01~0.10 | 高精度的平面 |

## 表 A-7　车削外圆的加工余量

| 直径尺寸/mm | 直径余量/mm | | | | 直径公差 | |
|---|---|---|---|---|---|---|
| | 粗车 | | 精车 | | | |
| | 长度/mm | | | | 荒车 | 粗车 |
| | ≤200 | >200~400 | ≤200 | >200~400 | | |
| ≤10 | 1.5 | 1.7 | 0.8 | 1.0 | IT14 | IT12~IT13 |
| >10~18 | 1.5 | 1.7 | 1.0 | 1.3 | | |
| >18~30 | 2.0 | 2.2 | 1.3 | 1.3 | | |
| >30~50 | 2.0 | 2.2 | 1.3 | 1.4 | | |
| >50~80 | 2.3 | 2.5 | 1.5 | 1.8 | | |
| >80~120 | 2.5 | 2.8 | 1.5 | 1.8 | | |
| >120~180 | 2.5 | 2.8 | 1.8 | 2.0 | | |
| >180~260 | 2.8 | 3.0 | 2.0 | 2.3 | | |

表 A-8 磨削外圆的加工余量

| 直径尺寸/mm | 直径余量/mm | | 直径公差 | |
|---|---|---|---|---|
| | 粗磨 | 精磨 | 精磨 | 粗磨 |
| ≤10 | 0.2 | 0.1 | IT6～IT5 | IT8～IT7 |
| >10～18 | 0.2 | 0.1 | | |
| >18～30 | 0.2 | 0.1 | | |
| >30～50 | 0.3 | 0.1 | | |
| >50～80 | 0.3 | 0.2 | | |
| >80～120 | 0.3 | 0.2 | | |
| >120～180 | 0.5 | 0.3 | | |
| >180～260 | 0.5 | 0.3 | | |

表 A-9 镗削内孔的加工余量

| 直径尺寸/mm | 直径余量/mm | | 直径公差 | |
|---|---|---|---|---|
| | 粗镗 | 精镗 | 精镗 | 粗镗 |
| ≤18 | 0.8 | 0.5 | IT8～IT7 | IT12～IT11 |
| >18～30 | 1.2 | 0.8 | | |
| >30～50 | 1.5 | 1.0 | | |
| >50～80 | 2.0 | 1.0 | | |
| >80～120 | 2.0 | 1.3 | | |

表 A-10 磨削内孔的加工余量

| 直径尺寸/mm | 直径余量/mm | | 直径公差 | |
|---|---|---|---|---|
| | 粗磨 | 精磨 | 精磨 | 粗磨 |
| ≤18 | 0.2 | 0.1 | IT7～IT6 | IT8～IT7 |
| >18～30 | 0.2 | 0.1 | | |
| >30～50 | 0.2 | 0.1 | | |
| >50～80 | 0.3 | 0.1 | | |
| >80～120 | 0.3 | 0.2 | | |

# 附录 B ■ 机床夹具设计基本数据

表 B-1 定位夹紧符号

| 分类 | | 独立 | | 联动 | |
|---|---|---|---|---|---|
| | | 标注在视图轮廓线上 | 标注在视图正面上 | 标注在视图轮廓线上 | 标注在视图正面上 |
| 定位点 | 固定式 |  | 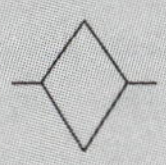 |  | 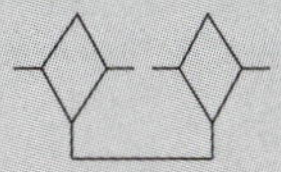 |
| | 活动式 |  | 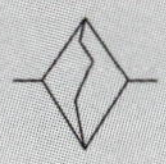 | 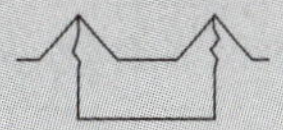 | 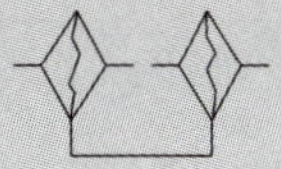 |

（续）

| 分类 | 独立 | | 联动 | |
|---|---|---|---|---|
| | 标注在视图轮廓线上 | 标注在视图正面上 | 标注在视图轮廓线上 | 标注在视图正面上 |
| 辅助支承 |  | 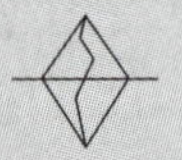 | 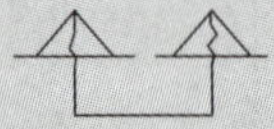 | 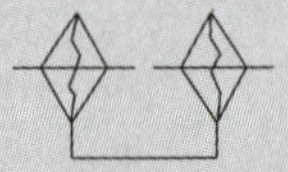 |
| 机械夹紧 |   | 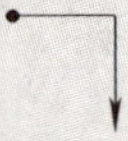 | 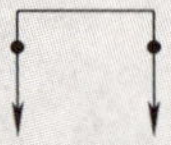 | 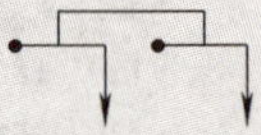 |
| 液压夹紧 |  | 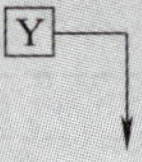 | 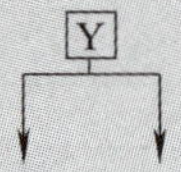 | 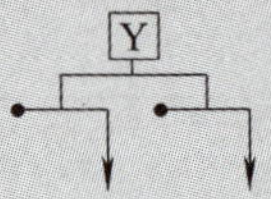 |
| 气动夹紧 |  | 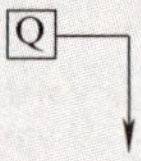 | 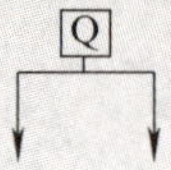 | 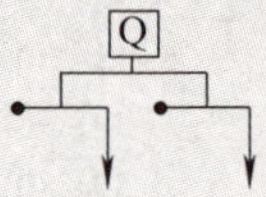 |

表 B-2 常用夹具元件的公差配合

| 元件名称 | 部位及配合 | | 备注 |
|---|---|---|---|
| 衬套 | 外径与本体 H7/r6 或 H7/n6 | | |
| | 内径 F7 或 F6 | | |
| 固定钻套 | 外径与钻模板 H7/r6 或 H7/n6 | | |
| | 内径 G7 或 F8 | | 公称尺寸是刀具的最大尺寸 |
| 可换钻套<br>快换钻套 | 外径与衬套 F7/m6 或 F7/K6 | | |
| | 内径 | 钻孔及扩孔时 F8 | 公称尺寸是刀具的最大尺寸 |
| | | 粗铰孔时 G7 | |
| | | 精铰孔时 G6 | |
| 镗套 | 外径与衬套 H6/h5（H6/j5），H7/h6（H7/js6） | | 滑动式回转镗套 |
| | 内径与镗杆 H6/g5（H6/h5），H7/g6（H7/h6） | | 滑动式回转镗套 |
| 支承钉 | 与夹具配合 H7/r6，H7/n6 | | |
| 定位销 | 与工件定位基面配合 H7/g6，H7/f7 或 H6/g5，H6/f6 | | |
| | 与夹具体配合 H7/r6，H7/h6 | | |
| 可换定位销 | 与衬套配合 H7/h6 | | |
| 钻模板铰链轴 | 轴与孔配合 G7/h6，F8/h6 | | |

表 B-3 常用夹具元件的材料及热处理

| 名称 | | 推荐材料 | 热处理要求 |
|---|---|---|---|
| 定位元件 | 支承钉 | $D \leq 12$mm, T7A<br>$D > 12$mm, 20 钢 | 淬火 60～64HRC<br>渗碳深 0.8～1.2mm, 淬火 60～64HRC |
| | 支承板 | 20 钢 | 渗碳深 0.8～1.2mm, 淬火 60～64HRC |
| | 可调支承螺钉 | 45 钢 | 头部淬火 38～42HRC<br>$L < 50$mm, 整体淬火 33～38HRC |
| | 定位销 | $D \leq 16$mm, T7A<br>$D > 16$mm, 20 钢 | 淬火 53～58HRC<br>渗碳深 0.8～1.2mm, 淬火 53～58HRC |
| | 定位心轴 | $D \leq 35$mm, T8A<br>$D > 35$mm, 45 钢 | 淬火 55～60HRC<br>淬火 43～48HRC |
| | V 形块 | 20 钢 | 渗碳深 0.8～1.2mm, 淬火 60～64HRC |
| 夹紧元件 | 斜楔 | 20 钢<br>45 钢 | 渗碳深 0.8～1.2mm, 淬火 58～62HRC<br>淬火 43～48HRC |
| | 压紧螺钉 | 45 钢 | 淬火 38～42HRC |
| | 螺母 | 45 钢 | 淬火 33～38HRC |
| | 摆动压块 | 45 钢 | 淬火 43～48HRC |
| | 普通螺钉压板 | 45 钢 | 淬火 38～42HRC |
| | 钩形压板 | 45 钢 | 淬火 38～42HRC |
| | 圆偏心轮 | 20 钢<br>优质工具钢 | 渗碳深 0.8～1.2mm, 淬火 60～64HRC<br>渗碳深 0.8～1.2mm, 淬火 50～55HRC |
| 其他专用元件 | 对刀块 | 20 钢 | 渗碳深 0.8～1.2mm, 淬火 60～64HRC |
| | 塞尺 | T7A | 渗碳深 0.8～1.2mm, 淬火 60～64HRC |
| | 定向键 | 45 钢 | 淬火 43～48HRC |
| | 钻套 | 内径≤25mm, T10A<br>内径>25mm, 20 钢 | 淬火 60～64HRC<br>渗碳深 0.8～1.2mm, 淬火 60～64HRC |
| | 衬套 | 内径≤25mm, T10A<br>内径>25mm, 20 钢 | 淬火 60～64HRC<br>渗碳深 0.8～1.2mm, 淬火 60～64HRC |
| | 固定式镗套 | 20 钢 | 淬火 60～64HRC<br>渗碳深 0.8～1.2mm, 淬火 55～60HRC |
| 夹具体 | | HT150 或 HT200<br>Q195, Q215, Q235 | 时效处理<br>退火处理 |

## 表 B-4 固定钻套

（单位：mm）

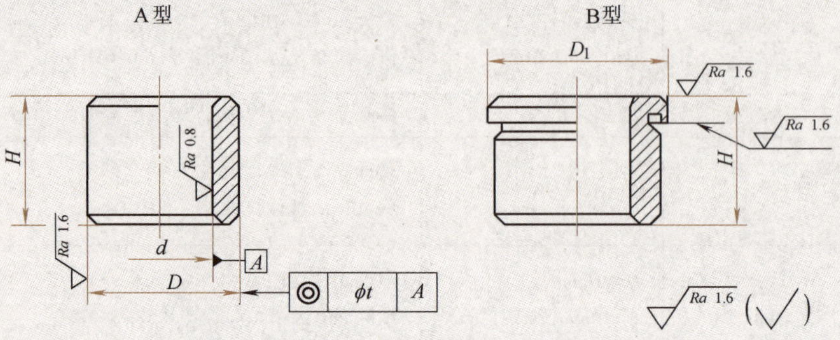


| d | | D | | $D_1$ | H | | | t |
|---|---|---|---|---|---|---|---|---|
| 公称尺寸 | 极限偏差 F7 | 公称尺寸 | 极限偏差 n6 | | | | | |
| >0~1 | +0.016<br>+0.006 | 3 | +0.010<br>+0.004 | 6 | 6 | 9 | — | 0.008 |
| >1~1.8 | | 4 | +0.016<br>+0.008 | 7 | | | | |
| >1.8~2.6 | | 5 | | 8 | | | | |
| >2.6~3 | | 6 | | 9 | 8 | 12 | 16 | |
| >3~3.3 | +0.022<br>+0.010 | | | | | | | |
| >3.3~4 | | 7 | +0.019<br>+0.010 | 10 | | | | |
| >4~5 | | 8 | | 11 | | | | |
| >5~6 | | 10 | | 13 | 10 | 16 | 20 | |
| >6~8 | +0.028<br>+0.013 | 12 | +0.023<br>+0.012 | 15 | | | | |
| >8~10 | | 15 | | 18 | 12 | 20 | 25 | |
| >10~12 | +0.034<br>+0.016 | 18 | | 22 | | | | |
| >12~15 | | 22 | +0.028<br>+0.015 | 26 | 16 | 28 | 36 | |
| >15~18 | | 26 | | 30 | | | | 0.012 |
| >18~22 | +0.041<br>+0.020 | 30 | | 34 | 20 | 36 | 45 | |
| >22~26 | | 35 | +0.033<br>+0.017 | 39 | | | | |

## 表 B-5 钻套用衬套

（单位：mm）

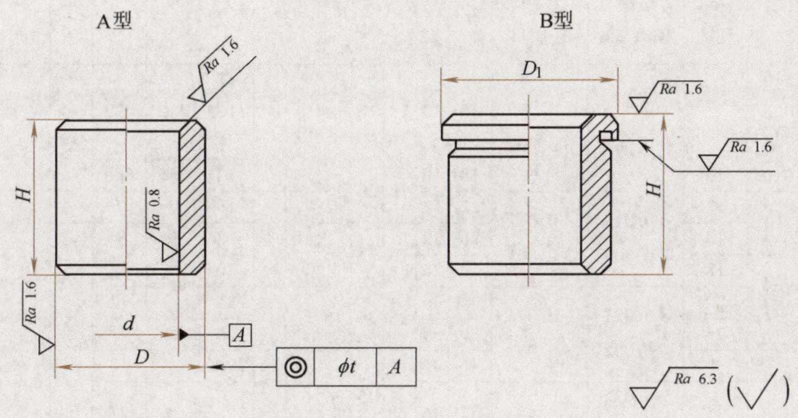


| d 公称尺寸 | d 极限偏差 F7 | D 公称尺寸 | D 极限偏差 n6 | $D_1$ | H | | | t |
|---|---|---|---|---|---|---|---|---|
| 8 | +0.028<br>+0.013 | 12 | +0.023<br>+0.012 | 15 | 10 | 16 | — | 0.008 |
| 10 | | 15 | | 18 | 12 | 20 | 25 | |
| 12 | +0.034<br>+0.016 | 18 | | 22 | | | | |
| (15) | | 22 | +0.028<br>+0.015 | 26 | 16 | 28 | 36 | |
| 18 | | 26 | | 30 | | | | 0.012 |
| 22 | +0.041<br>+0.020 | 30 | | 34 | 20 | 36 | 45 | |
| (26) | | 35 | +0.033<br>+0.017 | 39 | | | | |
| 30 | | 42 | | 46 | 25 | 45 | 56 | |
| 35 | +0.050<br>+0.025 | 48 | | 52 | | | | |

## 表 B-6 快换钻套

（单位：mm）

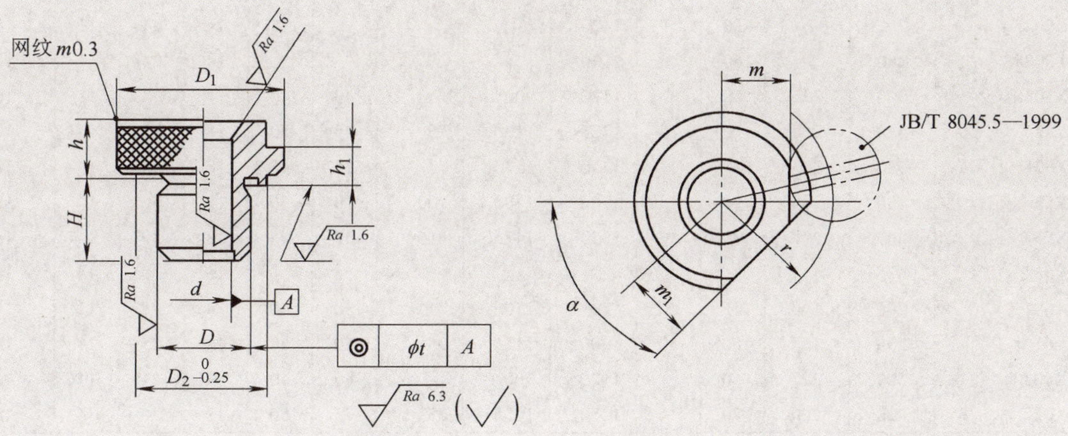

（续）

| $d$ | | $D$ | | | $D_1$（滚花前） | $D_2$ | $H$ | | | $h$ | $h_1$ | $r$ | $m$ | $m_1$ | $\alpha$ | $t$ | 配用螺钉 JB/T 8045.5—1999 |
|---|---|---|---|---|---|---|---|---|---|---|---|---|---|---|---|---|---|
| 公称尺寸 | 极限偏差 F7 | 公称尺寸 | 极限偏差 m6 | 极限偏差 k6 | | | | | | | | | | | | | |
| >0~3 | +0.016<br>+0.006 | 8 | +0.015<br>+0.006 | +0.010<br>+0.001 | 15 | 12 | 10 | 16 | — | 8 | 3 | 11.5 | 4.2 | 4.2 | 50° | 0.008 | M5 |
| >3~4 | +0.022<br>+0.010 | | | | | | | | | | | | | | | | |
| >4~6 | | 10 | | | 18 | 15 | 12 | 20 | 25 | | | 13 | 6.5 | 6.5 | | | |
| >6~8 | +0.023<br>+0.013 | 12 | +0.018<br>+0.007 | +0.012<br>+0.001 | 22 | 18 | | | | 10 | 4 | 16 | 7 | 7 | | | M6 |
| >8~10 | | 15 | | | 26 | 22 | 16 | 28 | 56 | | | 18 | 9 | 9 | 55° | | |
| >10~12 | +0.034<br>+0.016 | 18 | | | 30 | 26 | | | | | | 20 | 11 | 11 | | | |
| >12~15 | | 22 | +0.021<br>+0.008 | +0.016<br>+0.002 | 34 | 30 | 20 | 36 | 45 | | | 23.5 | 12 | 12 | | | M8 |
| >15~18 | | 26 | | | 39 | 35 | | | | | | 26 | 14.5 | 14.5 | | 0.012 | |
| >18~22 | +0.041<br>+0.020 | 30 | | | 46 | 42 | 25 | 45 | 56 | 12 | 56 | 29.5 | 18 | 18 | | | |
| >22~26 | | 35 | +0.025<br>+0.009 | +0.018<br>+0.002 | 52 | 46 | | | | | | 32.5 | 21 | 21 | | | |

## 表 B-7　铣床工作台及 T 形槽

（单位：mm）

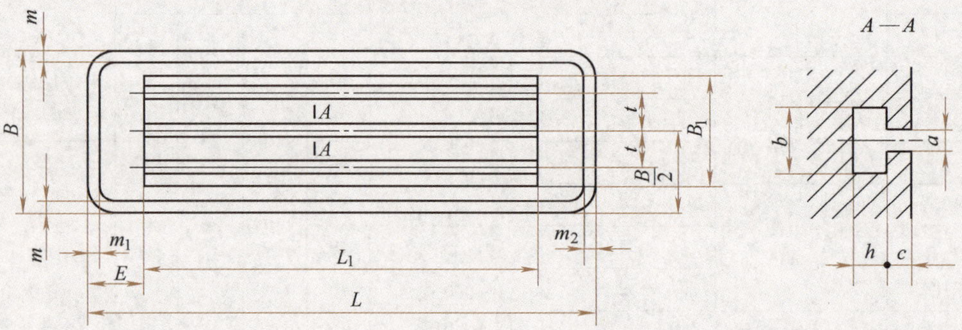


| 型　号 | $B$ | $B_1$ | $t$ | $m$ | $L$ | $L_1$ | $E$ | $m_1$ | $m_2$ | $a$ | $b$ | $h$ | $c$ |
|---|---|---|---|---|---|---|---|---|---|---|---|---|---|
| X50 | 200 | 135 | 45 | 10 | 870 | 715 | 70 | 25 | 40 | 14 | 25 | 11 | 12 |
| X51 | 250 | 170 | 50 | 10 | 1000 | 815 | 95 | | 45 | 14 | 24 | 11 | 12 |
| X5025A | 250 | | 50 | | 1120 | | | | | 14 | 24 | 11 | 14 |
| X5028 | 280 | | 60 | | 1120 | | | | | 14 | 24 | 11 | 18 |
| X5030 | 300 | 222 | 60 | | 1120 | 900 | | 40 | 40 | 14 | 24 | 11 | 16 |
| X52 | 320 | 255 | 70 | 15 | 1325 | 1130 | 75 | 25 | 50 | 18 | 32 | 14 | 18 |
| X52K | 320 | 255 | 70 | 17 | 1250 | 1130 | 75 | 25 | 45 | 18 | 30 | 14 | 18 |
| X53 | 400 | 285 | 90 | 15 | 1700 | 1480 | 100 | 30 | 50 | 18 | 32 | 14 | 18 |
| X53K | 400 | 290 | 90 | 12 | 1600 | 1475 | 110 | 30 | 45 | 18 | 30 | 14 | 18 |
| X53T | 425 | | | | | | | | | 18 | 30 | 14 | 18 |
| X60 | 200 | 140 | 45 | 10 | 870 | 710 | 75 | 30 | 40 | 14 | 25 | 11 | 14 |
| X61 | 250 | 175 | 50 | 10 | 1000 | 815 | 95 | 50 | 60 | 14 | 25 | 11 | 14 |
| X6030 | 300 | 222 | 60 | | 1120 | 900 | | 40 | 40 | 14 | 24 | 11 | 18 |
| X62 | 320 | 220 | 70 | 16 | 1250 | 1055 | 75 | 25 | 50 | 18 | 30 | 14 | 18 |

（续）

| 型　号 | $B$ | $B_1$ | $t$ | $m$ | $L$ | $L_1$ | $E$ | $m_1$ | $m_2$ | $a$ | $b$ | $h$ | $c$ |
|---|---|---|---|---|---|---|---|---|---|---|---|---|---|
| X63 | 400 | 290 | 90 | 15 | 1600 | 1385 | 100 | 30 | 40 | 18 | 3 | 14 | 18 |
| X60W | 200 | 140 | 45 | 10 | 870 | 710 | 75 | 30 | 40 | 14 | 23 | 11 | 12 |
| X61W | 250 | 175 | 50 | 10 | 1000 | 815 | 95 | 50 | 60 | 14 | 25 | 11 | 14 |
| X6130 | 300 | 222 | 60 | 11 | 1120 | 900 |  | 40 | 40 | 14 | 24 | 11 | 16 |
| X62W | 320 | 220 | 70 | 16 | 1250 | 1055 | 75 | 25 | 50 | 18 | 30 | 14 | 18 |
| X63W | 400 | 290 | 90 | 15 | 1600 | 1385 | 100 | 30 | 40 | 18 | 30 | 14 | 18 |

## 表 B-8　车床联系尺寸

（单位：mm）

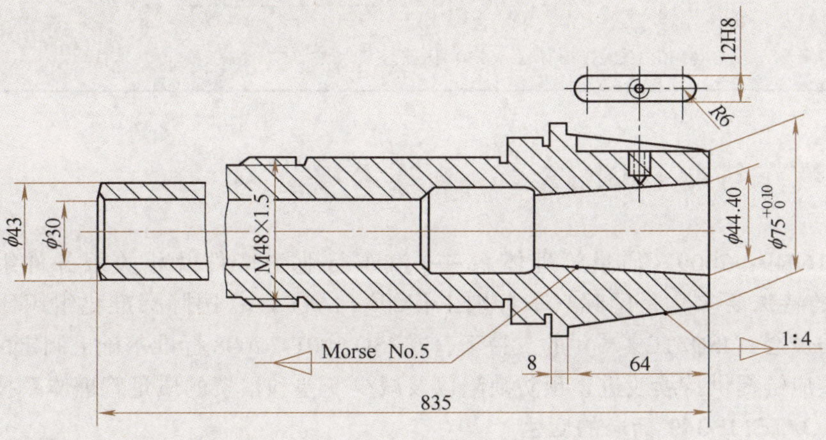


C616型、C616A型车床主轴尺寸

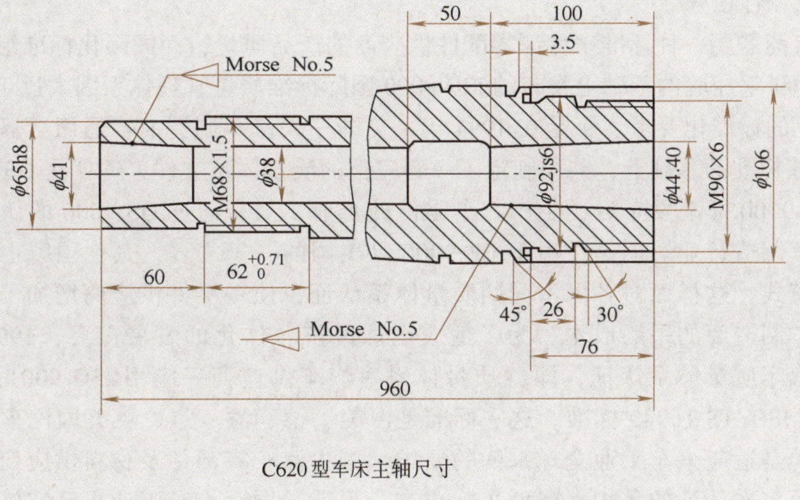


C620型车床主轴尺寸

（续）

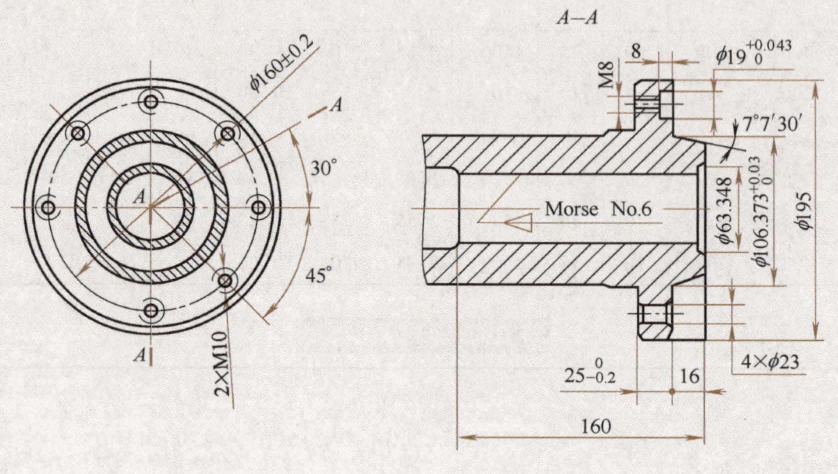

CA6140型、CA6150型、CA6250型车床主轴尺寸

## 附录 C ■ 汽车行业 ISO/TS 16949 技术规范

ISO/TS 16949：2009《质量管理体系——汽车行业生产件及相关服务件组织实施 ISO 9001：2008 的特殊要求》是国际汽车特别工作组（IATF）在国际标准化组织质量管理和质量保证技术委员会（ISO/TC 176）的支持下，在 ISO 9001：2008 标准基础上制定的，其目的是为汽车行业供应链提供持续改进、预防缺陷以及减少变差和浪费的质量管理体系技术规范。

### （一）ISO/TS 16949 标准的诞生

汽车制造是一项很复杂的系统工程，整个汽车是由上万个零件装配在一起的组合体，涉及冶金、化工、纺织、电子、玻璃、塑料、橡胶、轻工等行业。因此整车制造商对零配件供应商的质量依赖性很强。

汽车制造商需要一种标准来保证零配件供应商的产品质量，而国际化标准组织在总结发达国家质量管理科学经验的基础上发布的 ISO 9000 国际标准质量管理体系因太过于一般化，难以适应汽车行业的标准化要求。于是在 1994 年，美国三大汽车制造商：通用、福特和克莱斯勒在 ISO 9000 族标准的基础上，共同制定了一套完整的质量体系文件，这就是 QS 9000 标准。

自从 QS 9000 标准发布后，生产汽车零件的企业，只有通过 QS 9000 的认证，才有机会进入美国汽车制造行业。但是，由于 QS 9000 是美国的一家之言，其他国家也有自己的相应的质量管理模式，这样面对各国不同的质量体系认证，使得零件供应商增加了成本，反过来也增加了汽车制造商的采购成本。为了适应全球经济一体化的发展需要，1999 年 5 月制定出全球性的汽车质量体系认证，即“质量体系—汽车供应商—应用 ISO 9001：1994 的特殊要求”，简称 ISO/TS 16949 标准。这一标准是由美、德、法、意、英五国汽车工业部门联合起草的，目的是适应汽车工业全球采购的要求，减少汽车零部件及材料供应商为满足各国质量体系要求而多次认证的负担，降低采购成本。目前，国际汽车工业界已实施 ISO/TS 16949 标准的审核与认证工作。

### （二）ISO/TS 16949 技术规范构成

ISO/TS 16949：2009 技术规范的要求包括两部分：一部分是基于 ISO 9001：2008 标准增加汽车行业要求后的技术规范本身；另一部分是技术规范外的汽车行业顾客的要求。具体来说，该技术规范包括了 ISO 9001：2008 标准的全部要求，包括汽车行业的北美标准 QS 9000 和欧洲相关标准 AVSQ、EAQF、VDA6.1 中的主要要求，此外还包括原汽车行业标准中没有纳入但收到了很好的实施效果的一些要求，如精益生产的要求等。

### （三）ISO/TS 16949 技术规范要求

ISO/TS 16949 结合汽车行业的特点，在 ISO 9001：2008 标准的基础上，除对多数条款细化了适用于汽车行业的相关要求外，主要还增加了控制计划的要求、设计的补充要求、多方论证方法的要求、产品批准的要求、生产安排的要求、供方质量管理体系开发的要求、测量系统分析的要求、实验室的要求和统计工具应用的要求等。

1）对于控制计划，除在标准条款中增加要求外，还增加了标准化的附录，专门对控制计划的阶段和内容做出了要求。

2）在设计的补充要求中则增加了制造过程设计和设计输出中应包括 FMEA 的要求等。

3）生产安排要求中建议采用准时化生产的方法。

4）在供方质量管理体系开发中，要求组织的供方至少通过 ISO 9001：2008 第三方认证。

5）对于测量系统分析则要求参考顾客要求的参考手册。

6）对组织用到的内外部实验室明确了各项要求。

7）对于统计技术，要求组织应了解和使用基本的统计概念并在质量先期策划中确定每一过程使用的统计工具。

2009 版的 ISO/TS 16949 非常强调的是以过程为基础的质量管理体系模式。IATF 推荐一种所谓的“顾客导向的过程”方法，进一步对 ISO 9000：2008 标准的过程方法进行了升华和具体化。

ISO/TS 16949 作为汽车行业的一项标准，在吸纳已有的汽车行业标准的精华后，包含了针对汽车行业供应链质量管理的最新思维。

随着该标准的逐步普及及针对该标准认证的广泛开展，在避免重复认证、促进汽车行业生产件和服务件企业的质量提高上，将发挥积极的作用。

### （四）ISO/TS 16949 体系对企业的作用

ISO/TS 16949 体系是汽车生产件以及相关维修件生产厂家进行质量管理的现代化工具，能给企业带来很多好处和显著效益，主要表现在以下几个方面。

（1）有利于企业成为汽车顾客的供方，特别是为主机厂配套　汽车主机厂目前普遍提出对汽车生产件及相关维修件供方的质量管理体系的要求，依据 ISO/TS 16949 体系或其他质量体系标准建立质量管理体系，取得认证，才有可能进入国际、国内汽车顾客的采购圈。

（2）提高企业的工作效率　ISO/TS 16949 体系告诉企业的不仅仅是质量管理体系各过程的要求，提出并规定了许多有效的、切实可行的控制程序和方法，如质量先期策划、测量系统分析、生产件批准程序等，合理地使用这些方法，可以有效地提高工作效率，增强企业的竞争力。

（3）有利于企业全员以顾客为关注焦点，形成满足顾客要求的质量意识　通过加强人力资源管理、培训管理，形成与质量有关的各级管理人员、岗位员工整体素质不断提高的发展局面。

(4) 能不断提高顾客对企业提供的产品和服务的满意程度 产品质量的不断改进与提高、按时交付产品的机制以及对顾客要求的关注、沟通与满意，可通过 ISO/TS 16949 体系来实现。

(5) 预防产品缺陷，减少不合格产品 ISO/TS 16949 体系从产品的策划、设计与开发、制造过程设计、生产过程的确认、不合格品的分析与控制、纠正措施、预防措施等诸多过程进行控制。对产品实现过程潜在的缺陷进行识别、分析，制订相应的措施，防止不合格产品的产生，降低废品损失，减少成本，使产品质量明显提高。

(6) 减少了质量管理体系的重复检查和验证 ISO/TS 16949 体系在 ISO 9001：2008 标准的基础上，集 QS 9000、VDA6.1 等汽车质量体系标准的管理思路和要求，已被全球的汽车顾客所接受，“共同的标准、共同的第三方认证、相互承认”已是大势所趋。过去不同汽车管理体系标准的重复认证将逐步过渡到单一认证。

(7) 有助于企业建立自我检查、发现问题、寻求改进、自我完善的管理机制 内部审核员队伍的建立和保持将为企业质量管理水平的不断提升和持续改进提供保证。

### (五) ISO/TS 16949 体系的建立实施与认证

ISO/TS 16949 体系的建立、实施与保持以及第三方的体系认证过程如下。

(1) ISO/TS 16949 技术规范的学习 从“组织”的最高管理层到基层操作岗位的员工，都应进行不同程度的技术规范培训。培训的对象还应包括文件编写人员、内部审核人员。

(2) 文件的编写、审批及发布 依据策划结果，提出需编写的体系文件和文件要求，开展文件的编写。文件的编写与审批过程是质量管理体系的进一步策划。控制哪些过程、如何进行控制、谁来进行控制、如何检查、验证控制的结果都应在相关文件中得到确定。

(3) 内部审核与管理评审 对质量管理体系运行的符合性、充分性和有效性进行系统的检查，若发现问题应采取措施进行改进，推进体系的运行，此称之为内部审核；由最高管理者亲自主持对质量管理体系运行过程中的大事进行评审，做出改进的措施和决策，此称之为管理评审。

(4) 向认证机构提出认证申请 认证“组织”的质量管理体系得到有效运行，具备了12个月的运行记录和相关证据，可向认证机构提出认证申请。

认证机构首先应得到其国家或所在地区认可机构可从事 ISO 9001：2008 标准认证的认可，认证机构还必须被 IATF 批准和认可；认证机构的审核规则是 IATF 认可的 ISO/TS 16949：2002 汽车行业认证方案；审核员必须由 IATF 认证合格，认证证书应标有 IATF 的标识和 IATF 的证书编号；证书的有效期为三年。

(5) 证书与持续改进 “组织”取得 ISO/TS 16949 体系的认证证书，标志着企业已基本符合 ISO/TS 16949 质量管理体系的要求，但这个要求应看作是最低要求。“组织”应利用 ISO/TS 16949 体系这一有效的管理工具，持续改进，使企业的整体素质不断提高。

## 附录 D ■ 开目 CAD & CAPP 软件使用说明

本书附赠国产正版软件一套，即武汉开目信息技术股份有限公司研发的“开目 CAD 普及版”和“开目 CAPP 系统普及版”软件，授权机械工业出版社用于本书读者免费使用。

武汉开目信息技术股份有限公司在2016年完成股份制改造，依托华中科技大学雄厚的科研力量和丰富的人才资源，立足于制造业企业信息化领域，拥有独具工程特色的开目CAD、业界最领先的开目CAPP、实现产品生命周期信息管理的开目PDM、完成产品和工艺信息汇总并能实现企业技术部门和企业管理部门之间信息集成的开目BOM等具有独立自主版权的系列软件，其中开目CAD是“九五”国家级重点科技成果推广项目，开目CAPP荣获了国家科技进步二等奖，在制造业信息化的市场占有率遥遥领先。

开目CAD采用了全新的软件框架设计和计算机软件技术，在功能完备性、平台开放性和特色鲜明性等方面更加出色。其突出特点可概括为：

1）采用画法几何思想，融合AutoCAD的操作风格，专注于制造业，易学易用。

2）以组件化、模块化思想构建平台，易于维护、可扩展。

3）提供专门的组件接口，实现与CAPP/PDM/BOM的信息集成。

4）提供一体化、嵌入式两种二次开发模式，支持如工程计算等二次开发功能。

5）具有完备的、全面开放的工程图库。

6）开放性良好，开目CAD和AutoCAD数据格式可轻松转换。

开目CAPP采用工具化思想，强调工艺系统的实用化，减少工艺和管理工作量，确保工艺文档的完整性、一致性和正确性，用户可以根据各自的需求扩充数据库、订制工艺规程表格、配置各种计算公式等。开目CAPP系统由工艺规程内容编制、图形绘制、工艺资源管理器、公式管理器等模块组成。工艺规程编制模块能直接接受CAD系统的零件设计信息，或以人机交互方式输入零件图信息，作为编制工艺规程的原始依据。在编制工艺规程时，完全模拟工艺人员编制的习惯和过程，即由拟订工艺路线开始，确定好加工顺序，再具体制订工序的内容，包括切削参数的选定、工艺装备的选择、工序图的绘制等。开目CAPP可读取AutoCAD等CAD系统生成的图形信息，提供数据库读写接口，提供标准的动态链接库和控件，可以实现与其他PDM系统的集成，是业界公认的功能最强、商品化程度最高的CAPP产品。目前，开目CAPP是机械设计工程师资格认证考试的指定软件。

开目CAD和开目CAPP软件具备良好的人机交互特性，安装和卸载操作简单方便，软件运行环境开放性强，普通配置的计算机即可满足运行要求。

另外，读者可参考由机械工业出版社出版发行的《开目CAD软件自学教程》《开目CAPP软件自学教程》和《开目PDM软件自学教程》。

下面简介开目CAD和开目CAPP软件系统以及应用开目软件进行工艺过程设计和夹具设计的基本使用方法。

## 一、开目CAPP软件

### （一）开目CAPP的基本结构

开目CAPP软件由工艺规程内容编制、图形绘制、工艺资源管理器、公式管理器等模块组成。

#### 1. 工艺规程内容编制模块

该模块主要用于生成工艺过程卡和工序卡以及技术文档（如工艺装备设计任务书的填写）。该模块的执行文件是Kmcappwin目录下的KmCapp.exe。

#### 2. 图形绘制模块

该模块主要用于工序简图的绘制或作独立设计绘图工具使用。

### 3. 工艺资源管理器

负责工艺资源的管理和有效利用。工艺资源管理器中包含丰富、实用、符合国家标准的工艺数据资源库，如材料牌号、材料规格、机床设备、标准刀具、标准工艺术语等，用户还可以自行定义和扩充。开目 CAPP 可以利用由工艺资源管理器创建的各种工艺资源。该模块的执行文件是 Kmres 目录下的 Kmres. exe。

### 4. 公式管理器

该模块主要用于建立和管理工艺设计中常用的计算公式，如材料定额计算公式库。应用时，系统自动根据约束条件筛选公式，将计算结果自动填入工艺文件内。用户可自行扩充专用公式。该模块的执行文件是 Kmcappwin 目录下的 KmFormularManager. exe。

在工艺资源管理器和公式管理器模块提供的丰富工艺资源支持下，以及在图形绘制模块提供的快捷获取工序图功能的配合下，开目 CAPP 能胜任计算机辅助工艺规程制订的全过程，能顺利地完成零件信息输入、毛坯信息认定、工艺路线和工序内容拟订、加工设备和工艺装备的确定、工艺参数计算、工艺方案确定直至工艺文件输出等各个阶段工作。图 D-1 所示为计算机辅助工艺规程制订的步骤。

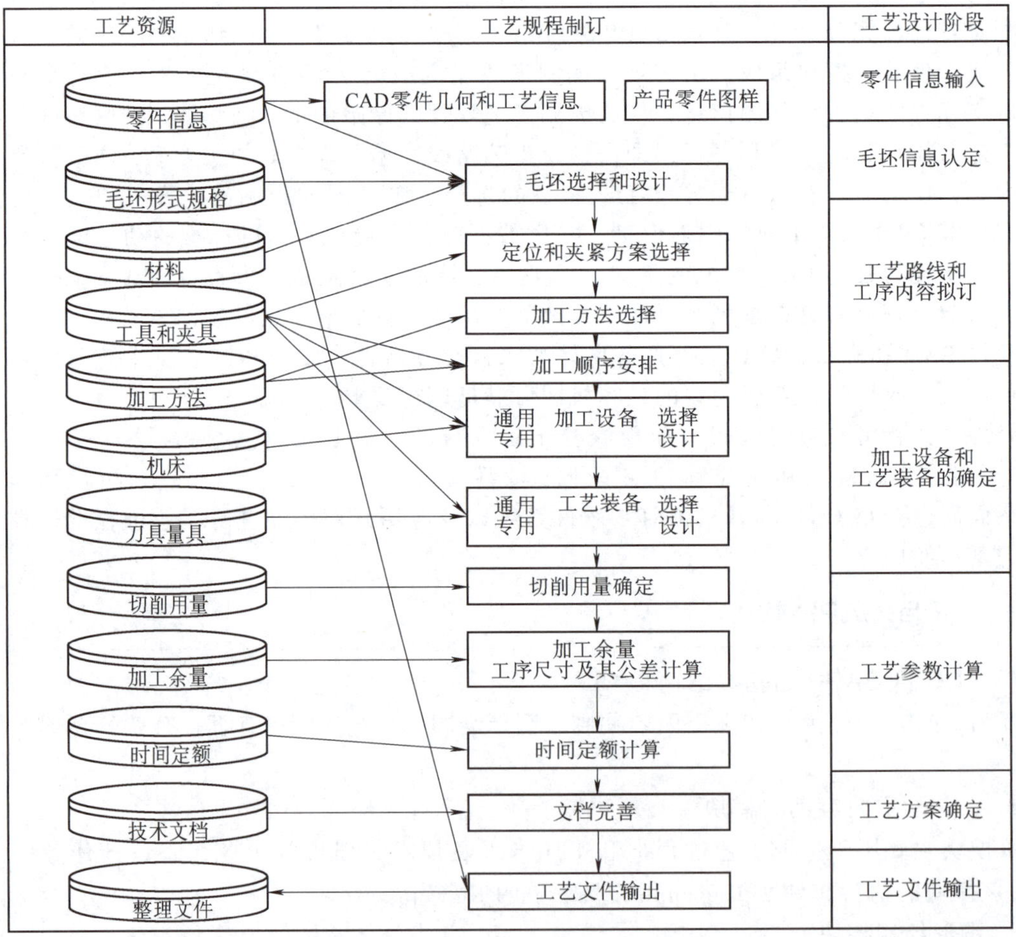


图 D-1 计算机辅助工艺规程制订的步骤

## (二) 开目 CAPP 的工作流程

开目 CAPP 的工作流程如图 D-2 所示。

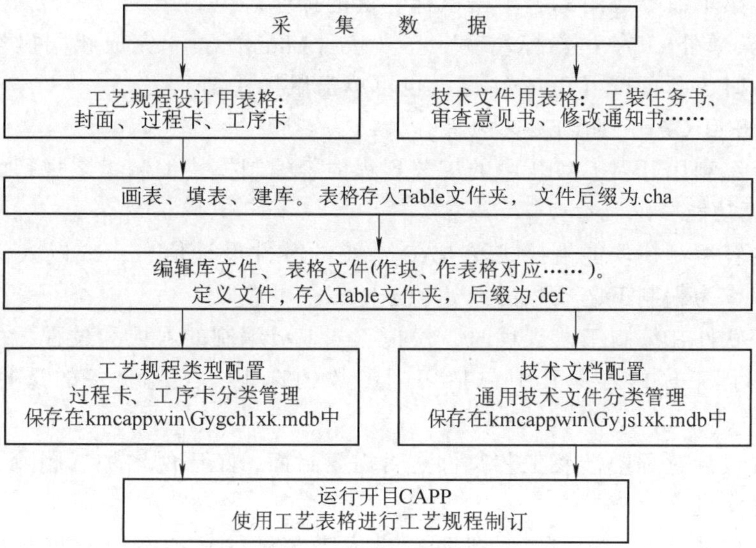


图 D-2　开目 CAPP 的工作流程

## (三) 开目 CAPP 的运行环境及启动方法

### 1. 软件环境

采用 Windows2000、Windows XP 或 Windows 7 等操作系统。

### 2. 硬件环境

基本硬件配置要求为：Intel Core i3 处理器或以上、1G 内存（建议 2G）、硬盘空间 80G 或以上、光盘驱动器或网络安装环境。

### 3. 安装开目 CAPP 系统

在开目 CAPP 的安装盘中，运行“KmcappSetup. exe”文件，单击“开目 CAPP”，进入安装界面。

在开目 CAPP 应用程序的安装过程中依次会出现“软件许可协议书”对话框、“用户信息”输入对话框、“安装路径”对话框、“安装类型”对话框、“选择安装程序组”对话框、“安装信息”对话框、“安装完成”对话框等，以引导用户安装。

在“安装类型”对话框下，系统提供了典型安装、最小安装与自定义安装三种类型，要求用户选择。建议用户采用典型安装方式。

安装完毕后，单击安装界面中的“退出”按钮结束操作。

### 4. 约定

为了叙述方便，现做以下约定。

1）“【 】”括号中的字母或符号表示键盘上相应的键。例如：【K】、【Enter】分别表示字母键 K 和回车键，【Shift（左）】表示键盘左边的 Shift 键，【左键】表示鼠标左键。

2）“〈 〉”括号中的文字表示菜单或对话框中的命令。例如：〈擦除〉、〈确定〉、〈取消〉。

3）“【 】+【 】”表示同时按下两个键。例如：【Shift】+【L】，表示同时按下 Shift 键和字母键 L。

4）术语“单击左（右）键”是指按一下鼠标左（右）键的操作；术语“单击……”，表示将光标移至菜单命令或图标上单击鼠标左键的操作。

5）除单击菜单外，“单击鼠标左键”与“按【Enter】键”完成相同操作。如在确认直线的起点或终点时，既可按【Enter】键，也可单击鼠标左键。

### （四）利用开目 CAPP 编制工艺规程

在此主要介绍利用开目 CAPP 中的工艺规程内容编制模块编制工艺规程的步骤与方法。

#### 1. 模块主要功能

工艺规程内容编制模块能直接接受 CAD 系统的零件设计信息，或以人机交互方式输入零件图信息，以作为编制工艺规程的原始依据。

开目 CAPP 软件在编制工艺规程时，模拟工艺人员编制的习惯和过程，由拟订工艺路线开始，再具体制订工序内容，其中包括切削参数的选定、工艺装备的选择、工序图的绘制等。

在工艺文件设计过程中涉及工艺文件是否需要封面、工序的增加、删除、交换、插入等操作均能方便地实现。

该模块的主要功能有：拟订工艺路线，生成工艺过程卡；添加、插入、交换过程卡附页；在工艺路线中，申请工序卡，并把工艺过程卡中的内容自动填写到工序卡中；插入工序、交换工序、增加工序、删除工序；自动生成工序卡续页；更改工序卡格式；填写工艺表格时，可以查询工艺数据库；绘制工序图；插入多种格式的图形和图像；工艺文件的页码允许有多种编排方式；可以存储典型工艺、检索典型工艺；工艺文件输出方式灵活，允许输出全部页面或选择输出部分页面。

#### 2. 模块基本操作

（1）进入开目 CAPP 系统　直接单击安装开目 CAPP 时建立的快捷方式图标；或单击 Windows 的〈开始〉菜单，在〈程序〉中找到〈开目 CAPP〉程序组，单击程序组中的〈开目 CAPP〉，都可以进入开目 CAPP 系统的主界面，并在屏幕中间弹出“开始”对话框。

在“开始”对话框中选择<打开已有的文件>或<新建工艺规程>、<新建技术文档>。普及版 CAPP 中工艺规程主要指机加工工艺文件，扩展名为 gxk；技术文档主要指专用工装设计任务书，扩展名为 kmt。除 gxk、kmt 外，已有的文件类型还包括开目图形文件，扩展名为 kmg；以及扩展名为 dwg、dxf、igs 等格式的文件。

选定要打开的文件或新建文件后，“开始”对话框消失，进入开目 CAPP 系统的主界面。

（2）文件操作和退出系统　在开目 CAPP 系统的主界面下可以进行打开文件、新建文件、保存文件、关闭文件和退出系统等操作。其操作方式与 Windows 应用软件的相应操作方式一致。

#### 3. 工艺规程文件表格填写

打开工艺规程文件后的界面可能如图 D-3 所示，图中的内容与打开的文件有关，若新建一个工艺规程文件，则图中的内容为空。

图中顶部四行依次是标题栏、菜单栏、设置工具栏和标准工具栏，左边是库文件显示区，主体部分是工艺文件显示区和信息栏。

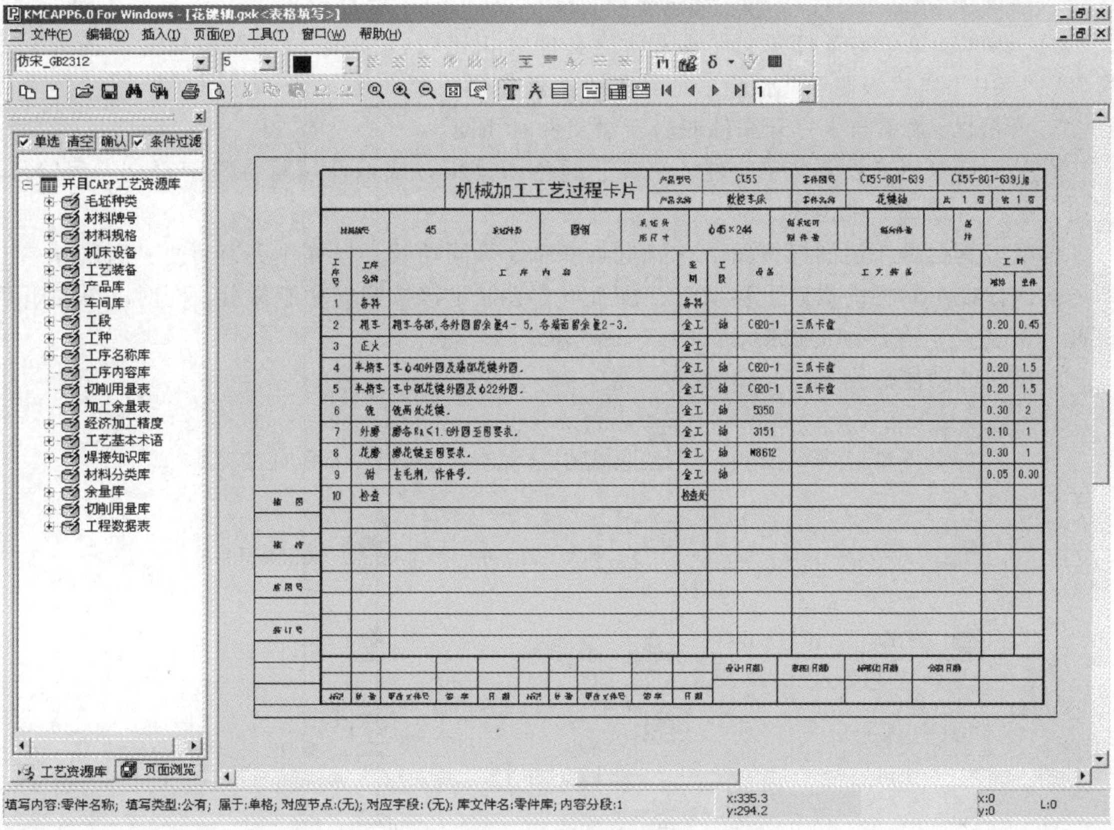


图 D-3　打开工艺规程文件后的界面

标题栏用于显示软件名称、版本号以及打开的文件名等，最前端是 Windows 标准应用程序的控制按钮，最右端分别是窗口最小化、还原或最大化和关闭应用程序三个按钮。

菜单栏的显示分以下 2 种情况。

（1）在刚进入开目 CAPP 系统、未打开文件或未新建文件时　系统有<文件>、<工具>、<窗口>、<帮助>四个菜单项。

1）<文件>菜单主要用于工艺文件的新建、打开、保存和打印。

2）<工具>菜单主要用于查找工艺文件、检索典型工艺及系统设置。

3）<窗口>菜单主要用于工具栏、状态栏、工艺资源管理器窗口的显示和隐藏。

4）<帮助>菜单为用户在使用过程中提供帮助信息。

（2）打开文件或新建文件之后　有<文件>、<编辑>、<插入>、<页面>、<工具>、<窗口>、<帮助>七个菜单项。

1）<文件>菜单与未打开文件或未新建文件时相比较，增加了"关闭""保存""另存为""打印"和"打印预览"等选项。

2）<编辑>菜单主要用于填写内容的复制、粘贴，编写工艺路线时的增行和删行。

3）<插入>菜单用于特殊字符、工程符号和工艺参数的输入。

4）<页面>菜单用于增加、复制和交换过程卡附页、工序卡，更换卡片格式。

5）<工具>菜单与未打开文件或未新建文件时相比较，增加了"公式管理器"和"公式计算”等选项。

6）<窗口>菜单与未打开文件或未新建文件时相比较，增加了“绘图窗口”“表格填写窗口”“表中区”“级联”“水平并列”和“垂直并列”等选项。

7）<帮助>菜单与未打开文件或未新建文件时相同。

设置工具栏用来设置文字字体、字高、颜色和排版方式以及填写特殊字符、工程符号。使用方法在后续章节中详述。

标准工具栏是一组图标按钮，它们与菜单命令等同功效，但操作更为简便，用鼠标单击即可。鼠标在工具栏的按钮上移动时，按钮下方会显示该按钮的功能提示，同时屏幕左下角位置（信息栏）有详细的说明。

各按钮的功能分别是：

：新建工艺规程　：新建技术文件　：打开已有文件

：保存文件　：查找工艺文件　：检索典型工艺

：打印　：打印预览　：剪切

：复制　：粘贴　：撤销上一步操作

：恢复执行的撤消操作　：窗口放大　：图形放大

：图形缩小　：图样全屏显示　：移动图样

：进入表格填写状态　：进入绘图状态　：进入表中区填写

：进入封面填写　：进入过程卡填写　：进入工序卡填写

：到首页　：向前翻页　：向后翻页

：到末页　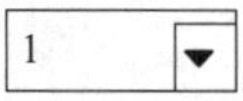：指定页面

库文件显示区有工艺资源库和页面浏览两个属性页供选择。显示区域的大小可调整。信息栏在窗口左下角显示操作的详细说明。

在工艺编制中有两种状态：表格填写状态和绘图状态。在这两种状态下用户界面有所不同，单击工具栏上的进入表格填写状态，单击工具栏上的进入绘图状态。

在工艺编制过程中，用户可通过工具栏上的按钮在封面、过程卡、工序卡之间切换，然后通过翻页按钮或下拉框指定页号来显示页面。一种更加直观的操作方式是在左边工艺资源

管理器窗口中，增加〈页面浏览〉属性页，通过树型结构管理工艺规程的页面；工艺文件中的每一页面对应于树上的一个节点。用户在编辑工艺文件中的某一页时，若需要切换到其他页面，可直接选择对应页面的节点，编辑界面即进入相应的页面，然后对该页面进行编辑操作。

**4. 编制工艺规程的其他重要操作**

（1）填表工具及其操作　单击工具栏上的按钮，可进入表格填写状态，此时光标变为“”，在此状态下，可进行工艺内容的填写和编辑，包括 $\phi$、×、尺寸上下极限偏差、表面粗糙度符号、形位公差[⊖]、形位公差基准、加工面编号、型钢、焊接符号等特殊工程符号。

（2）工艺资源库查询　工艺资源库是毛坯种类、材料牌号、机床设备、工艺装备等子库的总称，并可按需要修改补充和扩展。

（3）工艺过程卡编辑　通常将工艺过程卡分为“表头区”和“表中区”。“表头区”是过程卡中除滚动编辑区以外的填写区域，内容涉及零件的一些总体信息，如“零件名称”“零件图号”和“产品型号”等。“表中区”是指过程卡的滚动编辑区，工艺路线在表中区内进行编制。

（4）工序卡编辑　工艺路线确定好以后，可以进行工序卡内容的编辑。工序卡内容包括工序图的绘制、工步内容的确定、工艺参数的选择等。

（5）工序卡页面操作　工序卡的编辑与过程卡附页的编辑操作相类似，由〈页面〉菜单〈工序卡〉中的〈添加工序卡〉、〈插入工序卡〉、〈删除工序卡〉、〈复制工序卡〉、〈交换工序卡〉、〈更换工序卡格式〉完成。

（6）页码、页次设置　页码的编排是指一个工艺文件中过程卡或工序卡的“共页”和“第页”的编码规律；页次的编排是指将多个工艺文件装订到一起时，当前工艺文件中过程卡或工序卡以及封面的页次编排规律。单击〈工具〉菜单中的〈选项〉，选择〈页码、页次编排规律〉属性页，完成页码、页次设置。

（7）公式计算　公式管理器中建有材料定额计算公式，在编制工艺文件过程中可直接调用。

（8）技术文档编写　技术文档的填写与工艺规程的编制同属一个模块，但两者界面略有不同。技术文档没有过程卡和工序卡。技术文档的编辑及工艺图的绘制方法与工艺规程的编制方法一致。

（9）检索典型工艺和查找工艺文件　为了便于工艺文件的管理和实施工艺规程的标准化，开目 CAPP 提供了工艺信息输入与检索机制。工艺信息指工艺过程卡表格定义中填写类型为“公有”的内容。

（10）工艺文件输出　开目 CAPP 系统可以以各种比例在各种幅面的打印机上输出，可以有选择地输出工艺文件部分页面。在操作系统的支持下，能够使用各种 Windows 兼容的打印机。

在〈文件〉菜单中与输出有关的菜单项有打印设置、打印预览、打印。

---

⊖ 形位公差在 GB/T 1182—2008 中更改为几何公差。

5. 工艺规程编制步骤示例

限于篇幅，在此只介绍一个工艺规程编制示例的主要步骤。

（1）打开拟编制工艺规程的零件图　单击按钮，在出现的对话框中按文件路径、文件类型、文件名选择文件，单击〈打开〉。例如：在 d：\ kmsoft \ kmcappwin \ gxk 目录下双击“花键轴 . Kmg”文件。

（2）填写封面　单击封面相应栏目横线上部区域，填写相应内容。

（3）编制过程卡　进行填写表头区、编辑表中区、申请工序卡等操作。

（4）编制工序卡　将光标放在已申请工序卡的行内任意列中，单击按钮，切换至工序卡。

（5）公式计算　表头区填写完后，将光标放在填写零件质量的格内，单击〈工具〉菜单中的〈公式计算〉，弹出对话框，输入计算条件，〈确定〉后，计算结果自动填入表格。

（6）文件浏览　单击“工艺资源库”左下方的“　”按钮，可以在“工艺资源库”和“页面浏览”两者中间切换。

（7）文件储存　可储存开目 CAPP 文件或典型工艺两种类型。

## 二、开目 CAD 软件

### （一）开目 CAD 的夹具图库功能

开目 CAD 的图库界面如图 D-4 所示。图库中包括机床夹具库和夹具符号库。

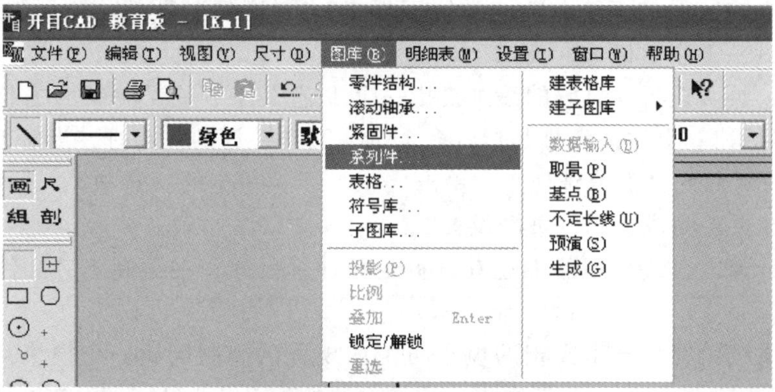


图 D-4　开目 CAD 的图库界面

1. 机床夹具库

在系列件库下有机床夹具库，机床夹具库下有定位、支承、导向、对刀、夹紧、操作、其他等子图库。

2. 夹具符号库

在符号库下有夹具符号库，提供各种夹具符号，如图 D-5 所示。

### （二）利用开目 CAD 设计夹具

首先考虑好夹具设计的基本方案，然后利用开目 CAD 绘制夹具图形。

1. 选择夹具元件

以选择定位件为例，在图 D-4 所示界面中单击“系列件”，再单击“机床夹具”，最后

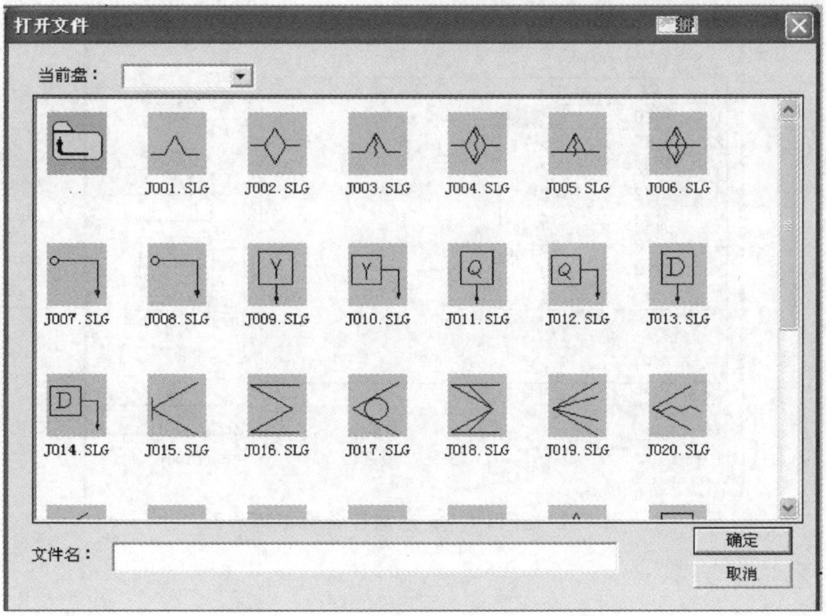


图 D-5　**开目 CAD 夹具符号库界面**

选“定位件”，弹出图 D-6 所示界面。

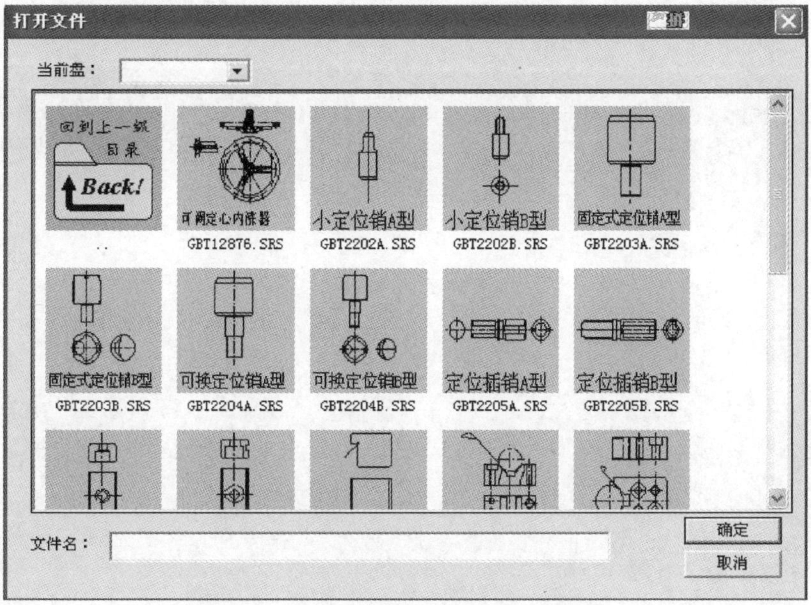


图 D-6　**开目 CAD 夹具定位件库界面**

**2. 选择夹具元件参数**

在图 D-6 中选择“活动 V 形块 A 型”，将弹出图 D-7 所示界面。选定想要的参数系列，按确定按钮确定。

**3. 夹具元件图形定位**

按确定按钮后，参数选择对话框消失，出现该元件的暂态图形粘连在光标上。暂态图形随光标移动或转动到适当位置后，单击鼠标左键，暂态图形定位，成为正式图形。

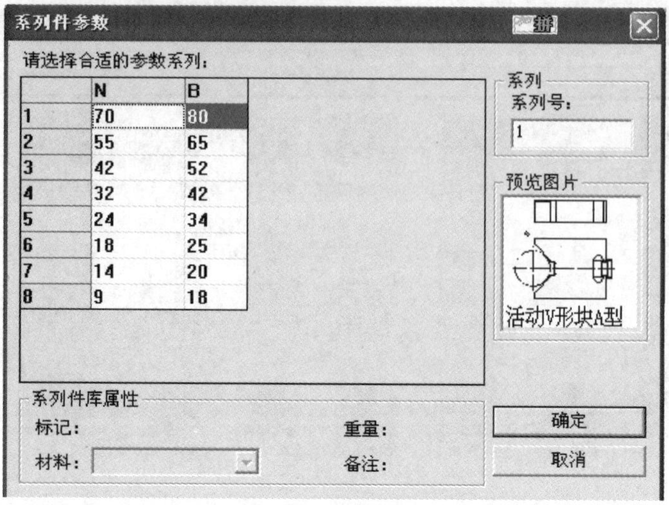


图 D-7　开目 CAD 系列件参数选择界面

# 参考文献


[1] 王先逵. 机械制造工艺学 [M]. 北京：机械工业出版社，2013.
[2] 郑修本. 机械制造工艺学 [M]. 北京：机械工业出版社，2012.
[3] 于骏一，邹青. 机械制造技术基础 [M]. 2版. 北京：机械工业出版社，2017.
[4] 陈明. 制造技术基础 [M]. 北京：国防工业出版社，2011.
[5] 张茂，陈明. 机械制造技术基础 [M]. 北京：机械工业出版社，2012.
[6] 熊良山，严晓光，张福润. 机械制造技术基础 [M]. 武汉：华中科技大学出版社，2012.
[7] 张世昌，李旦，张冠伟. 机械制造技术基础 [M]. 3版. 北京：高等教育出版社，2014.
[8] 杨叔子，李培根. 机械制造技术基础 [M]. 武汉：华中科技大学出版社，2010.
[9] 郑修本. 机械制造工艺学 [M]. 3版. 北京：机械工业出版社，2012.
[10] 李益民，周军. 机械制造工艺技术 [M]. 北京：高等教育出版社，2017.
[11] 吉卫喜. 机械制造技术基础 [M]. 2版. 北京：高等教育出版社，2015.
[12] 卢秉恒. 机械制造技术基础 [M]. 4版. 北京：机械工业出版社，2018.
[13] 赵家齐. 机械制造工艺学课程设计指导书 [M]. 3版. 北京：机械工业出版社，2016.
[14] 杨叔子. 切削加工 [M]. 北京：机械工业出版社，2012.
[15] 邹青. 机械制造技术基础课程设计指导教程 [M]. 2版. 北京：机械工业出版社，2017.
[16] 李旦. 机械制造技术基础 [M]. 2版. 哈尔滨：哈尔滨工业大学出版社，2011.
[17] 张根保. 自动化制造系统 [M]. 4版. 北京：机械工业出版社，2017.
[18] 王隆太. 先进制造技术 [M]. 2版. 北京：机械工业出版社，2015.
[19] 袁哲俊，王先逵. 精密和超精密加工技术 [M]. 2版. 北京：机械工业出版社，2011.
[20] 黄宗南. 现代机械制造技术基础 [M]. 上海：上海交通大学出版社，2014.
[21] 薛源顺. 机床夹具设计 [M]. 北京：机械工业出版社，2011.
[22] 徐嘉元，曾家驹. 机械制造工艺学：含机床夹具设计 [M]. 北京：机械工业出版社，2018.
[23] 王先逵. 机械加工工艺手册：第2卷　加工技术卷 [M]. 2版. 北京：机械工业出版社，2014.
[24] 常同立，佟志忠. 机械制造工艺学 [M]. 2版. 北京：清华大学出版社，2018.
[25] 王玉玲. 机械制造工艺学 [M]. 北京：北京理工大学出版社，2018.
[26] 赵良才. 计算机辅助工艺设计：CAPP系统设计 [M]. 2版. 北京：机械工业出版社，2017.
[27] 黄健求，王立涛，迟京瑞. 机械制造技术基础 [M]. 武汉：华中科技大学出版社，2013.
[28] 曾志新. 机械制造技术基础 [M]. 2版. 北京：国防工业出版社，2014.
[29] 吉卫喜. 机械制造技术 [M]. 北京：机械工业出版社，2010.
[30] 李凯岭. 机械制造工艺学 [M]. 北京：清华大学出版社，2014.
[31] 陈建刚. 机床夹具设计 [M]. 北京：北京邮电大学出版社，2017.
[32] 刘艳中. 机床夹具设计 [M]. 重庆：重庆大学出版社，2017.
[33] 李益民. 机床夹具设计 [M]. 北京：机械工业出版社，2013.
[34] 陈家芳，顾霞琴. 典型零件机械加工工艺与实例 [M]. 上海：上海科学技术出版社，2010.
[35] 徐翔民. 先进制造技术 [M]. 成都：电子科技大学出版社，2014.
[36] 吴国明. 机械制造工艺学 [M]. 成都：西南交通大学出版社，2014.
[37] 周宏甫. 机械制造技术基础 [M]. 北京：高等教育出版社，2010.
[38] 孟宪栋，刘彤安. 机床夹具图册 [M]. 北京：机械工业出版社，2010.
[39] 肖继德，陈宁平. 机床夹具设计 [M]. 2版. 北京：机械工业出版社，2011.

[40] 于泓. 机械制造工艺学 [M]. 西安：西北工业大学出版社，2015.
[41] 李凯岭. 机械制造技术基础 [M]. 北京：清华大学出版社，2010.
[42] 谭豫之，李伟. 机械制造工程学 [M]. 2 版. 北京：机械工业出版社，2016.
[43] 王先逵. 机床数字控制技术手册：技术基础卷 [M]. 北京：国防工业出版社，2013.
[44] 王先逵. 机械装配工艺 [M]. 北京：机械工业出版社，2010.
[45] 王启平. 机床夹具设计 [M]. 哈尔滨：哈尔滨工业大学出版社，2017.
[46] 吉卫喜. 现代制造技术与装备 [M]. 2 版. 北京：高等教育出版社，2010.
[47] 阎青松. 机床夹具设计 [M]. 上海：上海交通大学出版社，2015.
[48] 何庆. 机床夹具设计教程 [M]. 北京：电子工业出版社，2012.
[49] 任小中. 先进制造技术 [M]. 3 版. 武汉：华中科技大学出版社，2017.
[50] 刘忠伟. 先进制造技术 [M]. 4 版. 北京：电子工业出版社，2017.
[51] 李庆余，孟广耀，岳明君. 机械制造装备设计 [M]. 4 版. 北京：机械工业出版社，2018.
[52] 齐继阳. 机械制造装备设计 [M]. 北京：北京理工大学出版社，2018.
[53] 王隆太. 机械 CAD/CAM 技术 [M]. 4 版. 北京：机械工业出版社，2017.
[54] 胡文兴. 汽车行业 ISO \ TS16949：2009 标准实战指南 [M]. 深圳：海天出版社，2010.
[55] 蒲山. ISO/TS 16949 体系文件实战解密 [M]. 北京：机械工业出版社，2015.
[56] 张平宽. 机械制造工程学基础 [M]. 2 版. 北京：国防工业出版社，2014.
[57] 朱凤霞. 机械制造工艺学 [M]. 武汉. 华中科技大学出版社，2019.
[58] 石文天. 先进制造技术 [M]. 北京：机械工业出版社，2018.
[59] 吴拓. 机械制造工艺与机床夹具课程设计指导 [M]. 3 版. 北京：机械工业出版社，2016.
[60] 王庆明. 机械制造工艺学 [M]. 上海：华东理工大学出版社，2017.
[61] 李文斌，李长河，孙未. 先进制造技术 [M]. 武汉：华中科技大学出版社，2014.
[62] 陶勇. 机械制造工艺学 [M]. 长春：吉林大学出版社，2017.
[63] 隋秀凛，夏晓峰. 现代制造技术 [M]. 3 版. 北京：高等教育出版社，2014.
[64] 王细洋. 现代制造技术 [M]. 北京：国防工业出版社，2017.
[65] 张江华. 机床夹具设计与实践 [M]. 武汉：华中科技大学出版社，2018.